U0297851

本书获湖南大学岳麓书院学术著作出版资助

汉晋南朝长江中下游环境与农业发展

王勇 著

中华书局

图书在版编目(CIP)数据

汉晋南朝长江中下游环境与农业发展/王勇著. —北京:中华书局,2021.10
ISBN 978-7-101-15326-2

Ⅰ.汉… Ⅱ.王… Ⅲ.长江中下游-生态环境-关系-农业发展-研究-古代 Ⅳ.①X321.2②F329.4

中国版本图书馆 CIP 数据核字(2021)第 176056 号

书　　名　汉晋南朝长江中下游环境与农业发展
著　　者　王　勇
责任编辑　吴爱兰
出版发行　中华书局
　　　　　(北京市丰台区太平桥西里 38 号　100073)
　　　　　http://www.zhbc.com.cn
　　　　　E-mail:zhbc@zhbc.com.cn
印　　刷　北京市白帆印务有限公司
版　　次　2021 年 10 月北京第 1 版
　　　　　2021 年 10 月北京第 1 次印刷
规　　格　开本/920×1250 毫米　1/32
　　　　　印张 13½　插页 2　字数 325 千字
国际书号　ISBN 978-7-101-15326-2
定　　价　78.00 元

目　录

绪 论

一、选题缘起

环境史是20世纪70年代兴起于美国的一门新兴学科,开始被介绍到中国是在20世纪90年代。最近二三十年来,以王利华、包茂宏、梅雪芹、侯文蕙、高国荣、钞晓鸿、夏明方等为代表的一批大陆学者致力于西方环境史理论的介绍及中国环境史思想框架与研究理路的探讨,极大地推动了中国环境史研究的发展,环境史研究在国内可谓方兴未艾。环境史是什么?中外学者对其有过很多不尽相同的界定,其中美国学者J·唐纳德·休斯甚至有一本书名为《什么是环境史》的著作。在该书中,休斯指出环境史"是一门历史,通过研究作为自然一部分的人类如何随着时间的变迁,在与自然其余部分互动的过程中生活、劳作与思考,从而推进对人类的理解"。根据他的概括,环境史可以涉及的三个主题是:"(1)环境因素对人类历史的影响;(2)人类行为造成的环境变化,以及这些变化反过来在人类社会变化过程中引起回响并对之产生影响的多种方式;(3)人类的环境思想史,以及人类的各种态度藉以激起影响环境之行为的方式。"①

①[美]J.唐纳德·休斯著,梅雪芹译:《什么是环境史》,北京大学出版社2008年,第1页、第4页。

这位环境史初生之时就活跃于这一领域的著名学者在这本环境史研究指南性质的著作中对环境史的界定，显然是可以为一般学者所认可的。

环境史并非只是环境的历史，它所考察的历史自然现象是与人类活动发生了关联的那些方面。在这里，环境的变迁并不是一个纯粹的自然过程，环境史想要弄清人类在这个过程中发挥了怎样的作用，以及这种变迁对人类社会的影响。环境史不同于自然史，它的落脚点同样在于社会与文化，只是与一般的历史学不同，环境史特别强调人类的生物属性，强调社会现象与环境因素的关联，认为社会和文化的变异和差别不但要从其自身的发生、演变中去寻找答案，而且应从其所处的环境中寻找根源。环境史不仅开辟了历史研究的新领域，将自然纳入了历史之中，而且也将生态学意识引入了历史研究。生态学意识是环境史看待人和自然关系最基本的立场和观念。“环境史学者的生态学意识主要体现在他们研究历史的整体意识和人文情感上。所谓整体意识是指在一定的时间和空间内，人和自然是互相作用互相依存的一个整体，它们的发展是一个复杂的、动态的和不可分割的历史过程；人文情感是指对自然的尊重和对生命的敬畏，因为只有在认识了自然的价值时，我们才能公正地对待人和自然的关系”①。

环境史希望能够从人类与自然相互关联的新视角来重新探索人类社会历史的发展，同时也寻找解决环境问题的答案。而在传统社会的所有人类活动中，与自然环境彼此影响、相互作用最为明显的应该就是农业生产了。农业生产是利用植物或动物的生理活动机能，通过人类劳动来强化或控制其与自然环境之间的物质和能量交换、

① 侯文蕙：《环境史和环境史研究的生态学意识》，《世界历史》2004 年第 3 期。

转化，从而获得人类需要的产品的活动，受环境影响很大，具有季节性与地域性。自然环境在相当程度上决定了农业生产的发展方向，影响着农业生产的部门结构、耕作制度、区域分异、技术措施。但是，自然环境仍然为农业生产保存了相当广泛的自由。在一定的时间和地域内，人类可以通过自己的劳动，适应或改善不利的自然环境条件，促进农业的发展。尽管从长远看，有些改变也可能带来生态环境恶化等后续影响。同时，自然环境的稳定性是相对的，随着农业生产力的提高，其优劣也会日益显示出与以前不同的内容。可以说，农业生产和自然环境是相互作用、相互依存的整体，两者的发展是一个相当复杂的、动态的和不可分割的历史过程。因此，农业开发与生态环境的关系，从一开始就是环境史关注的重点。

汉晋南朝长江中下游地区农业开发取得的成就与生态环境的改变都相当显著。长江中下游地区的稻作农业水平尽管在农业起源初期很可能要高于北方的旱作农业，但此后的发展进程却一度非常缓慢。位于长江中下游的荆州、扬州在成书于战国的《禹贡》中分列下中、下下之地，被认为最不适宜农业生产。直到西汉时期，楚越之地仍然以"火耕水耨"著称，百姓普遍"以渔猎山伐为业"[1]。然而东汉以降，长江中下游地区农业的发展态势转而出现明显强于全国农业变动的大趋势。至南朝刘宋时，长江下游的三吴地区更已成为全国最为富饶的农业基地。《宋书》卷 54 云："（江南）地广野丰，民勤本业，一岁或稔，则数郡忘饥。会土带海傍湖，良畴亦数十万顷，膏腴上地，亩直一金，鄠、杜之间，不能比也。"[2] 也是在这段时期，人们对于长江中下游地区生存环境的评价发生了明显变化。秦汉之际中

① 班固：《汉书》卷 28《地理志下》，中华书局 2002 年，第 1666 页。
② 沈约：《宋书》卷 54《孔季恭羊玄保沈昙庆传》，中华书局 2003 年，第 1540 页。

原人士对于长江中下游的生存环境普遍心存畏惧，大都不愿前往南方。《汉书·晁错传》载秦朝发兵戍守“扬粤之地”，“秦民见行，如往弃市”①。《史记·贾生列传》载贾谊被贬为长沙王太傅后，因“长沙卑湿，自以为寿不得长，伤悼之”②。魏晋南朝时这种心理不再牢固，人们对于南方的印象已明显改观，当时的南迁士族和百姓在适应南方生活后往往不愿再迁回北方。而在稍后的唐朝，更出现“人人尽说江南好”的诗句。既然农业生产与生态环境存在互相作用、互相依存的关系，上述两个变化之间的内在联系，也就值得好好发掘。

二、学术史梳理

尽管环境史学科出现较晚，汉晋南朝长江中下游农业生产与环境关系的相关研究其实很早就已经在进行。农业史一度是史学研究的重点，汉晋南朝长江中下游地区火耕水耨的稻作方式（彭世奖：《“火耕水耨”辨析》，《中国农史》1987 年第 2 期；杨振红：《论两汉时期的“火耕水耨”》，《中国史研究》1990 年第 1 期；陈国灿：《“火耕水耨”新探——兼谈六朝以前江南地区的水稻耕作技术》，《中国农史》1999 年第 1 期）、北方旱地作物的推广〔黎虎：《东晋南朝时期北方旱田作物的南移》，《北京师范大学学报》（社会科学版）1988 年第 2 期；张学锋：《试论六朝江南之麦作业》，《中国农史》1990 年第 3 期〕、农田水利建设（陈桥驿：《古代鉴湖兴废与山会平原农田水利》，《地理学报》1962 年第 3 期；汪家伦：《东晋南朝江南农田水利的发展》，《古今农业》1988 年第 2 期；张芳：《六朝时期的农田水利》，《古今农业》

① 班固：《汉书》卷 49《晁错传》，第 2284 页。

② 司马迁：《史记》卷 84《贾生列传》，中华书局 2003 年，第 2496 页。

1988 年第 2 期)、封山固泽现象〔蒋福亚:《东晋南朝的占山护泽》,《中国经济史研究》1992 年第 4 期;侯旭东:《东晋南朝江南地区封山占水再研究》,《北京师范大学学报》(社会科学版)1993 年第 3 期〕、大土地所有制的发展(唐长孺:《三至六世纪江南大土地所有制的发展》,上海人民出版社 1957 年)、农业人口南迁(童超:《东晋南朝时期的移民浪潮与土地开发》,《历史研究》1987 年第 4 期)等很早就是学者讨论得较多的问题。

新世纪以来,学界对于汉晋南朝长江中下游地区农业的研究继续深入,出版的相关著作有刘磐修《盛世探源——汉唐农业发展研究》(江苏古籍出版社 2001 年),张波、樊志民主编《中国农业通史·战国秦汉卷》(中国农业出版社 2007 年),王利华主编《中国农业通史·魏晋南北朝卷》(中国农业出版社 2009 年),方高峰《六朝政权与长江中游农业经济发展》(天津古籍出版社 2009 年),朱宏斌《秦汉时期区域农业开发研究》(中国农业出版社 2010 年)等等。其中张泽咸《汉晋唐时期农业》(中国社会科学出版社 2003 年)将全国划为十一区,按秦汉、六朝、隋唐分别立论,探讨各区在汉、晋、唐时期的农业发展水平,指出其各自独特之处。书中的东南区(含江淮平原、吴越平原、江南丘陵、浙闽丘陵等)、荆楚丘陵区(含南阳盆地、荆襄地区、湘楚地区)大体相当于长江中下游的范围。韩茂莉《中国历史农业地理》(北京大学出版社 2012 年)梳理中国农业空间的发展历程,在综述中国农业空间拓展进程、农业生产技术地域差异的基础上,分作物与区域两个内容,分别探讨了各种主要农作物在中国(含汉晋南朝时期)的起源与传入、传播路径、空间分布及作物组合方式,以及各农业区(含位于长江中下游的东南区、长江中游区)的发展进程与农业地理基本面貌。此两书详细阐述各区域农业历代的发展,不仅有助于我们了解汉晋南朝长江中下游地区农业的基本状况、发展进程，而且有助于理解其相对于其他区域的独特之处。

长江中下游地区各区域的经济开发在上世纪已均有研究专著面世。中国江南区域开发研究丛书由江西教育出版社在 1993—1997 年间相继出版，这套丛书包括魏嵩山《太湖流域开发探源》，梅莉等《两湖平原开发探源》，魏嵩山、肖华忠《鄱阳湖流域开发探源》，李志庭《浙江地区开发探源》，应岳林、巴兆祥《江淮地区开发探源》。针对太湖流域的农业开发，更有黄淑梅《六朝太湖流域的发展》（台北联鸣文化有限公司 1982 年），缪启愉编著《太湖塘浦圩田史研究》（农业出版社 1985 年），中国农业科学院、南京农业大学中国农业遗产研究室太湖地区农业史研究课题组编著《太湖地区农业史稿》（农业出版社 1990 年）等重要成果。新世纪以来又先后出版了王鑫义主编《淮河流域经济开发史》（黄山书社 2001 年），冯利华、陈雄《钱塘江流域水利开发史研究》（中国社会科学出版社 2009 年），朱华友、徐宝敏《钱塘江流域经济开发史》（中国社会科学出版社 2009 年），王晓天主编《湖南经济通史·古代卷》（湖南人民出版社 2013 年）等区域研究专著，这些著作对汉晋南朝本区域的开发情况都设有专门章节进行阐述。而前引方高峰《六朝政权与长江中游农业经济发展》、王玲《汉魏六朝荆州地区的经济与社会变迁》（中国社会科学出版社 2010 年）更是直接针对汉晋南朝时期的研究。

陈刚《六朝建康历史地理及信息化研究》（南京大学出版社 2012 年）考察了六朝时期建康的气候与自然灾害、城市水网等环境问题，并在考察当时建康城粮食供应问题时，论述到江南地区的农业发展与农业生产结构情况。张文华《汉唐时期淮河流域历史地理研究》（上海三联书店 2013 年）对这一时期淮河流域的河湖环境、自然灾害、农业地理情况分章进行了讨论。此外，梁华东《六朝时期皖南农业开发述略》（《南京晓庄学院学报》2002 年第 2 期），陆建伟、陈剑峰《略论六朝时期浙江苕溪流域经济圈的形成》(《浙江学刊》2003 年第 6 期),王玲《汉魏六朝荆州大地产农业的发展》(《江汉论坛》2006 年第 3 期),陈刚《试论六朝时期宁镇丘陵陂塘灌溉农业区的形成》(《六朝历史文化与镇江地域发展学术研讨会论文汇编》2010 年),彭安玉《六朝时期的移民浪潮与镇江及其周边地区的土地开发》(《六朝历史文化与镇江地域发展学术研讨会论文汇编》2010 年),袁祯泽、沈志忠《六朝建康地区的农业发展》(《古今农业》2014 年第 2 期)等论文也是汉晋南朝中下游地区农业研究地域日益细化的反映。

新世纪以来,关于江南稻作技术的讨论仍在进行。何德章《六朝江南农业技术两题》(初刊《南京晓庄学院学报》2005 年第 3 期,后收入其著《魏晋南北朝史丛稿》,商务印书馆 2010 年)认为火耕水耨是指南方山地和平原湖泊区的两种生产方法,并据此推断六朝江南农业发展主要体现为在湖泊山林开发基础上耕地面积的扩大,技术进步并不是六朝江南农业发展的主要因素。牟发松《江南“火耕水耨”再思考》(《中国农史》2013 年第 6 期)认为火耕水耨最适宜濒海傍湖的水泽之地和冲积扇状的河谷盆地,这里秋冬枯涸可以火耕,春夏多水可资水耨。这种方法在耕耨环节上劳动投入少,却“功浅得深”,但仍需对水、火有一定程度控制,还需有水产捕捞业为其补充。朱宏斌《汉唐间北方农业技术的南传及在江南地区的本土化发展》(《中国农史》2011 年第 4 期)、李荣华《汉魏六朝华北的水稻种植技术与南方的稻作农业》(《中国农史》2012 年第 4 期)均论述了北方农业技术南移对汉晋南朝南方稻作农业的影响。王玲《汉魏六朝荆州稻作农业的发展》(《中国农史》2007 年第 2 期)从稻作种植区域的扩大、耕作技术的提高以及产粮的增加等方面论述了荆州稻作在进入魏晋南北朝后的发展。曾雄生《中国稻史研究》(中国农业出版社2018年）涉及水田农具、稻田种植制度、稻作环境、水稻栽培技术、水稻品种等诸多方面，有助于对汉晋南朝长江中下游稻作技术与种植区域的认识。

六朝时期旱田作物在南方的推广，新世纪以来同样有新的研究成果。刘磐修《两汉魏晋南北朝时期的大豆生产和地域分布》（《中国农史》2000年第1期）叙述了当时大豆在长江流域的种植情况，并认为大豆在南朝后期已进入南方主粮行列。张学峰《再论六朝江南的麦作业》（载胡阿祥主编《江南社会经济史研究·六朝隋唐卷》，中国农业出版社2006年）认为江南麦作的兴起是以永嘉之乱为契机的。东晋时期江南的麦作可能仍集中于侨州郡县，在平原传统的稻作区尚未大规模展开。南朝麦作业在江南全域得到进一步推广，并在技术上开始出现南方特色。前引何德章《六朝江南农业技术两题》认为六朝南方旱作农业的兴起是南方不宜稻作的山地开发的需要、大旱之时水稻种植难以进行时的救荒措施以及南迁北方人饮食习惯的影响共同作用的结果。李文涛《走马楼吴简所见孙吴时期长沙地区的麦作》（《古今农业》2012年第1期）认为早在三国时期麦作已经在长沙地区得到推广，其原因是南北军事对峙期间喂养战马的需要，促进了麦作在这一地区的推广。何红中、惠富平《中国古代粟作史》（中国农业科学技术出版社2015年）第二章“粟作的演进历程”认为两汉时期小麦种植已经扩展到了长江流域，魏晋南北朝时期粟作在南方得以推广主要是北方人口的南迁、统治阶层的推动与气候转冷创造的条件。

关于经济作物的种植，方如今、陈国灿《六朝时期南方经济作物种植》（《历史研究》1993年第5期）总结了六朝南方经济作物种植业发展的表现，梳理了六朝南方经济作物的种类。王利华《〈广志〉辑校（一）——果品部分》（《中国农史》1993年第4期》抄录了晋代成书的《广志》中有关果品的条文,并逐句校勘。新世纪以来又有刘兴林《考古学视野下的江南纺织史研究》(厦门大学出版社 2013 年)从原料生产、织机类型、生产形式、织品种类等多个角度对战国两汉时期的江南纺织进行了探讨,其中包括对当时江南桑、麻生产情况的阐述。樊良树《汉魏六朝历史时空中的甘蔗》(《晋中学院学报》2014 年第 6 期)叙述了汉魏六朝时期人们对甘蔗的认识。王淳航、李天石《论六朝时期的蔬菜种植与流转》〔《南京师大学报》(社会科学版)2011 年第 5 期〕,秦博《汉代果蔬遗存及相关问题研究》(《秦汉研究》第 12 辑,西北大学出版社 2018 年),郝天民等《西汉至南北朝时期的中国蔬菜》(《甘肃农业》2018 年第 22 期),探讨了汉晋南朝的蔬菜种植问题。另外,很多通论性专著也对汉晋南朝经济作物的种植情况有新阐述。如王利华主编《中国农业通史·魏晋南北朝卷》第三章“农业生产结构与地理布局”的二、三、四节分别是“蔬菜和油料作物生产概况”“果树的构成及其地区分布”“衣料生产结构及其地理分布”。

由于农业的本质是利用各种自然条件干预动植物的生命过程,从而获得产品,各种农业活动都离不开特定的环境。前述论著大都涉及环境因素,是建立在对长江中下游气温、降水、土壤、地形等自然条件考量的基础之上,如张泽咸《汉晋唐时期农业》对汉晋唐农业的分区探讨即基本是按照自然区划,韩茂莉《中国历史农业地理》对农业空间的阐述尤其强调“作物与自然环境的依存关系”。而且各部农业史专著往往设有专门章节讨论环境因素,如张波、樊志民主编《中国农业通史·战国秦汉卷》第一章是“农业生产环境变迁”,王利华主编《中国农业通史·魏晋南北朝卷》绪论是“农业发展的自然环境与社会环境”。

关于汉晋南朝生态环境的研究成果中,值得强调的是王子今

《秦汉时期生态环境研究》（北京大学出版社 2007 年）。此书既从气候变迁、水资源、野生动物分布、植被、影响生态环境的人为因素等方面全面而系统地考察了秦汉时期生态环境的基本状况，也从思想观念的角度阐述了当时人们的生态环境观以及生态环境与社会历史的关系。胡阿祥《魏晋南北朝时期的生态环境》（《南京晓庄学院学报》2001 年第 3 期）从气候形势、动植物资源、河流湖泊、海岸推移、自然灾害等方面对魏晋南北朝生态环境的整体情况有过阐述。连雯《魏晋南北朝时期南方生态环境下的居民生活》（南开大学 2013 年博士学位论文）更针对魏晋南北朝时期的南方地区，阐述了当地气候、地貌水体、植被、动物的基本情况及其对居民生活的影响。此外，张建民、鲁西奇主编《历史时期长江中游地区人类活动与环境变迁专题研究》（武汉大学出版社 2011 年）有专章是长江流域环境史研究的回顾与展望，以及对长江中游地区距今 10000—1800 年间气候状况的研究。

在影响农业的环境因素中，气候是能起到决定性作用的因素。竺可桢《中国近五千年来气候变迁的初步研究》（《考古学报》1972 年第 1 期）主要根据考古材料与文献中的物候资料，初步建立了我国近 5000 年来的温度变化序列，描绘了我国历史时期气候变化的轮廓。该文是历史气候研究最经典的论文，为后来学界的进一步研究提供了重要基础。随着树木年轮、孢粉分析、盐湖沉积、地衣测量、冰川等方法的广泛应用，对于历史气候的研究日益深入。刘昭民《中国历史上气候之变迁》（台湾商务印书馆 1992 年），文焕然、文榕生《中国历史时期冬半年气候冷暖变迁》（科学出版社 1996 年），牟重行《中国五千年气候变迁的再考证》（气象出版社 1996 年），张丕远主编《中国历史气候变化》（山东科学技术出版社 1996 年），满志敏《中国历史时期气候变化研究》（山东教育出版社 2009 年），葛全胜等《中国历朝气候变化》（科学出版社 2011 年）等均是对包括汉晋南朝在内的整个历史时期的气候研究著作。专门针对汉晋南朝气候进行研究的代表性论文有：王子今《秦汉时期气候变迁的历史学考察》（《历史研究》1995 年第 2 期），文章认为两汉之际经历了由暖而寒的转变，并考察了与之相关的农时变化及气候转变对社会历史演进的影响。陈业新《两汉时期气候状况的历史学再考察》（《历史研究》2002 年第 4 期）从农事活动时节、物候和干湿状况三个方面对两汉时期的气候情况做了再考察，认为两汉时期的气温与今天相比无大差异，前、后汉相比，西汉略冷，东汉稍暖，但期间有多次波动，东汉末年气候急剧转冷。后来在《战国秦汉时期长江中游地区气候状况研究》（《中国历史地理论丛》2007 年第 1 期）中，他又着重利用考古材料和钻孔孢粉资料，结合历史文献，在两汉气候冷暖波动方面得出了大体相同的结论。郑景云、满志敏等《魏晋南北朝时期的中国东部温度变化》（《第四纪研究》2005 年第 2 期）根据魏晋南北朝时期的异常霜雪记载及植物物候记述，推算了中国东部地区部分年代及每 30 年的冬半年温度距平；并结合有关自然证据，分析了魏晋南北朝时期中国的冷暖变化特征。目前学界在两汉的气候状况上尚存在分歧，但大体肯定魏晋南北朝以寒冷为主要特征。

关于气候变化对汉晋南朝的影响，李伯重《气候变化与中国历史上人口的几次大起大落》（《人口研究》1999 年第 1 期）、许倬云《汉末至南北朝气候与民族移动的初步考察》（《许倬云自选集》，上海教育出版社 2002 年）、布雷特·辛斯基《气候变迁和中国历史》（《中国历史地理论丛》2003 年第 2 期）等都有重要参考价值。具体到汉晋南朝的农业生产，王子今《试论秦汉气候变迁对江南经济文化发展的意义》（《学术月刊》1994 年第 9 期）指出秦汉江南地区经济的显著进步，气候条件的变迁曾形成相当重要的影响。秦冬梅《试论魏晋南北朝时期的气候异常与农业生产》(《中国农史》2003 年第 1 期)认为魏晋南北朝时期的气候异常一方面对农业生产造成了极大损害,另一方面亦促进了传统农区生产技术的改进和南方地区的开发。此外,张家诚《气候变化对中国农业生产的影响初探》(《地理研究》1982 年第 2 期)、张养才《历史时期气候变迁与我国稻作区演变关系的研究》(《科学通讯》1982 年第 4 期)、倪根金《试论气候变迁对我国古代北方农业经济的影响》(《农业考古》1988年第1期)、王铮《气候变暖对中国农业影响的历史借鉴》(《自然科学进展》2005 年第 6 期)、何凡能等《历史时期气候变化对中国古代农业影响研究的若干进展》(《地理研究》2010 年第 12 期)等也有助于理解气候变化对汉晋南朝长江流域农业的影响。

水资源同样是影响农业生产的决定性因素。汉晋南朝的水环境跟农田水利建设很早就是学界研究的重点,相关成果非常丰富,尤其是汪家伦、张芳编著的《中国农田水利史》(农业出版社 1990 年),对汉晋南朝的农田水利工程已经有过相当细致的梳理。张芳编著的《二十五史水利资料综汇》(中国三峡出版社 2007 年)又将散见于二十五史篇章中的水利资料录为一帧,更方便学界对这些资料的利用。近年来,出土文献中的农田水利史料也引起了学者的注意。凌文超《走马楼吴简"隐核波田簿"复原整理与研究》(《中华文史论丛》2012 年第 1 期)复原整理出了走马楼吴简中的"隐核波田簿",并根据其内容推测这是郡县下敕令由劝农掾隐核诸乡陂田而制作的册书,其目的可能是为了兴复陂田。此前,王子今《走马楼竹简"枯兼波簿"及其透露的生态史信息》〔《湖南大学学报》(社会科学版)2008 年第 3 期〕、沈刚《走马楼三国吴简波枯兼簿探讨》(《中国农史》2009 年第 2 期)、张固也《走马楼吴简"枯兼波簿"新探》〔《吉林师范大学学报》(人文社会科学版)2013 年第 1 期〕也均探讨了走马楼竹简中的这批简文。

关于农田水利跟经济发展的关系，冀朝鼎的《中国历史上的基本经济区与水利事业的发展》（中国社会科学出版社 1981 年）仍值得提及。该书探讨了中国历史上水利事业的发展与基本经济区的兴衰和转移间的密切关系，以及水利事业和基本经济区的发展对封建时代政治和经济的重大影响，自出版以来一直深受学界重视。近年王铿《东汉、六朝时期三吴地区水利事业性质之考察》（《中华文史论丛》2014 年第 4 期）认为东汉、六朝时期，本应由政府使用公权力组织实施的水利事业，受到了私家势力相当程度的渗透，反映了该时期国家统合程度较低的事实。这种水利事业在中国是政府职能的观念，可能也是受冀朝鼎学术观点的影响。农田水利对农业生产的影响是不言而喻的，具体到汉晋南朝的长江中下游地区，可列举的较近代表性论文有牟发松的《从"火耕水耨"到"以沟为天"——汉唐间江南的稻作农业与水利工程考论》（《中华文史论丛》2014 年第 1 期），文章认为汉唐间江南稻作农业的发展过程，在东晋南朝是一个节点，其重要标志是江东地区"带海傍湖"的"会土"出现了数十万顷依赖农田水利保障的"膏腴上地"，这是对东汉江东地区镜湖、钱塘县防海大塘工程的继承、发展，是以完善的农田水利设施为特征的先进稻作方式对南方传统的粗放原始的稻作方式的局部胜利。

与气候变迁及水资源相关的还有各种农业自然灾害。对农业灾害史料的辑录，自新中国成立以来一直颇受重视。代表性成果有中国社科院历史研究所资料编纂组编《中国历代自然灾害及历代盛世农业政策资料》（农业出版社 1988 年）、宋正海总主编《中国古代重大自然灾害和异常年表总集》（广东教育出版社 1992 年）、张波等编《中国农业自然灾害史料集》（陕西科学技术出版社 1994 年）等。专就汉晋南朝长江中下游地区的农业自然灾害来说，目前最为系统的研究成果之一应该是卜风贤的《周秦汉晋时期农业灾害和农业减灾方略研究》(中国社会科学出版社 2006 年)。该书对汉晋时期农业灾害和农业减灾方略有相当详细的研究,并附有两汉及三国两晋南北朝时期的"农业灾害信息及灾度等级量化表",能直观地反映这一时期灾害频度与程度的起伏变化。袁祖亮主编的《中国灾害通史》之《秦汉卷》《魏晋南北朝卷》(郑州大学出版社 2009 年)对汉晋南朝的各种自然灾害分别进行了统计和分析,卷末所附"灾害年表",按年月日顺序逐条收录了记载各类自然灾害情况的史料及其出处,同时还标明了灾害发生地的现属区域。此外,郭黎安《关于六朝建康气候、自然灾害和生态环境的初步研究》(《南京社会科学》2000 年第 8 期)论述了六朝建康各种灾害发生的时间、原因及后果。前引秦冬梅《试论魏晋南北朝时期的气候异常与农业生产》(《中国农史》2003 年第 1 期)亦着重从气候异常导致各种自然灾害增多的角度,来探讨其对农业生产的影响。张文华《汉唐时期淮河流域历史地理研究》(上海三联书店 2013 年)有专章阐述汉唐时期淮河流域自然灾害的时空分布特征。

汉晋南朝长江中下游地区的植被情况,在很多通论性的论著中都有涉及。如陈嵘《中国森林史料》(中国林业出版社 1983 年),董智勇、佟新夫主编《中国森林史资料汇编》(中国林学会林业史学会 1993 年),陶炎《中国森林的历史变迁》(中国林业出版社 1994 年),马忠良等编著《中国森林的变迁》(中国林业出版社 1997 年),焦国模《中国林业史》(台北渤海堂文化事业公司 1999 年),文焕然、何业恒《中国森林资源分布的历史概况》(《自然资源》1979 年第 2 期),史念海《论历史时期我国植被的分布及其变迁》(《中国历史地理论丛》1991 年第 3 期),樊宝敏、董源《中国历代森林覆盖率的探讨》(《北京林业大学学报》2001 年第 4 期)等。周宏伟《长江流域森林变迁的历史考察》(《中国农史》1999年第4期)从宏观角度考察了长江流域森林变迁的历史进程。陈桥驿《古代绍兴地区天然森林的破坏及其对农业的影响》(《地理学报》1965年第2期),章绍尧、姚继衡《浙江森林的变迁》(《浙江林业科技》1988年第5期),杨绍章《江苏古代林业初探》(《中国农史》1989年第3期),张玉良《安徽森林的演变》(《安徽林业科技》1997年第4期),林英、廖桢《江西森林的历史变迁》〔《南昌大学学报》(理科版)1982年第1期〕,陈柏泉《江西地区历史时期的森林》(《农业考古》1985年第2期),冯祖祥、姜元珍《湖北森林变迁历史初探》(《农业考古》1995年第3期),何业恒、文焕然《湘江下游森林的变迁》(《历史地理》第2辑,上海人民出版社1982年),何业恒、许辅会《澧水流域的森林变迁》〔《湖南师院学报》(自然科学版)1983年第2期〕等分别考察了长江中下游各地区森林变迁的历史进程。与此相关的有,何德章《六朝建康的木材》(收入其著《魏晋南北朝史丛稿》,商务印书馆2010年)论述了六朝建康城木材的来源、用途,及采办不易所带来的社会问题。李飞、袁婵《魏晋南北朝林政初探》〔《北京林业大学学报》(社会科学版)2009年第1期〕从魏晋南北朝涉及林业的官制、政策与法令入手,分析了当时林政的特点及对林业生产与经营的影响。王飞《先秦两汉时期森林生态文明研究》(中国社会科学出版社2015年)中论述了秦汉时期的森林分布、林政和管理、政府行为与社会生活对森林的影响等问题。

汉晋南朝长江中下游地区的野生动物情况,同样有不少通论性的论著涉及。如文焕然等《中国历史时期植物与动物变迁研究》(重庆出版社1995年),何业恒《湖南珍稀动物的历史变迁》(湖南教育出版社1990年)、《中国珍稀兽类的历史变迁》(湖南科学技术出版社1993年)、《中国珍稀鸟类的历史变迁》(湖南科学技术出版社 1994 年)、《中国虎与中国熊的历史变迁》(湖南师范大学出版社 1996 年)、《中国珍稀兽类(Ⅱ)的历史变迁》(湖南师范大学出版社 1997 年)、《中国珍稀爬行类两栖类和鱼类的历史变迁》(湖南师范大学出版社 1997 年)。曹志红《老虎与人:中国虎地理分布和历史变迁的人文影响因素研究》(陕西师范大学 2010 年博士学位论文)对历史时期江西、湖南等地虎的地理分布、时代变迁、人虎关系分别设有专章进行阐述。王子今《马王堆一号汉墓出土有关"鹿"的文字资料与梅花鹿标本》(收入其著《长沙简牍研究》,中国社会科学出版社 2017 年)从马王堆一号汉墓出土签牌、遣策中有关鹿的文字以及鹿的骨骼标本入手,对梅花鹿分布区域变迁进行了生态史考察。樊树良《六朝江南生态环境蠡测——以鹿、虎为视角》(《社科导刊》2014 年第 4 期)从各式鹿制品、虎患与打虎故事入手,对六朝江南的生态环境进行了考察。

关于汉晋南朝长江中下游地区生存环境的研究。萧璠《汉宋间文献所见古代中国南方的地理环境与地方病及其影响》(《"中央研究院"历史语言研究所集刊》第 63 本第 1 分册,1993 年)阐述了汉至宋南方自然环境、生活习俗与某些地方流行疾病间的关系,以及这些疾病对南方政治、经济、社会生活各方面的影响。龚胜生《2000 年来中国瘴病分布变迁的初步研究》(《地理学报》1993 年第 4 期)认为由于人为作用与气候变迁,2000 年来瘴气分布区逐渐南移,其中战国西汉时期以秦岭淮河为北界,隋唐五代时期以大巴山长江为北界。他在《中国先秦两汉时期疟疾地理研究》〔《华中师范大学学报》(自然科学版)1996 年第 4 期〕及与叶护平合作的《魏晋南北朝时期疫灾时空分布规律研究》(《中国历史地理论丛》2007 年第 3 期)中又分别对这两段时期疾疫的地理分布及危害进行了探讨。薛瑞泽《六朝时期疫病流行及社会救助》(《江苏社会科学》2004 年第 2 期),

陈金凤、王芙蓉《两晋疫病及相关问题研究》(《许昌学院学报》2005年第3期),王子今《汉晋时代的“瘴气之害”》(《中国历史地理论丛》2006年第3期),王永飞《两汉时期疾疫的时空分布与特征》(《咸阳师范学院学报》2008年第3期)等也对这一时期的疾疫问题有过探讨。走马楼吴简出土后,其中有关疾病的记载也引起学者留意,相关论文有:汪小烜《吴简所见“肿足”解》(《历史研究》2001年第4期)、高凯《从吴简蠡测孙吴初期临湘侯国的疾病人口问题》(《史学月刊》2005年第12期)、侯旭东《长沙走马楼吴简“肿足”别解》(《吴简研究》第2辑,崇文书局2006年)、曲柄睿《肿足新解——长沙走马楼吴简所见的一种疾病考述》(《吴简研究》第3辑,中华书局2011年)、庄小霞《走马楼吴简所见“肿足”“肿病”再考》〔《鲁东大学学报》(哲学社会科学版)2017年第3期〕等。

左鹏《汉唐时期的瘴与瘴意象》(《唐研究》第8卷,北京大学出版社2002年)认为瘴疾作为一种地方性疾病,同样也是某种观念形态的反映,并从这一角度,阐释了汉唐时期的瘴疾。张文《地域偏见和族群歧视:中国古代瘴气与瘴病的文化学解读》(《民族研究》2005年第3期)认为所谓的瘴气与瘴病,不过是以汉文化为主体的中原文化对于南方,尤其是西南地区的地域偏见与族群歧视的“形象模塑”,它更多的是文化概念,而非疾病概念。于赓哲《疾病、卑湿与中古族群边界》(《民族研究》2010年第1期)认为中古时期南方“卑湿”的恶名虽有一定事实基础,但同时也体现北方主流文化圈对南方的想象与偏见。作为文化符号,其变化体现了族群边界的动摇与转移。“南土卑湿”是一个地理环境问题,也是一个疾病问题,更是一个文化问题。他在《恶名之辨:对中古南方风土史研究的回顾与展望》〔《南京大学学报》(哲学·人文科学·社会科学)2012年第5期〕中进一步阐述了此观点,认为所谓南方瘴气、蓄蛊、卑湿等问题是对事实的夸大与想象，但在史料话语权作用下却逐渐成了非主流文化圈的标志，成为横亘在南北方之间的心理边疆。李荣华《秦汉时期南土卑湿环境恶劣观念考述》(《云南社会科学》2014 年第 3 期)也认为南土卑湿环境恶劣观念的形成，是南方社会的现实状况与中原社会的主观认识之间相互作用的结果。

至于汉晋南朝长江中下游地区农业开发对环境的影响，目前主要是在有关农田水利的论著中有较多阐述。由于农田水利工程是对不利地理环境的改造，故而能够直接提升工程覆盖区域的环境状况。此外，王福昌《秦汉时期江南的农业开发与自然环境》(《古今农业》1999 年第 4 期)有提到秦汉时期江南在"卑湿"、水土、动植物、传染病环境的改造方面取得较大成就，尽管文中并没有将之与农业开发导致的结果联系在一起。陈雄《秦汉魏晋南北朝时期宁绍地区土地开发及其对环境的影响》〔《浙江师范大学学报》(社会科学版)2002 年第 5 期〕提到这一时期的土地开发对宁绍地区自然环境造成了一定影响，文章所说的影响大致是指地理环境从比较原始的生态状况到被大量垦辟为农田。就农田开垦的后果而言，林承坤《古代长江中下游平原筑堤围垸与塘浦圩田对地理环境的影响》(《环境科学学报》1984 年第 2 期)认为古代江汉平原筑堤围垸的开垦方式破坏了地理环境，造成严重的洪、涝、旱灾害，而下游三角洲塘浦圩田的开垦方式，不改变地表起伏，水系、湖泊都能长期保存，而且对某些不利的地理环境加以合理改造，显著减少了洪、涝、旱灾害。庄华峰《古代江南地区圩田开发及其对生态环境的影响》(《中国历史地理论丛》2005 年第 3 期)在分析圩田开发对生态环境所造成的影响时，则主要强调过度围垦破坏地区生态条件，致使灾害频频发生的方面。这两篇文章的叙述都涉及了六朝时期，但重点均在封建社会后期。其他如赵冈《中国历史上生态环境之变迁》(中国环境科学出版社 1996 年）等关于历史上生态环境变迁的通论性著述在论述农业开发对环境的影响时，也往往重点在于阐述唐宋以后的情况，且多强调人类活动对生态环境的破坏。

张芳《太湖地区古代圩田的发展及对生态环境的影响》（收入倪根金主编《生物史与农史新探》，台北万人出版社 2005 年）指出，唐以前，因太湖平原只在局部地区围垦，水域面积大，河流排洪能力强，围垦对太湖地区整体生态环境影响不大，水网建设反而改善了一些地区的自然环境。值得强调的还有王建革的研究。他在《唐末江南农田景观的形成》（《史林》2010 年第 4 期）中指出，长期的火耕水耨并没有促成江南地区有序的人工景观的大发展，六朝时期屯田制度下江南出现初步的圩田与河道的棋布景观，直到唐代中后期，江南好风景的各个层面才开始形成。文章的重点在于强调经典的江南风光景观是逐步形成的，但追溯了六朝时期农业开发对农田景观的初步塑造作用。其《水乡生态与江南社会（9—20 世纪）》（北京大学出版社 2013 年）系统描述了古代吴淞江的河道和水环境的景观与人文的关系、这一地区鱼米之乡的环境形成及其发展、古人在传统知识体系下对环境的认知与社会反映等问题。《江南环境史研究》（科学出版社 2016 年）则更偏重于人与环境的互动，更多地涉及气候、植物和景观等要素，并且专门阐述了汉代与六朝士人对江南生态环境的认知、江南的自然生态与早期的人文风格等问题。尽管主要是研究宋代以来的情况，这些叙述及其研究视角对于思考汉晋南朝长江中下游农业开发的环境影响无疑是富有启发的。

三、研究构想

“长江中下游地区”是一个相对晚出的地理区域概念，如果用汉晋南朝时人的说法，本书研究的范围也可以大致界定为“江南”。司马迁在《史记·货殖列传》中综述各地物产时，曾将全国划为山西、山东、江南、龙门碣石北四个经济区。依据《货殖列传》的叙述，当时的江南经济区包括西楚、东楚、南楚及颍川、南阳，即所谓的“楚越之地”，大体相当于淮河以南、南岭以北的长江中下游地区[1]。只是古人的地理观念有时并不精审，《史记》中的“江南”所指本来就不确定，而且从古至今“江南”又是个不断变化、富有伸缩性的地域概念，为避免引起理解上的差错，故而借用了这个当代的概念。

如前所述，本书的选择是由于汉晋南朝期间人们对于“江南”农业生产的评价和生存环境的认知都发生了颠覆性的变化，而农业生产与生态环境之间又存在互相作用、互相依存的关系，故而希望发掘上述两个变化之间的内在联系。因此，本书所要考察的不是汉晋南朝长江中下游地区农业开发的整个过程与全面成就，也不是对彼时彼地各种自然环境因素及其变化情况的全面考量，而是汉晋南朝长江中下游地区农业开发与生态环境之间有机、互动的历史关系与过程。本书需要论述汉晋南朝长江中下游地区生态环境对农业开发的影响，也要论述农业开发对生态环境的影响。关于前者，目前相关成果相当丰富，由于着眼点在于两个变化之间的关联，本书的考察重点应该是动态的环境变迁及环境改造对农业开发的影响，而不是静态的环境状况。关于后者，由于以往的研究多集中于农业开发对水土流失、植被破坏比较严重的时段，而在农业开发使环境逐渐趋向于适合定居方面留意得较少，故而有较大的挖掘空间。汉晋南朝长江中下游的不同区域发展极不平衡，当时人们对于“江南”农业生产和生存环境的评价，往往是在与黄河流域的相关情况进行对比后得出的。

---

① 司马迁：《史记》卷129《货殖列传》，第3253—3254页、第3267—3270页。

因此,本书在坚持宏观研究与微观研究相结合的同时,会适当偏重于从整体上将其与北方地区的情况进行比较,而不是过多阐述内部各区域间的差异。

需要补充的是对本书所论"农业"的界定。农业有广义和狭义之分,狭义的农业是指种植业,广义的农业则还包括林果业、畜牧业、渔业、加工业等。不过,在中国的传统理念中,农业的含义主要还是从其狭义出发。《说文解字》"农,耕人也"[①],《汉书·食货志》"辟土殖谷曰农"[②],指出农业的基本性质和任务是通过向土地投入劳动以获取谷物。《史记·货殖列传》称楚越之地"无积聚而多贫"[③],《宋书》卷54赞颂江南"地广野丰,民勤本业,一岁或稔,则数郡忘饥"[④],也是从粮谷种植的发达与否来评价江南的富庶或落后。鉴于此,本书所探讨的农业主要是指种植业,尤其是粮谷种植。

① 段玉裁:《说文解字注》,上海古籍出版社1986年,第106页。

② 班固:《汉书》卷24《食货志上》,第1118页。

③ 司马迁:《史记》卷129《货殖列传》,第3270页。

④ 沈约:《宋书》卷54《孔季恭羊玄保沈昙庆传》,第1540页。

第一章　长江中下游的早期环境与农业开发

就农业的起源而言，长江流域有可能早于黄河流域。考古工作者曾先后两次在湖南道县玉蟾岩遗址发现1万年以前的古栽培稻谷，这是迄今为止所发现的最早的古栽培稻。根据稻谷特征所显示的迹象，可以推定其是一种兼有野、籼、粳综合特征的，从普通野稻向栽培稻初期演化的最原始的古栽培稻类型①。距今7000年左右的浙江余姚河姆渡遗址，稻作文化已有相当规模，遗址第四层在四百平方米的范围内普遍发现稻秆、稻根、稻叶、稻谷等的堆积，厚度在20—100厘米不等。出土谷粒有籼稻和粳稻两种，其中籼稻，经原浙江农业大学游修龄教授鉴定，属人工栽培稻的籼亚种中晚稻型水稻。伴随稻谷一起出土的还有大量农具，主要是骨耜，其中第一期文化遗址中便出土有154件②。黄河流域农业的起源大致也在1万年前，在河北徐水南庄头遗址和北京门头沟东胡林遗址中，科研人员提取到了具有驯化特征的粟类淀粉粒，时间在距今11000—9500年。但粟作

① 张文绪、袁家荣：《湖南道县玉蟾岩古栽培稻的初步研究》，《作物学报》1998年第4期。

② 浙江省文物考古研究所编：《河姆渡：新石器时代遗址考古发掘报告》（上），文物出版社2003年，第85页、第216页。

最直接的实物证据目前还只能追溯到距今7000多年的河北磁山遗址，这里出土了少量粟的遗存。

然而直到西汉中期，长江中下游地区仍然处在开发的初期阶段。司马迁在《史记·货殖列传》中综述当时各地经济情况时写道："楚越之地，地广人稀，饭稻羹鱼，或火耕而水耨，果隋蠃蛤，不待贾而足，地势饶食，无饥馑之患，以故呰窳偷生，无积聚而多贫。是故江淮以南，无冻饿之人，亦无千金之家。"① 此时的黄河流域则早已成为秦汉帝国的经济重心。《史记·货殖列传》评价说："关中之地，于天下三分之一，而人众不过什三；然量其富，什居其六。"关东虽未获得关中般的盛誉，但也具有明显的地域优势。"三河在天下之中，若鼎足，王者所更居也，建国各数百千岁，土地小狭，民人众"，"齐带山海，膏壤千里，宜桑麻"，"邹、鲁滨洙、泗，犹有周公遗风……颇有桑麻之业，无林泽之饶"，梁、宋"其俗犹有先王遗风，重厚多君子，好稼穑，虽无山川之饶，能恶衣食，致其蓄藏"②。这些都是人口稠密、农业发达的地带。长江中下游地区的稻作农业水平在农业起源初期并不低于北方的旱作农业，但此后的发展进程却非常缓慢，这里的自然环境对早期农业发展的抑制是一个很重要的因素。

第一节　《禹贡》中的下中、下下之地

《尚书·禹贡》是我国现存最早的综合性地理文献，篇中分当时天下为九州，并将九州田地划定为三等九级，其中"荆及衡阳惟荆州……厥土惟涂泥，厥田惟下中"，"淮、海惟扬州……厥土惟涂泥，

① 司马迁：《史记》卷129《货殖列传》，第3270页。
② 司马迁：《史记》卷129《货殖列传》，第3262—3266页。

厥田惟下下"[1]，长江中下游地区荆州与扬州的土壤类型为涂泥，田地等级在九州中位列最末两位。《禹贡》的成书年代说法不一，从周初至战国末年都有学者主张，但篇中对九州田地等级的划分无疑反映了先秦时期人们对于各州农业生产环境优劣，或者说土地可利用程度的认识。

一、长江中下游地区的"涂泥"

就环境因素而言，农业生产过程中首先碰到的就是土壤问题。《汉书·食货志》说"辟土殖谷曰农"[2]，意思是开垦土壤、种植谷物称之为农。由于土壤在物理结构和生化性能上存在差异，表现在肥力上也就有高低之别。我国传统农业很早就注意到了土壤的不同类型。《史记·周本纪》记载周的始祖弃曾"相地之宜，宜谷者稼穑焉"[3]；《周礼·地官司徒》载"大司徒"职掌"以土宜之法，辨十有二土之名物，以相民宅而知其利害，以阜人民，以蕃鸟兽，以毓草木，以任土事。辨十有二壤之物而知其种，以教稼穑树艺"[4]；《管子·立政》说"相高下，视肥硗，观地宜……使五谷桑麻皆安其处，由田之事也"[5]；《荀子·儒效》说"相高下，视硗肥，序五种，君子不如农人"[6]。可见区别土壤肥瘠在先秦时期不仅是农夫的常识，而且也是官员的职责。《禹贡》对于九州田地分等的主要依据就是土壤类型。

---

① 孔颖达：《尚书正义》，阮元校刻：《十三经注疏》，清嘉庆刊本，中华书局 2009 年，第 312—314 页。

② 班固：《汉书》卷 24《食货志上》，第 1118 页。

③ 司马迁：《史记》卷 4《周本纪》，第 112 页。

④ 贾公彦：《周礼注疏》，阮元校刻：《十三经注疏》，清嘉庆刊本，第 1515—1516 页。

⑤ 黎翔凤：《管子校注》，中华书局 2004 年，第 73 页。

⑥ 王先谦：《荀子集解》，中华书局 1988 年，第 122 页。

表1—1　《禹贡》九州的土壤类别及田地等级

州别	冀州	兖州	青州	徐州	扬州	荆州	豫州	梁州	雍州
土壤种类	白壤	黑坟	白坟、海滨广斥	赤埴坟	涂泥	涂泥	壤、下土坟垆	青黎	黄壤
田地等级	中中	中下	上下	上中	下下	下中	中上	下上	上上

《禹贡》根据土壤颜色、质地等将全国土壤进行分类，实际上以壤、坟、涂泥为主，垆、青黎的数量较少，其中壤又分为黄壤、白壤，坟又有黑坟、赤坟、白坟。壤、坟、涂泥是土壤性状上的差别，黄、白、黑、赤表示土壤色泽的不同。壤、坟都是肥沃的土壤。关于壤，《禹贡》孔安国注“无块曰壤”，马融注“天性和美也”①，许慎《说文解字》“壤，柔土也”②，刘熙《释名·释地》“壤，瀼也，瀼瀼，肥濡意也”③。可见壤是比较疏松、柔软不结块的肥地，分布于雍、冀、豫各州。关于黑坟，《禹贡》孔安国注“黑色而坟起”，马融注“有膏肥也”④。可见坟是膏腴而具有隆起性质的肥土，分布于兖、青、徐各州。在九州田地的排名中，北方六州占据了前六位，虽然这里也有“海滨广斥”（即盐碱土）存在，但主要土壤都以“壤”或“坟”为名，而冠以黄、白、黑、赤等颜色。南方长江上游梁州的土壤为青黎，《禹贡》孔安国注“色青黑而沃壤”，马融注“小疏也”⑤。青黎是黑色小疏土壤，一般认为即指今成都平原及沿河各地的深灰色无石灰性冲积土。在古人看来，青黎虽然不如壤、坟，但仍比涂泥的肥力强。

① 孔颖达：《尚书正义》，阮元校刻：《十三经注疏》，清嘉庆刊本，第308页。

② 段玉裁：《说文解字注》，第683页。

③ 刘熙：《释名》，中华书局1985年，第10页。

④ 孔颖达：《尚书正义》，阮元校刻：《十三经注疏》，清嘉庆刊本，第310页。

⑤ 孔颖达：《尚书正义》，阮元校刻：《十三经注疏》，清嘉庆刊本，第315页。

涂泥是一种什么类型的土壤呢?《释名·释丘》"水潦所止曰泥丘,其上污水留不去成泥也"①;《广韵·齐韵》"泥,水和土也"②;《易·震》"震遂泥",李鼎祚《集解》引虞翻曰"坤土得雨为泥"③,可见泥在古代是指水与细土的调和物。既然如此,涂泥必然是一种水分含量非常高的土壤。《禹贡》孔安国注"涂泥"为"地泉湿"④。辛树帜解释说:"傅寅著《禹贡说断》称:'土惟涂泥,谓卑湿也';毛(奇龄)传称'涂,泥也',土湿如泥,斯指黏质湿土。考其所在,则荆、扬为今之湖南、湖北、江苏、浙江、皖南,乃我国主要湿土分布所在,正相符合……至梁、荆、扬各州即长江流域之'青黎'与'涂泥'即无石灰性冲积土与湿土,列为最瘠,或以当时灌溉与排水设施尚未发达,不能利用之故,以致视为无用。"⑤涂泥可利用程度最低,最直接的原因是这种土壤水分过多,潮湿如泥,必须经过排水才能利用。涂泥是《禹贡》中荆州与扬州的主要土壤类型,《禹贡》称扬州"厥田下下",荆州"厥田下中"。相对于长江下游的扬州而言,中游的荆州地势要高些,土壤积水现象要轻些,所以田地也高一个等级。

长江中下游地区地形以平原和低山丘陵为主,地势低平。江汉平原、洞庭湖平原、鄱阳湖平原、皖中平原、三角洲平原的海拔大都在50米以下。尤其是长江三角洲平原的地面高度,海拔一般在10米以下,太湖中比较深的地方甚至已经在海面以下8米左右。加之地处温暖湿润的亚热带,雨量丰沛,河湖密布,地下水位高,素来有"水乡泽国"之称。现在长江中下游地区年降雨量在1000—1600毫米

① 刘熙:《释名》,第17页。
② 陈彭年:《钜宋广韵》,上海古籍出版社1983年,第51页。
③ 李鼎祚:《周易集解》,中华书局2016年,第317页。
④ 孔颖达:《尚书正义》,阮元校刻:《十三经注疏》,清嘉庆刊本,第312页。
⑤ 辛树帜:《禹贡新解》,农业出版社1980年,第128—130页。

之间，先秦时期大部分时间内的气温都比现在要高，降水也比现在丰富，如果说黄河流域可以用相对现在温暖湿润来形容，长江流域就只能说是更为炎热多雨了。《水经注·沔水》称："东南地卑，万流所凑，涛湖泛决，触地成川，枝津交渠。"[1] 由于长江中下游地区地势低洼、雨量过大，起初又没有系统的蓄水或排水设施，这里沿江滨湖地区沼泽密布，土地泥泞的状况非常突出，尤其雨季山洪泛滥，平原地区更是遍地流潦。

大面积浅水深泥的低洼沼泽地区，对于早期农业生产而言并不是适宜的条件。《吴越春秋·越王无余外传》载："余始受封，人民山居，虽有鸟田之利，租贡才给宗庙祭祀之费。乃复随陵陆而耕种，或逐禽鹿而给食。"[2]《越绝书·外传记地传》记载越王勾践说：越人"水行而山处，以船为车，以楫为马，往若飘风，去则难从"[3]。由于平治水土的能力有限，越人起初以"山居"为主，生活和经营的地方主要是山地和丘陵。虽然有部分"鸟田"（即水田），但数量非常有限，可能分布于地势较高的山泽平原和沼泽的孤丘上。直到春秋晚期越国兴起，能够调动较多的力量修建蓄水、排水工程，越人才开始逐渐将农业生产的重心从稽北丘陵转向平原地带。然而，当时能够开发的仍然限于季节性干涸的浅水区，对于常年积水的地区仍无能为力。元人王祯《农书》之《农器图谱·田制门》载："围田，筑土作围，以绕田也。盖江淮之间，地多薮泽，或濒水，不时渰没，妨于耕种。其有力之家，度视地形，筑土作堤，环而不断，内容顷亩千百，皆为稼地。"[4] 江淮之间的积水与沼泽化情况是要较长江以南地区轻的，但直到封建

① 郦道元著，陈桥驿校证：《水经注校证》，中华书局 2007 年，第 688 页。
② 周生春：《吴越春秋辑校汇考》，上海古籍出版社 1997 年，第 108—109 页。
③ 袁康、吴平辑录，乐祖谋点校：《越绝书》，上海古籍出版社 1985 年，第 58 页。
④ 王祯著，王毓瑚校：《王祯农书》，农业出版社 1981 年，第 186 页。

社会晚期这里的“薮泽”“濒水”之地仍然往往只有“有力之家”才能开发。

涂泥除了水分含量过高，还非常黏重。农史学家解释“涂泥”说：“涂泥是卑湿的土壤。这里大抵指黏质湿土。”①《淮南子·齐俗训》“若玺之抑埴”，高诱注“埴，泥也”②，说明泥是一种同于埴的土壤。而《说文解字》称“埴，黏土也”③，《禹贡》孔安国注“赤埴坟”曰“土黏曰埴”④，《周礼·地官司徒·草人》郑玄注“埴壤，黏疏者”⑤，都是以黏释埴。长江两岸成土过程以黏化为主，但也具有富铝化的特征，因而形成黄棕壤。黄棕壤“粘粒在剖面中的移动和淀积均甚明显，尤其是下蜀母质更为突出，常在剖面中部形成粘磐层”。长江以南的广大丘陵区则是我国红、黄壤的主要分布区，这两类土壤都属于红壤系列。红壤系列的土壤“在成土过程上的共同特点是：具有不同程度的富铝化作用；在酸性环境中进行着腐殖质的累积以及淋溶作用和粘位下移都很强烈”⑥。这几种土壤都具有黏、酸的性质，湿时泥泞，干时密结坚硬，所以整地会比较困难。

在生产工具比较简单的情况下，整地困难是相当大的问题。尤其是与在黄河流域黄土层上的耕作相比，涂泥的这一劣势更加凸显。孙达人认为《禹贡》所说的黄壤“就是原生黄土，而所谓坟和垆，就

① 中国农业科学院南京农学院中国农业遗产研究室编：《中国农学史》（上），科学出版社 1959 年，第 196 页。

② 刘文典：《淮南鸿烈集解》，中华书局 2006 年，第 353 页。

③ 段玉裁：《说文解字注》，第 683 页。

④ 孔颖达：《尚书正义》，阮元校刻：《十三经注疏》，清嘉庆刊本，第 311 页。

⑤ 贾公彦：《周礼注疏》，阮元校刻：《十三经注疏》，清嘉庆刊本，第 1609 页。

⑥ 中国科学院《中国自然地理》编辑委员会：《中国自然地理·土壤地理》，科学出版社 1981 年，第 50 页、第 41 页。

是次生黄土”①。按照地质学家刘东生等的说法，黄土是沙漠、戈壁地区扬起的粉尘落在干旱、半干旱的荒原、草原或稀疏森林草地环境中堆积形成的，这个黄土化过程本身又是一次发生次生碳酸盐化，并使土壤呈疏松多孔和具有大孔隙的结构的过程，因而黄土特别细腻而疏松、肥沃②。由于土层深厚疏松，呈柱状节理，具有肉眼可见的大孔隙。黄土不仅内部能保持良好的通气、通水状态，使地面以下的水分可以借其多孔性毛细血管作用，接近地下的植物根茎，而且具有易垦易耕的优点，特别适宜使用简陋农具条件下的生产。西汉初年成书于长江流域的《淮南子·主术训》曰“一人蹠耒，而耕不过十亩”③，而战国晚期商鞅变法时规定秦国每户农民必须耕作的农田却是一百大亩，反映了在黄土上耕作最初确实有很大优势。

土壤是农作物赖以生存的基础，也是一个复杂的自然综合体。《禹贡》将长江中下游的荆州、扬州列于末等，而列于上等的各州均位于黄河中下游地区。各州土地等级的差异，既反映了当时对各地不同类型土壤性状的认识，也反映了当时的生产条件下各类环境的可利用程度。

二、长江中下游地区的植被

土壤的植被类型对于农田垦辟的难易程度同样有直接的影响。《禹贡》中有关于兖州、徐州与扬州植被的记述。其中扬州的情况是“筱簜既敷，厥草惟夭，厥木惟乔”，孔安国注：“篠，竹箭。簜，大竹”，“少长曰夭。乔，高也”。可见扬州地区草木的生长十分茂盛，这里不仅有大面积竹林，而且树木非常高大。木材是《禹贡》所载扬州

① 孙达人：《中国农民变迁论》，中央编译出版社 1996 年，第 37 页。
② 刘东生等：《黄土与环境》，科学出版社 1985 年，第 6—7 页。
③ 刘文典：《淮南鸿烈集解》，第 307 页。

的重要贡物，“厥贡……惟木”。孔安国注“木，楩、梓、豫章”，孔颖达疏“直云‘惟木’，不言木者，故言‘楩、梓、豫章’，此三者是扬州美木，故传举以言之，所贡之木不止于此”[①]。荆州的植被在《禹贡》中没有描述，但当地贡品却包括木材、竹材。“厥贡……杶、榦、栝、柏……惟箘、簵、楛，”孔安国注“榦，柘也。柏叶松身曰栝”，“箘、簵，美竹。楛中矢榦”。马融释“楛”为“木名，可以为箭”，孔颖达疏：“杶、栝、柏皆木名也，以其所施多矣，柘木惟用为弓榦，弓榦莫若柘木，故举其用也。”[②]

长江中下游地区在历史早期的森林覆盖率相当高。周宏伟研究指出，“除了江源草地区、高山岩石裸露区、低洼沼泽积水区、滨海盐碱区，长江流域无论是平原、丘陵、山地，几乎都覆盖着茂盛的亚热带（含部分温带、热带）常绿阔叶林、针叶林和落叶林，中全新世初期的森林覆盖率估计应在 80% 左右”，“直到东汉时期，长江流域的丘陵山区还保存着繁盛的森林植被……到 2 世纪末，长江流域的森林覆盖率应接近于 70%”[③]。在长江下游地区，《越绝书·计倪内经》记载：越王勾践谋伐吴时问计于计倪，提到吴地“山林幽冥，不知利害所在”[④]。《吴越春秋·勾践阴谋外传》记载：勾践曾“使木工三千余人，入山伐木”，并且采伐到“大二十围，长五十寻”的大木[⑤]。《汉书·严助传》称：越地“以地图察其山川要塞，相去不过寸数，而间独数百千里，阻险林丛弗能尽著”[⑥]。在长江中游地区，《诗

① 孔颖达：《尚书正义》，阮元校刻：《十三经注疏》，清嘉庆刊本，第 312—313 页。

② 孔颖达：《尚书正义》，阮元校刻：《十三经注疏》，清嘉庆刊本，第 314 页。

③ 周宏伟：《长江流域森林变迁的历史考察》，《中国农史》1999 年第 4 期。

④ 袁康、吴平辑录，乐祖谋点校：《越绝书》，第 29 页。

⑤ 周生春：《吴越春秋辑校汇考》，第 143 页。

⑥ 班固：《汉书》卷 64《严助传》，第 2778 页。

经·周南·汉广》歌咏“南有乔木,不可休息”①。《后汉书·刘玄传》记载新莽末年王匡、王凤起义时“藏于绿林中”的好汉“至有五万余口”②,不难想见当时江汉平原周围山区拥有广阔的丛林。长江中游靠近中原的江北地区在两汉之际森林植被尚如此良好,在此之前以及江以南地区的森林面貌当更加普遍。

利用孢粉分析,可以对先秦时期长江中下游的植被状况有更为直观的认识。舒军武等的研究表明,太湖平原西北部在距今9500—3900年期间是常绿阔叶林的大发展期,“植被演变为繁茂的中亚热带性质常绿阔叶林”。该阶段对应全新世大暖期,气候暖湿,其中距今8000—3900年为该地区大暖期的鼎盛期。距今3900年后,这里“落叶和常绿阔叶树花粉明显下降,松属针叶树显著增加,植被演替为亚热带落叶常绿针阔混交林”③。张玉兰的研究表明,上海东部地区全新世古植被演替可分为五个阶段,第一阶段前北方期(距今10000年前)为针阔叶混交林——草地;中间三个阶段北方期、大西洋期、亚北方期分别为含常绿阔叶树的针阔叶混交林、常绿阔叶林、针阔叶混交林,全部为森林类型;第五阶段亚大西洋期(距今2000年至今)为落叶阔叶、常绿阔叶、针叶混交林——草地④。吴立等的研究表明,安徽巢湖地区距今9870—6040年间的“植被是以壳斗科的落叶、常绿属种为主的落叶阔叶、常绿阔叶混交林”;距今6040—4860年间的“植被是以落叶栎类、栗属、青冈属和栲石栎属为主的落叶阔叶、常绿阔叶

① 孔颖达:《毛诗正义》,阮元校刻:《十三经注疏》,清嘉庆刊本,第592页。
② 范晔:《后汉书》卷11《刘玄传》,中华书局2003年,第467—468页。
③ 舒军武等:《太湖平原西北部全新世以来植被与环境变化》,《微体古生物学报》2007年第2期。
④ 张玉兰:《上海东部地区全新世孢粉组合及古植被和古气候》,《古地理学报》2006年第1期。

混交林”;距今 4860—2170 年间的“植被是以落叶栎类占绝对优势的落叶阔叶、常绿阔叶混交林”;直到距今 2170 年左右森林退缩,“落叶阔叶、常绿阔叶混交林迅速被破坏,演替成以禾本科为主的草地”①。刘静伟等的研究表明,杭州湾钱塘江两岸在全新世植被演化经历了三个阶段,分别为针叶林或针阔叶混交林、针阔叶混交林、针叶林②。

长江中游地区的情况同样如此。朱育新等的研究表明,江汉平原仙桃沔城地区 M1 钻孔孢粉分析显示,距今 3500—2500 年期间,这里为“禾本科—栎—青冈栎—松占优势的含常绿属种的落叶阔叶针叶混交林”;距今 2500—1700 年期间,“植被类型为栎—青冈栎—松—蒿占优势的常绿和落叶阔叶针叶混交林”③。徐瑞湖等的研究表明,江汉平原在距今 2500 年左右为松—桦—栎—木兰属—蒿—豆—泽泻科—中国蕨—水龙骨—膜蕨孢粉组合,木本含量占 43.7%,草本 30.1%,蕨类 26.2%,为针阔叶混交林植被④。张丕远等的研究表明,洞庭、江汉平原距今 4000—2700 年期间的第三带孢粉分析结果,“木本类占 30%—55%,以松为主,达 11%—40%,其次为栎,达 5%—15%,青冈增加,达 3.5%—5.5%。另有少量的水青冈出现。亚热带类型如漆树科、冬青、木兰科、芸香科等占 2%—6%。本带蕨类高达 30%—70%。草本以水生草本香蒲、黑三棱等为主,达 2%—8%,同时,萍属也有较多出现。此带划为中亚热带常绿阔叶和落叶阔叶植被类

① 吴立等:《安徽巢湖湖泊沉淀物孢粉——炭屑组合记录的全新世以来植被与气候演变》,《古地理学报》2008 年第 2 期。

② 刘静伟等:《杭州湾钱塘江两岸全新世以来的古植被及古气候研究》,《地学前缘》2007 年第 5 期。

③ 朱育新等:《中晚全新世江汉平原沔城地区古人类活动的湖泊沉积记录》,《湖泊科学》1999 年第 1 期。

④ 徐瑞湖等:《江汉平原全新世环境演变与湖群兴衰》,《地域研究与开发》1994 年第 4 期。

型以及该气候带下的水生植被类型”[①]。吴艳宏的研究表明，鄱阳湖湖口地区 3800 年前“孢粉组成中暖性木本属种含量较高”，3800—3400 年前“孢粉组成为松—鳞盖蕨”，3400—3000 年前“以松—栗—青冈栎为组合特征”[②]。以上是利用孢粉分析全新世以来长江中下游地区古植被的众多研究中的少数例子，但据此已经可以想见先秦时期长江中下游地区森林繁茂的状况。

清除地表植被是农业生产在开荒阶段的必要工序。《尚书·梓材》说“惟曰，若稽田，既勤敷菑，惟其陈修，为厥疆畎”[③]，意思是治理国家犹如种田，首先要勤劳地展开“菑”的功夫，即指清除草木，然后开展田亩的修治。《诗经·大雅·皇矣》“作之屏之，其菑其翳。修之平之，其灌其栵。启之辟之，其柽其椐。攘之剔之，其檿其柘”[④]，所描写的是周人为进行农业生产而辛勤垦荒的场景。在工具尚比较简单，金属农具还未完全普及的条件下，完成这项工作十分艰难。尤其是除木。《周礼·秋官司寇·柞氏》记其职掌：“攻草木及林麓。夏日至，令刊阳木而火之。冬日至，令剥阴木而水之。若欲其化也，则春秋变其水火。”[⑤]意思是说除木要夏天先砍剥掉树木向阳的那一圈树皮然后点火烧使其死亡，冬天再砍剥掉树木向阴的那一圈树皮然后泼水使其冻死，等到来年的春天或秋天，才能焚烧那些已死的树木，并用水将其变为肥料。在漫长的岁月里，如果大地被茂林所覆盖，自生自灭千万代，它们盘根错节，深深地埋藏在土壤里，要把这些清除干净无疑更加困难。《齐民要术·耕田第一》记载：“凡

① 张丕远主编：《中国历史气候变化》，山东科学技术出版社 1996 年，第 79 页。
② 吴艳宏：《鄱阳湖湖口地区 4500 年来环境变迁》，《湖泊科学》1999 年第 1 期。
③ 孔颖达：《尚书正义》，阮元校刻：《十三经注疏》，清嘉庆刊本，第 442 页。
④ 孔颖达：《毛诗正义》，阮元校刻：《十三经注疏》，清嘉庆刊本，第 1118 页。
⑤ 贾公彦：《周礼注疏》，阮元校刻：《十三经注疏》，清嘉庆刊本，第 1920 页。

开荒山泽田,皆七月芟艾之。草干,即放火。至春而开。其林木大者,劙杀之;叶死不扇,便任耕种。三岁后,根枯茎朽,以火烧之。耕荒毕,以铁齿䥽楱,再遍杷之。漫掷黍穄,劳亦再遍;明年,乃中为谷田。”① 北朝时期铁器已经普及,但当时伐林仍然比较艰难。烧去草莱,第二年春便能开垦。而彻底改造林地为农田,则需要数倍的努力和三四年的时间。可见,长江中下游地区的茂密森林对于早期农业的展开是很不利的因素。

从《禹贡》的描述中,能看出黄河流域的原始植被与长江中下游地区存在明显区别。《禹贡》描写兖州的植被时说“厥草惟繇,厥木惟条”②。条为树木细长的枝条,《说文解字》“条,小枝也”③;《诗经 · 周南 · 汝坟》“遵彼汝坟,伐其条枚”,毛传“枝曰条,干曰枚”④。兖州的树木显然不及扬州的乔木高大。《禹贡》又说到兖州的贡品,“厥贡漆丝,厥篚织文”,孔安国注“地宜漆林,又宜桑蚕”⑤。漆树、桑树都是人工栽培的经济林木,与荆州、扬州贡献木材是完全不同的概念。《禹贡》描写徐州的植被时说“厥土赤埴坟,草木渐包”,孔安国注“渐,进长。包,丛生”⑥。虽然这里提到了木,但“渐包”的描述却应该是在形容灌木丛的长势。《禹贡》对雍州、冀州、豫州、青州都没有植被的记载,只是在描述青州贡品时提到有松、有檿丝。不过这里的松是出于“岱山之谷”⑦,范围不广;《尔雅 · 释木》云“檿桑,山

① 贾思勰著,石声汉校释:《齐民要术今释》,中华书局 2013 年,第 6 页。
② 孔颖达:《尚书正义》,阮元校刻:《十三经注疏》,清嘉庆刊本,第 311 页。
③ 段玉裁:《说文解字注》,第 249 页。
④ 孔颖达:《毛诗正义》,阮元校刻:《十三经注疏》,清嘉庆刊本,第 593 页。
⑤ 孔颖达:《尚书正义》,阮元校刻:《十三经注疏》,清嘉庆刊本,第 310 页。
⑥ 孔颖达:《尚书正义》,阮元校刻:《十三经注疏》,清嘉庆刊本,第 311 页。
⑦ 孔颖达:《尚书正义》,阮元校刻:《十三经注疏》,清嘉庆刊本,第 311 页。

桑”[①],檿桑主要用于提供蚕食,很多也是人工栽培的。而且《禹贡》说青州“莱夷作牧”[②],说明当地应该存在较大面积的草地。

关于黄河流域的原始植被,一直是个有争议的问题。史念海对历史早期黄河流域森林覆盖率估计较高,认为黄河中游的森林地带包括黄土高原东南部,豫西山地丘陵,秦岭、中条山、霍山、吕梁山地,渭河、汾河、伊洛河下游诸平原[③]。但是自然科学知识表明,降水和空气湿度对森林的分布有密切影响。春季,多数树种在气温 5℃—8℃时萌发,在土壤温度达到 5℃,气温达到 10℃时开始生长。气温低于上述温度,树种处于休眠状态,气温高于 40℃,生长就不能进行,最适温度是 20—30℃。森林的形成一般年降水量热带需大于 500 毫米,温带为 300—400 毫米,干燥度小于 1.5,生长季节的相对湿度在 65%以上。由于黄土的形成本身就是气候干燥的产物,黄河流域的原始森林覆盖率照理不可能太高。何炳棣对《诗经》中出现的木本植物按照生长地形进行了归纳,分析结果反映“原野上的森林或林丛不过占 9.5%,而且这百分比还可能是相当夸张的。靠近十分之七的森林都生长在山上,不到四分之一的森林生长在低平的湿地”。他结合文献和地质研究互证,提出“黄土区域的森林大多限于山岭、阪、麓和平原上比较低湿的地方。一般的黄土高原和平原是自古未尝生长过森林”[④]。

对孢粉的分析反映出森林在很多时候并不是北方黄土地区原始植被的主体。杨肖肖等的研究表明,黄土高原西部渭源黄土区在“全新世早—中期,针叶树消失,草本和灌木植物花粉含量增加,植被以

① 邢昺:《尔雅注疏》,阮元校刻:《十三经注疏》,清嘉庆刊本,第 5737 页。

② 孔颖达:《尚书正义》,阮元校刻:《十三经注疏》,清嘉庆刊本,第 311 页。

③ 史念海:《历史时期黄河中游的森林》,《黄土高原历史地理研究》,黄河水利出版社 2001 年,第 433—511 页。

④ 何炳棣:《黄土与中国农业的起源》,香港中文大学 1969 年,第 68—69 页。

蒿属为主，其次有紫菀、蓝刺头型菊科、菊苣—蒲公英型菊科、十字花科、禾本科和伞形科等植物”，“全新世晚期，藜科、茄科和十字花科等‘伴人植物’增加”，“整体上看，末次盛冰期以来渭源地区发育以蒿属为主的草原植被，即便在温暖湿润的全新世适宜期亦未见森林发育”①。孙湘君等的研究表明，“近10万年以来黄土高原南缘的塬面上始终是以草原植被为主，除了短暂的时段有过不稳定森林植被外，没有过典型的森林”②。唐领余等的研究表明，黄土高原西部在“全新世大部分时间内是以草原或森林草原（或疏林草原）植被为主”。在全新世中期，距今约7600—5800年，“有近1700年时间发育有森林植被，在这个时期当地自然植被覆盖度较高，而草原或疏林草原发育时期植被往往较稀疏”。自距今3800年以后，“气候环境总的变化趋势是逐渐变干，植被开始向草原荒漠化演变”③。

因此，就清除地表植被而言，长江中下游地区的垦殖相对于黄河流域也是有劣势的。夏鼐很早曾指出：“从猿发展到人，石器工具的出现，可能长江流域并不比黄河流域为晚，但是进一步战胜了自然，从渔猎采集经济进到有农业和家畜的新石器文化，长江流域可能较晚。这大概是由于秦岭以南的土壤和气候（温度和湿度），是适宜于森林的生长。到今天虽经过了几千年的采伐，长江流域的森林仍占全国39.6%。新石器时代的特征是农业和畜牧。森林地区不适宜于畜牧，也不适宜于原始农业。石斧和铜斧的砍伐树木的效率不高。只有铁斧出现后，才有可能大量砍伐森林，改为农田，才使长江流域的经

① 杨肖肖等：《末次盛冰期以来渭源黄土剖面的孢粉记录》，《地球环境学报》2012年第2期。

② 孙湘君等：《黄土高原南缘10万年以来的植被》，《科学通讯》1995年第13期。

③ 唐领余等：《黄土高原西部4万多年以来植被与环境变化的孢粉记录》，《古生物学报》2007年第1期。

济迅速发展。”[①]《禹贡》称:兖州“厥土黑坟,厥草惟繇,厥木惟条,厥田惟中下”;徐州“厥土赤埴坟,草木渐包,厥田惟上中”;扬州“筱簜既敷,厥草惟夭,厥木惟乔,厥土惟涂泥,厥田惟下下”[②],对于各州植被与土壤类型的记载没有固定的先后顺序,而统一置于田地等级之前,应该也是将植被与土壤类型一样,视为决定田地等级的重要因素。

三、地理环境对南方早期农田拓展的限制

荆州与扬州在《禹贡》中被列为下中、下下之地,主要是因为最初这里森林、沼泽密布,土壤黏重,相对于易耕易垦的黄土区,早期农业的发展需要克服的困难更大。然而,这并不意味着长江中下游地区的环境条件不适合农业生产。事实上,长江中下游地区气候温暖湿润、雨量热量充足,对于农作物的生长是非常有利的,尤其是水稻。在古代文献中,长江中下游是野生稻记载最多的地区。如《三国志·吴书·吴主传》载黄龙三年(231)“由拳野稻自生,改为禾兴县”[③];《宋书·符瑞志》载元嘉二十三年(466)“吴郡嘉兴盐官县野稻自生三十许种,扬州刺史始兴王濬以闻”[④];《南史·梁本纪》载中大通三年(531)“吴兴生野稻,饥者赖焉”[⑤];《新唐书·玄宗本纪》载开元十九年(731)“扬州穞稻生”[⑥],《太平御览·休征部》引《唐书》曰当年扬州有“穞生稻二百一十五顷,再熟稻一千八百顷,其粒与常稻无异”[⑦];《文献通考·物异考》载宋淳化五年(994)“温州静光院

① 夏鼐:《长江流域考古问题》,《考古》1960年第2期。

② 孔颖达:《尚书正义》,阮元校刻:《十三经注疏》,清嘉庆刊本,第310—312页。

③ 陈寿:《三国志》卷47《吴书·吴主传》,中华书局1982年,第1136页。

④ 沈约:《宋书》卷29《符瑞志下》,第833页。

⑤ 李延寿:《南史》卷7《梁本纪中》,中华书局2003年,第208页。

⑥ 欧阳修、宋祁:《新唐书》卷5《玄宗本纪》,中华书局2003年,第136页。

⑦ 李昉等:《太平御览》卷873《休征部二》,中华书局1995年,第3873页。

有稻穞生石罅，九穗皆实”，大中祥符三年（1010）“江陵公安县民田，获穞生稻四百斛”，天禧五年（1021）“四月，襄州襄阳县民田，谷穞生成实”，天圣元年（1023）“六月，苏、秀二州湖田生圣米，饥民取之以食”[①]。六朝以来随着农田开发日益普遍，野生稻生存环境不断缩小，但无论是长江中游的襄阳、江陵，还是长江下游的浙北、苏南都有野生稻的记载，说明水稻是长江中下游地区的天然适应性作物，也说明在人类历史早期这里野生稻的分布必然相当普遍。

栽培稻从野生稻演变而来。野生稻是一种喜温暖湿润气候的植物，主要成活在沼泽地带，因此长江中下游地区的原始农业最初也是一种沼泽型的农业。浙江河姆渡早期新石器遗址出土了丰富的稻谷遗存，同时还出土有大量骨耜与少量木耜。这些骨耜顶端柄部厚而窄，末端刃部薄而宽，大小不一，一般长约 20 厘米，刃部宽 11 厘米，柄部宽 4.5 厘米，厚也有 4.5 厘米。刃部多为平铲状或半圆舌尖状，也有叉状或波浪形。骨面正中有一道浅槽，两侧有两个平行的长孔，顺着浅槽绑上一根木棒，再用绳穿过长孔把木棒绑紧。骨柄厚处凿有横穿的方孔，可以穿过一条小木棒，以供足踏[②]。骨耜质地脆弱，比较容易折断坏损，不能用于旱地翻土，但是考虑到沼泽土壤的柔软性，骨耜在沼泽地上用来浅翻表土达到平整田面和细碎表土却是可以做到的。关于河姆渡骨耜的具体功能，学术界尚存在不同看法[③]。

① 马端临：《文献通考》卷 299《物异考五》，中华书局 1986 年，第 2367—2368 页。

② 游修龄：《对河姆渡遗址第四文化层出土稻谷和骨耜的几点看法》，《文物》1976 年第 8 期。

③ 关于河姆渡骨耜的功能，赵晓波总结了当时学术界的不同观点并提出自己看法，这些观点的主要区别在于骨耜是只用于翻耕土地，还是也有其他农作上的用途（赵晓波：《河姆渡遗址农业形态的探讨》，《农业考古》2002 年第 1 期）。此外，也有意见认为河姆渡的骨耜可能并非栽培水稻的农具，而是营造干栏建筑的挖土工具。考虑到骨耜本身牢度上的缺陷，这种可能性应该不太大。

但如果确认其与稻作有关，那么骨耜的大量使用，则可说明河姆渡的先民们主要是在平原沼泽地中种稻。

河姆渡遗址位于宁绍平原的东南部，南靠四明山，其余三面则是河湖沼泽遍布的平原地带。对遗址第四层文化所做孢粉分析表明，当时遗址附近的丘陵地带分布着青冈、苦楝、九里香等亚热带常绿落叶阔叶林，遗址附近的平原地带水域广阔，淡水湖塘沼泽极为发育，生长着大量香蒲、眼子菜、菱、莲、芡实等水生植物。遗址北面 3—5 厘米处耕土层下面有厚度不同的大片泥炭层，是当时湖泊沼泽水浅后淤积而成，这些湖泊沼泽的消退，成为种稻的理想地点。河姆渡的先民们应该就是居住在遗址南边的低丘缓坡上，而利用遗址周围长年浅水或季节性的沼泽地种稻。学者对河姆渡文化田螺山遗址发掘出土的古水稻田沉积有机质开展了详细的有机地球化学分析，结果揭示田螺山先民当时耕作的正是浅水湿地的沼泽类型稻田，且后期稻田废弃与水体加深有密切关系①。这一研究很好地印证了上述推测。

学者普遍注意到水稻籼、粳两个品种的分化与环境条件的关系。游修龄提出："籼稻在从南向北（以及从低地向山区）的传播过程中，由于进入温带（及山区）以后适应气温较低的生态环境而出现粳稻的变异型。"② 郑云飞注意到，"长江下游新时期时代早期的栽培群体中以籼为主，以后逐渐减少，与此相反，粳稻比例逐渐增加，到新时期时代晚期反而以粳稻为主"。其中河姆渡遗址、罗家角遗址出土稻米中籼稻占到 70% 以上，草鞋山下层出土稻谷大部分为籼稻，崧泽下

---

① 温证聪等：《河姆渡文化田螺山遗址古土壤有机质的地球化学特征及其意义》，《地球化学》2014 年第 2 期。

② 游修龄：《对河姆渡遗址第四文化层出土稻谷和骨耜的几点看法》，《文物》1976 年第 8 期。

层出土稻米粳多籼少，澄湖遗址大部分为粳稻。他认为这“可能同该地区原始稻作形态的变化有着密切关系”，是籼稻进入山区以后，“为适应气温较低的生态环境而出现粳稻变异型”①。可见，长江中下游原始稻作也逐渐在从浅水沼泽地向低山丘地发展②。

然而，由于人类早期无论是对于低湿沼泽还是山地森林的开发能力都很有限，史前稻作基本上局限于平原沼泽与丘陵岗地的边缘或中界地带，而难以全面展开。居住于湖沼地带的高岗、缓坡或丘陵谷地，兼过着农耕和渔猎采集的生活，可以说是多数原始种稻者共同的环境特点。

长江中游新石器早期的彭头山文化主要分布在湘西北澧水流域和鄂西长江干流沿岸，“这里原先的自然地貌是山区与湖沼盆地间的低山丘陵区，属于典型的山前地带”③。属于彭头山文化的八十垱遗

① 郑云飞：《长江下游原始稻作农业序列初论》，《东南文化》1993 年第 3 期。

② 关于原始农业的起源，国内外考古学的发现逐渐偏向始于山地。然而，我国和世界上目前发现的野生稻均是湿生和半湿生的，尚未发现完全是旱生的水稻类型；各种栽培稻，包括旱稻，都有适应于沼泽环境的结构技能，如旱稻也有通气组织。原始稻作农业当不同于旱地农业，应该还是起源于沼泽。只是新石器时代人类居住范围和位置严格受到当时自然环境条件的限制，湖泊浩瀚或洪水频繁的地区人类都难以生存。这就决定了史前农业的理想环境只能是低山丘陵及山前平原地带，即便是起源于沼泽的稻作农业，也无法向河湖交错的平原地区发展。郑云飞研究认为，新石器时代长江下游的原始稻作，按照时间次序，先后出现过沼泽地类型、平原低湿地类型、低丘地类型三种，三者分别以河姆渡文化早期、崧泽文化、良渚文化为代表。良渚文化时期的原始稻作是和低丘山地的开发密切相联系的，其栽培方法与山地刀耕火种没有区别。“在早期的原始稻作中，一个部族的居民首先开垦居住地周围的沼泽地种植水稻，以后则向林地发展”。参其著《长江下游原始稻作农业序列初论》，《东南文化》1993 年第 3 期。

③ 裴安平：《彭头山文化的稻作遗存与中国史前稻作农业》，《农业考古》1989 年第 2 期。

址曾发现保存甚好的近万粒炭化稻谷（米），该遗址“地处平原与岗地，河流冲积平原和湖泊沼泽三者的边缘和中介地带……遗址原来地貌为湖旁高地，东西为湖沼，其余三面均有河沟环绕”①。澧县都督塔遗址属于大溪文化，“遗址所在地远古时应属丘陵深入大湖的平缓坡地，原先的自然地貌是山区与湖沼盆地间的丘陵区，属于典型的山前地带”②。华容车轱山遗址“遗址东面、南面，一九五八年围垦前还是淤泥过膝、芦苇丛生的沼泽，本是古代的平原地带；遗址背面的墨山一带，即为低矮丘陵的边缘地区。车轱山遗址即为一高出周围农田约3—5米的台地”③。何介钧指出：洞庭湖区“新石器时代早期诸遗址均位于湖边或湖沼地带中的岗地上，正是发展原始稻作农业的最理想的地理环境”④。但遗址集中于这种“最理想地带”，其实在一定程度上反映了原始稻作的环境局限。

江汉平原新石器遗址的分布与云梦泽关系很大。韩茂莉根据《中国历史地图集》提供的信息，结合《中国文物地图集·湖北分册》遗址位置，发现“城背溪文化与大溪文化遗址基本围绕江汉平原呈环形分布，平原的腹心只有戴家场附近的柳关遗址，其余均为空白，环形区域的北缘在天门以北；西缘止于荆州附近，东面为空白”，同时“城背溪文化与大溪文化遗址所形成的环形地带基本为50米等高线之处”。根据遗址分布特征，她指出，“50米等高线以下地带多数属于云梦泽水体覆盖的湖沼，城背溪文化距今8000—7000年，大溪文化距今6000—5000年，那时人们选择的居住位置多数处于山麓地

① 何介钧：《洞庭湖区的早期农业文化》，《华夏考古》1997年第1期。
② 安强：《湖南澧县都督塔原始农业遗存》，《农业考古》1991年第3期。
③ 郭胜斌：《湖南华容县车轱山遗址的原始农业遗存》，《农业考古》1985年第2期。
④ 何介钧：《洞庭湖区的早期农业文化》，《华夏考古》1997年第1期。

带，云梦泽近水之处，虽有人类活动的遗存，但数目并不多。屈家岭文化、石家河文化距今均4000年以上，这两类文化遗存沿江汉平原北缘50米等高线分布同时，50—30米等高线之间的区域也有一定数量的遗址，与城背溪文化、大溪文化相比，变化明显之处在于北部边缘的遗存数量大为增加的同时，遗址沿孝感、随州、枣阳一线形成密集的线状分布，此外仙桃、潜江附近有零星石家河文化遗存"①。江汉平原发现的新石器时代遗址有数百处，其中北部与西部山前地带的江陵、松滋、天门、京山、钟祥等县市遗址分布较多；东部长江两岸的武昌、汉阳、洪湖等县市也有分布，但数量较少，而两者中间则是空白，可见云梦泽水体对江汉平原史前稻作发展的限制。

长江三角洲地区新石器遗址呈现出同样的特征。这里的马家浜文化遗址大多分布在山坡和湖汊岸边稍高的岗地、土墩上，崧泽文化遗址多建于河湖间高爽处，良渚文化遗址则距离湖泊较远②。苏州草鞋山遗址马家滨文化时期的水稻田，"位于东西两侧为微高地而中间低洼的地势内，以原生洼地底部略加平整后作水田使用"。谷建祥等研究指出，"草鞋山遗址在马家滨文化时期，地貌类型为高台平原，存在垅岗和洼地，呈丘陵起伏状，分布有河塘、沼泽、小型湖泊和浅水洼地"③。

春秋战国时期楚、吴、越国逐渐兴起，长江中下游地区的农业开发进入了一个新的时期。但是长江中下游密布的森林、沼泽对于当时农区拓展的障碍仍然相当明显。

---

① 韩茂莉：《中国历史农业地理》，北京大学出版社2012年，第946页、第948页。

② 张强等：《长江三角洲地区全新世以来环境变迁对人类活动的影响》，《海洋地质与第四纪地质》2004年第4期。

③ 谷建祥等：《对草鞋山遗址马家滨文化时期稻作农业的初步认识》，《东南文化》1998年第3期。

楚人兴起于荆山与睢山之间，这里森林密布，拓荒非常艰辛。楚文王时为能有更好的发展，迁都到江汉平原西缘的郢都（湖北江陵）。如前所述，江汉平原北部与西部山前地带的京山、天门、钟祥、江陵、松滋等县市是今湖北省新石器时代遗址分布最密集的地区，也是早期农业发展条件比较理想的地区。郢都周围地势大体平坦，大部分都是江湖的冲积平原，也有一些起伏不大的丘陵岗地。以郢都为中心的汉江中游地区是楚国农业生产的重心，这里出土了东周时期的农田、粮仓遗迹，而最能反映当地农业发达程度的则是江陵凤凰山出土的一批汉初材料。江陵凤凰山 10 号汉墓出土简牍属西汉文景帝时期，其中 10 号简至 34 号简记录了 25 户居民的人口、田亩与贷谷数，被命名为“郑里廪籍”。这 25 户居民的田数相加共 617 亩，共有“能田”者 69 人，平均每位“能田”者不过有农田 9 亩左右。27 号简中的民户人口数有残，此户人口按该简文中“能田”者 3 人计算，这 25 户的总人口是 113，平均每人只有农田 5 亩多[①]。江陵地区的发展程度在汉初应该不及楚的鼎盛时期，凤凰山“郑里廪籍”中农户占有田亩如此之少，从这批农户需要贷谷看，可能是由于他们属于较自耕农贫困的佃户，但他们不能租种或垦辟更多的农田，反映出这一带的土地垦殖率应该是比较高的。

楚国曾进行一系列水利活动，以扩大农业生产的规模。《左传·襄公二十五年》记载：“楚蒍掩为司马，子匠使庀赋，数甲兵。甲午，蒍掩书土、田：度山林，鸠薮泽，辨京陵，表淳卤，数疆潦，规偃猪，町原防，牧隰皋，井衍沃。量入修赋。”[②] 据李学勤考证，“蒍掩所分的九种土

① 湖北省文物考古研究所编：《江陵凤凰山西汉简牍》，中华书局 2012 年，第 106—113 页。

② 孔颖达：《春秋左传正义》，阮元校刻：《十三经注疏》，清嘉庆刊本，第 4311—4312 页。

地是：山林、薮泽（湖泊沼泽）、京陵（丘陵）、淳卤（盐碱地）、疆潦（刚硬易潦之地）、偃猪（陂塘）、原防（堤防间地）、隰皋（下湿之地）、衍沃（平原）”。他还将芳掩所分与《周礼·大司徒》的五地相对照，指出淳卤、疆潦、偃猪、原防四种“是《大司徒》没有特别标举的。楚人把这四种土地划分出来，显然是根据长江流域的地理状况”①。芳掩大规模登记楚国的土地，将陂塘、堤防专门划为一类，反映了这类水利工程在楚国应该是较多见的。楚国最著名的陂塘灌溉工程是在江淮之间修建的芍陂。《淮南子·人间训》云：“孙叔敖决期思之水而灌雩娄之野。”②期思之陂就是一般所谓的芍陂，在安徽寿县南。《水经注·肥水》载：“陂周百二十许里，在寿春县南八十里，言楚相孙叔敖所造。”③《后汉书·循吏传》云：“（庐江）郡界有楚相孙叔敖所起芍陂稻田，（王）景乃驱率吏民，修起芜废，教用犁耕，由是垦辟倍多，境内丰给。”④

然而，长江流域腹心的平原沼泽以及山地森林仍然限制了楚人对这里的开发。古云梦泽是郢都东南江汉之间“方九百里”的平原广泽。《禹贡》：荆州“沱潜既道，云土梦作乂”⑤。辛树帜从《诗经·召南·江有汜》中沱、汜并举推测：沱是江水溢出后，“水汇为湖或旁溢为江河别支”；潜是指水伏流，而水“潜出而复伏流者”为汜。“沱、潜既为农事未大兴起时江、汉区域水流一般现象，则两州平治水土工作亦即以解决沱、潜问题为重要环节，所以两州皆述‘沱、潜既道’……‘沱、潜既道，云土梦作乂’，乃因荆州云梦两泽，一南一北，

① 李学勤：《论芳掩治赋》，《江汉论坛》1984年第3期。

② 刘文典：《淮南鸿烈集解》，第623页。

③ 郦道元著，陈桥驿校证：《水经注校证》，第749页。

④ 范晔：《后汉书》卷76《循吏传》，第2466页。

⑤ 孔颖达：《尚书正义》，阮元校刻：《十三经注疏》，清嘉庆刊本，第313页。

沱、潜既治,'云'泽之土自出而'梦'泽始治了"[①]。似乎先秦时期云梦泽地区在疏导后已经治理得可以耕种。而实际上这个极其广阔的平原沼泽地带在春秋战国一直主要是作为楚王的游猎区。《战国策·楚策》:"于是,楚王游于云梦,结驷千乘,旌旗蔽日,野火之起也若云蜺,兕虎嗥之声若雷霆。有狂兕牂车依轮而至,王亲引弓而射,一发而殪。王抽旃旄而抑兕首,仰天而笑曰:'乐矣,今日之游也。'"[②]这里描述的就是楚王在云梦的一次大规模田猎活动。《史记·高祖本纪》载:汉初高祖刘邦"用陈平计,乃伪游云梦",诱使韩信出迎被擒[③]。从汉高祖以从关中出发远迢迢"游云梦"为名,并没有让韩信产生足够的警惕来看,云梦附近在汉初大部分山林池泽当大致保持着原始面貌,山林中的珍禽猛兽非常丰富,仍然没有改变其游猎区的性质。

楚国农业最发达的始终是与中原毗邻的北部地区,即汉水与淮水上中游的丘陵盆地和高平原地带。郢都被秦攻占后,楚相继迁都陈(河南淮阳)与寿春(安徽寿县),说明这两个地区也是楚国经济比较发达的地区。寿县位于淮河中游南岸,已经属于长江流域北缘,而淮阳更已经属于黄河流域。《史记·河渠书》记载:西汉武帝时全国大兴农田水利,"于楚,西方则通渠汉水、云梦之野,东方则通沟江淮之间"[④]。直到西汉中期,故楚地农业开发的重点仍然是接近中原的北部地区,长江干流沿线及江以南地区在全国热火朝天发展农业的氛围下仍然没有太大动静,足见长江中下游的森林、沼泽确实对早期农业开发是构成相当程度障碍的。

---

① 辛树帜:《禹贡新解》,第157—161页。

② 刘向集录:《战国策》卷14《楚策一》,上海古籍出版社1985年,第490页。

③ 司马迁:《史记》卷8《高祖本纪》,第382页。

④ 司马迁:《史记》卷29《河渠书》,第1407页。

春秋晚期兴起于长江下游的吴越两国因为地域较狭小,发展农业的回旋余地不大,对于长江三角洲低洼沼泽地区的改造与开发力度加大。吴、越两国兴起之初,农业主要是在低山丘陵地带进行。《吴越春秋·越王无余外传》云:“余始受封,人民山居,虽有鸟田之利,租贡才给宗庙祭祀之费。乃复随陵陆而耕种,或逐禽鹿而给食。”① 当时越人居住在山地丘陵,大部分农田也都在陆上。吴人早期创建的湖熟文化,主要分布在宁镇地区和芜湖、溧阳之间,这里是长江下游的低山丘陵区。当时的泛滥平原区虽然土地相当平坦,水位很浅,适合于水稻种植,但首先需要有较严密的排水工程才能造田和居住,尚不具备大规模开发的条件。

吴国从寿梦开始强大,其子诸樊将都城迁往吴越平原上的苏州。吴国迁都的举动,有出于与越国对抗的考虑,但事实上也是从相对适于居住的地区向农业生产潜力更大的地方发展。吴国在长江下游开凿、疏浚了很多河道。如发动民力在太湖上游开凿胥溪河沟通太湖西与长江,在下游开通胥浦汇纳上游众流东泄出海;吴王夫差时开凿了苏州境至无锡,经奔牛,由孟河出长江的航道,随后又越过长江开凿了邗沟等。这些河渠的开凿一方面是出于方便运输的目的,但同时也能汇集自然地形上的浅水排泄出去,使原来的积水区逐渐干涸,从而给营田创造条件。直接以垦殖为目的的水土改造在吴国也已经出现。《越绝书·外传记吴地传》记载:“(吴都)地门外塘波洋中世子塘者,故曰王世子造以为田。塘去县二十五里。”② 洋中世子塘是为了农田开发而开凿的陂塘,凿塘的目的主要在于泄水、蓄水。围田的出现可能也在吴国时期。《越绝书·外传记吴地传》记载:“吴北

---

① 周生春:《吴越春秋辑校汇考》,第108—109页。

② 袁康、吴平辑录,乐祖谋点校:《越绝书》,第12页。

野禺栎东所舍大疁者，吴王田也，去县八十里”，“吴北野胥主疁者，吴王女胥主田也，去县八十里”①。农史学家缪启愉认为疁是指地形四面高中央低的地方，用“疁”等名目命名的田段，都有筑堤围田的迹象②。

吴越争霸期间，越王勾践听从范蠡“欲立国树都，并敌国之境，不处平易之都，据四达之地，将焉立霸王之业”的建议③，将国都从会稽山麓迁到宁绍平原，利用平原上比较集中的大小孤丘营造了新的都城，同时也开始了对都城周围平原地区的有组织开发。《越绝书·外传记地传》记载：“富中大塘者，勾践治以为义田，为肥饶，谓之富中，去县二十里二十二步。”④在会稽山麓与沼泽平原交界的冲积扇地带，越国还修建了吴塘、炼塘、苦竹塘等工程。《越绝书·外传记地传》记载：“勾践已灭吴，使吴人筑吴塘，东西千步，名辟首。后因以为名曰塘”；“炼塘者，勾践时采锡山为炭，称‘炭聚’，载从炭渎至练塘，各因事名之。去县五十里”；“苦竹城者，勾践伐吴还，封范蠡子也。其僻居，径六十步。因为民治田，塘长千五百三十三步”⑤。

然而，吴越对沼泽平原的开发能力仍然是有限的。东汉时马臻主持修建鉴湖，其主体部分是在会稽山麓诸小湖北部修建的长堤。当时的湖堤东起今上虞市曹娥镇附近，往西经过今绍兴城南，然后折向西北止于绍兴钱清镇附近，全长127里。公元300年前后晋会稽内史贺循主持开凿漕渠，北起西陵（今萧山西兴镇），西南经绍兴城东折而抵曹娥江边的曹娥和蒿坝。这条河道与鉴湖湖堤平行。东段

① 袁康、吴平辑录，乐祖谋点校：《越绝书》，第12页、第13页。
② 缪启愉编著：《太湖塘浦圩田史研究》，农业出版社1985年，第7—8页。
③ 周生春：《吴越春秋辑校汇考》，第130—131页。
④ 袁康、吴平辑录，乐祖谋点校：《越绝书》，第61页。
⑤ 袁康、吴平辑录，乐祖谋点校：《越绝书》，第62—63页。

（会稽境内）河道即在湖堤之下，西段（山阴境内）河道距湖堤也不过三四里。鉴湖的南界是会稽丘陵的山麓线，湖堤围成后，湖堤与稽北丘陵之间形成周长358里的狭长形湖体[①]。鉴湖不仅能基本解除会稽、山阴地区的洪潦威胁，也能为这一带储备充足的灌溉用水，但是鉴湖是春秋时期越国在会稽山麓冲积扇兴建的富中大塘、庆湖基础上的大的发展，由于在围堤蓄水的过程中必须淹没上述富裕地区，引起富户不满，马臻遭到诬陷并被处以极刑[②]。由此可见，此前宁绍平原的农业开发仍然主要是利用会稽山麓周围冲积扇地带进行，并没有深入到平原的深处。

第二节　火耕水耨与“食物常足”

火耕水耨是南方地区古老的稻作栽培方法，最早见于《史记》。但由于文献记载简单，后人很难了解其确切含义，目前学界对这种农作方式的具体内容与生产力状况仍然众说纷纭。在现有的各种观点中，笔者倾向于彭世奖的意见，即火耕水耨“主要特点是：以火烧草，不用牛耕；直播栽培，不用插秧；以水淹草，不用中耕”，“这种方式虽较粗放，单位面积产量也不高，但由于巧妙地利用了‘水’和‘火’的力量，劳动生产率还是不低的”[③]。也就是说，它是一种相对粗放，但同时省事省力的水稻栽培方法。彭先生已经从农业技术的角度，就

① 陈桥驿：《古代鉴湖兴废与山会平原农田水利》，《地理学报》1962年第3期。

② 葛国庆从“其上部古墓葬、内部填筑物、基础部位结构、属地时代背景、属地水环境变迁、地名沿革、同时期堤塘类比等诸多方面综合考察”，认定绍兴富盛镇西侧的塘城就是越国富中大塘的遗迹。见其著《越国大型水利工程富中大塘考》，《东方博物》2005年第1期。根据上述陈桥驿对鉴湖湖堤的考证，这一带正处于古代鉴湖的拦蓄范围之内。

③ 彭世奖：《“火耕水耨”辨析》，《中国农史》1987年第2期。

这种意见做了详细的论述。这里试图回到汉代文献本身,考察当时江南火耕水耨的相关背景,以期有助于对这种农作方式以及早期农业发展与环境关系的认识。

一、江南火耕水耨与武帝元鼎二年的赈灾

《史记·平准书》记载:武帝元鼎年间,"是时山东被河灾,及岁不登数年,人或相食,方一二千里。天子怜之,诏曰:'江南火耕水耨。令饥民得流就食江淮间,欲留,留处。'遣使冠盖相属于道,护之,下巴蜀粟以赈之"[①]。与此相应的是,《汉书·武帝纪》记载:元鼎二年(前115)"夏,大水,关东饿死者以千数。秋九月,诏曰:'仁不异远,义不辞难。今京师虽未为丰年,山林池泽之饶与民共之。今水潦移于江南,迫隆冬至,朕惧其饥寒不活。江南之地,火耕水耨,方下巴蜀之粟致之江陵,遣博士中等分循行,谕告所抵,无令重困。吏民有振救饥民免其戹者,具举以闻。'"[②]武帝元光年间(前134—前129)"河决于瓠子",由于各种原因,直到元封二年(前109)才将黄河决口堵塞。瓠子决口未堵塞这段期间,黄河水患相当严重。《史记·河渠书》记载:"自河决瓠子后二十余岁,岁因以数不登,而梁楚之地尤盛。"[③]元鼎二年(前115)关东地区的河灾便是在这一背景下出现的。由于当年河灾程度重,范围广,武帝诏令护送饥民前往江淮间谋生,并且从巴蜀运送粮食赈济流离江南的灾民。《史记·平准书》与《汉书·武帝纪》分别记载了此次赈灾过程中武帝颁布的诏书,值得留意的是,这两处诏书都强调了"江南火耕水耨"。

火耕水耨出现在武帝诏书中,是官方对当时江南地区农作方式

---

① 司马迁:《史记》卷30《平准书》,第1437页。
② 班固:《汉书》卷6《武帝纪》,第182页。
③ 司马迁:《史记》卷29《河渠书》,第1412页。

的概括。在《汉书·武帝纪》所载诏书中,“江南之地,火耕水耨”是汉政府“下巴蜀之粟致之江陵”的直接原因。从语言逻辑分析,这里强调火耕水耨是为了说明江南地区粮食积贮有限,需要从巴蜀输入粮食,可见火耕水耨是一种在当时看来就已经比较落后的农作方式。然而,在《史记·平准书》所载诏书中,武帝“令饥民得流就食江淮间”时,同样强调了“江南火耕水耨”。就食需要前往食物富足的地区,如果这里的火耕水耨也是想说明江南地区农作方式落后,无疑与政府“令饥民得流就食江淮间”的赈灾措施是冲突的,那么诏书强调“江南火耕水耨”便应该有其他的意图。事实上,人类的食物并不限于粮谷。《史记·秦始皇本纪》记载:秦王政八年(前239),“河鱼大上,轻车重马东就食”。唐司马贞《索隐》:“言河鱼大上,秦人皆轻车重马,并就食于东。言往河旁食鱼也。”[①] 当年黄河的鱼相当多,很多秦人前往河边“就食”,便是捕捞河鱼为食。武帝诏书强调“江南火耕水耨”而“令饥民得流就食江淮间”,应该就在于当时已经认识到火耕水耨区尽管粮食经济不发达,可供采集捕猎的可食之物却相当丰富。

《史记·货殖列传》记载:“楚越之地,地广人稀,饭稻羹鱼,或火耕而水耨,果隋蠃蛤,不待贾而足,地势饶食,无饥馑之患,以故呰窳偷生,无积聚而多贫。是故江淮以南,无冻饿之人,亦无千金之家。”[②] 以“或火耕而水耨”为特征的楚越之地,“地势饶食”,“果隋蠃蛤,不待贾而足”而“无饥馑之患”。由于处在这样的生存环境,秦汉之际江南民众的饮食中,野生动植物是很重要的部分,其中来自捕捞的水产尤其占有相当大的比重。《史记·货殖列传》称楚越之地“饭稻羹

① 司马迁:《史记》卷6《秦始皇本纪》,第226页。
② 司马迁:《史记》卷129《货殖列传》,第3270页。

鱼”,《汉书·地理志》称楚地“民食鱼稻”①,“饭稻”是以稻米为主食,“羹鱼”是将鱼煮成羹汤作为菜肴助食,表明了长江中下游地区的饮食习俗。唐张守节《正义》在解释《史记·货殖列传》的上述记载时也指出:“楚越水乡,足螺鱼鳖,民多采捕积聚,種叠包裹,煮而食之”,“楚越地势饶食,不用他贾而自足,无饥馑之患”,“江淮以南有水族,民多食物,朝夕取给以偷生而已”②。由于长江流域河湖密布,鱼鲜产品随处皆有,以至《盐铁论·通有》说“江、湖之鱼……不可胜食”③,《论衡·定贤》也称“彭蠡之滨,以鱼食犬豕”④。

屈原曾赞颂楚地饮食丰美,在《招魂》《大招》中多次称楚地“食多方些”,并留下了两张食单。食单上罗列的有“胹鳖炮羔”“鹄酸臇凫”“煎鸿鸧些”“露鸡逐客臛蠵”“内鸧鸽鹄”“味豺羹只”“鲜蠵甘鸡”“炙鸹蒸凫”“煔鹑陈只”“煎鲼脽雀”等等⑤。鳖、鹄、凫、鸿、鸧、蠵、豺、鸹、鹑、鲼、雀等飞禽走兽都被当作了珍馐美味。长沙马王堆一号汉墓出土随葬品中有多种动物骨骼。这些动物骨骼多数被放置在竹笥内,也有切剁后煮烂放在陶鼎、陶罐中的,都是去毛羽后或经加工或未经加工的动物食品。经鉴定,共有 24 种动物。其中有兽类华南兔(出现 2 次)、家犬(出现 3 次)、家猪(出现 6 次)、梅花鹿(出现 8 次)、黄牛(出现 5 次)、绵羊(出现 4 次),禽类雁(出现 2 次)、鸳鸯(出现 1 次)、野鸭(出现 1 次)、竹鸡(出现 3 次)、家鸡(出现 9 次)、环颈雉(出现 3 次)、鹤(出现 2 次)、斑鸠(出现 1 次)、火斑鸠(出现 1 次)、鸮(出现 1 次)、喜鹊(出现 1 次)、麻雀(出现 1 次),鱼类鲤鱼(出

① 班固:《汉书》卷 28《地理志下》,第 1666 页。
② 司马迁:《史记》卷 129《货殖列传》,第 3270 页。
③ 王利器校注:《盐铁论校注》,中华书局 2011 年,第 42 页。
④ 黄晖:《论衡校释》,中华书局 2006 年,第 1112 页。
⑤ 洪兴祖:《楚辞补注》,中华书局 2012 年,第 208 页,第 219—220 页。

现3次)、鲫鱼(出现5次)、刺鳊(出现1次)、银鲴(出现2次)、鳡鱼(出现1次)、鳜鱼(出现1次)[①]。家禽家畜有5种,总共出现了27次;野禽野兽有13种,总共也出现了27次;鱼类有6种,出现了13次。可见野生动物是墓主食谱中的主要菜肴原料。

秦汉时期,采集捕猎仍然是灾荒期间饥民度过生活难关的重要方式。《后汉书·刘玄传》记载:"王莽末,南方饥馑,人庶群入野泽,掘凫茈而食之。"[②] 凫茈即荸荠,可充饥。《太平御览·时序部二十》引《英雄记》载:东汉末年,"幽州岁岁不登,人相食,有蝗旱之灾。民人始知采稆,以枣椹为粮"[③]。稆是野生稻,产穗率低,收集不易。在粮食供应有保障的情况下,对稆的采集并不会引人注意,然而饥荒发生后,稆的重要性就凸显了。与此相应,开放山林池泽供饥民采集捕猎也是两汉政府应对灾荒的常用措施。《后汉书·孝和帝纪》记载:永元九年(97)蝗、旱,和帝诏"今年秋稼为蝗虫所伤,皆勿收租、更、刍稾;若有所损失,以实除之,余当收租者亦半入。其山林饶利,陂池渔采,以赡元元,勿收假税"。此后又于永元十一年(99),"遣使循行郡国,稟贷被灾害不能自存者,令得渔采山林池泽,不收假税";永元十二年(100),"诏贷被灾诸郡民种粮。赐下贫、鳏、寡、孤、独、不能自存者,及郡国流民,听入陂池渔采,以助蔬食"[④]。

灾荒发生后,移民就食可能造成百姓脱离户籍控制,形成新的社会不安定因素。通常情况下,汉政府更愿意采用调粟救灾的做法。《后

① 中国科学院动物研究所脊椎动物分类区系研究室、北京师范大学生物系:《动物骨骼鉴定报告》,《长沙马王堆一号汉墓出土动植物标本的研究》,文物出版社1978年,第43—82页。

② 范晔:《后汉书》卷11《刘玄传》,第467页。

③ 李昉等:《太平御览》卷35《时序部二十》,第166页。

④ 范晔:《后汉书》卷4《孝和帝纪》,第183—186页。

汉书·孝安帝纪》载永初元年（107）水灾后，“调扬州五郡租米，赡给东郡、济阴、陈留、梁国、下邳、山阳”；永初七年（123）蝗灾后，“调零陵、桂阳、丹阳、豫章、会稽租米，赈给南阳、广陵、下邳、彭城、山阳、庐江、九江饥民”[①]。这是江南地区粮食产量增加后，将其余粮外调用于赈灾的记录。武帝元鼎二年（前115）违反常规，“令饥民得流就食江淮间”，同时又从巴蜀运送粮食至江南，而不是直接运粮至山东赈济饥民。应该是由于当时山东饥荒规模太大，无法及时调运足够粮食赈灾，于是只能让饥民转移到邻近的火耕水耨区，试图利用江淮间丰富的野生资源，暂时解决灾民迫切的生存需求。

通过采集捕猎谋生，对野生动植物的消耗量是非常大的。《汉书·匈奴传》记载：宣帝甘露三年（前51）呼韩邪单于附汉后徙居塞下，当时汉政府“转边谷米糒，前后三万四千斛，给赡其食”。元帝即位初又“诏云中、五原郡转谷二万斛以给焉”。但第二年（前48）韩昌、张猛出使呼韩邪单于处时，却因为“塞下禽兽尽”而担心呼韩邪单于会选择离开。唐颜师古解释说：“塞下无禽兽，则射猎无所得，又不畏郅支，故欲北归旧处。”[②]尽管汉政府已经前后转输粮食五万四千斛给呼韩邪部，他们还是在短短三年时间内就将塞下禽兽捕杀殆尽，无法继续依赖狩猎来获取食物。《南史·鱼弘传》载鱼弘赴职湘东王镇西司马，“述职西上，道中乏食，缘路采菱，作菱米饭给所部”，可见沿路野生菱的数量相当丰富。但是“弘度之所，后人觅一菱不得”[③]，因为消耗量过大，对野生菱的采集无法持续。

武帝时期江南火耕水耨，生产力低下，民“无积聚而多贫”。尽管

---

① 范晔：《后汉书》卷5《孝安帝纪》，第208页、第220页。

② 班固：《汉书》卷94《匈奴传下》，第3798—3802页。

③ 李延寿：《南史》卷55《鱼弘传》，第1362页。

这里“果隋蠃蛤，不待贾而足，地势饶食，无饥馑之患”，但在大量饥民同时涌入的情况下，野生资源终究只能应对一时。汉政府显然也预见到了这种情况，故而在“令饥民得流就食江淮间”的同时，便下令从巴蜀调运粮食救济迁到江淮间的灾民。

二、食物常足对南方早期农业发展动力的抑制

长江中下游地区降雨丰沛，气候温暖湿润，地形复杂多样，更有密布的水系，为野生动植物生长提供了良好的生态环境，农业起源之初就有不同于黄河流域的特点。关于农业起源的理论到目前为止其实并没有统一的结论，当然其中影响最大的是以博塞洛普（Boserup）的理论为代表的人口压力说。由于农业相对于渔猎采集最大的优势就是能用更小的面积养活更多的人口，这一解说无疑有相当程度的合理性。然而加拿大学者海登（Hayden）认为，在农业产生初期，由于驯化的动植物收获不稳、数量有限，在消除人类饥荒中不可能有决定性作用。他提出了与人口压力说完全相反的竞争宴享说，认为农业可能是在食物资源比较充裕条件下，扩大食品结构的结果。美国考古学家马德森（Madson）则认为不论是野生食物资源非常稀少，还是野生资源非常丰富的地方都不易产生农业。农业最可能发生在野生资源基本有保证，人群不必流动很频繁，但是存在季节性或阶段性食物短缺压力的地方。这些不同理论反映出各地农业的起源机制可能会因为环境的差异而有不同。

对于我国南方稻作农业的起源，陈淳认为跟北方旱地农业是完全不同的模式。“从大麦、小麦等旱地作物的起源来看，应付季节性粮食短缺的动机在促使这些作物的驯化中起着一定的作用”，相反“水稻是一种沼泽相草类，所以它分布的范围应当说是应在可食生物量较高的环境中……稻作起源的动因可能与宴享模式较为吻合，即

它有可能是作为一种可口的食物种类而采集、驯化的”[①]。张光直也持同样的意见，他在考察我国东南沿海农业的起源时，曾引用美国学者索尔（Sauer）关于农业起源的主张，“在饥荒的阴影之下生活的人们，没有办法也没有时间来从事那种缓慢而悠闲的试验的步骤，好在相当遥远的未来从而发展出来一种较好而又不同的食物来源……以选择的方式改进植物以对人类更为有用是只能由在饥馑的水平之上有相当大的余地来生活的人们来达到的”。他特意指出，“从中国东南海岸已经出土的最早的农业遗址中的遗物看来，我们可以推测在这个区域的最初的向农业生活推动的试验是发生在居住在富有陆生和水生的动植物资源的环境中的狩猎、渔捞和采集文化中的”[②]。

在出土最早古栽培稻的玉蟾岩遗址中，同时还出土有许多动植物化石。经鉴定，其中哺乳动物有28个种属，数量最多的是鹿科动物，其次为野猪、牛、竹鼠、豪猪，还有种类众多的小型食肉类动物，如青鼬、水獭、猪獾、狗獾、花面狸、椰子狸等；鸟禽类的骨骼经鉴定达27种属，其中与水泊环境相关的水栖种类18种，约占鸟禽化石的67%，如鹭、雁、天鹅、鸭、鹤、鸳鸯等；螺蚌的富集更构成了洞穴堆积的时代特征，发现的螺壳种类在26种以上，蚌类7种，基本上都是淡水湖泊、河流与河滨池塘生活种类，显然与人们捕捞食用相关[③]。在稻作遗存相当丰富的河姆渡遗址中也发现有大量动物骨骼，“从动物的生态习性，可以推测当时原始村庄周围的自然环境。这里有鲤、鲫、

① 陈淳：《稻作、旱地农业与中华远古文明发展轨迹》，《农业考古》1997年第3期。

② 张光直：《中国东南海岸的“富裕的食物采集文化”》，《中国考古学论文集》，三联书店1999年，第191页、第201页。

③ 袁家荣：《湖南旧石器时代文化与玉蟾岩遗址》，岳麓书社2013年，第250—269页。

鲶、青鱼等淡水鱼类，有雁群、鸭群、鹤群和獐子、四不像等生活于芦苇沼泽地带的水鸟和动物；又有栖息于山地林间灌木丛中的梅花鹿、水鹿、麂等鹿类；过着半树栖半岩栖的猕猴、红面猴；还有生活在密林深处的虎、熊、象、犀等巨兽。这种情况，表明当时河姆渡遗址周围的地形应是平原湖沼和丘陵山地交接地带"①。玉蟾岩遗址与河姆渡遗址的沼泽湿地环境不但是水生动、植物繁衍的理想场所，而且会吸引大量陆生的动物和水禽前来栖息，在新石器早期应该不会有明显资源短缺的生存压力。

中国农业史上有象耕鸟耘的传说，《越绝书 · 外传记地传》记载："畴粪桑麻，播种五谷，必以手足。大越海滨之民，独以鸟田……当禹之时，舜死苍梧，象为民田也。"② 王充《论衡 · 书虚》曾对此作出解释："苍梧多象之地，会稽众鸟所居……天地之情，鸟兽之行也。象自蹈土，鸟自食苹，土蹶草尽，若耕田状，壤靡泥易，人随种之，世俗则谓为舜、禹田。海陵麋田，若象耕状，何尝帝王葬海陵者耶。"③《论衡 · 偶会》又说："雁鹄集于会稽，去避碣石之寒，来遭民田之毕，蹈履民田，啄食草粮。粮尽食索，春雨适作，避热北去，复之碣石。象耕灵陵，亦如此焉。"④ 王充所说的海陵麋田在晋代张华《博物志》中有记述，《太平御览 · 百谷部三》引《博物志》佚文："海陵县扶江接海，多麋兽，千千为群，掘食草根，其处成泥，名麋畯。民人随此畯种稻，不耕而获，其收百倍。"⑤《太平御览 · 羽族部四》又引北魏阚骃《十三

① 浙江省博物馆自然组：《河姆渡遗址动植物遗存的鉴定研究》，《考古学报》1978 年第 1 期。

② 袁康、吴平辑录，乐祖谋点校：《越绝书》，第 57 页。

③ 黄晖：《论衡校释》，第 179—180 页。

④ 黄晖：《论衡校释》，第 103 页。

⑤ 李昉等：《太平御览》卷 839《百谷部三》，第 3751 页。

州记》:“上虞县有雁,为民田,春衔拔草根,秋啄除其秽。是以县官禁民不得妄害此鸟,犯则有刑无赦。”[①] 游修龄指出:“所谓象耕乃是沼泽地经过野象的踩踏,泥泞一片,好像经过整地耙耖过的水田,适于播种稻谷。同样,沿海岸江边的低湿地上长满了苹草之类,经过北方南下的候鸟——鸿雁的啄食,起到净化土壤的作用,也适于播种稻谷。”[②] 长江中下游地区最初的稻作农业,可能就是利用这里众多的候鸟、鹿、牛、象等动物栖息践踏后变得疏松而没有杂草的沼泽地,在稍作整理后直接播种,然后任其自然生长。这种做法不耕不耘,不需要付出很多的劳力,所以即便在食物相对充足的环境中,人们仍然愿意进行尝试。

进入战国乃至秦汉以后,长江中下游地区的野生动植物资源仍然相当丰富,与黄河流域的情况形成了比较鲜明的对照。《战国策·宋策》载墨子说:“荆有云梦,犀兕麋鹿盈之,江、汉鱼鳖鼋鼍为天下饶,宋所谓无雉兔鲋鱼者也,此犹梁肉之与糟糠也。荆有长松、文梓、楩、柟、豫樟,宋无长木,此犹锦绣之与短褐也。”[③]《禹贡》提到扬州贡“齿革羽毛”,荆州贡“羽毛齿革”,孔安国注:“齿,革牙。革,犀皮。羽,鸟羽。毛,旄牛尾。”[④]《周礼·夏官司马·职方氏》提到扬州、荆州“其畜宜鸟兽”,郑玄注:“鸟兽,孔雀、鸾、䴔䴖、犀、象之属。”[⑤] 犀皮可以做甲,象牙、孔雀等的羽毛可以做饰品,旄牛尾可以做旌旗,这些中原所看重的贡品,都需要由长江中下游地区提供。《汉书·地理志》载:

---

① 李昉等:《太平御览》卷917《羽族部四》,第4066页。

② 游修龄:《中国稻作史》,中国农业出版社1995年,第135页。

③ 刘向集录:《战国策》卷32《宋卫策》,第1148页。

④ 孔颖达:《尚书正义》,阮元校刻:《十三经注疏》,清嘉庆刊本,第312—314页。

⑤ 贾公彦:《周礼注疏》,阮元校刻:《十三经注疏》,清嘉庆刊本,第1861—1862页。

“寿春、合肥受南北湖皮革、鲍、木之输,亦一都会也。”[1] 西汉时期寿春、合肥仍然是长江流域皮革输送往中原地区的中心。

鹿是典型的大型陆地野生食草动物,主要栖息在针阔混交林的林间以及林缘草地,除了饮用泉水,夏秋两季还喜欢在林间的水塘泡水。鹿生活的地方,必须要有草、有水、有林。草和水是它的食物与饮料来源,林是它隐藏的地方,如果没有这些条件,鹿就很难存在。所以是不是存在鹿群以及鹿群的数量往往能够反映某个地区野生资源的丰寡。《管子·轻重戊》记载:为对付楚国,管子建议齐桓公先“贵买其鹿”。当时“楚生鹿当一而八万”,齐桓公令人“载钱二千万,求生鹿于楚”。楚王听说后,认为“禽兽者,群害也,明王之所弃逐也。今齐以其重宝贵买吾群害,则是楚之福也”,令楚相“告吾民,急求生鹿,以尽齐之宝”。于是“楚民即释其耕农而田鹿”,“楚之男子居外,女子居涂”。楚国因卖鹿而“藏钱五倍”,却也因此耽误了农业生产,结果粮价高涨,很多楚人都投降了齐国[2]。对于这段文字的理解也还有不同意见,但是所反映的楚地多鹿的情形应当是真实的。

王利华指出:华北地区自战国以后“野生动物的栖息地不断缩小,鹿类的种群数量也不断减少。因此,虽然战国秦汉文献中仍不时有关于鹿类的记载,但鹿群的数量已远不能与以前相比。从文献所反映的情况来看,习惯于沼泽湿地的麋,在秦汉时代已少见踪迹;其他梅花鹿、獐等等,也逐渐由平原向山区退避。所以战国秦汉文献所显示的鹿类遇见与捕获概率已远低于春秋以前,东部平原地区则基本不见有捕猎鹿类的记载”[3]。而在长江中下游地区,鹿皮在三

---

① 班固:《汉书》卷28《地理志下》,第1668页。
② 黎翔凤:《管子校注》,第1521—1522页。
③ 王利华:《中古华北的鹿类动物与生态环境》,《中国社会科学》2002年第3期。

国孙吴时期仍是百姓所要缴纳的一般租税或户调。长沙走马楼吴简载："集凡诸乡起十二月一日讫卅日入杂皮二百卌六枚□□☑。"（壹·8259）[①]从这一个月征敛皮革的统计数量看，规模还是算大的。这里的杂皮是对不同动物皮革的统称，而据王子今对走马楼吴简征皮记录的统计，所谓的各种皮革其实主要就是鹿皮、麂皮，也有少量羊皮、牛皮。在第13盆竹简明确记载皮革种类的例子中，鹿皮有22例，麂皮有24例，羊皮和牛皮分别只有4例和2例，另外还有8例机皮。机皮有可能是麂皮的简写形式[②]。

战国时期中原地区的渔猎采集经济已经面临难以为继的危险，为了养活更多的人口，只有发展土地产出率更高的农业生产。于是我们看到战国时期连种制在中原地区的迅速发展，以及列国对"垦草"与"尽地力之教"的大力提倡，并且在随后的秦汉时期逐渐完善了以防旱保墒为中心的旱地农业精耕细作技术体系。但在长江中下游地区，由于野生动植物资源丰富，同时人口的数量又增长得有限，百姓直到汉代仍然普遍"以渔猎山伐为业"。两汉之际王莽限制渔猎采集，曾严重影响到长江中下游地区百姓的生活。《汉书·王莽传》记载费兴即将赴任荆州牧时曾分析说："荆、扬之民率依阻山泽，以渔采为业。间者，国张六筦，税山泽，妨夺民之利，连年久旱，百姓饥穷，故为盗贼。"[③]东汉明帝时"禁民二业"，有些地方郡国官员因而对百姓渔猎采集进行限制。《后汉书·刘般传》载刘般上疏说："郡国以官禁二业，至有田者不得渔捕。今滨江湖郡率少蚕桑，民资渔采以助口实，且以冬春闲月，不妨农事。夫渔猎之利，为田除害，有助谷食，

① 长沙简牍博物馆等编著：《长沙走马楼三国吴简·竹简（壹）》，文物出版社2003年，第1065页。

② 王子今：《秦汉时期生态环境研究》，北京大学出版社2007年，第184—189页。

③ 班固：《汉书》卷99《王莽传下》，第4151—4152页。

无关二业也。”[①] 费兴、刘般的言论均反映了当时长江地区中下游地区民众仍然可以通过依靠或兼营渔采来维持生计。

与采集渔猎相比,农业最初并不具有必然的优势。在可以轻易获得足够食物的时候,农业往往缺乏足够的吸引力,因为这需要多得多的劳动。西南非洲的布须曼人是仍然采用采集狩猎谋生的群落,曾经有位布须曼人对考古学家说:“既然世界上已有这么多的浆果,为什么我们还要去种植?”休闲时间被他们看得很重,超过了去增加食物供应或者是生产更多的物质产品。20 世纪初期,新几内亚的西尔恩部族采用了现代的钢铁斧子来代替他们传统的石头工具,这使得他们获得足够食物所用时间比起从前缩短了三分之一,但新的多出来的空余时间没有用于增加食物产量,而是用在了祭祀、娱乐和战争之上[②]。丹麦经济学家博赛洛普在对亚非一些国家农业深入考察的基础上,分析了人口密度与土地利用和劳动生产率之间的内在联系,指出:“只有人口达到一定密度时,耕种者才会发现转向更为精细化的土地利用是有利可图的。采用需要投入大量劳力的精耕细作,就意味着人均产量将会下降。如果人口尚未达到一定密度,即便人们已知道精耕细作的方法,也不会应用它。直到人口压力达到了某种临界点,他才会不得不采取这种劳力密集型的精细方法。”[③]《商君书 · 垦令》提到:“壹山泽,则恶农、慢惰、倍欲之民无所于食。无所于食则必农,农则草必垦矣。”朱师辙解释说:“壹山泽,谓专山泽之

---

① 范晔:《后汉书》卷 39《刘般传》,第 1305 页。

②[英]克莱夫 · 庞廷著,王毅、张学广译:《绿色世界史——环境与伟大文明的衰落》,上海人民出版社 2002 年,第 24—25 页。

③[丹]埃斯特 · 博赛洛普:《农业增长的条件》,芝加哥:阿尔丁阿瑟顿出版社 1965 年,第 41 页(E. Boserup: The Conditions of Agricultural Growth. Chicago: Aldine—Atherton Press, 1965. No41.)。

禁，不许妄樵采、佃渔。”[1] 商鞅主张山林川泽由官府垄断，目的之一就是切断人们对自然界现成的生活来源的依赖，迫使“恶农、慢惰、倍欲之民”不得不从通过尽力农耕来谋求生存。

《史记·货殖列传》的描述说明，由于食物充足、不愁冻饿，“或火耕而水耨”的楚越之地，民众“呰窳偷生”，务农的动力与积极性普遍不高。正是因为求得温饱并不需要在务农上特别专注和投入，抑制了人们扩大农作规模与提高农作技术的动力，南方稻作农业中火耕水耨的农作方式直到汉代仍有相当规模。火耕水耨主要利用的是水、火两种自然力量，虽然不像采集捕猎完全依赖动物和植物的自然生长，获得同样的收入却不见得会花费比采集捕猎更多的气力，而且来源更为稳定。《汉书·地理志》称：“楚有江汉川泽山林之饶，江南地广，或火耕水耨。民食鱼稻，以渔猎山伐为业，果蓏蠃蛤，食物常足。故呰窳偷生，而亡积聚，饮食还给，不忧冻饿，亦亡千金之家。”[2] 火耕水耨在这里被拿来与“渔猎山伐”相提并论，两者同样是投入简便人力便可获得食物的活动。《晋书·食货志》记载晋元帝时应詹上表：“江西良田，旷废未久，火耕水耨，为功差易。宜简流人，兴复农官，功劳报赏，皆如魏氏故事。”[3] 应詹建议开垦荒芜耕地，指出采用火耕水耨的方法，并不需要太多人力。同篇又载西晋杜预上书：“诸欲修水田者，皆以火耕水耨为便。非不尔也，然此事施于新田草莱，与百姓居相绝离者耳。往者东南草创人稀，故得火田之利。”[4] 针对火耕水耨方便易行而欲修水田的观点，杜预指出由于人口增加，这一方法在当时已经过时。不过，杜预仍然承认火耕水耨适合“施于新田草

① 朱师辙：《商君书解诂定本》，古籍出版社 1956 年，第 7 页。
② 班固：《汉书》卷 28《地理志下》，第 1666 页。
③ 房玄龄等：《晋书》卷 26《食货志》，中华书局 2003 年，第 792 页。
④ 房玄龄等：《晋书》卷 26《食货志》，第 788 页。

莱,与百姓居相绝离者”,应该也是基于火耕水耨不必投入太多劳力的优势[①]。

三、对火耕水耨的再认识

现存汉代文献共有五处关于南方地区火耕水耨的记载,分见于《史记》的《货殖列传》和《平准书》、《汉书》的《武帝纪》和《地理志》以及《盐铁论·通有》。前面四处记载在前文都已有引述。《盐铁论·通有》记载:“荆、扬南有桂林之饶,内有江、湖之利。左陵阳之金,右蜀、汉之材。伐木而树谷,燔莱而播粟,火耕而水耨,地广而饶材。然民鮆窳偷生,好衣甘食,虽白屋草庐,歌讴鼓琴,日给月单,朝歌暮戚。”[②]表达了与《史记·货殖列传》《汉书·地理志》大体相同的意思。我们在前面的论述中,尽量避开学界对火耕水耨具体内容的争议,而是就这些记载本身,考察与火耕水耨相关的社会背景。得出的结论是,火耕水耨存在于食物来源丰富的地区,这样的环境中民众务农积极性不高,在农作上投入的人力很少,也没有太多粮食积贮。基于这样的认识,一定程度上有助于对火耕水耨这种农作方式的理解。

对于火耕水耨的具体内容,最早进行解释的是东汉末年的应劭。应劭在《汉书·武帝纪》注中说:“烧草下水种稻。草与稻并生,高七八寸,因悉芟去,复下水灌之,草死,独稻长,所谓火耕水耨。”[③]认为火耕即把草烧光后,放水种植水稻;水耨是在草与稻长到七八寸时,“悉芟去”,然后再灌水将草淹死。但唐代张守节注释《史记》时

① 晋人所说的“火耕水耨”不一定同于其最初的含义,但仍然是一种劳力投入相对少的农作方法。

② 王利器校注:《盐铁论校注》,第41—42页。

③ 班固:《汉书》卷6《武帝纪》,第183页。

没有采纳应劭的说法,《史记·货殖列传》条《正义》说:“言风草下种,苗生大而草生小,以水灌之,则草死而苗无损也。耨,除草也。”[①]风草即焚草,认为火耕是烧荒后直接播种;水耨是在作物长高后灌水,因为苗比草长得粗壮高大,这样草会淹死而苗不会受到损伤。应劭与张守节的解释都有各自的支持者。这两种说法区别在于水稻播种前是否灌水,生长期是否用人工方式除草。相对而言,由于应劭是东汉人,很多学者认为他生活的时代火耕水耨仍然存在,故而支持者更多。近代学者对火耕水耨的研究,最有影响的是西嶋定生的意见。西嶋定生认为火耕水耨是一年休闲的直播列条栽培法,而在对火耕水耨的各种解释中,“估计最接近真实情况的大概是应劭的解释”,并以《周礼》郑玄注及《齐民要术》为依据进行了论证,发现“他在解释中提出的技术内容与同时代的郑玄在对《周礼·稻人职》的注中所提出的技术以及后来《齐民要术》水稻第十一的技术是有共同之处,并不互相矛盾的”。相反,张守节的说法无法在《周礼》郑玄注及《齐民要术》所载江淮地区水稻耕作技术中得到印证[②]。

西嶋定生的研究是在无法从正文本身了解《史记》或《汉书》所载火耕水耨的技术内容的情况下,试图通过与同时代或这一时代前后的江淮地区水稻耕作技术是否矛盾,来判断应劭与张守节所做解释的是非。认为如果没有矛盾,则是更加合理的。但这种做法并非没有问题。《礼记·月令》季夏之月“土润溽暑,大雨时行,烧薙行水,利以杀草,如以热汤”,郑玄注:“薙谓迫地芟草也。此谓欲稼莱地,先薙其草,草干烧之。至此月大雨,流水潦畜于其中,则草死不复生,而地美可稼也。”[③]这确实与应劭所概括的“烧草下水种稻”是一致的。

① 司马迁:《史记》卷129《货殖列传》,第3270页。

② 西嶋定生:《中国经济史研究》,农业出版社1984年,第152页、第146页。

③ 孔颖达:《礼记正义》,阮元校刻:《十三经注疏》,清嘉庆刊本,第2969页。

然而,北方的这一做法从来就没有被冠以火耕水耨之名。《后汉书·文苑传》载杜笃《论都赋》,其中谈到关中的生产情况时,有“厥土之膏,亩价一金。田田相如,镭镢株林。火耕流种,功浅得深”。李贤注:“以火烧所伐林株,引水溉之而布种也。”[1] 杜笃在这里赞颂关中的富庶,与“烧草下水种稻”相似的“火耕流种”自然不能视为粗放的农作方法。西嶋定生的论证,恰恰说明,应劭很可能是不恰当地将北方稻作的某些技术环节用来解释南方火耕水耨的农作方法,从而将这一问题弄混乱了。

现存五处汉代火耕水耨的记载,其实都是对西汉时期江南农作情况的叙述,而且集中在西汉中期,却没有反映东汉火耕水耨的材料。应劭的时代距离武帝诏书称“江南火耕水耨”已经超过 300 年,尽管他的年代比张守节要早,但是否能准确把握西汉时代的火耕水耨则不一定。值得注意的是,应劭的解释出现在《汉书·武帝纪》注中,这段材料对应于《史记·平准书》的记载,因而裴骃《集解》在注释《平准书》时也引用了应劭的说法。而张守节的解释是在《史记·货殖列传》注中。《史记·平准书》记载武帝元鼎二年(前 115)因“江南火耕水耨”而“令饥民得流就食江淮间”,按照我们的理解,是因为火耕水耨区各种野生资源丰富,可以暂时解决灾民的生计问题。但这层关系在武帝诏书中并没有讲得很明确。而在《史记·货殖列传》中,司马迁对楚越之地的描述则显然是个稍带原始色彩的社会。这里人口稀少,贫富分化不显著,虽不缺少维持生活的食物,但人们的口粮大多来自采集捕猎。张守节之所以不采纳应劭的说法,大概也是看到应劭对火耕水耨的解释并不符合《史记》所描述的楚越之地的社会状况。

---

① 范晔:《后汉书》卷 80《文苑传上》,第 2603—2604 页。

按照张守节的解释，火耕水耨中的火耕就是以火烧田，不用翻耕。放火焚烧后的土壤十分疏松，不用锄头松土就可以下种或移栽作物，而且以焚烧的茂草为灰肥，直接播种于灰中，一般也可以不再使用其他肥料。这种焚而不耕的方式在我国南方部分少数民族地区直至解放前仍普遍使用。当时广西南丹境内的壮族，"通常在三月用铁斧、砍刀把地上的竹木、藤蔓砍倒，晒干。四月中旬点火焚烧。这种土地比较松软，肥沃，是不用翻地的，焚而不耕是突出的特点"①。火耕水耨中的水耨就是以水淹草，不用中耕。灌水能淹死杂草而无伤于稻苗有生物学的根据。稻苗所以不怕水淹，是因为水稻的根系有裂生通气组织，能够从茎叶输送空气到根部。在主茎和分蘖节的地上部茎节，在湿度过大或积水浸淹下也会生根，从叶鞘基部裂缝穿出外面，进行吸收作用②。火耕水耨在《盐铁论·通有》中与"伐木而树谷，燔莱而播粟"并列，在《汉书·地理志》中与"渔猎山伐"并列，而且是民"呰窳偷生"的体现。这样一种在当时即被视为落后的农作方式，其技术内容肯定无法与汉代北方以及六朝江淮的稻作技术相比。考虑到当时人对火耕水耨的评价，以及西汉江南的环境状况，张守节的解释应该最接近汉代文献中火耕水耨的真实含义。

前面提到，战国时期楚国农业最发达的始终是与中原毗邻的北

① 宋兆麟：《我国古代踏犁考》，《农业考古》1981 年第 1 期。

② 日本学者天野元之助赞同火耕水耨不用中耕的观点，但同时认为水耨不能除去水生杂草，所以必须定期抛荒。他说："火耕水耨是在初春地干时放火，然后直播谷种，随着降雨量的增大（六月间）而灌水，以促进水稻生长，陆生杂草因遭水浸而被淹死，从而达到抑制杂草的目的。如果实行连作，水生杂草就会繁茂起来，因而在种植若干年后，便不得不让其丢荒。"见天野元之助《中国农业史研究》，御茶の水书房 1962 年，第 469 页。由于火耕水耨本来就可能是一种休闲耕作制，而且在播种前会将地晒干烧草，水生杂草无法隔年生存，这种水耨只能针对陆生杂草的限制应该是不存在的。

部地区，即汉水与淮水上中游的丘陵盆地和高平原地带。直到西汉武帝时期，故楚地农业开发的重点区域仍然没有任何改变。因此，西汉中期江南地区稻作农业中以火烧田、以水灌草而不翻耕除草的火耕水耨广泛存在，应该并不奇怪。当然，即便是在西汉前中期，火耕水耨其实也不见得是南方地区最普遍的稻作栽培方式。司马迁在《史记·货殖列传》中用的是楚越之地"或火耕水耨"，或有或者、有时的意思。武帝诏书中的"江南火耕水耨"，也只是用这种现象的存在来证明当地野生生活资源的丰富。江陵凤凰山十汉墓出土的郑里廪簿，时代在文帝晚年到景帝初年的，簿中所登记的 25 户农户中，占田最多的 54 亩，最少的 8 亩，平均每户仅 25 亩[①]。这一数字跟当时所谓一户百亩的标准相差甚远，尽管郑里廪簿是政府贷种食的记录，其中的农户多属贫民，他们占有土地比一般农户要少，但也能说明西汉前期在江陵附近这种开发较早的地区地少人多的情况是相当突出的，并不是南方各地都存在适宜采用火耕水耨的环境条件。

东汉以后随着南方人口的增加，火耕水耨的生产方式已经比较少见。正是由于人们对火耕水耨的内容渐感陌生，所以应劭首先出来对火耕水耨作出解释。他的解释可能是将北方稻作的某些技术环节用来解释火耕水耨，更可能他所说的人工除草等技术环节已经是东汉时期南方地方稻作中普遍的内容。从出土文物反映的情况来看，东汉时期南方地区的稻作栽培方式远比应劭所说的栽培法先进。四川新津出土的东汉陶水田模型，中间是灌渠，两边稻田中有整齐的篾点纹表示的秧窝，这种排列整齐的株距、行距，只有插秧才能做到。而且两边田中各有一半圆形小区，梁家勉认为"这种小区很可能就是原来的秧田"。广东佛山市东汉墓出土的水田模型，田面被田埂分成

① 湖北省文物考古研究所编：《江陵凤凰山西汉简牍》，第 106—113 页。

六方,每方各有一俑劳动,有的扶犁耕田,有的弯腰收割,有的坐在田埂上磨刀,有的检视秧苗,反映出了当时岭南双季稻栽培夏收夏种的场景。其中“第五方地上有表示秧苗的篾点纹和一个直腰休息的插秧俑”,也是已经出现水稻移栽技术的实物证明[①]。六朝时期火耕水耨在描述江南稻作时仍有被相沿使用,但当时所说的火耕水耨已不一定同于其最初的含义,而可能是基于应劭的解释,在用火烧田和灌水杀草的基础上,增加有其他能增产的环节,从而给我们现在理解火耕水耨的最初含义造成了进一步的迷惑。

第三节　里耶秦简所见秦迁陵县的农作与环境

湖南龙山县里耶镇位处武陵山脉腹地,是湘、鄂、黔、渝四省市交界的地方,也是秦朝洞庭郡迁陵县的县治所在地。著名的里耶秦简,主要内容是秦迁陵县廷与上下级政府机构的往来文书与各种簿籍。作为实用文书,里耶秦简揭示了秦代迁陵县地方经济与居民生活的真实情景,为认识长江中下游地区早期农业发展情况与农作环境提供了具体例证。

一、从“槎田”看迁陵百姓的农业生产

关于迁陵百姓的农业活动,里耶秦简记载:

> [黔]首习俗好本事不好末作,其习俗槎田岁更,以异中县。(8-355)[②]

① 梁家勉主编:《中国农业科学技术史稿》,农业出版社1989年,第205页。

② 陈伟主编:《里耶秦简牍校释》第一卷,武汉大学出版社2012年,第136页。下引里耶秦简简号以“8-”开头的均引自此书。

简文中的“槎田”,校释者推测“可能是指斫木为田”。槎有“斫”意,《资治通鉴·晋纪》“命慕舆垩槎山通道”,胡三省注“邪斫木曰槎”[①]。也用于指树或农作物砍、割后留下的短桩。唐张鷟《朝野佥载》卷五:“上元中,华容县有象入庄家中庭卧。其足下有槎,人为出之,象乃伏,令人骑。”[②]槎田很可能就是刀耕火种之田。原始的刀耕火种在砍伐树木时往往要保留树干或树桩,即便是不太粗的树木也会留下两三尺的残茬。这样做一方面是图省力与方便,更重要的是有利于树木再生。刀耕火种实行抛荒制,而抛荒后下一轮砍种依然要依靠再生林的繁茂,因此树木砍伐后不仅不需要清除根茬,反而要有意加以保护。比如在较大的树桩的周围覆盖一些枝叶以免其被太阳灼烧,烧山时把树桩周围的树叶扒开防止树桩被烧死等。槎田的所谓“槎”,估计就是得名于刀耕火种田中砍伐树木后留下的树桩。由于刀耕火种主要利用林木的灰烬,起初耕地砍种一年后就要抛荒,因而槎田必须“岁更”。

《盐铁论·通有》称荆、扬“伐木而树谷,燔莱而播粟,火耕而水耨”[③],可见刀耕火种直到西汉中期在长江流域仍然比较常见,而秦代迁陵百姓采用这种耕作方式似乎相当普遍。里耶古城遗址的考古发掘中出土有 2 件石斧、2 件石刀,这是里耶先民最初用于砍伐林木的农业工具。遗址还出土了 13 件铁斧,多于出土 10 件铁锸的数量,反映出秦代迁陵百姓使用的农具可能仍以砍伐工具数量最多[④]。对

① 司马光编著,胡三省音注:《资治通鉴》卷 98《晋纪二十》,中华书局 1995 年,第 3103 页。

② 张鷟:《朝野佥载》卷 5,中华书局 2005 年,第 123 页。

③ 王利器校注:《盐铁论校注》,第 41 页。

④ 湖南省文物考古研究所:《里耶发掘报告》,岳麓书社 2007 年,第 170—173 页、第 222 页。里耶古城遗址还出土有铁刀 26 件,但从长度看,不是能用于砍伐林木的砍刀。

于刀耕火种农业而言，在一定意义上林木比土地更加重要。解放后方走出深山的云南金平苦聪人便认为："土地对农业不大重要，而林木对农业却是关系重大的。因为土地到处都有，而林木却不是到处都有，而且连年砍伐越来越少，虽有土地而无林木，庄稼还是长不起来。"① 秦代迁陵百姓起初也未将土地视为重要的财富。里耶秦简中有两份有关财产转移的文书：

卅二年六月乙巳朔壬申，都乡守武爰书：高里士五（伍）武自言以大奴幸、甘多，大婢言、言子益等，牝马一匹予子小男子产。典私占。初手。（8–1443+8–1455）六月壬申，都乡守武敢言：上。敢言之。/初手。六月壬申日，佐初以来/欣发。初手。（8–1443+8–1455背）

卅五年七月戊子朔己酉，都乡守沈爰书：高里士五（伍）广自言：谒以大奴良、完，小奴嚋、饶，大婢阑、愿、多、□，禾稼、衣器、钱六万，尽以予子大女子阳里胡，凡十一物，同券齿。典弘占。（8–1554）七月戊子朔己酉，都乡守沈敢言之：上。敢言之/□手。［七］月己酉日入，沈以来。□□。沈手（8–1554背）

这两份是迁陵都乡庶民将财产转移给子女的文书，其中第二份涉及的财产数目尤其可观。据里耶秦简 8–1287 "大奴一人直（值）钱四千三百"，"小奴一人直（值）钱二千五百"，第二份文书中的两名大奴、两名小奴共值钱一万三千六百，四名大婢按小奴价值估算共值钱一万，加上钱六万及禾稼、衣物，总价值已经接近西汉早期的中家之产（十万钱）。对于秦代迁陵县的庶民广而言，这很可能已经是其

① 李根蟠、卢勋：《中国南方少数民族原始农业形态》，农业出版社 1987 年，第 76 页。

全部财产。因此，这两份文书应该是武、广希望死后将自己的财产留给子女的遗嘱。值得注意的是，文书涉及要转移的财产有奴婢、马匹、粮谷、衣器、钱，却没有像江苏仪征胥浦汉墓所出《先令券书》一样强调田产的继承，这可能与迁陵百姓的农作习俗有关[①]。

迁陵百姓在秦代受外来移民影响逐渐放弃刀耕火种的耕作方式，改抛荒制为连作制。里耶秦简中不乏当时百姓开垦荒地的记载。如：

卅五年三月庚寅朔丙辰，贰春乡兹爰书：南里寡妇慭自言：

① 迁徙农业与刀耕火种相适应，而定居农业则跟锄耕农业相适应。清代夏瑚曾描述云南怒江独龙族刀耕火种，“今年种此，明年种彼，将住房之左右前后地土，分年种完，则将房屋弃之他，另结庐居，另坎（砍）地种；其已种之地，须荒十年八年，必俟其草木畅茂，方行复坎（砍）复种”（夏瑚《怒俅边隘详情》，方国瑜主编：《云南史料丛刊》第12卷，云南大学出版社2001年，第149页）。独龙族生产力水平较低的第四乡，实行迁徙农业，作为居民点的“木雷恩”，在1949年前夕只在个别地方刚刚出现。碧江县知子罗乡打洛村的傈僳族在20世纪30年代从普乐村迁来，当时打洛村有许多原始森林，人们实行刀耕火种，但随着森林的破坏，耕地相对不足，人们又纷纷他迁，到50年代中期这个村只剩两户人家。60年代末，当地森林逐渐恢复，人们才又陆续搬了回来（李根蟠、卢勋：《中国南方少数民族原始农业形态》，第84—85页）。里耶秦简中的这两份遗嘱也没有涉及住宅，或许秦代在迁陵建县前，当地百姓尚处于迁徙农业阶段，因而建县初期对于住宅的财产观念同样不强。江苏仪征出土《先令券书》时代较晚，但汉初名田制下，户主同样可以立遗嘱处理包括田宅在内的财产。张家山汉简《二年律令·户律》载：“民欲先令相分田宅、奴婢、财物，乡部啬夫身听其令，皆参辨券书之，辄上如户籍。有争者，以券书从事；毋券书，勿听。所分田宅，不为户，得有之，至八月书户。留难先令，弗为券书，罚金一两。”（彭浩、陈伟、工藤元男主编：《二年律令与奏谳书：张家山二四七号汉墓出土法律文献释读》，上海古籍出版社2007年，第223—224页）岳麓秦简“识劫婉案”中沛曾“分马一匹，稻田廿亩”予识〔朱汉民、陈松长主编：《岳麓书院藏秦简》（叁），上海辞书出版社2013年，第155页〕。可见，上述里耶秦简财产转移文书中不包括田产，并不完全是土地制度的原因。

谒豤(垦)草田故桒(桑)地百廿步,在故步北,恒以为桒(桑)田。三月丙辰,贰春乡兹敢言之:上。敢言之。/诎手。(9–15)

卅三年六月庚子朔丁巳,[田]守武爰书:高里士五(伍)吾武[自]言:谒豤(垦)草田六亩武门外,能恒藉以为田。典缦占。(9–2344)①

"恒以为桑田"即将开垦的农田由官府在簿籍中记录,确定下来。但迁陵百姓普遍改变耕作方式还是在秦始皇三十五年(前212)之后。里耶秦简有份当年迁陵县田租征收方面的文书,其云:

迁陵卅五年豤(垦)田舆五十二顷九十五亩,税田四顷□□。户百五十二,租六百七十七石。率之,亩一石五;户婴四石四斗五升,奇不率六斗。(8–1519)启田九顷十亩,租九十七石六斗。都田十七顷五十一亩,租二百卌一石。贰田廿六顷卅四亩,租三百卅九石三。凡田七十顷卌二亩。租凡九百一十。六百七十七石。(8—1519背)

文书中的垦田舆是迁陵县在秦始皇三十五年新开垦的农田,总数五十二顷九十五亩。文书背面有迁陵三乡的垦田数据,合计与此总数相等。文书最后的"凡田七十顷卌二亩",应该是包括三十五年在内的历年数据的合计。由此可见,在三十五年之前,迁陵百姓的垦田数是相当少的。三十五年迁陵"户百五十二",平均每户占田四十六亩有余,迁陵县控制的民户大都使用了连续耕作的农田。秦

① 陈伟主编:《里耶秦简牍校释》第二卷,武汉大学出版社2018年,第21页、第477页。

始皇三十五年迁陵百姓耕作方式的显著变化应该与政府的强制性要求有关，因为此前的秦始皇三十四年（前213）迁陵司空厌等曾因垦田不力而获罪。里耶秦简记载：

> 卅四年六月甲午朔乙卯，洞庭守礼谓迁陵丞：丞言徒隶不田，奏曰：司空厌等当坐，皆有它罪，（8–755）耐为司寇（8–756）……今迁陵廿五年为县，廿九年田。廿六年尽廿八年当田，司空厌等（8–757）失弗令田。弗令田即有徒而弗令田且徒少不傅于奏。及苍梧为郡九岁乃往岁田。厌失，当坐论，即（8–758）如前书律令。（8–759）

尽管司空厌等获罪的直接原因是垦辟公田不力，但秦代实行国家授田制，对垦田成绩的考核还是会落实到当地百姓拥有农田的总数。迁陵建县之初司空厌等“弗令田”，有可能正是看到当地百姓习惯“槎田岁更”。但不管原因如何，此事之后迁陵县官吏必然重视垦田数量的增加，要求百姓垦田登记也是顺理成章的。秦始皇三十五年迁陵新垦田五十二顷九十五亩，平均每户百姓垦田三十四点八亩，数量相当大，最可能的就是将原来的刀耕田稍加整治并改为锄耕，进而纳入政府登记管理。

二、迁陵田官经营的公田

秦代迁陵县除百姓垦种的农田外，还有官府经营的公田，直接管理公田的政府机构是田官。迁陵田官的官署当设在迁陵三乡中的贰春乡附近，里耶秦简中有如下证据：

> ☐传畜官。贰春乡传田官，别贰春亭、唐亭。（8–1114+8–1150）

材料中县廷文书不是直接传给田官，而是由距离县廷一定距离的贰春乡转传，可见迁陵田官不在迁陵县城或其附近的都乡，这是迁陵田官官署设在贰春乡附近的直接证据。迁陵田官作为县级机构，官署却设在迁陵下属的贰春乡，这说明迁陵田官管理的公田应该就是集中于贰春乡的一片农田。

与迁陵百姓垦种的农田一样，迁陵田官直接管理的公田总量应该也不是很大。里耶秦简中有“廿九年尽岁田官徒（簿）”（8—16）篇题，可惜具体内容无法知晓。但是里耶秦简中有份完整的田官守报告的日食簿：

> 卅年六月丁亥朔甲辰，田官守敬敢言之：疏书日食牍北（背）上。敢言之。（8-1566）城旦、鬼薪十八人。小城旦十人。舂廿二人。小舂三人。隶妾居赀三人。戊申，水下五刻，佐壬以来。/尚半。逐手（8-1566背）

从这份日食簿看，当天迁陵田官役使的作徒总共是56人。前面提到迁陵丞因“徒隶不田”奏请处置司空厌，获得洞庭郡支持。李学勤通过对比里耶秦简J1⑯5洞庭郡文书中“节（即）传之，必先悉行乘城卒、隶臣妾、城旦舂、鬼薪白粲、居赀赎责（债）、司寇、隐官、践更县者。田时殹（也），不欲兴黔首。嘉、谷、尉各谨案所部县卒、徒隶、居赀赎责（债）、司寇、隐官、践更县者簿”的上下文，指出“‘徒隶’就是隶臣妾、城旦舂和鬼薪白粲。这些，从汉代观念看，都是刑徒，其罪名由政府判加，人身为政府拘管”[1]。事实上，在洞庭守礼回复惩处司空厌的公文中也有“令曰：吏仆、养、走、工、组织、守府门、劼匠及它

① 李学勤：《初读里耶秦简》，《文物》2003年第1期。

急事不可令田,六人予田徒(8-756)四人。徒少及毋徒,薄(簿)移治虏御史,御史以均予。(8-757)”。可见田官的耕作劳动力主要就是来源于作徒。秦代行田大致每户百亩,标准的制订应该是基于每户的耕作能力。迁陵田官当天役使的成年男子只有18人,加上女子与未成年人才56人,也就相当于18户的人口。这样算来,能耕作的农田只是二十顷左右。

迁陵县秦始皇廿九年(前218)始“田”,秦始皇三十年的公田数应该是偏小的。但是受制于迁陵县作徒总数,能够供田官役使的作徒尽管此后数年有所增加,总量仍然相当有限。迁陵县的作徒由司空与仓两个机构分别管理,里耶秦简中有数份这两个机构分拨作徒的完整文书:

> 卅二年十月己酉朔乙亥,司空守圂徒作簿。城旦司寇一人,鬼薪廿人,城旦八十七人,仗(丈)城旦九人,隶臣毄(系)城旦三人,隶臣居赀五人。凡百廿五人……廿三人付田官……□□[八]人,□□十三人,隶妾毄(系)舂八人,隶妾居赀十一人,受仓隶妾七人。凡八十七人……廿四人付田官……小城旦九人……六人付田官……小舂五人。其三人付田官……(9-2289)[1]
>
> 卅四年十二月仓徒簿最:大隶臣积九百九十人,小隶臣积五百一十人,大隶妾积二千八百七十六。凡积四千三百七十六……女五百一十人付田官……女卌四人助田官获……(10-1170)[2]

① 陈伟主编:《里耶秦简牍校释》第二卷,第455—458页。

② 里耶秦简博物馆等:《里耶秦简博物馆藏秦简》,中西书局2016年,第197—198页。

前一份文书是秦始皇三十二年（前 215）十月十七日迁陵司空管理的作徒的劳动纪录，其中分配给田官的是成年男子 23 人，成年女子 24 人，未成年男子 6 人，未成年女子 3 人，合计 56 人。第二份文书是秦始皇三十四年（前 213）十二月由仓管理的作徒的劳动纪录，仓掌握的作徒只有隶臣妾，当月除了因为居赀、系城旦、系舂而转交司空管理的隶臣妾外，由仓直接分配给田官的是女子 554 人[①]。值得注意的是，这个数字是当月累积的人工数，平均到每天不足 20 人。据此推断，迁陵田官能够利用的田徒在最多的时候男女老少加起来也很难超过一百。

这些作徒簿是否包括了迁陵县的全部作徒？这可以用其他简牍加以验证。里耶秦简记载：

> 已计廿七年余隶臣妾百一十六人。廿八年新，入卅五人。凡百五十一人，其廿八死亡。（7-304）[②]

迁陵县秦始皇二十八年（前 219）的隶臣妾总数在 116—151 人之间。而上引三十四年十二月仓徒簿中，“大隶臣积九百九十人”相当于 33 人，“小隶臣积五百一十人”相当于 17 人，“大隶妾积二千八百七十六”不是 30 的倍数，中间可能有人员出入，大致是 96 人，总数 146 人。由此可见这份仓徒簿已经是迁陵县所有隶臣妾的

① 前引里耶秦简“令曰：吏仆、养、走、工、组织、守府门、削匠及它急事不可令田，六人予田徒四人”，大概是说首先要安排好“不可令田”的必要工作，然后剩余作徒六个中选四个作为田徒耕作公田。这里由仓分配给田官的作徒分别用了“付”与“助”表达，可能前者是按规定应交付田官使用的作徒，后者是超出比例支援田官的作徒。

② 里耶秦简博物馆等：《里耶秦简博物馆藏秦简》，第 164 页。

劳动纪录。簿中有每个隶臣妾当月劳动安排的详细记载，迁陵仓在“女五百一十人付田官”“女卌四人助田官获”之外，根本无法提供多余的作徒给田官。迁陵司空徒作簿的情况当与此一致。

迁陵县公田的劳作者主要是作徒，但并不限于作徒。里耶秦简8-482载：“[尉]课志：卒死亡课，司寇田课，卒田课。凡三课。”可见县尉所领的司寇和卒也有从事农作的情况。这些作徒之外的劳动力可能同样由田官安排耕作。里耶秦简中田官发放粮食的记录有：

> 径廥粟米一石九斗少半斗。卅一年正月甲寅朔丙辰，田官守敬、佐壬、禀人显出禀赀贷士五（伍）巫中陵免将。令史扁视平。壬手。（8-764）
>
> ▨朔朔日，田官守敬、佐壬、稟人娙出稟居赀士五（伍）江陵东就娄▨史逐视平。（8-1328）
>
> 径廥粟米一石八斗泰半。卅一年七月辛亥朔癸酉，田官守敬、佐壬、稟人䓘出稟屯戍簪袅襄完里黑、士五（伍）朐忍松涂增六月食，各九斗少半。令史逐视平。（8-1574+8-1787）
>
> 径廥粟米四石。卅一年七月辛亥朔朔日，田官守敬、佐壬、稟人娙出稟罚戍公卒襄城武宜都胠、长利士五（伍）甗。令史逐视平。壬手。（8-2246）

迁陵田官给赀贷、居赀、屯戍、罚戍等服役者廪给粮食，估计是因为他们在田官管理的公田上劳作。但这些廪给记录的支出对象每次不过一两人，可见利用作徒之外的劳动力耕作公田是比较稀少的。

由田徒数量推断，秦代迁陵县公田数在高峰期可能也只是三十多顷。按照张家山汉简《二年律令·户律》以户为单位并以爵位为基础的田宅等级标准，只不过高于二十等爵中第九级五大夫的名田数。上引里耶秦简 8-1519 记载秦始皇三十五年(前 212)迁陵县田租征收的总额只有九百一十石,同时官府直接经营的公田规模又这样小,粮食自然不能满足政府开支。迁陵县的粮食开支很大部分要依赖输入。里耶秦简 8-1618 记载:"☐□沅陵输迁陵粟二千石书。"仅这一次输入的粮食就已经是迁陵年田租总额的两倍多。

三、迁陵的生活环境

里耶秦简中有封迁陵当地居住者给亲友的书信:

> 七月壬辰,赣敢大心再摔(拜)多问芒季:得毋为事☐。居者(诸)深山中,毋物可问,进书为敬。季丈人、柏及☐毋恙殹。季幸少者,时赐☐史来不来之故,敢谒□☐。(8-659+8-2088)

赣在书信中指出的"居者(诸)深山中",客观体现了秦迁陵县位处武陵山脉腹心地带,周围万山耸立、峰峦起伏的地形特征。山区普遍存在交通闭塞的问题。秦迁陵县下辖都乡、启陵、贰春三乡,三乡之间以及迁陵跟外界的交通都有山路,但似乎都不好走[①]。如:

> 卅年□月丙申,迁陵丞昌,狱史堪[讯]。昌辤(辞)曰:上造,居平□,侍廷,为迁陵丞。□当诣贰春乡,乡[渠、史获误诣它乡,□失]道百六十七里。即与史义论赀渠、获各三甲,不智(知)劾云赀三甲不应律令。故皆毋它坐。它如官书。(8-754+8-1007)
>
> [廿]八年三月庚申,启陵乡赵爰书:士五(伍)朐忍苏荼居

① 鲁家亮:《里耶秦简所见迁陵三乡补论》,《国学学刊》2015 年第 4 期。

台告曰:居贷,署酉阳,传送迁陵拔乘马一匹,驷,牡,两鼻删,取左、右、耳前、后各一所,名曰犯难。行到暴[诏]溪反(阪)上,去溪可八十步,马不能上,即堕。今死。敢告。/乡赵、令史辰、佐见即居台杂诊:氾难死在暴诏溪中,西首右卧,□伤其右□下一所,它如居台告。即以死马属居台。(9–2346)[①]

前一材料中迁陵丞昌前往贰春乡视察,乡吏竟然指错路,后一材料中传送的马匹在启陵乡意外坠亡,反映出迁陵境内的山路错综复杂、崎岖难行。秦代迁陵县的公事往来与物质运输只能主要依赖酉水。里耶古城东临酉水,位于酉水河一级阶地的前缘地带,现存古城遗址东部至少被河水冲刷了 50 米左右的范围[②]。与县城和都乡有一定距离的启陵乡、贰春乡在秦代也都设有津。里耶秦简中有如下简文:

启陵津船人高里士五(伍)启封当践十二月更,□[廿九日]□☐。正月壬申,启陵乡守绕劾。(8–651)

廿七年六月乙亥朔壬午,贰春乡窯敢言之:贰春津当用船一㮴。今以旦遣佐颓受谒令官叚(假),谒报。敢言之。(12–849)[③]

里耶秦简中有很多与船只以及县乡之间水上往来有关的记载。启陵、贰春两乡的治所应该同里耶古城一样,就在酉水岸边的河谷台地,靠近各自津渡。秦代启陵乡仅下辖一里,都乡下辖二里,贰春

① 陈伟主编:《里耶秦简牍校释》第二卷,第 479 页。
② 湖南省文物考古研究所:《里耶发掘报告》,第 11 页。
③ 里耶秦简博物馆等:《里耶秦简博物馆藏秦简》,第 200 页。

乡亦只有三个里，各自管理的人户不过数十[1]。秦始皇三十五年（前212）迁陵全县百姓垦种的农田总共七十顷出头。人口与农田数量如此之少，必然是集中于酉水岸边迁陵县城与三乡治所附近。

迁陵田官曾发生过向县廷借船而丢失的事件：

> 卅年九月丙辰朔己巳，田官守敬敢言之：廷曰：令居赀目取船。弗予，谩曰亡，亡不定言。论及谩问，不亡，定谩者訾，遣诣廷。问之，船亡，审。沤枲，乃甲寅夜水多，沤流包船，船繫（系）绝，亡。求未得，此以未定。史逐将作者氾中。具志已前上，遣佐壬操副诣廷。敢言之。（9-982）[2]

迁陵田官借用公船并利用酉水沤枲，其官署应该也在酉水岸边。结合迁陵县廷文书有时通过贰春乡传达给田官，且贰春乡可能在迁陵县西部偏北推断，迁陵田官应该是利用经贰春乡再往酉水上游方向的一处或几处河谷台地垦田殖谷、种植桑麻。

迁陵的人口与农田分布于酉水两岸较为大片的河谷台地，而除开这些河谷台地，则几乎都是人迹罕至的荒凉地方。前引里耶秦简8-754+8-1007迁陵县丞昌前往贰春乡，因为乡吏的过误而走错路，最后"失道百六十七里"，可见这么长的沿路应该都没有什么人烟。即便是人口相对聚集的地区，当时人们对于环境的改造力度似乎也不大。酉水河为史籍上的"五溪"之一，属山溪性质，易涨易落，滩险流急。前面提到的迁陵田官所借公船之所以会丢失，就是由于酉水

① 晏昌贵、郭涛：《里耶简牍所见秦迁陵县乡里考》，《简帛》第10辑，上海古籍出版社2015年，第145—154页。

② 陈伟主编：《里耶秦简牍校释》第二卷，第233页。

夜里突然上涨，船被洪水冲走了。可见酉水的河滩地是比较难直接利用的，但是里耶秦简中既不见酉水沿岸堤防沟渠的记载，也很少丘陵山地蓄水陂塘池堰的痕迹①。里耶秦简中廪给粮食的纪录主要记载的是粟，其次才是稻。反映出迁陵尽管位于南方，因为没有注重水利建设，水田的比例却是比较低的②。

由于人口与农田的规模不大，秦代迁陵仍然保持了相当原始的自然环境，境内各种野生动植物资源相当丰富。里耶秦简中有很多"捕羽"的资料，引起了学者的普遍注意，被认为与制造箭羽有关③。里耶秦简 8-1735："廿七年羽赋二千五［百］。"可见迁陵供应的鸟羽总量很大。大量的捕羽活动与鸟羽交易反映了迁陵野生鸟类数量庞大。与此同时，里耶秦简还有其他很多捕捉鸟兽的记载，如：

① 里耶秦简 8-162 作徒簿有"二人为库取灌"，这里"为库"应该是替"库"这一机构劳作，而不是修建水库。

② 迁陵百姓在秦建县初仍然习惯于刀耕火种。刀耕火种一般是选择山地丘陵森林的边沿、隙地和林木比较稀疏的林地进行砍种，种植旱稻、粟等旱地作物。清黄本骥《湖南方物志》引宋张淏《云谷杂记》记载："沅湘间多山，农家惟植粟，且多在冈阜。每欲布种时，则先伐林木，纵火焚之，俟其成灰，即布种于其间。如是则所收必倍，盖史所谓刀耕火种也。"（黄本骥：《黄本骥集》，岳麓书社 2009 年，第 372 页）秦代迁陵百姓刀耕火种的作物大抵应以粟为主，秦始皇三十五年后很多百姓放弃刀耕火种后，开垦的农田也是旱田。前引里耶秦简 9-15 载贰春乡南里的寡妇慭请求垦田半亩，"恒以为桑田"。桑田又见于江苏仪征胥浦汉墓所出《先令券书》，墓主朱凌曾将"稻田一处、桑田二处"分给女儿弱君，"波（陂）田一处"分给女儿仙君，后来两女将田还给朱凌，由她再全部分给儿子公文，合计"稻田二处、桑田二处"（李均明、何双全编：《散见简牍合辑》，文物出版社 1990 年，第 106 页）。桑田与稻田并列，肯定是旱田。

③ 杨小亮：《里耶秦简中有关"捕羽成镞"的记录》，《出土文献研究》第 11 辑，中西书局 2012 年，第 148—152 页；鲁家亮：《里耶出土秦"捕鸟求羽"简初探》，魏斌主编：《古代长江中游社会研究》，上海古籍出版社 2013 年，第 103—111 页；沈刚：《"贡""赋"之间——试论〈里耶秦简〉［壹］中的"求羽"简》，《中国社会经济史研究》2013 年第 4 期。

卅年十月辛卯朔乙未，贰春乡守绰敢告司空主，主令鬼薪轸、小城旦乾人为贰春乡捕鸟及羽。羽皆已备，今已以甲午属司空佐田，可定薄（簿）。敢告主。（8–1515）

廿八年七月戊戌朔乙巳，启陵乡赵敢言之：令令启陵捕献鸟，得明渠雌一。以鸟及书属尉史文，令输。文不肎（肯）受，即发鸟送书，削去其名，以予小史适。适弗敢受。即詈适。已有（又）道船中出操枏〈楫〉以走赵，奊訽詈赵。谒上狱治，当论论。敢言之。令史上见其詈赵。（8–1562）

一人捕鸟：城。（8–2008）

☑□佐居将徒捕爰。☑□二、黑爰一。☑百五十人。皆食巴葵。（8–207）

卅一年五月壬子朔辛巳，将捕爰，叚（假）仓兹敢言之：上五月作徒薄及冣（最）卅牒。敢言之。（8–1559）

☑□人捕爰。（8–2429 背）

简 8–1515 中“捕鸟”与“捕羽”并列，两者性质当有区别。所引简文中的“捕爰”即“捕猨”，指捕捉猿猴。从简文看，捕鸟、捕猿是迁陵作徒从事的常规劳动之一。之所以要作徒捕捉飞鸟与猿猴，主要目的可能在于保护庄稼，简 8–207 中的“皆食巴葵”似乎就是指猿猴而言。迁陵地区人类活动的范围很小，四周都是各种鸟兽生活的原始森林，野生动物对农作物的危害肯定非常严重。简文中迁陵捕鸟与捕捉猿猴的安排在五月至十月之间，正是粮谷种下到收获期之间，这种狩猎活动是与看守农田结合在一起的。其中五月捕猿，还符合《月令》孟夏之月“驱兽毋害五谷”的精神。至于简 8–1562 中提到的明渠，应该是捕鸟过程中无意抓获的珍稀品种，而不是刻意捕捉的上献对象。

里耶秦简中还有“得虎”的记载：

> 廿八年五月己亥朔甲寅，都乡守敬敢言之：☐得虎，当复者六人，人一牒，署复□于☐从事，敢言之。（8–170）

虎是大型捕食性猛兽的代表，主要捕食马鹿、狍子、麝、野猪等有蹄类动物，虎多意味着其他大型野生动物常见。迁陵因这次“得虎”而得以免除徭赋的有六人，奖赏可谓优厚，这或许与当地虎患严重有关。

四、迁陵的外来移民

秦代迁陵县编户不到两百户，即便如此，对于这些原来的楚人，政府仍觉得不放心。里耶秦简载：

> ［廿］六年五月辛巳朔庚子，启陵乡庳☐敢言之：都乡守嘉言：渚里不☐劾等十七户徙都乡，皆不移年籍。令曰：移言。今问之劾等徙☐书，告都乡曰启陵乡未有枼（牒），毋以智（知）劾等初产至今年数☐［皆自占］，谒令都乡自问劾等年数。敢言之。（16–9）①

秦政府在迁陵裁并聚落，将原渚里百姓由启陵乡统一迁到都乡安置，应该有加强对当地居民控制的意图。至于更不可靠的当地土著，秦政府则限制其在县城附近居住。里耶秦简 9–2300 载：“都乡黔

① 里耶秦简博物馆等：《里耶秦简博物馆藏秦简》，第 208 页。

首毋濮人、杨人、臾人。”[1] 与此同时，为了保障对迁陵的统治，秦政府派遣了大量外郡戍卒、官吏以及刑徒入驻迁陵。据游逸飞研究，里耶秦简目前可考的秦迁陵县吏、戍卒的籍贯都在洞庭郡之外，刑徒虽未载籍贯，仍应以外郡人居多。“迁陵县黔首与刑徒的外郡人不少，与外郡籍贯的戍卒及官吏共同构成了移民社会”[2]。从他文中所列“里耶秦简所见洞庭郡戍卒籍贯”“里耶秦简所见担任迁陵县吏的外郡人”看，迁陵县吏主要来自巴蜀、汉中等原秦地的非核心区，戍卒则主要是由原关东各国遗民换防至此戍守。

迁陵位置偏远，交通不便，人烟稀少。外郡戍卒、官吏、刑徒到达这里后，面对的是陌生的蛮荒之地，这里有炎热潮湿的气候、繁茂的原始森林、凶猛的野兽，还有致命的疾病。迁陵的原始丛林环境，对于习惯生活在南方的人，或许还可以接受，对于原来居住在北方的人而言，应该很难适应。从里耶秦简的记载看，当时外来者的疾病、死亡率相当高。如：

> 廿八年迁陵隶臣妾及黔首居赀赎责（债）作官府课。泰凡百八十九人。死亡，率之六人六十三分人五而死亡一人。已计廿七年余隶臣妾百一十六人。廿八年新，入卅五人。凡百五十一人，其廿八死亡。黔道〈首〉居赀赎责（债）作官［府］卅八人，其一人死。（7-304）令拔、丞昌、守丞膻之、仓武、令史上、上逐除，仓佐尚、司空长、史部当坐。（7-304 背）[3]

---

① 陈伟主编：《里耶秦简牍校释》第二卷，第 466 页。

② 游逸飞：《里耶秦简所见的洞庭郡——战国秦汉郡县制个案研究之一》，《中国文化研究所学报》第 61 期（2015，香港）。

③ 里耶秦简博物馆等：《里耶秦简博物馆藏秦简》，第 164 页。

秦始皇二十八年（前 219）迁陵县隶臣妾与居赀赎债的百姓共 189 人，当年死亡的便有 29 人，死亡率超过 15%，这是非常惊人的数字。由于死亡人数实在太多，负责作徒管理的司空、仓机构的官吏还因此获罪。迁陵作徒的高死亡率不是只出现在秦始皇二十八年的偶然事件，里耶秦简 8–1139 "☐□叟死，过程四☐"，校释者注："叟，疑读为'庾'。庾死，囚徒在狱中因受刑、饥寒或疾病而死。"[①] 可见，迁陵作徒每年的死亡数量超过法令允许最高限额的情况具有一定普遍性。事实上，里耶秦简作徒簿中有关作徒"病"的记录，出现频率也比较高。如：

> 二人病：复、卯……小春五人：……一人病：□（8–145）
>
> 三人病：骨、驷、成。（8–780）
>
> 廿八年九月丙寅，贰春乡守畸徒薄（簿）：积卅九人。十三人病。廿六人彻城。（8–1280）
>
> ☐乡守吾作徒薄（簿）：受司空白粲一人，病。（8–1340）
>
> ☐卅五人病☐（8–1812）

迁陵作徒得病的很多，是其高死亡率的基础。但总的来看，作徒簿中得病作徒的比例似乎没有表现得如里耶简牍记载的死亡率那样显著。简 8–1280 中贰春乡作徒积 39 人，13 人病，得病比例达到 1/3，这是比较罕见的记录。但从简文中的"积卅九人"看，这也可能是贰春乡秦始皇二十八年九月总的记录，贰春乡当月平均每天只有一两个作徒，其中一个病的时间较长，具有偶然性。简 8–1812 中"卅五人病"也是一个较大的数字，如果三十五人同时生病，则可能在作徒中发生了流行性的疾疫，但是这个数字也无法明确是单日还是整

① 陈伟主编：《里耶秦简牍校释》第一卷，第 282 页。

月的数字。造成这种现象的原因，只能是迁陵作徒轻病仍要劳作，而重病到死亡的时间很短且康复的机会很小。

人生活在潮湿的环境中，相对容易患病。气候炎热，河床纵横也会给各种病原体和作为疾病感染媒介的蚊虫等提供良好的繁衍条件。由于迁陵偏僻荒凉，离开家乡生活于此的外郡者在身体的劳累之外，更要承受情绪上的压抑与孤寂，如果没有很好的适应能力，自然很容易得病。《里耶秦简［壹］》中共有 19 则医方简，对于这批材料已有学者做过专门的研究，认为医方内容与《马王堆五十二病方》关系密切[①]。这些医方简与迁陵县的公文混在一起，可看作迁陵外来移民发病率高的体现。

《汉书・晁错传》载：秦朝发兵戍守“杨粤之地”，“秦之戍卒不能其水土，戍者死于边，输者偾于道。秦民见行，如往弃市”[②]。迁陵的水土与“杨粤”类似，炎热潮湿、从林密布，不是本地人很难适应。据里耶秦简 9-633“迁陵吏志”，秦代迁陵吏员定额 103 人，其中“官啬夫十人，其二人缺”，“校长六人，其四人缺”，“官佐五十三人，其七人缺”，“长吏三人，其二人缺”[③]。当年迁陵吏员共缺 15 人，缺额达到 14.6%。秦代新占领地区官吏缺乏可能是普遍现象，但迁陵吏员的缺口比较大，至少能反映到迁陵任官吏的机会并不受秦人待见。里耶秦简中出现有“新地吏”的内容：

廿六年十二月癸丑朔庚申，迁陵守禄敢言之：沮守瘳言：课

① 方懿林、周祖亮：《〈里耶秦简［壹］〉医药资料初探》，《中医文献杂志》2012 年第 6 期；刘建民：《读〈里耶秦简［壹］〉医方简札记》，《简帛》第 11 辑，上海古籍出版社 2015 年，第 111—115 页。

② 班固：《汉书》卷 49《晁错传》，第 2284 页。

③ 陈伟主编：《里耶秦简牍校释》第二卷，第 167—168 页。

廿四年畜息子得钱殿。沮守周主。为新地吏,令县论言史(事)。问之,周不在迁陵。敢言之。(8-1516)

简文提到沮县在对秦始皇二十六年(前221)所牧养牲畜产子卖钱的考课中位列末等,当时负责此事的守令周后来担任了新地吏,地点应该在洞庭。尽管经核实,周当时并不在迁陵。但此事已经能够说明迁陵官吏中很大部分系由国家通过派遣已贬谪官吏的方式进行补充。

至于到迁陵戍守,则完全是一种苦差,因此迁陵戍卒逃亡、反叛的现象并不罕见。如:

☐□出钱千一百五十二购隶臣于捕戍卒不从☐令史华监。(8-992)

令佐华自言:故为尉史,养大隶臣竖负华补钱五百,有约券。竖捕戍卒□□事赎耐罪赐,购千百五十二。华谒出五百以自偿。卅五年六月戊午朔戊寅,迁陵守丞衔告少内问:如辤(辞),次竖购当出畀华,及告竖令智(知)之。华手。(8-1008+8-1461+8-1532)

钱三百五十。卅五年八月丁巳朔癸亥,少内沈出以购吏养城父士五(伍)得。得告戍卒赎耐罪恶。令史华监。瘳手。(8-811+8-1572)

前两条材料分别提到隶臣于捉获逃亡戍卒不从与大隶臣竖捉获逃亡戍卒某某,奖赏都是1152钱,这应该是秦代抓捕逃亡戍卒的统一购赏标准。第三条材料中戍卒恶犯下的是"赎耐罪",与第二条材料中竖捉获的戍卒定罪量刑相同,可能也是因为逃亡。

小　结

长江中下游地区的稻作农业水平，在农业起源初期并不低于北方的旱地农业，但此后的发展进程却非常缓慢，西汉时期这里的农业发展程度已经远远落后于北方。本章主要从环境对长江中下游地区早期农业发展的制约来解释这一现象，立论的基础在于两点，一是《尚书·禹贡》将荆州、扬州的田地等级定为下中、下下，在九州中位列最末两位，一是汉代文献关于南方稻作“火耕水耨”的记载往往与野生动植物资源丰富联系在一起。

在人类改造自然能力较低的情况下，长江中下游地区茂密的森林植被、密布的河湖沼泽，这些在今天看来十分优越的自然条件，都成为人们发展农业的障碍。《禹贡》中称荆州、扬州的土壤为“涂泥”，水份含量高而黏重，加之森林覆盖率高，在金属农具尚未普及、灌溉与排水技术尚不发达之时，这类土地几乎可视为无用。中国早期农业的发展主要是在垦殖相对容易的黄河流域。长江中下游史前稻作局限于平原沼泽与丘陵岗地的边缘或中界地带，楚国将农业重心选择在毗邻中原的汉水与淮水上中游的丘陵盆地和高平原地带，吴、越两国由于发展农业的回旋余地不大，加强了对三角洲沼泽平原的开发，但能利用的仍然主要是山麓周围的冲积扇地带。可见，长江中下游的森林、沼泽确实对早期农业开发构成了严重的障碍。

长江中下游稻作农业的起源，不同于北方旱地农业是为了应付季节性的食物短缺。即便是进入春秋战国乃至秦汉以后，这里的野生动植物资源仍然相当丰富。由于求得温饱比较简单，使得人们无需在务农上特别专注和投入，表现之一就是火耕水耨这种粗放的栽培方法直到汉代仍然有很大规模。火耕水耨的主要特点是以火烧草，不用牛耕；直播栽培，不用插秧；以水淹草，不用中耕。它在当时被拿来与“渔猎山伐”相提并论，属于投入简便人力便可获得食物的活动，尽管省事省力，毕竟单位产量不高。与《禹贡》强调的土壤、植被因素的作用方式不同，丰富的野生动植物资源从另一个层面构成了长江中下游早期农业发展的障碍，抑制了人们扩大农作规模与提高农作技术的动力。

里耶秦简揭示了秦代迁陵县地方经济与居民生活的真实情景，为认识长江中下游地区早期农业发展情况与生存环境提供了具体例证。秦迁陵县地处武陵山脉腹地，自然环境对早期农业发展的阻碍相当突出。迁陵百姓在秦人进入时仍主要采用刀耕火种的农作方式，尽管受外来移民影响而开始垦田连作，但秦代迁陵不管是百姓的农田，还是官府组织垦种的公田，规模都很小，总共不过一百多顷，散布于酉水沿线的河谷台地。秦代虽然在此设县，但迁陵政府当时实际管控的应该只是酉水沿岸附近地区，离开这些河谷台地的山林则仍保持蛮荒状态，人迹罕至，鸟兽众多。外来移民很难适应当地的原始丛林环境，病亡率相当高。

第二章　气候变迁与农业发展重心的初步南移

自然环境的稳定性是相对的，随着生产力的提高，其优劣也会显示出与以前不同的内容。在构成自然环境的各种主要因素中，气候的变化性最大，同时也是人类最缺乏有效控制手段的因素。而在气候影响中，农业又是最为敏感的一个行业。无论是长时期、周期性的气候冷暖干湿变迁，还是短时期的旱涝风霜变化，都会对农业生产造成显著影响。我国气候在两汉之际出现了由暖而寒的转变，魏晋南北朝更是公认的气候寒冷期。一般认为，气候温暖会有利于传统农业发展，而寒冷期却相反①。然而，尽管当时气候由暖转寒的趋势在

---

① 何凡能等在梳理秦汉以来气候变化与农业发展的对应关系后指出，"当气候温暖时（如秦汉、隋唐时期），北方农业种植界线北移，农耕区扩大，同时农作物生长期增长，熟制增加，粮食产量提高；而当气候寒冷时（如魏晋南北朝、唐后期至五代时期），农业种植界线南退，宜农土地减少，农作物生长期缩短，熟制区域单一，粮食产量下降"（何凡能等：《历史时期气候变化对中国古代农业影响研究的若干进展》，《地理研究》2010 年第 12 期）。王铮等论证气候变暖对中国农业的影响，指出"正是 1820—1830 年间的气候突变（从相对温暖期进入相对寒冷期）结束了所谓的清代'盛世'。同样 760AD 的突变，气候相对变冷，也结束了'开元盛世'"，并用其他大量历史事实证明了"中国的气候温暖期农业生产条件良好，气候变暖对中国农业经济发展有利"（王铮等：《气候变暖对中国农业影响的历史借鉴》，《自然科学进展》2005 年第 6 期）。

全国是一致的，汉晋南朝长江中下游地区的农业却呈现出与黄河中下游地区完全不同的发展态势，在北方农业遭受严重破坏时，南方农业不断开拓与进步，其发展明显强于全国农业变动的大趋势。气候转寒与东汉以来我国农业重心开始向南方转移之间存在怎样的内在联系，是这里想要考察的问题。

第一节　汉晋南朝气候变迁的特征

关于中国历史时期的气候状况，最有影响的研究成果无疑是竺可桢的《中国近五千年来气候变迁的初步研究》。具体到汉晋南北朝时期，该文指出：西汉延续了战国秦朝以来的趋势，“气候继续温和”；到东汉时代即公元之初，“我国天气有趋于寒冷的趋势……但东汉的冷期时间不长”；三国时代，“气候已比现在寒冷了。这种寒冷气候继续下来，直到第三世纪后半叶，特别是公元 280—289 年的十年间达到顶点”；南北朝时期南北气温都比现在要低。从该文所附“五千年来中国温度变迁图”来看，汉至南北朝时期的气温在总体上呈下降之势。图中所示西汉初年气温较今约高 1℃，之后继续上升，到公元之初达到顶峰，较今高约 1.5℃。东汉以后气候急剧转寒，到三国末年达到谷底，气温较今低约 1℃。尽管之后气温逐渐回升，但在约公元 150—400 年之间，气温都低于现在的水平[①]。

竺先生的文章发表于近五十年前，受时代条件局限，文中对汉至南北朝气候的推断，依据的只是文献中的物候资料。后来牟重行对竺文中用于推断汉至南北朝气候的四个主要物候证据（司马迁所说“陈夏千亩漆”、东晋渤海结冰、南朝南京冰房、《齐民要术》石榴越冬）

① 竺可桢：《中国近五千年来气候变迁的初步研究》，《考古学报》1972 年第 1 期。

提出质疑，认为或理解有误，或不足为据，进而完全否定竺文的结论，指出竺文“由于时代条件限制，在分析使用历史文献资料中还存在不少缺陷和问题。主要问题有：（1）对文献误解或疏忽；（2）所据史料缺乏普遍指示意义；（3）推论勉强等。由于选择的气候证据本身存在不确定性，以致据此勾勒的中国5000年温度变化轮廓，大体上难以成立”①。但在质疑之后，牟先生并没有就历史气候变迁的梗概提出自己的意见。由于气候存在地域差异而史籍对不同地区的记录详略不同，人为因素对生物分布的影响会使其指示的气候特征信度不高，加之可能对史料存在不同理解等原因，单纯运用文献中语焉不详的物候资料来分析历史气候变化，确实需要特别谨慎。但是从现有的研究情况看，竺先生的研究结论尽管可能有不周全的地方，整体上还是经得起检验的。

相对而言，对于两汉时期的气候状况，学者间的意见分歧较大。文焕然认为两汉都属于相对温暖时期，“在7000多年前至公元200多年这段时期内，中国的气候较暖”，此后气候转冷②。满志敏、陈业新都认为两汉时期的气温总体而言与今天相比差别不大，但对于期间的起伏，前者认为战国至西汉初气候寒冷，西汉中叶后气候开始转暖，东汉以后气候略为转向冷的方向③；后者认为前后汉相比，西汉略冷，东汉稍暖，但其间有多次波动，东汉末年气候急剧转冷④。王子今赞同“大致在两汉之际，经历了由暖而寒的历史转变”⑤，后来虽提

① 牟重行：《中国五千年气候变迁的再考证》，气象出版社1996年，第5页。
② 文焕然等：《中国历史时期植物与动物变迁研究》，重庆出版社1995年，第160页。
③ 满志敏：《中国历史时期气候变化研究》，山东教育出版社2009年，第140—146页。
④ 陈业新：《两汉时期气候状况的历史学再考察》，《历史研究》2002年第4期。
⑤ 王子今：《秦汉时期气候变迁的历史学考察》，《历史研究》1995年第2期。

出要注意因“渐变的可能”而存在的气候“区域差异”,但仍强调“以距今2000年前后做为气候由暖而寒的转折点……可以在历史文献记载中发现例证”[①]。尽管如此,从上面的介绍可知,在两汉气温相当于或者高于现代的情况上是大体达成共识的。

而在魏晋南北朝属于寒冷期上,学者的意见是一致的。区别只是在此基础上,有学者对当时气候的寒冷程度有所修改,也有学者进而指出在此期间存在相对的气候冷暖波动。如满志敏认为:“魏晋南北朝气候的基本特征是寒冷。”他通过对《齐民要术》中“桃始花”“枣生叶”“杏花盛”“桑花落”等春天物候与现代物候的对比,以及书中记载的石榴树越冬条件和雾凇的出现情况两种冬天物候的考察,对竺可桢得出的这个结论做了物候史料方面的补充。又利用相关资料对这个寒冷期的气候波动状况作了进一步分析,指出在290—350年间与450—540年间有两个大的冷锋[②]。郑景云认为:“魏晋南北朝的气候在总体上是以寒冷为主要特征的”,可以肯定这“是一个可与小冰期相比拟的寒冷气候阶段”。同时这一时期的温度“存在‘冷—暖—冷’世纪波动,其中两个冷谷为270s—350s及450s—530s,当时中国东部冬半年温度分别较现代低0.5℃和0.9℃;而360s—440s虽然相对温暖,但当时中国东部冬半年温度仍较现代略低”[③]。另外,在气候转寒的节点上,张丕远认为始于280年前后,比一般所认为的要晚。他说:“竺可桢认为240年时气候已变冷。据谭其骧意见,竺可桢这里的主要证据淮河结冻是将它的北部支流误作为淮河。新近搜集寒冷事件证据表明,280年以后寒冷事件才有显著

① 王子今:《秦汉时期生态环境研究》,第60—68页。

② 满志敏:《中国历史时期气候变化研究》,第148—164页。

③ 郑景云等:《魏晋南北朝时期的中国东部温度变化》,《第四纪研究》2005年第2期。

的增加。利用旱涝资料做最大概率变点检验，发现在280年附近发生气候突变，故取280年为比现代低0.5℃的起点时间。”①

有关汉至南北朝气候的其他研究成果还有不少，但以上所述已经大致囊括学者的主要意见。综合现有研究成果，如果不对气候状况做精确估计，只考察其总体变化趋势，应该可以得出汉至南北朝时期气候经历了由暖而寒的转变的结论，只不过其开始转寒的时间是在两汉之际，还是东汉末年或者三国晚期，尚不能完全统一意见。气候变迁是指从一种相对稳定的气候状态转变为另一种相对稳定的气候状态。变化前的气候结构是稳定，变化后的气候结构与此前不同，但仍然是稳定的。至于变化的过程，可能是突变，但更为常见的是通过较长时间起伏的演变。而且在气候由暖转冷的共同趋势下，有研究表明，“同大陆各地转冷时间也不尽一致，一般是高纬度地区先于低纬度地区”②。因此，在汉至南北朝气候转寒的节点上存在认识差异是完全正常而可以理解的。

为了更直观地了解这段时期气候转寒的趋势，我们从西汉到南北朝之间的气象灾害中，摘取雪、雹、霜、低温等的数据，以十年为单位统计这些冷灾的发生频率，制成了“汉至南北朝冷灾时间分布表”。

表2—1　汉至南北朝冷灾时间分布表

时间	冷灾次数	时间	冷灾次数
前200—前191年		191—200年	2
前190—前181年		201—210年	
前180—前171年	1	211—220年	
前170—前161年		221—230年	2

① 张丕远主编：《中国历史气候变化》，第434页。

② 文焕然、文榕生：《中国历史时期冬半年气候冷暖变迁》，科学出版社1996年，第147页。

续表

时间	冷灾次数	时间	冷灾次数
前160—前151年	1	231—240年	4
前150—前141年	3	241—250年	2
前140—前131年	3	251—260年	2
前130—前121年	1	261—270年	1
前120—前111年	4	271—280年	21
前110—前101年	1	281—290年	22
前100—前91年		291—300年	13
前90—前81年		301—310年	4
前80—前71年	1	311—320年	7
前70—前61年	1	321—330年	9
前60—前51年		331—340年	3
前50—前41年	2	341—350年	4
前40—前31年	2	351—360年	6
前30—前21年	3	361—370年	1
前20—前11年		371—380年	2
前10—前1年		381—390年	2
1—10年	1	391—400年	5
11—20年	4	401—410年	10
21—30年	1	411—420年	4
31—40年		421—430年	2
41—50年		431—440年	2
51—60年		441—450年	5
61—70年	1	451—460年	3
71—80年		461—470年	4
81—90年		471—480年	10
91—100年	1	481—490年	10
101—110年	5	491—500年	7
111—120年	1	501—510年	32

续表

时间	冷灾次数	时间	冷灾次数
121—130年	3	511—520年	2
131—140年	1	521—530年	5
141—150年		531—540年	5
151—160年		541—550年	4
161—170年	5	551—560年	1
171—180年	1	561—570年	7
181—190年	4	571—580年	6

据卜风贤《周秦汉晋时期农业灾害和农业减灾方略研究》(中国社会科学出版社2006年)“附件一:周秦两汉时期农业灾害信息及灾度等级量化表”“附件二:三国两晋南北朝时期农业灾害信息及灾度等级量化表”数据统计。

根据上表统计数据,如果以十年间有四次或四次以上冷灾记载作为气候寒冷期的标志。则在西汉武帝时期与王莽新朝后期已经出现短暂的气候寒冷期,但这两段时间都只有一个十年期达到这一标准,寒冷期持续时间不长。东汉中后期寒冷期的出现频率明显高于西汉,这段时间有三个十年期的冷灾记载在四次或四次以上,体现了一定的延续性。而到魏晋南北朝,冷灾则已经非常普遍。在此期间大部分十年期的冷灾记载都超过四次,而且与两汉还有冷灾的空白期不同,这期间的每个十年期都有冷灾记载,反映了魏晋南北朝是一个连续的寒冷期。特别是公元271年到300年间连续三个十年期的冷灾记载都在十次以上,471年到490年间连续两个十年期的冷灾记载都在十次以上,501年到510年十年间的冷灾记载达到最高的32次,说明这些时候是气候极端寒冷的时期。

上表中的灾害数据来源于卜风贤对周秦汉晋时期农业灾害的统计。由于记载与取舍的原因,不同学者对于历史气候灾害的统计并不完全一致。不过,秦冬梅根据高文学主编的《中国自然灾害史》中的数据所绘制的“两汉、魏晋南北朝、隋唐灾害对照表”，同样显示出“魏晋南北朝时期冻害的发生率是西汉的近四倍，隋唐的近两倍”，从而印证了由上表数据得出的结论应该是可靠的。秦文中还特意强调，“魏晋南北朝气候异常的一个特征就是降温。其最主要的表现为寒冷事件发生数量的增多和极端寒冷事件发生频率的增高”①。

出土孢粉资料的分析结果，为汉至南北朝期间的气候转寒提供了新的证据。对西藏纳木错深水湖钻孔各项环境指标的分析结果表明，距今 2900 年来当地气候“总体上显示了向冷干波动变化的趋势，期间第一次降温在距今 1800—1600 年”②。对河北平原南部宁晋泊地区钻孔孢粉分析表明，这里距今约 2250—1790 年间的孢粉层中“乔木 20%—25%，以松、栎为主，少量桦木，还有少量旱生灌木麻黄，草本主要有蒿、藜科、伞形科，低量禾本科和蓼科，蕨类有少量水龙骨科，偶见水蕨科，气候可能比较温暖但偏干”；而在距今 1790—1350 年的孢粉层中“乔木含量为 20%—30%，以松为主，少量桦、云杉、栎、栗，旱生灌木有麻黄；草本为蒿、藜科、蓼科，断断续续有禾本科出现，此段蒿、藜科含量较高，又有一定含量的云杉，反映此时气候较凉”③。对太白山东佛爷池钻孔资料的分析表明，在距今 2240—1800 年间，“落叶松花粉含量与云、冷杉花粉含量均处于峰值，冷杉 / 云杉林带和落叶松林带均向高海拔推移，落叶松成为林线树种，说明此时气候偏暖湿”；而在距今 1800—1530 年间，

① 秦冬梅：《试论魏晋南北朝时期的气候异常与农业生产》，《中国农史》2003 年第 1 期。

② 朱立平等：《西藏纳木错深水湖芯反映的 8.4ka 以来气候环境变化》，《第四纪研究》2007 年第 4 期。

③ 郭盛乔等：《宁晋泊地区全新世温暖期以来气候与环境变化研究》，《地球学报》1998 年第 4 期。

“云、冷杉花粉含量处于低谷，落叶松花粉不出现，说明林线海拔下降，云、冷杉成为林线的组成树种。和上一阶段相比，砂含量略有增加，TOC 和磁化率的变化较小。推断这一阶段气候转冷，但湿度条件仍然较好”①。

长江中下游地区所采集孢粉的分析，显示出这里的气候变化与全国的整体趋势是一致的。王开发等的研究表明，“在沪杭地区所研究的各钻井的孢粉组合，可清楚看出沪杭地区全新世以来气候变化具有多次的波动，明显地看出具有五个凉期和四个暖期”，其中与汉至南朝对应的是，“第三暖期：距今 2500 年，气候温暖湿润。第五凉期：距今 2000—1650 年，气候温凉”，这种温凉天气一直持续，直到“距今 900—500 年，气候转暖”②。根据所得孢粉、年代资料分析，“可将上海西部近三千年来的植被、气候分为四个发展时期”。其中第一阶段为距今 2900—1800 年（前 850—150），孢粉组合显示当时植被为常绿阔叶林，属于“中亚热带典型植被”，表明“这一时期的气候要较目前温暖湿润，年平均温度比目前略高”；第二阶段为距今 1800—1400 年（150—550），孢粉组合显示当时“附近山丘上的常绿阔叶林，被常绿、落叶阔叶混交林所代替，同时混有针叶树……它反映上海西部此阶段的气候相当于北亚热带气候，气温比现在略低”③。上述两项研究结果将气候由暖而寒的转折点分别定在两汉之际和东汉后期，前面已经指出这种差异是可以理解的，并不影响这段时间气候转

① 刘鸿雁等：《太白山高山带 2000 多年以来气候变化与林线的响应》，《第四纪研究》2003 年第 3 期。

② 王开发、张玉兰：《根据孢粉分析推论沪杭地区一万多年来的气候变迁》，《历史地理》创刊号，上海人民出版社 1981 年，第 126—131 页。

③ 王开发等：《根据孢粉组合推断上海西部三千年来的植被、气候变化》，《历史地理》第 6 辑，上海人民出版社 1988 年，第 13—20 页。

寒的事实。

雨量是气候的另一个主要组成要素。雨量变化的趋势与温度变化的趋势在很大程度上是一致的，温暖的气候往往能带来较多降水，故而多与潮湿相伴，而寒冷时期则会相对干燥。东汉以后气温降低，气候亦持续变得相对干燥。郑斯中等研究指出："在北纬35—40°地区，历史上的干旱时期大致与寒冷时期重合……纪元以来逐渐变干的趋势同温度变低的趋势也是一致的……所列举的干旱时期，其湿润指数变化在0.66—0.96范围内。35—40°地带，雨季在7、8月，正是一年中极锋达到最北位置时。我们推测历史上寒冷时期冷空气势力强盛，极锋位置偏南使该地区夏季降水频率减少，反之则降水增多。"① 张丕远同样认为各历史阶段的气温与旱涝、降水之间应有本质的联系，他选择了近2000年来的六个冷暖阶段的旱涝分配情况进行对比，虽然发现冷暖与旱涝并非简单对应，但其中属于汉晋南北朝的公元310年至450年这一时间段，既是典型的干旱时期，同时也是典型的寒冷时期②。他还另外在文章中指出，中国气候在公元280年前后曾发生突变，"主要气候标志是降温"。而与此"相应的中国湿润度变化，可能是中国近2000年以来的最大降水变化。中国平均湿润度的最大转折发生在280's A.D.—480's A.D.之间，从280's A.D.以前偏湿，并经历一个波动周期，280's A.D.开始中国迅速变干，这个迅速变干的过程大约在480—500 A.D.间结束"③。吴宜进采用干湿指数方法对近2000年来湖北

① 郑斯中等：《我国东南地区近两千年气候湿润状况的变化》，中央气象局研究所编：《气候变迁和超长期预报文集》，科学出版社1977年，第29—32页。

② 张丕远主编：《中国历史气候变化》，第339页。

③ 张丕远等：《中国近2000年来气候演变的阶段性》，《中国科学》（B辑）1994年第9期。

干湿气候变化进行了分析，结果发现“2000年中最为干旱的时期是4世纪和15世纪”①。

旱灾频率增高是气候转干的直接后果。据竺可桢《中国历史上气候之变迁》中所附“中国历代各省水灾分布表”“中国历代各省旱灾分布表”，两晋六朝每百年的水灾是4.8次，低于东汉的6.8次；而两晋六朝每百年的旱灾是34.6次，高于东汉的17.9次，说明魏晋南北朝的降雨量较之前的东汉应该是减少了。文中尤其指出，“第4世纪（公元300—400年）旱灾之数骤增，而雨灾之数则骤减”，“自晋成帝咸康二年（公元336年）迄刘宋文帝元嘉二十年（公元443年）一百零八年中，竟无一雨灾之记录，而旱灾则达四十一次之多，岂非第四世纪时天气有干旱之趋势乎？”② 竺先生的数据统计于多年前，因为技术的限制，辑录的灾害资料不是特别全面。我们根据卜风贤《周秦汉晋时期农业灾害和农业减灾方略研究》（中国社会科学出版社2006年）“附件一：周秦两汉时期农业灾害信息及灾度等级量化表”“附件二：三国两晋南北朝时期农业灾害信息及灾度等级量化表”重新统计了江南地区在汉晋南朝的水、旱灾记录。

表2—2　汉晋南朝江南地区水、旱灾比较表

	水灾	旱灾	旱灾占比
两汉（前202—220年）	5	2	28.57%
魏晋（220—420年）	57	54	48.65%
南北朝（420—589年）	53	24	31.17%

① 吴宜进等：《湖北省历史干湿气候的世纪振动及其比较》，《武汉大学学报》（自然科学版）1999年第5期。

② 竺可桢：《中国历史上气候之变迁》，《竺可桢文集》，科学出版社1979年，第58—68页。

表2—3 六朝江南地区旱灾时间分布表

时间	旱灾次数	时间	旱灾次数
221—250年	2	401—430年	14
251—280年	2	431—460年	7
281—310年	2	461—490年	6
311—340年	14	491—520年	2
341—370年	11	521—550年	2
371—400年	13	551—580年	3

上面两表中的"江南地区""旱灾"是直接根据卜风贤所制表格中对灾害地区与灾种的分类,"水灾"数据则是其所制表格中水灾、雨灾的合计数。数据显示魏晋时期江南地区水、旱灾的发生次数尽管没有竺先生统计数据显示的那么悬殊,但旱灾发生的频率相对于两汉时期,显然是大大提高了。旱灾在水、旱灾合计数中的占比从两汉的 28.57% 上升到了 48.65%,显示气候应该是趋向干旱。只是在南北朝时期,这个数据又回落到了 31.17%,跟设想的有些差距,可能与资料记录的详略或农田水利事业发展后对灾种的影响有关①。以每 30 年为一统计单位,六朝旱灾记录超过 10 次的 4 个时段全部集中在公元 311 年至 430 年间,且中间没有断层,显示这是一个持续严重干旱时期。

河流水量的变化也能反映出这个时期雨量的减少。据刘振和研究,"按古气候分期,东周至西汉末年处于第二温暖期。与第二温暖期相对应的黄河水量较为丰沛。在此 800 年间,壶口年径流量(指百

① 卜风贤所制表格中江南地区在南朝期间的 457 年、478 年、479 年、482 年、490 年、491 年、499 年均有 2 次或 2 次以上的水、雨灾记录,而没有哪年有 2 次或 2 次以上旱灾的记录。这可能由于旱灾是持续干旱,而水灾可能在退水后不久又再次涨水。诸如 482 年 5 月、6 月的水灾,490 年 4 月、6 月、8 月的雨灾,491 年 8 月、9 月的水灾、雨灾,如果记录不那么详细,很可能会被合并成一次。

年尺度的宏观变化）基本稳定在600亿立方米。自东汉起，中国气候逐渐趋寒冷干旱，进入了古气候的第二寒冷期。在第二寒冷期的前期（公元初至公元180年），黄河壶口年径流量在原有600多亿立方米基础上，略有下降。公元180年以后，黄河水量开始急剧下降，黄河水量急剧下降的过程，随着气候寒冷干旱不断加剧而持续350年，黄河壶口年径流量由公元初的610亿立方米下降为360亿立方米，几乎下降到了近4000年以来黄河水量的最低点”[①]。文献记载中有不少反映两晋南北朝河流因干旱而水量减少的记载。《晋书·怀帝纪》载：永嘉三年（309）“大旱，江、汉、河、洛皆竭，可涉”[②]。同书《桓温传》载：太和四年（369）桓温北伐，“时亢旱，水道不通，乃凿巨野三百余里以通舟运，自清水入河”[③]。《宋书·张茂度传》载：大明七年（463）“世祖南巡，自宣城候道东入，使永循行水路。是岁旱，涂径不通，上大怒，免”[④]。

综合以上论述，我们认为，汉至南北朝时期的气候经历了由暖而寒的转变。西汉属于历史气候的温暖期，而魏晋南北朝属于历史气候的寒冷期，东汉气候波动比较大，但气候持续转寒的趋势在此期间逐渐明显。与此同时，气候的干湿状况也发生了相应变化，进入寒冷期后气候也变得比较干旱。

---

① 刘振和：《中国第二寒冷期古气候对黄河水量的影响》，《人民黄河》1993年第6期。

② 房玄龄等：《晋书》卷5《怀帝纪》，第119页。

③ 房玄龄等：《晋书》卷98《桓温传》，第2576页。

④ 沈约：《宋书》卷53《张茂度传》，第1513页。

第二节 从农学角度看气候转寒对长江中下游农业的影响

对于气候变化与汉晋南朝南方农业发展之间的联系,学者已经有过很多研究。一般认为,气候转寒是当时农牧交错带南移及北方农业经济衰落的原因,由此引发的游牧民族南下及北方战乱促使大量北方人口南迁,既给南方农业提供了充足的劳力,也带来了北方的先进农业技术,从而导致了南方农业的发展。这一说法自然没有问题。然而气候转寒的趋势在南北地区是一致的,何以在造成北方农业衰落的同时,却没有对南方农业产生同样的破坏,似乎还应首先从农学的角度加以解释。

一、从农业产量看气候转寒的影响

气候是决定农业生产状况好坏的主要因素。气候的波动,无论是温度的高低或雨量的多少,均会对农业产量起到很大影响。据张家城的研究,在其他条件不变的情况下,年平均气温每下降1℃,粮食产量就会比常年下降10%;同样,年降水量每下降100毫米,单位面积产量也会下降10%①。王铮同样指出,中国气候温暖期农业生产条件是优越的,气候变暖有助于中国变得湿润。通过计算气候变化下降水、气温变动引起的农业生产潜力的变化,他发现,如果降水不变化,气温变化会导致农业产出的小量变化,而降水变化对农业影响突出,只要降水变少,农业生产潜力均明显降低;只要降水变多,农业生

① 张家诚:《气候变化对中国农业生产的影响初探》,《地理学报》1982年第2期。

产潜力几乎均提高[1]。因此，东汉以来气候的转寒变冷，理论上会对农作物产量有较大负面影响，无论对于长江中下游地区还是黄河中下游地区的农业生产，都意味着不太好的环境。

然而，历史气候的研究表明，气候变化的幅度会随纬度增高而增大。也就是说，位于中低纬度地区的长江中下游地区，其气候变化的幅度要小于位于中高纬度地区的黄河中下游地区。张丕远指出："在中国东南部，气候变化的幅度同时存在从南至北、自东向西变幅逐渐增大的趋势。在高温期，从南至北，在位于南亚热带和广东一些地区，其年平均温度一般高于现今1℃左右；向北至北亚热带的江苏镇江和建湖地区，年平均温度与现今的差值分别为>1.5℃和1.7℃ ±；再往北到辽宁南部和吉林辉县则为3–5℃和1.7–2.6℃；向西，在洞庭湖和江汉地区，高温期的年平均温度较现在高3℃ ±；在贵州梵净山，高温期的年平均温度高于现在1.6℃ –3.0℃。"[2]因此汉至南北朝的气候转寒，长江中下游地区的降温应该幅度相对要小。郑斯中等通过对东南地区近2000年湿润状况变化的研究，认为历史上北方干旱期大致与寒冷期重合，南方却不必然，东汉魏晋南北朝东南地区旱期与湿期交替出现[3]。他们对东南地区湿润状况的分析，依据的是历史上的水旱记载，并不能完全体现降水情况的变化，但其结论在一定程度上也说明了寒冷期南方地区降水量的变化可能没有北方明显。既然汉至南北朝气候转寒变干，在长江中下游地区的幅度比黄河中下游地区要小，寒冷干旱气候对前者农业产量的影响自然不会有后

① 王铮等：《气候变暖对中国农业影响的历史借鉴》，《自然科学进展》2005年第6期。

② 张丕远主编：《中国历史气候变化》，第157页。

③ 郑斯中等：《我国东南地区近两千年气候湿润状况的变化》，中央气象局研究所编：《气候变迁和超长期预报文集》，第29—32页。

者严重。

更重要的是，上述温度、雨量变动对农业产量的影响只是理论分析的结果，是就气温和降水对农业增产的潜力而言的。恰恰因此，东汉以来气候转寒对于长江中下游地区的农业产量几乎不会有任何实质性的负面影响。因为长江中下游地区气温暖和、水源丰富，气候条件在汉晋南朝并未成为制约农业发展的障碍。与黄河中下游地区不同，这里的水、热条件在当时尚未得到充分利用。

降水偏少是北方农业发展一直以来的主要制约因素。尽管西汉以前较今温暖湿润，黄河中下游地区的农业还是必须以旱作为主。早在西周时期，北方对春耕便已十分重视，目的是避免春季升温迅速导致大量水分逸失，丢墒而无法播种。战国晚期《吕氏春秋》提出“深耕细耨”的要求，亦与深耕有利于土壤对水分的吸收、细耨则有助于解决水分蒸发有关。西汉武帝末年赵过在北方推行代田法，开沟起垄而播种于甽中，既是为了凭借垄岸防风保墒，又能在中耕除草时逐步将垄土培到甽中苗根上，以固根防倒并防止土壤水分蒸发过速，具有良好的抗旱作用。西汉后期的《氾胜之书》概括土壤耕作的基本原理：“凡耕之本，在于趣时和土，务粪泽，早锄早获。”不仅明确提出了“泽”，务必保持土壤水分，而且所谓的“趣时”耕作也主要是从墒情出发，以趋利除弊。书中指出“春冻解”“夏至，天气始暑”“夏至后九十日”都是适宜耕作的时候，“以此时耕田，一而当五，名曰膏泽，皆得时功”①，可见所趋的正是土壤水分的良好状况。氾胜之在关中推广麦作时总结的一套北方耕作经验，核心就是防旱保墒，通过适时耕作以蓄墒，耕后摩平以保墒，加强镇压以提墒，积雪蔺雪以补墒，使作物生长对水分的要求得到满足。由于秦汉时期黄河中下游地区农

① 万国鼎：《氾胜之书辑释》，中华书局 1957 年，第 21 页。

业生产中防旱保墒已受到特别重视，土壤的水分潜力在当时的技术条件下已被尽可能充分利用。东汉以来气温降低、雨量减少导致的土壤生产潜力下降，必然会体现于北方农业产量的变化之中。

气候变化还会影响农作物的生长期和熟制。一般而言，在北半球，年平均气温每增减1℃，会使农作物的生长期增减3—4周。气候温暖，生长期就延长，反之生长期就缩短。秦汉时期北方提倡杂种五谷，粮食作物中粟、麦、稻、菽的种植都比较普遍。这些作物的播种、收获期不同，杂种五谷可以使劳力的分配相对均衡。然而，通过对《氾胜之书》《四民月令》与《齐民要术》种植农时的比较，可以发现三者在主要粮食作物播种时间方面存在较大差异。

表2—4　《氾胜之书》《四民月令》《齐民要术》主要粮食作物播种时间比较①

作物名	《氾胜之书》	《四民月令》	《齐民要术》
粟（禾）	种禾无期，因地为时。三月榆荚时雨，高地强土可种禾。	二月、三月，可种禾；四月，时雨降，可种禾，谓之上时；五月，先后至日各五日可种禾。	二月、三月种者为稙禾，四月、五月种者为穉禾。二月上旬为上时，三月上旬为中时，四月上旬为下时。岁道宜晚者，五月、六月初亦得。
黍	先夏至二十日，此时有雨，强土可种黍。	夏至先后各二日，可种黍。	三月上旬种者为上时，四月上旬为中时，五月上旬为下时。夏种黍穄，与植谷同时。
麦	夏至后七十日，可种宿麦。	八月，凡种大小麦：得白露节，可种薄田；秋分，种中田；后十日，种美田。	穬麦，八月中戊社前种者为上时，下戊前为中时，八月末九月初为下时。小麦，八月上戊社前为上时，中戊前为中时，下戊前为下时。

①据万国鼎：《氾胜之书辑释》；石声汉：《四民月令校注》，中华书局1965年；贾思勰著，石声汉校释：《齐民要术今释》。

续表

作物名	《氾胜之书》	《四民月令》	《齐民要术》
大豆	三月榆荚时有雨，高田可种大豆……夏至后二十日尚可种。	二月，可种大豆；三月，昏参夕，桑椹赤，可种大豆，谓之上时；四月，时雨降，可种大豆。	二月中旬为上时，三月上旬为中时，四月上旬为下时。岁宜晚者，五、六月亦得。
枲	春冻解，耕摩、施肥、候种。（夏至后二十日沤枲）	五月，先后至日各五日，可种牡麻。	夏至前十日为上时，至日为中时，至后十日为下时。
稻	冬至后一百一十日可种稻。三月种秔稻，四月种秫稻。	三月，时雨降，可种秔稻。	三月种者为上时，四月上旬为中时，中旬为下时。

从上表可以看出，《四民月令》中作物的播种时间，除大豆和稻外，其他作物都比《氾胜之书》有所推迟，而且推迟的天数并不一致。其中黍的种植时间由夏至前20日推迟到了夏至前后，前者较后者晚了18—22天；以中田为标准，麦的种植时间由夏至后70日推迟到了秋分，前者较后者晚了23天左右；粟在《氾胜之书》中，有雨的条件下，三月连高地强土已能开始种植，而《四民月令》中则以四月种植为佳，晚了约一个月。此外，《氾胜之书》虽然没有指出枲的播种日期，但认为种枲“宁失于早，不失于晚”，且“夏至后二十日沤枲”，说明在那之前枲当已经收获，而《四民月令》夏至前后才种牡麻。大麻的生产期一般接近四个月，两相对照，种植时间较别的粮食作物推迟幅度更大。《齐民要术》中各种作物的播种时间则与《四民月令》区别不大。只有种黍“三月上旬种者为上时，四月上旬为中时，五月上旬为下时”，似乎较《四民月令》提前很多。但《齐民要术》又提到“夏种黍穄，与稙谷同时”，可见当时种黍有春种、夏种两种，而《四民月令》所记当为夏种，这样两者种黍的时间其实也没有什么区别。另外，《齐民要术》对于粟与大豆的播种时间，均强调“岁道宜晚者，五

月、六月初亦得”。

由此可见，在气温下降后，由于能够获得的热量减少，北方地区作物的生长期变得更加集中。黄河中下游地区纬度较高，年积温较低，作物生长活跃期本来不长。气候转寒后各类作物的栽培不得不集中于缩短了的生长期，必然导致生产的相对粗放和产量下降。同时生长期缩短后，部分夏播作物会因为不能正常成熟而严重减产，对于当时黄河中下游逐渐发展起来的复种制也非常不利，并进而影响地区粮食总产量。战国时期黄河中下游已有复种的记载，《荀子·富国》说“今是土之生五谷也，人善治之则亩数盆，一岁而再获之”①。东汉经学家郑玄注《周礼·地官司徒·稻人》时提到郑司农说“今时谓禾下麦为荑下麦，言芟刈其禾，于下种麦也”，他在《周礼·秋官司寇·薙氏》注中又提到“今俗间谓麦下为夷下，言芟夷其麦，以其下种禾豆也”②。但《齐民要术·大小麦第十》明确说：“大小麦，皆须五月六月暵地。不暵地而种者，其收倍薄。”缪启愉解释说：“暵地，即夏耕晒垡，晒后再耕耙收墒，入秋下种。”③可见，禾麦复种在北朝是非常罕见的。北方复种制长期未见发展，其中可能就有气候转寒的因素。

相反，长江中下游地区的农业尽管在春秋战国以来有所发展，但进入汉代后，这里地广人稀的社会状况没有根本改变，民众普遍不愿意在农作中投入太多劳力，稻作农业技术依旧相当粗放。《汉书·地理志》记载：“江南地广，或火耕水耨。民食鱼稻，以渔猎山伐为业，果蓏蠃蛤，食物常足。故呰窳偷生，而亡积聚，饮食还给，不忧冻饿，

---

① 王先谦：《荀子集解》，第184页。

② 贾公彦：《周礼注疏》，阮元校刻：《十三经注疏》，清嘉庆刊本，第1609页、第1877页。

③ 缪启愉校释：《齐民要术校释》，中国农业出版社1998年，第126页、第130页。

亦亡千金之家。”① 长江中下游地区种植的主要粮食作物只有水稻，而且在西汉时期仍然有民众采用“火耕水耨”这种省事省力的耕作方式。即便有些地区在放火烧田和灌水淹草的基础上已经增加了一些能增产的环节，它对于长江中下游地区水、热条件的利用仍然是相当不充分的。《齐民要术·水稻第十一》引西晋郭义恭《广志》云：“南方有蝉鸣稻（七月熟）；有盖下白稻（正月种，五月获；获讫，其茎根复生，九月熟）；青芋稻（六月熟）、累子稻、白汉稻（七月熟），此三稻：大而且长，米半寸，出益州。”② 说明即便是在气温已经转寒的三国两晋时代，长江流域的水稻普遍在六、七月即可成熟，而从“盖下白稻”这种再生稻的生长情况看，九月在当时仍然是南方水稻的生长活跃期。晋左思《吴都赋》有“国税再熟之稻”的句子③，孙吴时长江中下游地区的水、热条件完全能够满足水稻一年两熟的需要，后来的实践更证明长江中下游地区水稻一年三熟也是可以的。因此东汉以来气候转寒、作物生长活跃期缩短对农业增产潜力的影响，在当时长江中下游地区的实际作物产量中不太容易体现。

由于气候变化的幅度会随纬度降低而减小，而低纬度地区作物生长活跃期本来就比高纬度地区长。气候转寒对农业产量的影响，在低纬度地区表现并不明显。有的研究还表明，“低纬度地区，粮食产量受气候变迁影响不大，甚至还有利于增产”④。考虑到气候变冷后水稻生育期延长，分蘖速度减慢，使得有效分蘖增加，引起作物的穗重和总干重增加，汉晋南朝期间的气候转寒的确反而可能增加长江中下游地区的稻作产量。据吴慧研究，如统一以今亩计算，秦汉时

① 班固：《汉书》卷28《地理志下》，第1666页。

② 贾思勰著，石声汉校释：《齐民要术今释》，第158页。

③ 萧统编，李善注：《文选》卷5《吴都赋》，上海古籍出版社1986年，第215页。

④ 王馥棠：《世界气候与粮食产量的预测》，《气象知识》1984年第1期。

代的平均亩产量为264斤,东晋南朝为257斤,较前朝下降2.84%,这主要来自纬度较高的北方地区。南方地区的水稻,亩产量反而从秦汉时期的250斤,增加到了263斤[①]。汉晋南朝南方稻作亩产量的资料中,比较重要的一条是《三国志·吴书·钟离牧传》载其"少爰居永兴,躬自垦田。种稻二十余亩……舂所取稻得六十斛米"[②]。永兴属会稽郡,治今浙江萧山,是孙吴稻作的先进地区。二十余亩得米六十斛,则每亩得米在2—3斛之间。《通典·食货典》载唐开元二十五年(737)令,"诸出给杂种准粟者,稻谷一斗五升当粟一斗。其折纳糙米者,稻三石折纳糙米一石四斗"[③]。按此比例,三国孙吴永兴一带稻作亩产可能在5.5斛左右。《晋书·食货志》载:"咸和五年,成帝始度百姓田,取十分之一,率亩税米三升。"[④]文中的"三升"乃"三斗"之误。"亩税米三斗"系"取十分之一",则每亩得米应该是3斛,超过了《钟离牧传》所载的2—3斛。由此可见,东晋境内稻作的平均产量已经达到甚至超过孙吴先进地区的水平。

二、从作物结构看气候转寒的影响

各类粮食作物有各自要求的特定光照条件,也有不同的耐旱能力,其适应性变化的范围不能超过一定限度,否则将生长不良或不能成活。气候变迁意味着一个地区积温高低、热量多寡与干燥程度的变化,与之相适应的作物种类也会随着变化,由此会制约作物在不同地区的分布。我国黄河流域气候干燥,降雨量少,粟、麦是最有代表性的作物。粟性耐旱,在温度适宜的条件下,种子吸水达本身重量的

① 吴慧:《中国历代粮食亩产研究》(增订再版本),农业出版社2016年,第213页。
② 陈寿:《三国志》卷60《吴书·钟离牧传》,第1392页。
③ 杜佑:《通典》卷12《食货十二》,中华书局1996年,第291页。
④ 房玄龄等:《晋书》卷26《食货志》,第792页。

26% 即可发芽，对土质要求也不高，而且春夏均能播种，因而最初在北方是长时间内无与匹敌的主要粮食作物。麦的蒸腾系数平均 540，也是一种旱作作物。尽管需水量高于一些公认的抗旱作物，比起粟来要翻一番，但冬小麦秋播夏熟，能很好地利用早春融雪，随着北方旱作农业体系的逐渐成熟，至西汉后期麦在整个北方得到了普遍推广。南方则与北方形成鲜明对比，初民选择的是需要较多水分、性喜温湿的水稻。秦汉时期江南“火耕水耨，民食鱼稻”，水稻是唯一重要的粮食作物。东汉以来气候转寒，我国粮食作物的总体布局虽然没有改变，北方以旱作为主，而南方以稻作为主，但南北各自内部的作物结构却出现了明显的改变。

气候转寒给北方旱田作物的南移创造了较为有利的条件。南方高温多雨的气候对耐寒畏湿的粟、麦生长不利，是此前长江中下游地区粮食作物结构单一的主要原因。而在魏晋南北朝这段低温时期，旱田作物在长江中下游地区变得比之前重要，有关旱田作物的记载增多。《晋书·甘卓传》载：甘卓讨伐王敦之乱时迟疑不绝，邓骞力劝，“使大将军平刘隗，还武昌，增石城之守，绝荆湘之粟，将军安归乎？”[①] 同书《江逌传》载：江逌上疏穆宗，说当时“漕扬越之粟，北馈河洛，兵不获戢，运戍悠远，仓库内罄，百姓力竭”[②]。《宋书·臧质传》载：拓跋焘南侵，“及过淮，食平越、石鳖二屯谷，至是抄掠无所，人马饥困，闻盱眙有积粟，欲以为归路之资”[③]。《南齐书·良政传》载：傅琰任山阴令，“二野父争鸡，琰各问‘何以食鸡’，一人云‘粟’，一人云‘豆’，乃破鸡得粟，罪言豆者”[④]。《梁书·高祖三王传》载：邵陵王纶

① 房玄龄等：《晋书》卷 70《甘卓传》，第 1864 页。
② 房玄龄等：《晋书》卷 83《江逌传》，第 2173 页。
③ 沈约：《宋书》卷 74《臧质传》，第 1912 页。
④ 萧子显：《南齐书》卷 53《良政传》，中华书局 2003 年，第 914 页。

上疏，说“计潇湘谷粟，犹当红委，若阻弟严兵，唯事交切，至于运转，恐无暇发遣”[①]。同书《贺琛传》载：其伯父死后，“琛家贫，常往还诸暨，贩粟以自给”[②]。《陈书·宣帝纪》记载：太建九年（577）诏书减免“六年七年逋租田米粟夏调绵绢丝布麦等”[③]。《宋书·武帝纪》及《孝武帝纪》《明帝纪》等都有赐孤老贫疾“粟帛”的内容。这些六朝史料中的“粟”有个别可能是粮食的统称，但相当部分应该都是指作为谷物种类的“粟”，至少《南齐书·良政传》《陈书·宣帝纪》中的例子是没有疑问的。

旱田作物中需水量较大的麦类在当时的长江中下游地区尤其受到重视，东晋南朝政府曾一再鼓励民众种麦。《晋书·食货志》记载晋元帝太兴元年（318）诏：“徐、扬二州土宜三麦，可督令熯地，投秋下种，至夏而熟，继新故之交，于以周济，所益甚大。昔汉遣轻车使者氾胜之督三辅种麦，而关中遂穰。勿令后晚。”[④]《宋书·文帝纪》载元嘉二十一年（444）七月诏：“比年谷稼伤损，淫亢成灾，亦由播殖之宜，尚有未尽。南徐、兖、豫及扬州浙江西属郡，自今悉督种麦，以助阙乏。速运彭城下邳郡见种，委刺史贷给……凡诸州郡，皆令尽勤地利，劝导播殖，蚕桑麻纻，各尽其方，不得但奉行公文而已。”[⑤]《陈书·世祖纪》载天嘉元年（560）诏：“菽粟之贵，重于珠玉。自顷寇戎，游手者众，民失分地之业，士有佩犊之讥。朕哀矜黔庶，念康弊俗，思俾阻饥，方存富教。麦之为用，要切斯甚，今九秋在节，万实可收，其

① 姚思廉：《梁书》卷29《高祖三王传》，中华书局2003年，第435页。
② 姚思廉：《梁书》卷38《贺琛传》，第540页。
③ 姚思廉：《陈书》卷5《宣帝纪》，中华书局2002年，第91页。
④ 房玄龄等：《晋书》卷26《食货志》，第791页。
⑤ 沈约：《宋书》卷5《文帝纪》，第92页。

班宣远近，并令播种。”[①]南朝时建康城的市场上四季都有麦类出售。《宋书·孝义传》载：何子平任扬州从事史，“月俸得白米，辄货市粟麦”[②]。《陈书·孔奂传》载：陈霸先与北齐作战时，“令奂多营麦饭，以荷叶裹之，一宿之间，得数万裹”[③]。孔奂所营麦饭即大都来自建康市场。《南史·陈本纪上》载：陈霸先将战时“食尽，调市人馈军，皆是麦屑为饭，以荷叶裹而分给，间以麦绊”[④]。

旱田作物的推广改变了南方单一种植水稻的作物结构，对于促进长江中下游地区的农业生产具有重要意义。长江中下游地区具有典型的水乡环境，但也有地势高亢、相对容易受旱的山地和坡地。水田、陆田兼营可以充分利用土地。《晋书·隐逸传》载：河内人郭文在永嘉之乱时，“洛阳陷，乃步担入吴兴余杭大辟山中穷谷无人之地……区种菽麦，采竹叶木实，贸盐以自供”[⑤]。这是南方山地种植旱田作物的例子。《宋书·谢灵运传》载其《山居赋》描述他在始宁的田庄，“阡陌纵横，塍埒交经。导渠引流，脉散沟并。蔚蔚丰秫，苾苾香秔。送夏蚤秀，迎秋晚成。兼有陵陆，麻麦粟菽，候时觇节，递艺递熟”[⑥]。既利用灌溉条件优越的平地种植水稻，又有“陵陆”种植不需要随时灌溉的麻、麦、粟、菽。刘宋政府推广麦作的“南徐、兖、豫及扬州浙江西属郡”，地势相对高亢。这里很大部分在东晋属晋陵郡。《元和郡县图志·江南道》“润州丹阳县”说：“旧晋陵地广人稀，且少陂

① 姚思廉：《陈书》卷3《世祖纪》，第51页。
② 沈约：《宋书》卷91《孝义传》，第2257页。
③ 姚思廉：《陈书》卷21《孔奂传》，第284页。
④ 李延寿：《南史》卷9《陈本纪上》，第263页。
⑤ 房玄龄等：《晋书》卷94《隐逸传》，第2440页。
⑥ 沈约：《宋书》卷67《谢灵运传》，第1760页。

渠，田多恶秽。”[①]这一评价是从水利兴修前晋陵郡的稻作条件做出的，结合刘宋政府在这里推广麦作，说明了长江中下游地区部分不利于发展稻作的高阜地区可能会更适合发展旱田作物。

旱田作物的推广还能够起到与水稻互补的作用。晋元帝在推广麦作的诏书中，特别强调种麦“投秋下种，至夏而熟，继新故之交，于以周济，所益甚大”。谢灵运的山居中，各种作物“候时觇节，递艺递熟”，便是水田、旱田兼营带来的良好效果。中国自古就有“杂种五谷，以备灾害”的传统。在饥旱发生时，长江中下游旱田作物推广的效果尤其明显。宋文帝元嘉二十一年（444）推广麦作的背景，就是“比年谷稼伤损，淫亢成灾，亦由播殖之宜，尚有未尽”。《宋书·自序》载元嘉中三吴发生水灾，沈亮认为“缘淮岁丰，邑富地穰，麦既已登，黍粟行就”[②]，通过交易便能解决饥民粮荒。《陈书·吴明彻传》载吴明彻年少时在家务农，“时天下亢旱，苗稼焦枯”，唯独他“秋而大获”，侯景之乱时，“明彻有粟麦三千余斛，而邻里饥馁”[③]。吴明彻的农田独独能获得丰收，可能与他种植的是粟麦，而邻里大都种植水稻有关。

与长江中下游地区旱田作物推广相应的是北方稻作的萎缩。秦汉时期气候温暖，黄河流域水稻的种植有了较大扩展。在关中地区，《汉书·东方朔传》记武帝在南山下游猎时曾“驰骛禾稼稻秔之地”，丰镐之间“又有秔稻梨栗桑麻竹箭之饶”[④]；同书《沟洫志》记武帝为鼓励关中修水利，曾令“内史稻田租挈重，不与郡同，其议减”[⑤]，说明武帝时期关中水源较多的渭南一带及水利工程覆盖区，稻的种植范

① 李吉甫：《元和郡县图志》卷25《江南道一》，中华书局2005年，第592页。
② 沈约：《宋书》卷100《自序》，第2450页。
③ 姚思廉：《陈书》卷9《吴明彻传》，第160页。
④ 班固：《汉书》卷65《东方朔传》，第2847页、第2849页。
⑤ 班固：《汉书》卷29《沟洫志》，第1685页。

围不小。《汉书·昭帝纪》元凤元年(前80)诏书中提到上官桀等谋反,"故稻田使者燕仓先发觉,以告大司农敞",如淳注"特为诸稻田置使者,假与民收其税入也"①。燕仓能够率先发现上官桀等谋反,并立刻告知其长官大司农,说明稻田使者管辖的范围应该就在长安附近,而专门设置稻田使者,也反映了水稻在当地应该占有一定的地位。在关东地区,《后汉书·张堪传》记载:东汉初张堪引潮白河灌溉,"于狐奴开稻田八千余顷,劝民耕种,以致殷富"②。这是北京地区种稻的最早记载。同书《崔骃传》载:顺帝时崔瑗为汲县令,"在事数言便宜,为人开稻田数百顷"③;《循吏传》载:秦彭为山阳太守,"兴起稻田数千顷"④。

东汉以来气候转寒后,黄河流域经营稻作的记载明显减少。即便种稻,也有可能是种植旱稻。《齐民要术》是最早提及旱稻的传世文献,其《旱稻第十二》载:"旱稻用下田;白土胜黑土。非言下田胜高原,但夏停水者,不得禾、豆、麦。稻,田种,虽涝亦收;所谓彼此俱获,不失地利故也。下田种者,用功多;高原种者,与禾同等也。"⑤稻作的萎缩不仅使黄河中下游的农业生产失去了一种高产作物,而且对于北方的农田开发也是一个不利因素。在战国秦汉时期北方盐碱地的改造过程中,种植水稻是盐碱地边用边改的经济有效措施⑥。

---

① 班固:《汉书》卷7《昭帝纪》,第227页。

② 范晔:《后汉书》卷31《张堪传》,第1100页。

③ 范晔:《后汉书》卷52《崔骃传》,第1724页。

④ 范晔:《后汉书》卷76《循吏传》,第2467页。

⑤ 贾思勰著,石声汉校释:《齐民要术今释》,第170页。

⑥ 盐碱地在水的泡洗下,土壤表层的盐分被压到底层,稻秧可以正常生长。水稻在生长期间,再通过淹灌、排水、施肥、耕作以及水稻生物化学作用,土壤的理化性质便能得到改善。周魁一:《中国科学技术史·水利卷》,科学出版社2002年,第230页。

《汉书·沟洫志》称魏国的引漳灌区“终古舄卤兮生稻粱”①；《太平御览·职官部六十六》引《崔氏家传》曰“崔瑗为汲令，乃为开沟造稻田，薄卤之地，更为沃壤，民赖其利”②；蔡邕《京兆樊惠渠颂》指出东汉樊惠渠灌区“曩之卤田，化为甘壤”，也是通过结合种植“粳黍”③。《汉书·沟洫志》记载西汉末贾让所规划的盐碱地治理措施中，引水淤灌与种稻洗盐相结合同样是重要的办法。“若有渠溉，则盐卤下湿，填淤加肥；故种禾麦，更为秔稻，高田五倍，下田十倍”④。稻作范围的萎缩显然不利于北方盐碱地的改造。

三、从农田水利看气候转寒的影响

农田水利是通过工程措施对自然水资源进行拦蓄、调控、分配和使用，使之符合发展农业生产需要，以达到高产稳产的目的。中国传统农业的发展，无论在南方，还是在北方，都在很大程度上依赖于农田水利工程的兴修。然而，由于我国水资源分布的不平衡，南北地区的农田水利工程在类型上存在很大差异。黄耀能对秦汉时期农田水利类型的区域特征及其与自然环境的关系有过阐述，他说：“从春秋战国至秦汉帝国中期，其农业水利事业之经营，似乎以北方黄河流域为主；而其水利事业设备，则以渠水为主。但自西汉中期以后之水利事业即逐渐由北方而转移到华中地区发展，结果水利事业设备随着地形、气候之不同，以及华中淮水地区多丘陵，地势稍高，所以大致又以陂水事业为主。迨向南方发展，地势较低，雨量也较多，气候较温和，故水利事业演变便以塘为主等三种水利形态，其中尤以前二者代

① 班固：《汉书》卷29《沟洫志》，第1677页。
② 李昉等：《太平御览》卷268《职官部六十六》，第1255页。
③ 严可均：《全上古三代秦汉三国六朝文》，中华书局1999年，第874页。
④ 班固：《汉书》卷29《沟洫志》，第1695页。

表了整个中国古代的农业水利事业。”①

北方黄河流域的农田水利以发展渠水灌溉为主。渠水工程的目的是利用集雨面积广大的江河、湖泊中的水体进行灌溉，这是由于北方降雨量有限，汇集本地降雨所产生的地面径流无法形成足够的水源。南方长江流域主要是兴建陂塘。陂塘工程主要选取地面上的天然凹陷地形或利用天然陂塘，通过在周围修筑堤坝将降水与地表流水拦蓄起来，构成蓄水库容，使流动不稳定的溪涧流水和四处流溢的天然降水成为蓄排方便的可控水体，这是建立在南方雨量充沛基础之上的。至于黄耀能所说的第三种水利形态“塘”，是指的长江以南低地平原开发中的塘浦，是通过开渠凿河排水来实现浅滩沼泽陆地化的工程类型。这是由于长江以南地势低洼地区，常为潮汐、湖泊、降雨积水所浸没，形成沼泽。很显然，气候转寒引起的降水减少，对于不同类型水利工程的影响是完全不同的。

长江中下游地区属于亚热带湿润多雨的气候类型，这里河湖密布，水道纵横，素有水乡泽国之称。尤其是长江下游江南地区，六朝时期还面临由于排水不畅而形成的严重渍涝问题，在刘宋元嘉年间与梁中大通二年（530）有过两次增辟太湖下游河道以排水入海的计划。对于这里低地平原的开发而言，防洪排涝比蓄水灌溉要更为重要，农田水利工程以修建塘浦排除积水为主，同时配合以利用陂塘控制上游来水，筑造海堤、湖堤，围湖造田等。至于丘陵山地的农田水利以修建陂塘为主，主要是由于地形原因导致这里雨季洪水下泄较快，使得枯水季节无水可灌，必须通过蓄水进行调节，并不是因为降水不足。由于降雨量本来就比较大，工程重点不在解决水源问题，东汉以来气候转寒引起雨量减少，至少不会对长江中下游地区的水利

① 黄耀能：《中国古代农业水利史研究》，（台湾）六国出版社1978年，第89—90页。

事业造成破坏，而且能降低这里的积涝程度，反而是个有利因素。

六朝时期长江中下游地区的水利事业有很大发展。汉代兴建的很多陂塘这时仍在继续发挥效益。绍兴平原上的鉴湖是东汉永和五年（140）会稽太守马臻主持修建的，郦道元称之为长湖。《水经注·浙江水》记载："浙江又东北得长湖口，湖广五里，东西百三十里。沿湖开水门六十九所，下溉田万顷。"[①] 六朝新建的陂塘工程数量相当多。以宁镇丘陵为例，有东晋晋陵内史张闿主持兴建的新丰塘，《晋书·张闿传》载"时所部四县并以旱失田，闿乃立曲阿新丰塘，溉田八百余顷，每岁丰稔"。修新丰塘"计用二十一万一千四百二十功"[②]，规模相当大。建康东南的赤山塘也是很重要的水利工程，相传建成于孙吴。赤山塘周长120里，有两斗门控制蓄池，以后历代迭加修治，灌田号称万顷。其他还有单塘、吴塘、南北谢塘、莞塘、迎檐湖、苏峻湖、葛塘湖等，对于发展宁镇丘陵地区的灌溉农业都有积极意义。《宋书·孝义传》载：元嘉二十一年（444）大旱，徐耕说晋陵"承陂之家，处处而是，并皆保熟，所失盖微。陈积之谷，皆有巨万"[③]，可见当时宁镇丘陵陂塘水利之发达。此外，《南齐书·王敬则传》记载"会土边带湖海，民丁无士庶皆保塘役"[④]。"塘役"的存在，反映了当时会稽郡塘浦非常发达，保持塘浦的疏通与每位民众的生产生活均息息相关。

相反，对于北方的渠水工程而言，水源是决定工程规模与效益的重要因素。因此，气候变得冷干会直接影响北方农田水利工程的规模和灌溉效益。关中是秦与西汉的都城所在，也是政府兴建水利的重点地区。秦与西汉气候温暖，降水比较丰沛，关中河流、湖泊水体

---

① 郦道元著，陈桥驿校证：《水经注校证》，第941页。

② 房玄龄等：《晋书》卷76《张闿传》，第2018页。

③ 沈约：《宋书》卷91《孝义传》，第2251—2252页。

④ 萧子显：《南齐书》卷26《王敬则传》，第482页。

也相对丰富。秦统一前夕以泾水为水源修建的郑国渠,能够受益的土地面积达到四万余顷。汉武帝统治时期,又先后在渭河南北建成了白渠、六辅渠、龙首渠、成国渠、灵轵渠、漕渠等规模大小不等的工程,关中形成了较为完善的农田水利网。这是关中得以号称沃野、陆海,并最终奠定了当时关中农业区优势地位的重要原因。然而,东汉以后这些工程很多都在逐渐萎缩,魏晋南北朝时期北方各政权曾试图全面修复这些水利工程。《晋书·食货志》载:魏国扩建成国渠,“青龙元年,开成国渠自陈仓至槐里;筑临晋陂,引汧洛溉舄卤之地三千余顷”①。同书《苻坚载记》载:前秦时重修郑白渠,“坚以关中水旱不时,议依郑白故事,发其王侯已下及豪望富室僮隶三万人,开泾水上源,凿山起堤,通渠引渎,以溉冈卤之田”②。尽管这些努力也取得了一定成效,但很多工程仍然因无水而残破。北魏郦道元《水经注·渭水》记载:漕渠“汉大司农郑当时所开也……其渠自昆明池,南傍山原,东至于河,且田且漕,大以为便,今无水”;白渠“首起谷口,尾入栎阳是也,今无水”。同书《沮水》载:郑国渠“故渎……又东径北原下,浊水注焉。自浊水以上,今无水”③。魏晋南北朝黄河中下游地区农田水利事业的数量明显不及此前的秦汉时期,尤其是十六国时期,现在能见到的维修农田水利的资料只有上述《晋书·苻坚载记》一条。而且在魏晋南北朝时期,北方也没有出现如秦汉郑国渠及当时南方鉴湖那样能够溉田上万顷的大型工程④。

① 房玄龄等:《晋书》卷26《食货志》,第785页。

② 房玄龄等:《晋书》卷113《苻坚载记》,第2899页。

③ 郦道元著,陈桥驿校证:《水经注校证》,第458页、第464页、第406页。

④《魏书》卷38《刁雍传》记载北魏在宁夏平原修建的艾山渠,渠成后,“水则充足,溉官私田四万余顷,一旬之间,则水一遍”。这里的“四万余顷”应该是“四千余顷”之误。参见李令福:《论北魏艾山渠的引水技术与经济效益》,《中国农史》2007年第3期。

农业生产要受到包括气候在内的自然条件的制约，但是气候对古代农业的影响并非绝对，同样的气候变迁趋势下完全可以出现不同的农业发展态势。通过从作物产量、作物结构、农田水利等方面进行的分析可以发现，由于南北农业经济类型与基础不同，东汉以来的气候转寒对北方农业是很不利的因素，却对南方农业生产并没有实质性负面影响，在某些方面甚至可以说有利于南方农业发展。

如果从更长远的时段考察，汉晋南朝气候变迁对南北农业发展造成的不同影响并非个案，而是符合中国传统农业发展一般规律的。历史时期我国气候的演变大致是冷暖交替，同时又有由暖而寒的趋势，即温暖期趋短，程度趋弱；寒冷期趋长，程度趋强。在这个过程中，北方农业随着气候变迁出现了明显的升降起伏，而南方农业却在总体上保持了上升的势头。郑学檬指出唐宋时期气候的变化与南北农业的盛衰之间存在着必然的联系，“宋代南北普遍变冷，但南方变幅小于北方，加上其他有利条件，因此粮食亩产量普遍高于北方”；“两宋寒冷期北方农业区南退，水稻种植范围明显缩小”，“然而，转冷的气候却未能阻止南方水稻种植区域的扩大”，“小麦的种植，虽无证据表明宋代北方种麦少于唐代，但南方种麦大大超过前代，却无疑问”，“其中原因是多方面的，但气温较唐代低，有利于小麦的春化，恐亦是缘由之一”[①]。即便是处于小冰期的明清时期，据李伯重研究，江南的亩产量仍然有很大幅度的提高，其中清中叶与明末相比，增长幅度大致为44%，而且这个提高并未伴随有水稻亩均劳动投入的增加[②]。

---

① 郑学檬：《中国古代经济重心南移和唐宋江南经济研究》，岳麓书社1996年，第39—41页。

② 李伯重：《“天”、“地”、“人”的变化与明清江南的水稻生产》，《多视角看江南经济史（1250—1850年）》，三联书店2003年，第97—136页。

第三节　气候转寒对长江中下游农业发展的间接影响

农业不仅受自然条件制约，也与社会、政治、经济等人文因素密切相关，是各种自然因素与人文因素交互作用的结果。与此同时，气候变化对人类社会的影响是全方位的，许多重大历史事件，如经济兴衰、社会动乱、王朝更替、人口增减、民族迁移等，都与气候变化有比较密切的联系。因此，要准确把握汉晋南朝气候转寒对长江中下游农业的影响，除了从农学角度考察其对农业生产的直接影响外，还必须结合各种人文因素做更广泛的思考。

一、农牧分界线南移与北方传统农区的破坏

中国历史上几次北方游牧民族南迁都与气候的寒冷期相契合。结合竺可桢对历史气候变迁的研究来看，周朝早期是个寒冷期，这时有猃狁、戎、狄等民族进入中原；魏晋南北朝长期低温，其间以匈奴、鲜卑、羯、氐、羌为主的游牧民族陆续在中国北部建立政权；12 世纪初气候加剧转寒，当时金人由东北侵入华北，取代辽人占据中国北部，宋人被迫迁都杭州；17 世纪是我国最寒冷的时期，满清入关就发生在此期间。游牧民族之所以会有规律地在寒冷期南迁，既有推力，又有拉力。

拉力是中原地区的吸力。自农业与牧业分离后，中国北方农牧交错带的形成，经历了数千年的演进历程，至春秋战国时期基本稳定在司马迁所述龙门——碣石一线，并由此构成中国北方最重要的人文地理界线。界线两侧草原上的游牧区与黄河中下游的农耕区是经济生活、文化属性完全不同的两个区域，就游牧民族“逐水草而居”的生活方式而言，中原的农耕环境并不是他们的理想居住地区。但

是在其他因素不变的情况下，如果我国某些年平均温度降低 1 度，就等于把这个地方向高纬度推移了 200—300 公里。同样，如果减少 100 毫米的降水，我国东部农业区就会向东南退缩 100 公里以上，在山西和河北则达到 500 公里[①]。也就是说，在寒冷期内，我国宜农区与宜牧区的分界实际上已有可能退到了黄河以南。

推力是草原地区的生存困境。气温偏低和降雨量下降会影响牧草生长，对游牧民族的生存往往有致命的影响。研究表明，我国内蒙古草原地区有的地方牧草产量与降雨量相关系数达 0.86。牧草生长的好坏常与降水量，特别是 6-8 月降水量的多寡有关[②]。在澳大利亚新南威尔士也记录有可以用作参照的数据。“在半干旱地区……年降水量在二十英寸……人们可以在一平方英里的土地上放养超过六百头的羊群，如果年降水只有十三英寸的话，那么只能维持大概一百头羊，而跌到了十英寸的时候，只能养活十头羊。当降水下降 35% 的时候（即从二十英寸到十三英寸），这就是说，大概 80% 的羊群就没了”[③]。长期低温与干旱的天气，必将严重破坏草原生态平衡，使游牧民族面临牧草和猎物枯竭的严重威胁。

许倬云指出汉末至南北朝的民族迁移与气候存在呼应关系，并分析说：“原居地生活条件不佳，或是后面更有其他民族压迫，则北族也有南徙动机。后面又有人推挤的局势，仍须归结到更北地区的生活条件有了问题。如果其他条件不变，忽然生计不足，最大可能即

---

① 倪根金：《试论气候变迁对我国古代北方农业经济的影响》，《农业考古》1988 年第 1 期。

② 内蒙古镶黄旗气象局等：《牧草生长气象条件的研究》，《中国草原》1984 年第 2 期。

③ 引自加雷斯·詹金斯：《气候循环和成吉思汗的崛起》，［美］狄·约翰、王笑然主编：《气候改变历史》，金城出版社 2014 年，第 167—177 页。

是因气候变化引起。北土植物生长期本已短促，塞外干寒，可以容忍的变化边际极为微小。气候一有改变，越在北边，越面临困境。于是一波压一波，产生了强大的推力。”[①] 东汉初年气候短期寒冷，北方草原地区就发生了严重旱灾。《后汉书 · 南匈奴传》记载：建武二十二年（46）“匈奴中连年旱蝗，赤地数千里，草木尽枯，人畜饥疫，死耗太半”[②]。这次大旱导致匈奴分裂为南北两部，南匈奴南依东汉，入居五原塞，以后势力逐渐达于黄河中下游地区；北匈奴遭到多次旱蝗、饥荒的打击，最后被迫西迁。东汉末年以来气候持续寒冷，匈奴、羯、氐、羌、鲜卑等族纷纷进入中原腹地。《晋书 · 文帝纪》载曹魏景元四年（263）封司马昭为晋公的诏书中称：“九服之外，绝域之氓，旷世所希至者，咸浮海来享，鼓舞王德，前后至者八百七十余万口。”[③]

在游牧民族南下的同时，中国北方的农业经济同样因为气候转寒正经历衰退。倪根金指出气候转寒对我国古代北方农业经济会产生很多不良影响，包括：导致农业区南退，丧失大片可耕地；影响到作物生长期和农业生产熟制的变化；使北方地区生态环境恶化，自然灾害增多；造成北方地区水源减少，并影响到北方水利灌溉事业的发展；影响北方地区的水稻种植，造成其衰落；直接影响到农作物单位产量的变化；影响到北方地区一些动植物生长，造成其南迁等[④]。《三国志 · 魏书 · 王昶传》载：文帝登基后，王昶“为洛阳典农。时都

① 许倬云：《汉末至南北朝气候与民族移动的初步考察》，《许倬云自选集》，上海教育出版社2002年，第220—244页。

② 范晔：《后汉书》卷89《南匈奴传》，第2942页。

③ 房玄龄等：《晋书》卷2《文帝纪》，第40页。

④ 倪根金：《试论气候变迁对我国古代北方农业经济的影响》，《农业考古》1988年第1期。

畿树木成林，昶斫开荒莱，勤劝百姓，垦田特多”①。曹丕称帝距曹操统一北方已经有十多年，都城附近地区尚且“树木成林”，可供垦田的“荒芜”之地特多。由于农田大量荒芜，曹魏曾在号称为农田沃壤的“三魏近甸”设立“典牧”，饲养马牛以供耕战之用。《晋书·食货志》载：晋初“典虞右典牧种产牛，大小相通，有四万五千余头”，杜预上书建议“可分种牛三万五千头，以付二州将吏士卒，使及春耕”，“其所留好种万头，可即令右典牧都尉官属养之。人多畜少，可并佃牧地，明其考课。此又三魏近甸，岁当复入数十万斛谷”②。典牧饲养的种牛即有四万五千余头，可以推想曹魏规占为牧场的“三魏近甸”土地必然相当广阔。《晋书·石勒载记》载：西晋太安年间石勒“尝佣于武安临水，为游军所囚。会有群鹿旁过，军人竞逐之，勒乃获免”③。冀西南的武安位于传统农业区，这时能看到鹿群，亦可见农田荒芜的程度。

西晋时期连续不断的游牧民族内迁引起胡汉双方的矛盾，严重动摇了中原政权的统治根基，以郭钦、江统为代表的官僚曾察觉到形势的严重性，提出“徙戎”的主张，建议用武力将内迁的胡族强制徙迁回原住地，并以“内诸夏而外夷狄”的办法隔绝胡汉接触。但当时明显偏于寒冷的气候，不仅直接影响到农耕区域的经济生活，农业生产总量下降，而且导致生存压力增强和社会骚动不安，由于国势衰微以及出于利用少数民族的目的，西晋政府不得不默许实际情况。永嘉之乱后，游牧民族入主中原，北方进入十六国霸主起伏时期。长期的战乱与游牧民族比较落后、野蛮的统治方式，对北方传统农业区造

① 陈寿：《三国志》卷 27《魏书·王昶传》，第 744 页。
② 房玄龄等：《晋书》卷 26《食货志》，第 788 页。
③ 房玄龄等：《晋书》卷 104《石勒载记》，第 2708 页。

成了更加严重的破坏，农业人口大批死亡流徙，耕地大片抛荒。《晋书·慕容皝载记》称："自永嘉丧乱，百姓流亡，中原萧条，千里无烟，饥寒流陨，相继沟壑。"①同书《石季龙载记》称：冉闵"与羌胡相攻，无月不战。青、雍、幽、荆州徙户及诸氐、羌、胡、蛮数百余万，各还本土，道路交错，互相杀掠，且饥疫死亡，其能达者十有二三。诸夏纷乱，无复农者"②。

进入中原的游牧民族不断接受汉族的农业生产方式，但在他们的生活中依然保持了大量游牧民族的传统，畜牧业占有很大比重。《晋书·束皙传》载其在给晋武帝的上疏中说："州司十郡，土狭人繁，三魏尤甚，而猪羊马牧，布其境内，宜悉破废，以供无业……案古今之语，以为马之所生，实在冀北，大贾牂羊，取之清渤，放豕之歌，起于巨鹿，是其效也。可悉徙诸牧，以充其地，使马牛猪羊龁草于空虚之田，游食之人受业于赋给之赐，此地利之可致者也。"③"州司十郡"是指晋国都洛阳所在的司州下辖各郡，包括河南、河内、河东、弘农、荥阳、魏郡等地，这里在东汉时期是全国人口最稠密、农业最发达的地区，后来因为游牧民族内迁和土地荒芜，出现很多牧场。西晋初年尽管人口逐渐恢复，放牧的生产方式却很难废去，仍然是"猪羊马牧，布其境内"。

游牧民族的南下改变了黄河中下游地区的经济结构，畜牧业成为重要组成部分。重视畜牧业的少数民族政权将国营大型牧场扩展到了中原传统农耕区。北魏建国后先后在平城设鹿苑，在河西、漠南建立牧场，孝文帝迁都洛阳后又令宇文福主持兴建河阳牧场。《魏

① 房玄龄等：《晋书》卷109《慕容皝载记》，第2823页。
② 房玄龄等：《晋书》卷107《石季龙载记》，第2795页。
③ 房玄龄等：《晋书》卷51《束皙传》，第1431页。

书·宇文福传》载:"时仍迁洛,敕福检行牧马之所。福规石济以西、河内以东,距黄河南北千里为牧地。事寻施行,今之马场是也。及从代移杂畜于牧所,福善于将养,并无损耗。"[①]同书《食货志》载:"高祖即位之后,复以河阳为牧场,恒置戎马十万匹,以拟京师军警之备。每岁自河西徙牧于并州,以渐南转,欲其习水土而无死伤也。"[②]黄河中下游地区不仅建有大型牧场,农家家畜饲养规模也很大。农学家贾思勰在《齐民要术·养羊第五十七》中提到自己"昔有羊二百口,茭豆既少,无以饲。一岁之中,饿死过半"。在讨论养羊经营时又常以千口为单位,如"羊一千口者,三四月中,种大豆一顷,杂谷并草留之,不须锄治。八九月中,刈作青茭","一岁之中,牛、马驴得两番,羊得四倍。羊羔:腊月、正月生者,留以作种;余月生者,剩而卖之。用二万钱为羊本,必岁收千口"[③]。河东地区是《史记·货殖列传》所称"在天下之中……土地小狭,民人众"的农业富饶地区[④],但是《魏书·食货志》载:北魏孝明帝神龟初朝臣奏请,河东郡"岁求输马千匹、牛五百头"[⑤],显然当地的产业结构也已经发生改变。

与此同时,北方的农业生产也在一定程度上出现了耕作方式由精细返于粗放的趋势。《晋书·傅玄传》载其上疏称:"古以步百为亩,今以二百四十步为一亩,所觉过倍。近魏初课田,不务多其顷亩,但务修其功力,故白田收至十余斛,水田收数十斛。自顷以来,日增田顷亩之课,而田兵益甚,功不能修理,至亩数斛已还,或不足以偿种。非与曩时异天地,横遇灾害也,其病正在于务多顷亩而功不修

①魏收:《魏书》卷44《宇文福传》,中华书局2003年,第1000页。

②魏收:《魏书》卷110《食货志》,第2857页。

③贾思勰著,石声汉校释:《齐民要术今释》,第554—555页、第564页。

④司马迁:《史记》卷129《货殖列传》,第3262—3263页。

⑤魏收:《魏书》卷110《食货志》,第2862页。

耳。"[1] 傅玄在这里尽管是反对广种薄收，但反映了西晋政府由于可垦之地很多而对耕种者有扩大田亩面积的要求。最能反映当时耕作方式相对粗放的是北魏均田令关于休耕田的明文规定。《魏书·食货志》载：北魏均田令规定"所授之田率倍之，三易之田再倍之，以供耕作及还受之盈缩"[2]。倍田的目的之一就是供轮耕。《周礼·地官司徒·大司徒》："凡造都鄙，制其地域而封沟之，以其室数制之。不易之地家百亩，一易之地家二百亩，再易之地家三百亩。"郑玄注："不易之地岁种之，地美，故家百亩；一易之地，休一岁乃复种，地薄，故家二百亩；再易之地，休二岁乃复种，故家三百亩。"[3] 可见当时已有连年种植的农田。战国时期连种制已经在黄河流域占据绝对主导地位。《吕氏春秋·乐成》载："魏氏之行田也以百亩，邺独二百亩，是田恶也。"[4] "行田百亩"相当于《周礼》的"不易之地"，"行田两百亩"相当于"一易之地"，后者在战国中期的魏国只有极个别的贫瘠地区实行。北魏"所授之田率倍之"，反映当时农田普遍通过休耕恢复地力，甚至战国时期已经绝迹的"三易之地"也重新出现了。

秦汉时期黄河中下游地区是全国农业最发达，土地开垦最充分的地区。《汉书·地理志》记载西汉平帝元始二年(2)全国有人口5959万多，依据当时的人口分布，以秦岭、淮河为南北界线，北方人口约占全国总人口的4/5，南方人口占1/5。当年全国垦田共827万多顷，若人口数与垦田成正比的话，西汉后期以黄河中下游为中心的北方

① 房玄龄等：《晋书》卷47《傅玄传》，第1321—1322页。

② 魏收：《魏书》卷110《食货志》，第2853页。

③ 贾公彦：《周礼注疏》，阮元校刻：《十三经注疏》，清嘉庆刊本，第1519页。

④ 许维遹：《吕氏春秋集释》，中华书局2009年，第416页。

地区垦田可达640多万顷[1]。黄河中下游地区农业衰退与频繁战乱，意味着大量人口必须寻找新的谋生之地，从而给了长江中下游地区农业以发展机遇，其巨大的生产潜力开始得到重视和发掘。

二、大规模人口南迁

王子今认为两汉之际气候转寒变干已经促使大量北方人口向南方迁移，因为“秦汉时期气候由暖而寒的转变，正与移民运动的方向由西北而东南的转变表现出大体一致的趋势”。他通过对《汉书·地理志》与《续汉书·郡国志》所载人口数的比较，发现长江中游湘江流域长沙、桂林、零陵郡的户数与口数增长在220.4%—906.5%之间，而且“户数增长幅度显著超过口数增长幅度”，认为这“暗示移民是主要增长因素之一”，其结论是“长期以‘卑湿’著称的这一地区户口增长率居于全国之冠，说明东汉时期的气候变化使得当地逐渐具备了吸引大量移民的条件”[2]。长江中下游其他地区与湘江流域一样，在东汉也是移民的接纳地。《汉书·地理志》所载西汉元始二年（2）人口数，扬州庐江、九江、丹阳、会稽、豫章五郡和六安国共有3206213口；而《续汉书·郡国志》所载东汉永和五年（140）人口数，扬州各郡总共有4338538口，人口增长率为135%[3]。东汉永和五年全国户

---

① 《汉书》卷28《地理志下》载：西汉“定垦田八百二十七万五百三十六顷。民户千二百二十三万三千六十二，口五千九百五十九万四千九百七十八”。

② 王子今：《秦汉时期气候变迁的历史学考察》，《历史研究》1995年第2期。

③ 《汉书》卷28《地理志》载：扬州5郡，庐江“口四十五万七千三百三十三”，九江“口七十八万五百二十五”，会稽“口百三万二千六百四”，丹扬“口四十万五千一百七十一”，豫章“口三十五万一千九百六十五”，六安国“口十七万八千六百一十六”。《续汉书》志22《郡国志四》载：扬州6郡，九江“口四十三万二千四百二十六”，丹阳“口六十三万五百四十五”，庐江“口四十二万四千六百八十三”，会稽“口四十八万一千一百九十六”，吴郡“口七十万七百八十二”，豫章“口百六十六万八千九百六”。

口总数要少于西汉元始二年，大多数郡级单位的口数都是下降的，出现这种现象的很大部分原因在于户口隐漏，而不是实际人口的下降。尽管长江下游人口增长率不如中游地区，但在户口隐漏普遍的情况下，官方人口数据能高于西汉，实际人口必然有大幅度增加。

东汉末年后，随着气候寒冷程度的加剧，中原地区自然灾害、社会动乱更加严重，加上游牧民族南迁规模扩大，战祸越来越频繁，移民南迁的浪潮越掀越大。至永嘉之乱后人口南迁的规模达到高潮。谭其骧指出，“截至宋世止，南渡人口约共有九十万，占当时全国境内人口约共五百四十万之六分之一。西晋时北方诸州及徐之淮北，共有户约百四十万（《晋书·地理志》），以一户五口计，共有口七百余万，则南渡人口九十万，占其八分之一强。换言之，即晋永嘉之丧乱，致北方平均凡八人之中，有一人迁徙南土；迁徙之结果，遂使南朝所辖之疆域内，其民六之五为本土旧民，六之一为北方侨民是也。南渡人户中以侨在江苏者为最多，约二十六万；山东约二十一万，安徽约十七万，次之……江苏省中南徐州有侨口二十二万余，几占全省侨口十之九。南徐州共有口四十二万余，是侨口且超出本籍人口二万余。有史以来移民之盛，迨无有过于斯者矣”①。这里的南渡人口数根据的是官方户口统计数据，由于东晋南朝户口隐漏严重，具体数字远低于实际南迁人口的数量，但从数字所体现出的南迁人口比例，我们能感受到当时移民规模之巨大。移民的到来不仅自身就增加了南方人口数量，“还由于移民以较高的增长率繁殖而使总人口的增长达到较快的速度。在南朝极盛的中期，南北的人口之比可能接近4:6。这一方面是由于北方经长期战乱人口锐减，但移民无疑给天平的南方一

① 谭其骧：《晋永嘉丧乱后之民族迁徙》，《长水集》（上），人民出版社1987年，第199—223页。

边加上了很大的砝码”[①]。

任何一个时代,任何一个地区,人口增减都会对经济发展产生重要影响。而在农业社会,这种影响则更为显著,因为农业的发展很大程度上与劳动力投入的多寡有关。人口增加会加速荒地开垦,导致种植面积扩大;而人口增长的压力又会迫使人们进一步扩大耕地面积,提高土地利用率,以创造可供需求的粮食。因此人口虽然不是影响农业发展的唯一因素,但人口的地域分布却通常反映了各地区农业发达程度的差异。从传统农业发展的一般规律来看,人口较为稠密的地区通常是土地垦辟比较彻底的地区,同时也是劳动密集型农业技术的主要分布区。

人口偏少是制约长江中下游地区早期农业发展的重要因素。长江中下游地区的人口数量在先秦秦汉增长非常缓慢。男少女多是历史早期人们对于南方地区的普遍印象。《周礼・夏官司马・职方氏》载各州人口性别比,扬州“其民二男五女”,男女之比为1:2.5。荆州较之稍高,“其民一男二女”。而北方各州中,豫州、青州、兖州“二男三女”,雍州“三男二女”,幽州“一男三女”,冀州“五男三女”,并州“二男三女”[②],除幽州外,男女之比都要较南方接近很多。近代医学告诉我们,男性对疾病的抵抗力远低于女性,同年龄组男性的死亡率也一直高过女性。西汉以前气候温暖,长江流域的气候类似于现在的亚热带地区,由于气候炎热潮湿,疾疫容易流行,男少女多应该是正常现象,《史记・货殖列传》中也有“江南卑湿,丈夫早夭”的说法[③]。

① 葛剑雄:《中国移民史》第二卷《先秦至魏晋南北朝时期》,福建人民出版社1997年,第421页。

② 贾公彦:《周礼注疏》,阮元校刻:《十三经注疏》,清嘉庆刊本,第1861—1863页。

③ 司马迁:《史记》卷129《货殖列传》,第3268页。

表2—5 《汉书·地理志》所载荆、扬两州各郡国面积、人口密度

郡国	人口	面积（平方公里）	人口密度（人/平方公里）	郡国	人口	面积（平方公里）	人口密度（人/平方公里）
南阳	1942051	48831	39.77	庐江	457333	36180	12.64
江夏	219218	61569	3.56	九江	780525	26181	29.81
桂阳	156488	53069	2.95	会稽（北部）	982604	68835	14.28
武陵	185758	122456	1.52	会稽（南部）	50000	158568	0.32
零陵	139378	45050	3.09	丹扬	405171	52569	7.71
南郡	718540	63919	11.24	豫章	351965	165915	2.12
长沙	235825	80544	3.56	六安	178616	11907	15.76

西汉元始二年（2）全国人口密度约14.63人/平方公里，但分布很不均衡。荆州南阳郡处于黄河流域与长江流域的分界，属人口稠密地区。除此之外，荆、扬二州只有位于江淮之间的六安、九江人口密度超过全国平均水平。其他地区人口都很稀少，武陵1.52人/平方公里，豫章2.12人/平方公里，在全国人口密度最低郡国中分列第七与第十一。尤其是会稽南部（浙江南部和福建省），与今两广的郁林、合浦、南海等郡以及贵州的牂牁一样，每平方公里不足1人，可以说其中绝大部分地区还基本无人居住①。由于地广人稀，不足以推动农业发展到更高的层次，西汉时期长江中下游地区的稻作仍然存在火耕水耨的粗放方式，百姓普遍以渔猎山伐为生。随着东汉末年以来，尤其是东晋立国之后，北方移民潮水般涌来，终于产生全面开发长江中下游地区的强烈要求。

东晋南朝官方户籍登记数与实际人口数脱节的现象十分严重，

① 表2—5及此段的人口密度数据引自葛剑雄绘制的“元始二年（公元2年）郡国人口密度”表。葛剑雄：《西汉人口地理》，人民出版社1986年，第97—98页。

据之计算各地人口密度并将之与西汉时期各地或当时北方地区的人口密度进行比较，意义不大。不过，永嘉南渡后北方移民大量南迁，东晋王朝曾设置大量侨州郡县予以安置，不编入户籍，且给予免赋免役的优待。而在东晋兴宁二年（364）实行的“庚戌土断”及义熙九年（413）的“义熙土断”后，南迁的移民也与土著一样纳入朝廷编户。统计长江中下游地区侨置郡县的人口数量，能够相对直观地体现人口南迁对当地人口密度的影响。

表2—6　《宋书·州郡志》所载长江中下游地区侨置郡县户口数①

州	郡	侨县（郡总辖县数）	户数	口数
扬州	淮南	当涂、繁昌、襄垣、定陵、逡道（6县）	4468	21533
南徐州	南东海	郯、朐、利城（6县）	2671	16829
	南琅邪	临沂（2县）	1395	9349
	南兰陵	兰陵、承（2县）	1593	10634
	南东莞	东莞、莒、姑幕（3县）	1424	9854
	临淮	海西、射阳、凌、淮浦、淮阴、东阳、长乐（7县）	3711	22886
	淮陵	司吾、徐、阳乐（3县）	1905	10630
	南彭城	彭城、吕、武原、傅阳、蕃、薛、开阳、抒秋、洨、北凌、下邳、僮（12县）	11758	68163
	南清河	清河、东武城、绎幕、贝丘（4县）	1849	7404
	南高平	金乡、湖陆、高平（3县）	1718	9731

① 本表以《宋书·州郡志》所列州郡为顺序。《州郡志》所载各郡户口数系刘宋孝武帝大明八年（464）户口数，表中南兖州之北淮阳、北济阴、北下邳、东莞，南豫州之安丰，系刘宋失淮北后或宋末侨立，故无户口数据。表中各郡辖县不全是侨县，如扬州淮南郡，《州郡志》虽称“成帝初，苏峻、祖约为乱于江淮，胡寇又大至，民南渡江者转多，乃于江南侨立淮南郡及诸县”，但所辖6县中于湖其实是“晋武帝太康二年，分丹杨县立，本吴督农校尉治”，故表中户口数按《州郡志》淮南郡户口数的六分之五估算。其他各郡所辖非全为侨县时，其户口数也都按此方法处理。

续表

州	郡	侨县（郡总辖县数）	户数	口数
南徐州	南平昌	安丘、新乐、东武、高密（4县）	2178	11741
	南济阴	城武、冤句、单父、城阳（4县）	1655	8193
	南濮阳	廪丘、榆次（2县）	2026	8239
	南泰山	南城、武阳、广平（3县）	2499	13600
	济阳	考城、鄄城（2县）	1232	8192
	南鲁郡	鲁、西安（2县）	1211	6818
南兖州	山阳	山阳、东城、左乡（4县）	2111	16805
	秦郡	秦、义成、尉氏（4县）	2500	11472
	南沛	萧、相、沛（3县）	1109	12970
	北淮阳	晋宁、宿预、角城（3县）		
	北济阴	广平、定陶、阳平、上党、冤句、馆陶（6县）		
	北下邳	下邳、宁城、僮（3县）		
	东莞	东莞、莒、诸、栢人（4县）		
南豫州	历阳	龙亢、雍丘、酂（5县）	1894	11682
	南谯	山桑、谯、铚、扶阳、蕲、城父（6县）	4432	22358
	南汝阴	汝阴、慎、宋、阳夏、安阳（5县）	2701	19585
	南梁	睢阳、蒙、虞、谷熟、陈、义宁、新汲、崇义、宁陵（9县）	6212	42754
	晋熙	阴安、南楼烦（5县）	608	2999
	安丰	安丰、松滋（2县）		
江州	寻阳	松滋（3县）	907	5336
	南新蔡	苞信、慎、宋（4县）	1298	6636
荆州	南义阳	厥西、平氏（2县）	1607	9741
	新兴	定襄、广牧、新丰（3县）	2301	9584
	南河东	闻喜、永安、松滋、谯（4县）	2423	10487
	永宁	长宁、上黄（2县）	1157	4274
	江夏	汝南（7县）	725	3401
合计			75278	433880

表2—7　《宋书·州郡志》所载长江中下游地区侨置郡县户口的比重

州	总户数	总口数	侨郡县户数	占比	侨郡县口数	占比
扬州	143296	1455685	4468	3.1%	21533	1.5%
南徐州	72472	420640	38825	53.6%	222263	52.8%
南兖州	31115	159362	5720	18.4%	41247	25.9%
南豫州	37602	219500	15847	42.1%	99378	45.3%
江州	52033	377147	2205	4.2%	11972	3.2%
荆州	65640	277836①	8213	12.5%	37487	13.5%
郢州	29469	158587				
湘州	56089	357572				
合计	487716	3426329	75278	15.4%	433880	12.7%

由上面两表可知，东晋南朝长江中下游地区侨州郡县著藉的有75278户，占总户数的15.4%，有433880口，占总口数的12.7%。东晋南朝的南迁人口并非全在侨州郡县著籍，土断时也省并了不少侨州郡县。如表2—6中扬州侨县只有淮南郡所辖5县，但据《宋书·州郡志》，“成帝咸康四年，侨立魏郡，领肥乡、元城二县，后省元城。又侨立广川郡，领广川一县，宋初省为县，隶魏郡。江左又立高阳、堂邑二郡，高阳领北新城、博陆二县，堂邑，领堂邑一县，后省堂邑并高阳，又省高阳并魏郡，并隶扬州，寄治京邑。文帝元嘉十一年省，以其民并建康”②，可知当时建康居民有相当部分是南迁人口，却在表中无法体现。胡阿祥曾指出东晋南朝侨州郡县的地理分布与侨流人口的

① 《宋书·州郡志》记有荆州户数，而无口数。当时荆州所领十二郡，天门郡亦只记户数，而无口数。这里的口数系按天门郡外，荆州其余十一郡户均口数4.23，估算天门郡3195户的口数为13515，与其余十一郡口数相加得出。

② 沈约：《宋书》卷35《州郡志一》，第1029页。

地理分布并不一致,“南渡长江下游的上层阶级选择东土五郡从事经济活动,南渡长江下游的下层阶级大抵分散杂居于吴人势力甚大之地域即吴郡、吴兴郡、义兴郡境,但无论东土五郡还是吴、吴兴、义兴郡境,都未设置侨州郡县”,“这样的情况也存在于长江南岸稍远以及东晋南朝的内地”[①]。尽管在侨州郡县著籍的也不全是南迁人口,但既然设置侨州郡县,其侨流人口必然是人数较多且相对集中的。因此,当时的南迁人口肯定要超过上表对侨州郡县人口的统计数据。

在汉晋南朝长期持续的移民浪潮中,数量庞大的南迁人口成为长江中下游地区农业开发的生力军。移民抵到南方后,要想扎下根来,最为迫切的就是对土地的要求。《晋书·郗鉴传》载:北来的流民领袖郗鉴临终上疏说:“臣所统错杂,率多北人,或逼迁徙,或是新附,百姓怀土,皆有归本之心。臣宣国恩,示以好恶,处与田宅,渐得少安。”[②]可见北人虽然是被迫南迁,也只有在获得田宅的情况下才能“渐得少安”。《三国志·吴书·步骘传》载:临淮淮阴人步骘“世乱,避难江东,单身穷困,与广陵卫旌同年相善,俱以种瓜自给,昼勤四体,夜诵经传”[③]。《晋书·隐逸传》载:河内轵县人郭文“洛阳陷,乃步担入吴兴余杭大辟山中穷谷无人之地……区种菽麦”[④]。北方南下的个体农户不可能有现成的农田可供耕种,像这种来到南方后开垦小块耕地的情况是相当普遍的。

田业既是百姓安身的基础,也是士族立家的根本。谢灵运《山居赋》注中说到“工商衡牧,似多须者,若少私寡欲,充命则足。但非

① 胡阿祥:《东晋南朝侨州郡县与侨流人口研究》,江苏教育出版社2008年,第140页。

② 房玄龄等:《晋书》卷67《郗鉴传》,第1800页。

③ 陈寿:《三国志》卷52《吴书·步骘传》,第1236页。

④ 房玄龄等:《晋书》卷94《隐逸传》,第2440页。

田无以立耳”①,《宋书·王惠传》载琅琊王氏王惠“兄鉴,颇好聚敛,广营田业。惠意甚不同,谓鉴曰:‘何用田为?’鉴怒曰:‘无田何由得食!’惠又曰:‘亦复何用食为。’其标寄如此”②。在南迁士族看来,没有田产是“无以立”“何由得食”的,至于王惠所说“何用田为”“何用食为”,诚如本传所说,不过是清谈名士的“标寄”之辞。当时迁居南方的北方大族为重建自己的经济基础,往往四处“求田问舍”,带领族人并招纳经济力量有限而投庇于自己的个体流民开垦荒地。当时,太湖流域的肥沃之地大多已经被孙吴以来膨胀起来的江东豪族所占,南迁士族为了避开与江南当地豪族在经济利益方面的直接冲突,把目光主要投向南边具有开发前途的浙东地区。东晋南朝王、谢、郗、蔡等南迁士族争相到会稽抢置田业,经营山居。《晋书·王羲之传》载他于会稽去官后,“与东土人士尽山水之游”,在给谢安弟谢万的信中说:“顷东游还,修植桑果,今盛敷荣……比当与安石(谢安)东游山海,并行田视地利,颐养闲暇。”③游玩的同时也是在寻找适宜开垦的土地。

谢氏家族在会稽始宁一带经营的庄园就是南迁士族开发会稽丘陵地区的典型例子。谢氏是陈郡大族,于东晋初年南渡,家族中的一部分在较早时期即进入曹娥江流域。淝水之战中大获名声的谢玄晚年愿授会稽内史,便是因为谢氏已经在曹娥江一带确立了他们的根据地。谢灵运是谢玄的孙子,其《山居赋》描写谢氏家族经营始宁的山庄,“爰初经略,杖策孤征。入涧水涉,登岭山行。陵顶不息,穷泉不停。栉风沐雨,犯露乘星。研其浅思,罄其短规。非龟非筮,择良选奇。翦榛开径,寻石觅崖”,最终把一个重峦叠嶂的山野改造成

① 沈约:《宋书》卷67《谢灵运传》,第1760页。
② 沈约:《宋书》卷58《王惠传》,第1590页。
③ 房玄龄等:《晋书》卷80《王羲之传》,第2101—2102页。

了“田连冈而盈畴,岭枕水而通阡。阡陌纵横,塍埒交经。导渠引流,脉散沟并。蔚蔚丰秫,苾苾香秔。送夏蚤秀,迎秋晚成。兼有陵陆,麻麦粟菽。候时觇节,递艺递孰”,进而包括果树、蔬菜种植、林木樵采、产品加工等各种项目的富裕田庄[1]。谢灵运自己也在农业经营上投入了大量精力。《宋书·谢灵运传》载其“因父祖之资,生业甚厚。奴僮既众,义故门生数百,凿山浚湖,功役无已。寻山陟岭,必造幽峻,岩嶂千重,莫不备尽……尝自始宁南山伐木开径,直至临海,从者数百人。临海太守王琇惊骇,谓为山贼,徐知是灵运乃安”[2]。

移民的到来对于长江中下游地区重农风气的形成也有积极作用。农业是一个弱势行业,不仅十分辛劳而且获益不丰。虽然统治者对农业采取了倾斜性措施,我国古代农人弃本从末的现象仍然比较普遍。而在长江中下游地区,由于食物资源比较充足,更滋长了人们懒惰苟安的习性。《汉书·地理志》说这里是“呰窳偷生,而亡积聚,饮食还给,不忧冻饿,亦亡千金之家”[3],人们普遍不愿意在农业生产中投入太多劳动量,而宁愿通过渔采狩猎来弥补生计。“水耕火耨”的稻作栽培方式只强调放火烧田和灌水杀草两个环节,而省去了水稻生产中人工最多的几道工序,如插秧、中耕等。相反,中原地区素来有重视农耕的传统,人们较少考虑从农业生产之外寻求生活来源的补充,人们改善自己生活的途径除了开垦荒地,就是更加紧张的耕作。他们在农业生产中养成了精耕细作的习惯,特别强调深耕,重视施肥与水利建设等技术措施。这些北来移民在南方的农业生产活动,不仅会延续自身的劳动习惯,而且也能带动长江中下游地区原居民

---

① 沈约:《宋书》卷67《谢灵运传》,第1760—1764页。
② 沈约:《宋书》卷67《谢灵运传》,第1775页。
③ 班固:《汉书》卷28《地理志下》,第1666页。

将更多精力投入农业生产，提高农业的集约化程度。六朝以前长江中下游地区的农业生产中，农田的肥力补充主要是靠休闲。而在东晋，长江中下游地区已经在稻田中种植绿肥。《齐民要术》引晋郭义恭《广志》记载："苕，草色青黄，紫华。十二月稻下种之，蔓延殷盛，可以美田。"① 人粪也逐渐在农业中得到广泛使用。《南史·到彦之传》载其微时"以担粪自给"②。肥料的使用，说明增加劳动力投入以增加单位面积粮食产量的做法，已经在长江中下游地区的农业生产中受到重视。

南迁移民来自农业更为发达的北方地区，尽管之前以种植旱地作物为主，他们的到来仍然有助于长江中下游农业技术的进步。汉晋南朝长江中下游地区的农业发展中，先进农具的使用、牛耕的推广、水利设施的修建、旱地作物的推广等方面都显示出了移民的积极影响。相关的情况，我们将在第四章介绍北方农作技术南传后的适应性改造及旱地作物的推广时有较为详细的阐述。

建康及其周围地区、京口晋陵一带，是东晋南朝南迁移民分布最为集中的地区。这里从事农作的自然条件原本并不好，孙吴时因为这里地广人稀而设毗陵典农校尉，立为屯田区。然而，北方人士避乱渡江，"以人事地形便利之故，必自觅较接近长江南岸，又地广人稀之区域，以为安居殖产之所"③。因此这荒芜贫瘠的地方，西晋末年以来反而吸引了最大量的流亡人口。张闿于太兴四年（321）在晋陵修起新丰塘，一定程度上也是给当地移民在这一地区创造家园。移民的到来一方面给晋陵的开发提供了劳力，另一方面也带来了北方先

① 贾思勰著，石声汉校释：《齐民要术今释》，第1107页。

② 李延寿：《南史》卷25《到彦之传》，第679页。

③ 陈寅恪：《述东晋王导之功业》，《金明馆丛稿初编》，上海古籍出版社1980年，第48—68页。

进的生产技术，晋陵经济得以迅速发展起来。《宋书·孝义传》记载：元嘉二十一年（444）晋陵大旱，但“承陂之家，处处而是，并皆保熟，所失盖微。陈积之谷，皆有巨万”[①]。《陈书·孔奂传》记载：“晋陵自宋、齐以来，旧为大郡，虽经寇扰，犹为全实。”[②] 晋陵的经济实力在南朝能够有这样的改变，无疑有赖于境内移民。在皖南近江地区、寻阳地区、邗沟沿线、南郡周围、江夏一带等移民集中的地带，农业的发展也表现得很明显。

三、南方政权的建立

孙吴割据与中原地区经济的破坏有关，东晋南朝建立是游牧民族内迁造成的结果，归根结底，气候转寒都可以说是诱因。20世纪30年代冀朝鼎考察中国古代各王朝不同地区水利建设的密度分布及其变迁时，提出基本经济区的概念，认为“中国历史上的每一个时期，有一些地区总是比其他地区受到更多的重视。这种受到特殊重视的地区，是在牺牲其他地区利益的条件下发展起来的，这种地区就是统治者想要建立和维护的所谓‘基本经济区’”[③]。侯向阳也指出：“尽管农业区内部存在着相对发展的极化中心和相对落后的边缘地区并存的现象，区域间发展很不平衡，但一个农业区往往是以区域性整体功能的形式发展演化和发挥作用的。用生态位的术语来说，也就是一个农业区既占有一定的空间生态位，又占有一定整体功能生态位，功能生态位是影响一个农业区发展繁荣的很重要的因素。”[④] 由于功能

---

① 沈约：《宋书》卷91《孝义传》，第2251—2252页。

② 姚思廉：《陈书》卷21《孔奂传》，第284页。

③ 冀朝鼎：《中国历史上的基本经济区和水利事业的发展》，中国社会科学出版社1981年，第8页。

④ 侯向阳：《区域农业发展的历史生态研究》，中国农业出版社2000年，第72页。

地位是影响地区农业发展繁荣的重要因素,六朝政权的建立与南北对峙局面的形成,对于长江中下游地区的农业发展是很大的促进因素。

一般来说,距离政治中心远近的地理位置,决定着政府对该地区土地开发的重视程度。西汉定都关中,东汉定都洛阳,当时国家的基本经济区在黄河中下游地区,所以这里得到高度重视和充分开发。而长江中下游地区远离国家的政治中心,两汉时代也没有形成有影响力的区域性政治中心,因而中央王朝对这里的开发很少给予关注或进行干预。即便是汉武帝时期全国大兴水利,长江中下游地区亦显得相当沉寂。芍陂是先秦时期长江中下游地区最大的水利工程,但是芍陂覆盖区的农田在王景任庐江太守之前长期荒芜。《后汉书·循吏传》载:"郡界有楚相孙叔敖所起芍陂稻田。景乃驱率吏民,修起芜废,教用犁耕,由是垦辟倍多。"[①] 长江下游江以南的地区见于正史记载的两汉农田水利工程只有会稽太守马臻主持修建的鉴湖,而且马臻还因此被害,相较于此前的吴、越时期,当地农业开发不受政府重视表现得相当明显。

六朝政权的建立,意味着长江中下游地区出现了与黄河流域相抗衡的政治中心,从而空前提高了这一地区在全国政治地理格局中的地位。《宋书》卷66传论曰:"江左以来,树根本于扬越,任推毂于荆楚。"[②] 新的国家政治中心要求建立与之相适应的区域经济基地,长江中下游地区的开发受到前所未有的重视。

孙吴推行的屯田与迫使山越人出山都是大力开发长江中下游地区的重要政府举措。孙吴屯田的规模相当广泛,同曹魏接壤的江北地带与长江南岸附近的毗陵、丹阳、豫章、鄱阳、江夏等郡都是孙吴屯

---

① 范晔:《后汉书》卷76《循吏传》,第2466页。

② 沈约:《宋书》卷66《王敬弘何尚之传》,第1739页。

田比较集中的区域，新都、会稽、吴郡也有不少屯田。毗陵是孙吴最大的屯田区，《三国志·吴书·诸葛瑾传》注引《吴书》："赤乌中，诸郡出部伍，新都都尉陈表、吴郡都尉顾承各率所领人会佃毗陵，男女各数万口。"① 可见在正式设毗陵典农校尉之前，这里的屯田规模就已不小。《三国志·吴书·吴主传》载黄武五年（226）陆逊"表令诸将增广农亩"，孙权回复到："甚善。今孤父子亲自受田，车中八牛以为四耦，虽未及古人，亦欲与众均等其劳也。"② 孙权父子"亲自受田"体现了孙吴政权对屯田非常重视，而从孙权将驾车之牛改作耕牛看，孙吴的屯田可能是普遍采用先进的牛耕。统一管理的屯田形式也有利于农田水利建设，史籍中有不少反映孙吴屯田区农田水利的记载。如《水经注·江水》："江水左则巴水注之，水出雩娄县之下灵山……南历蛮中。吴时旧立屯于水侧，引巴水以溉野"；江水"又西北径下雉县……水之左右，公私裂溉，咸成沃壤，旧吴屯所在也"③；《读史方舆纪要·南直》：庐州望江县西圩位于"县东北六十里。周三十余里，堤长三千九百七十余丈，阔十丈，高二丈。圩中田三万七千余亩。志云：孙吴时屯皖口，得谷数万斛，即此圩也"④。孙吴屯田对于长江中下游地区的农业开发是有积极作用的。

用暴力强迫山越人出山是孙吴政权增加劳动力的重要途径。山越是汉末三国时代我国东南山区以古越族后裔为核心，逐步融入汉族移民而形成的族群混合体。《三国志·吴书·诸葛恪传》记载："丹杨地势险阻，与吴郡、会稽、新都、鄱阳四郡邻接，周旋数千里，山谷万重，其幽邃民人，未尝入城邑，对长吏，皆仗兵野逸，白首于林莽。逋

① 陈寿：《三国志》卷52《吴书·诸葛瑾传》，第1236页。
② 陈寿：《三国志》卷47《吴书·吴主传》，第1132页。
③ 郦道元著，陈桥驿校证：《水经注校证》，第808页、第809—810页。
④ 顾祖禹：《读史方舆纪要》卷26《南直八》，中华书局2005年，第1317页。

亡宿恶,咸共逃窜。"[①] 孙吴政权从建立到灭亡,一直与讨伐山越的战事相始终。唐长孺指出:"孙吴一代的经营山区,其目的不在于开拓疆土而在于扩大对劳动力的控制,虽然在客观效果上开拓了若干山区。因为如此,当征服了某一山区,某一宗部,并不急于设立统治机构,而是将山民强迫迁移到平地上去。"[②]《三国志·吴书·陆逊传》记载:陆逊征讨吴、会稽、丹杨山越,"强者为兵,羸者补户,得精卒数万人"[③]。据《三国志》各传所载孙吴诸将征讨山越所得士兵人数相加,可以看到编入吴军的山越士兵多达十三四万,用以补户的羸者应该有几十万之多。补户的山越人自然是从事耕作,缴纳租税,承担徭役。当兵的山越人同样要耕田。《三国志·吴书·陆凯传》载其谏孙皓疏云:"先帝战士,不给他役,使春惟知农,秋惟收稻,江渚有事,责其死效。"[④] 劳动力缺乏是此前长江中下游地区农业开发进展缓慢的重要原因,孙吴讨伐山越在相当程度上起到了弥补作用。

当然,政权的经济职能更多的还是体现在日常的行政管理之中。从这一角度出发,六朝政权建立对长江中下游地区农业开发的积极影响还表现在如下方面:

第一,提高了长江中下游地区地方官员的整体素质。"所居民富"是评价地方官员优秀的标准,而"富民"的活动又以水利建设和农田开拓最为重要,地方官员的能力强弱能影响到地方农业的发展好坏。两汉时期尽管有王景、茨充等著名循吏任职于长江中下游地区,但《史记·五宗世家》载长沙定王发"以其母微,无宠,故王卑湿

① 陈寿:《三国志》卷 64《吴书·诸葛恪传》,第 1431 页。
② 唐长孺:《孙吴建国及汉末江南的宗部与山越》,《魏晋南北朝史论丛》,三联书店 1955 年,第 3—29 页。
③ 陈寿:《三国志》卷 58《吴书·陆逊传》,第 1344 页。
④ 陈寿:《三国志》卷 61《吴书·陆凯传》,第 1407 页。

贫国”[①],由此类推,当时最受朝廷重视的官员一般不会派往南方。六朝时期在官员任命时对南方的轻视不复存在,加上当时有大量北方优秀人士南下,南方官员的整体素质与责任感自然不同以往。尤其对于重要的郡县,朝廷往往会委派得力官员出任长官。例如,会稽是东晋立国前后农业开发潜力最大的地方。《晋书·诸葛恢传》载元帝司马睿在任诸葛恢为会稽太守时说:“今之会稽,昔之关中,足食足兵,在于良守。以君有莅任之方,是以相屈。”结果诸葛恢不负所望,太兴初“以政绩第一”,元帝特意下诏:“会稽内史诸葛恢莅官三年,政清人和,为诸郡首,宜进其位班,以劝风教。今增恢秩中二千石。”[②]东晋会稽太守(内史)除末年的刘牢之、何无忌外,都是门阀士族人物,包括琅琊王氏的王舒与王荟、高平郗氏的郗愔、太原王氏的王蕴、陈郡谢氏的谢琰、会稽孔氏的孔季恭等,其地位与能力能够确保在组织当地经济开发时更加得心应手。

第二,推动了北方旱田作物的南移。东晋南朝时期朝廷曾三令五申在扬州一带推广麦作。东晋初年由于北人大量南迁,政权粮食需求成为问题。太兴元年(318)晋元帝下诏徐、扬二州种麦,“继新故之交,于以周济”。作为补救旱灾损失的措施,元嘉二十一年(444)与大明七年(463)刘宋政府也曾两次下诏要求种麦。前两份诏书,本章第一节已经引述,大明七年的诏书见于《宋书·孝武帝纪》。诏曰:“近炎精亢序,苗稼多伤。今二麦未晚,甘泽频降,可下东境郡,勤课垦殖。尤弊之家,量贷麦种。”[③]稻、麦两种作物的种植时间是错开的,适宜的种植地区也有区别,推广麦作并不会对种稻产生妨碍,还

---

① 司马迁:《史记》卷59《五宗世家》,第2100页。

② 房玄龄等:《晋书》卷77《诸葛恢传》,第2042页。

③ 沈约:《宋书》卷6《孝武帝纪》,第133页。

能弥补单一稻作的不足,起到稻麦互补的效果。经由政府的推广,长江中下游地区的麦作规模在东晋南朝确实有较大发展,在增加粮食生产的同时,也在一定程度上改变了这里粮食生产的旧格局,推动了粮食品种的多样化。

第三,促成了长江中下游农田水利建设的勃兴。两汉时期南方的农田水利建设因为不受朝廷重视而相当沉寂,但六朝时期却是南方农田水利的大发展时期,当时长江中下游地区农田水利工程的修建很多都是由朝廷或地方政府出面组织。前面提到刘宋时期晋陵"承陂之家,处处而是",这些陂塘很多就是政府兴建的。例如新丰塘,《晋书·张闿传》记载是太兴四年(321)张闿任晋陵内史时,由于"所部四县并以旱失田"而组织兴建,当时张闿甚至因为用工达20余万而以"擅兴造"获罪[1]。孙吴在这里修建的赤山塘,南朝政府也组织过多次修治,《梁书·良吏传》记载南齐明帝使沈瑀"筑赤山塘,所费减材官所量数十万"[2],便是其中之一。《南齐书·武十七王传》载萧子良曾上表:京尹一带"萦原抱隰,其处甚多,旧遏古塘,非唯一所。而民贫业废,地利久芜。近启遣五官殷沵、典签刘僧瑗到诸县循履,得丹阳、溧阳、永世等四县解,并村耆辞列,堪垦之田,合计荒熟有八千五百五十四顷,修治塘遏,可用十一万八千余夫,一春就功,便可成立"[3]。他的提议得到批准,只是由于迁官没有实现,但可略见当时陂塘的维护与修建任务,很多时候是由政府承担的。

六朝政权建立的后果,还使得长江中下游地区成为世家大族的集中区。他们拥有强大的经济实力,或者出面组织兴修水利,造福一

① 房玄龄等:《晋书》卷76《张闿传》,第2018页。
② 姚思廉:《梁书》卷53《良吏传》,第768页。
③ 萧子显:《南齐书》卷40《武十七王传》,第694页。

方,或者役使宾客清除荒秽、开垦耕地,建立自己的田庄,在当时长江中下游地区的农业开发中发挥了重要作用。前面提到的谢灵运“奴僮既众,义故门生数百,凿山浚湖,功役无已”,便是典型的例子。六朝时期的水利工程很多都是以姓氏取名,直接反映了士族首领在这些工程修建中所起的领导作用。如《嘉泰吴兴志》卷19记载:“谢塘在乌程县西十里,晋太守谢安开。”“官塘在长兴县南七十里,晋太守谢安所筑,一名谢公塘。”[①]同书卷5记载:“青塘在县北三里迎禧门外,吴时开。梁太守柳恽重浚,亦名柳塘。”[②]《至顺镇江志》卷7《山水》记载:丹阳县“吴塘,在县东南,周回四十里,半入金坛境。梁吴游所造,故名”;金坛县“单塘,在金坛县东北二十八里,齐单旻造”;“谢塘,在金坛县北二十五里。梁天监九年,彭城令谢法崇所造”;“南谢塘、北谢塘,并在金坛县东南三十里。梁普通中,庐陵王记室参军谢德威造”[③]。尽管主持工程建造的士族首领大都有官职,但如谢法崇为彭城令,谢德威为庐陵王记室参军,任职地点均不是工程所在地,支持这些工程应该是士族首领的个人行为。

即便不是以姓氏取名的工程,也并不意味着没有士族的作用。例如荻塘,《嘉泰吴兴志》卷19《塘》记载“晋太守殷康开……后太守沈嘉重开之,更名吴兴塘”[④],而《元和郡县图志·江南道》“湖州乌程县”记载:“吴兴塘,太守沈攸之所建。”[⑤]荻塘与吴兴塘大概属于同一个工程,值得注意的是这项工程的兴建者中有两位姓沈。沈

① 谈钥:《嘉泰吴兴志》,中华书局编辑部编:《宋元方志丛刊》,中华书局2006年,第4856页。
② 谈钥:《嘉泰吴兴志》,中华书局编辑部编:《宋元方志丛刊》,第4712页。
③ 俞希鲁:《至顺镇江志》,中华书局编辑部编:《宋元方志丛刊》,第2720页。
④ 谈钥:《嘉泰吴兴志》,中华书局编辑部编:《宋元方志丛刊》,第4855页。
⑤ 李吉甫:《元和郡县图志》卷25《江南道一》,第605页。

嘉、沈攸之都是当时吴兴郡最大的强宗——吴兴沈氏的成员。两晋以后,吴兴沈氏是可以同吴郡四姓并列的豪门大族。荻塘、吴兴塘其实是沈氏成员以本地太守的身份,在家乡附近兴办的水利事业。《嘉泰吴兴志》卷19在对“荻塘”的记载中还有“隋沈弘居此”①,可见荻塘附近在整个六朝都是沈氏家族成员的主要聚居地。又如莞塘,《至顺镇江志》卷7记载:“莞塘,在金坛县东南三十里。梁大同五年,南台侍御史谢贺之壅水为塘,种莞其中,因名。”② 此外,《宋书·恩幸传》记载,阮佃夫“宅舍园地,诸王邸第莫及……于宅内开渎,东出十许里,塘岸整洁”③。这种没有名字的规模不一的水利工程,在当时遍布江南的大族田庄内部以及周围必然非常普遍。

小　结

本章着眼于环境自身的变迁对汉晋南朝长江中下游地区农业发展的影响。汉晋南朝长江中下游的气候、水文、植被、土壤等无疑都有过程度不同的变化,但这些自然环境的构成要素中,当时变化明显且几乎不受人为作用影响的只有气候。尽管世界工业革命以后,随着人口的剧增,科学技术发展和生产规模的迅速扩大,人类活动对局部地区气候的影响逐渐显现,但在传统农业社会,人类活动对气候的影响微乎其微。汉晋南朝时期,我国气候经历了由暖而寒的转变。西汉属于历史气候的温暖期,而魏晋南北朝属于历史气候的寒冷期,东汉气候波动比较大,但气候持续转寒的趋势在此期间逐渐明显。

---

① 谈钥:《嘉泰吴兴志》,中华书局编辑部编:《宋元方志丛刊》,第4856页。
② 俞希鲁:《至顺镇江志》,中华书局编辑部编:《宋元方志丛刊》,第2720页。
③ 沈约:《宋书》卷94《恩幸传》,第2314页。

气候变迁对农业生产的影响是全方位的。一般认为,气候温暖期有利于传统农业发展,寒冷期则相反。然而由于南、北农业的类型与基础不同,两汉魏晋南北朝气候转寒对当时北方农业的发展是不利因素,对南方农业生产却并没有实质性负面影响,在某些方面甚至有利于南方农业发展。长江中下游气温暖和、水源富足,这里的水、热条件在汉晋南朝的农业实践中尚未得到充分利用。因此,不同于已经是精耕细作的黄河流域,气候转寒、作物生长活跃期缩短对农业增产潜力的影响,在实际的作物产量中并不容易体现。同时,气候转寒给当时北方旱地作物的南移创造了较为有利的条件。旱地作物的推广一定程度上改变了长江中下游地区单一种植水稻的作物结构,对于促进当地高阜地区开发及实现与水稻的互补具有重要意义。此外,不同于黄河流域的引渠灌溉工程,长江中下游地区农田水利工程的主要类型是陂塘与塘浦,重点在于控水、排涝。因此气候转寒后雨量减少,并不会对长江中下游地区的农田水利事业造成大的破坏,而且能降低这里的积涝程度,反而是个有利因素。

如果结合各种人文因素做更广泛的思考,两汉魏晋南北朝气候转寒对当时南、北农业发展呈现不同趋势,作用更加明显。汉晋南朝长江中下游地区农业的发展,大规模人口南迁与六朝政权的建立都是关键的推动因素。前者导致了当地农业劳动力与粮食需求的增长,促进了北方农业技术的南传;后者导致了政府对当地农业开发前所未有的重视。尽管气候转寒不是唯一原因,但气候转寒不仅使农业生产的环境优劣态势发生了有利于南方的变化,同时也是农牧分界线南移及北方农业经济衰落的重要原因,并由此引发了游牧民族南下及北方的长期战乱。可见,气候转寒对于东汉以后人口持续大规模南迁与六朝偏安政权的建立是的确起过促进作用的。

第三章　长江中下游的环境改造与区域开发

环境对农业发展有很强的制约作用,同时也为农业生产保存了相当广泛的自由。在一定的时间和地域内,人类可以通过自己的劳动,适应或改变不利的自然条件,从而促进农业发展。长江中下游地区气候温暖湿润,河湖密布,特别适合水稻生长。但在历史早期,这里丘陵山地区地势起伏较大,低地平原区的内涝问题又特别严重,从而严重限制了当地人口增长与农业发展。东汉以降气候转寒,从环境条件而言,发展农业的优劣态势出现了有利于南方的变化。铁农具的普及与改善,使得南方土地翻耕不再困难,北方黄土区易垦易耕的独特优势也随之丧失。随着北方人口大量南迁和南方政权的建立、大规模开发条件的逐渐成熟以及拓垦农田需求的日益增长,汉晋南朝长江中下游地区环境改造的力度越来越大,这里成为各种水利工程兴建最为普遍的地区。水利工程的兴建能够改善当地的居住与生产环境,势必推动人口的集聚和工程覆盖区域农田化的发展。而伴随着一定的人口集中程度和财力集中规模,进一步的水利改良又成为必要并且有了较易实现的条件。在这种人口集聚与环境改造相互推动的过程中,长江中下游地区的农业水平显著提高。

第一节　对三吴地区的考察

三吴是六朝公认的经济发达地区,《晋书·文苑传》载伏滔称:“彼寿阳者,南引荆汝之利,东连三吴之富。”①《南齐书·武十七王传》载萧子良说:“三吴奥区,地惟河、辅,百度所资,罕不自出。”②但是关于三吴的具体范围,历代却有不同说法。《水经注·浙江水》载:“汉高帝十二年,一吴也,后分为三,世号三吴,吴兴、吴郡、会稽其一焉。”③《通典·州郡典》载:“秦置会稽郡……汉亦为会稽郡,后顺帝分置吴郡。晋宋亦为吴郡,与吴兴、丹阳为三吴。”④《资治通鉴·晋纪》成帝咸和三年(328)“司徒导密令以太后诏谕三吴吏士”,胡三省注:“汉置吴郡;吴分吴郡置吴兴郡;晋又分吴兴、丹阳置义兴郡,是为三吴。”⑤也就是说,除了吴郡、吴兴外,另一郡所指有会稽、丹阳、义兴三说。对于这三种说法,现代学者进行了辨析,虽然仍旧各执一词,但都承认“三吴”概念在东晋南朝出现了泛化、模糊化的情况。如王铿认为三吴是吴郡、吴兴、会稽,同时指出《晋书·孝武帝纪》“三吴奥壤”,“此处的‘三吴’所涵盖的范围已超出严格、精确意义上的‘三吴’概念,它不仅包括义兴、晋陵、会稽,还应当包括吴郡、吴兴”⑥。余晓栋认为三吴是吴郡、吴兴、丹阳,同时指出“南朝以来,‘三吴’的概念逐渐起了变化,史料中明显将义兴或会稽排除在‘三吴’之外的记录已不可见,‘三吴’概念逐渐模

① 房玄龄等:《晋书》卷92《文苑传》,第2399—2400页。
② 萧子显:《南齐书》卷40《武十七王传》,第696页。
③ 郦道元著,陈桥驿校证:《水经注校证》,第944页。
④ 杜佑:《通典》卷182《州郡典十二》,第4827页。
⑤ 司马光编著,胡三省音注:《资治通鉴》卷94《晋纪十六》,第2956—2957页。
⑥ 王铿:《东晋南朝时期“三吴”的地理范围》,《中国史研究》2007年第1期。

糊,且存在着三说并存的现象"[①]。"三吴"概念在东晋南朝的模糊化与泛化,是吴郡、吴兴与会稽、丹阳、义兴区域一体化的反映[②]。这个泛化概念上的三吴地区包括了太湖平原、宁镇丘陵、宁绍平原等不同的地理单元,这些地区在汉晋南朝都经历过深度的环境改造。

一、太湖平原的水土建设

太湖平原北滨长江,南抵钱塘江和杭州湾,东接大海,西面以天目山及其支脉茅山与皖南山地、宁镇丘陵相隔开,包括江苏省南部的苏锡常地区和浙江省北部的杭嘉湖平原。太湖平原地处东南沿海,雨量比较丰沛,年降雨量1000—1400毫米,而且发源于西部江苏宜溧山地和浙江天目山的荆溪、苕溪等都注入太湖,因此积水量特别大。太湖的泄水在历史早期主要是通过三江,《尚书·禹贡》记载有"三江既入,震泽底定"[③]。震泽是太湖古称,三江在这里未明确所指,后世学者如晋庾阐、顾夷及唐代张守节都认为是指太湖下游入海的水道淞江、东江和娄江。娄江即今浏河,经昆山、太仓到浏河口入海。松江即今吴淞江,从吴江向东进入上海后入海。至于东江,因早已淤塞,其位置历代多有争论。根据现代科学考察结合文献记载,现在

---

① 余晓栋:《东晋南朝"三吴"概念的界定及其演变》,《史学月刊》2012年第11期。

② 田余庆指出,"东晋一朝凡是东方有事,则会稽内史以居职者资望深浅重轻,分别带都督五郡军事、监五郡军事、督五郡军事衔",五郡是会稽、临海、东阳、永嘉、新安。见其所著《东晋门阀政治》,北京大学出版社1996年,第80页。可见,从政治、军事而言,会稽与临海、东阳、永嘉、新安等郡的联系,相较于吴郡、吴兴、丹阳、义兴更为密切。那么所谓三吴,吴郡、吴兴与会稽、丹阳、义兴的一体化就应该主要是指经济的一体化,是由于它们构成了当时的经济重心。农业是古代最重要的经济部门,尤其是在六朝货币经济相对萎缩的背景下,所谓的经济重心即是农业重心。

③ 孔颖达:《尚书正义》,阮元校刻:《十三经注疏》,清嘉庆刊本,第312页。

大致能够确定东江与吴淞江、娄江在古三江口分流后，经今澄湖、白蚬湖及淀泖地区东南流，于今平湖附近入海[①]。三江起初都相当宽深，宋代诗人王禹偁《泛吴淞江》曾写道："苇蓬疏薄漏斜阳，半日孤吟未过江。"但是由于太湖地区的地貌特征，三江的宣泄能力却受到限制。

太湖平原在有史以前是海湾，在长江、钱塘江和海潮的长期冲积下，逐渐被南北岸沙嘴所包围和封合，从泻湖变为和海洋完全隔离的湖泊，发育成现在的三角洲。其地形特点是四周高仰，中部低洼，构成一个典型的蝶形洼地。洼地西缘耸峙着天目山、茅山山脉，地形最高，而在东南北三面沿江靠海环绕着一条长弧形岗身地带。这条边缘地带幅宽 10—70 公里不等，高度一般在海拔 4—8 米，中部洼地高程在 2—3.5 米之间。本区整个"地势过于低平，而江湖潮位又相对较高，潮差较小。吴淞口一般高潮位约在 4 米左右，低潮位 1 米左右。当吴江水位 4 米时，仅高出吴淞口平均潮位 1.5 米左右。所以出水河港水平流缓，宣泄不畅"。尤其中部洼地高程"通常低于汛期河湖水位。因此，一遇久雨或大雨众水汇注，河湖并涨，俄倾泛溢，弥漫无涯，酿成大面积的洪涝灾害"[②]。由于向外排水不畅，水位一旦抬高后退落很慢，先秦时期太湖平原沼泽化的情况非常普遍。据《越绝书》记载，当时太湖平原除太湖外，还有芙蓉湖、尸湖、小湖、杨湖、耆湖、乘湖、犹湖、语昭湖、作湖、昆湖、丹湖、麋湖、巢湖等大大小小的湖泊。

太湖平原发现有新石器时代的农业遗址，如上海马桥俞塘遗址、松江南阳港遗址等，可知当时这里并不是一般所想象的荒无人烟，或

---

① 谭其骧：《太湖以东及东太湖地区历史地理调查考察简报》，《长水集》（下），人民出版社 1987 年，第 126—140 页。

② 汪家伦：《古代太湖地区的洪涝特征及治理方略的探讨》，《农业考古》1985 年第 1 期。

者汪洋一片。不过，这些遗址大多在沿海“岗身”及其附近，在平原中部也仅限于较高的土墩或山丘附近。直到春秋后期，人们方逐渐从较高地带走下来，面向沼泽浅滩开展水土斗争。低地开发在北方早期农业的发展中曾经非常重要。《孟子·滕文公下》载：“当尧之时，水逆行，泛滥于中国，蛇龙居之，民无所定……禹掘地而注之海，驱蛇龙而放之菹，水由地中行……然后人得平土而居之。”① 大禹治水的主要作为是疏导积水、排除渍涝，而商周时期农田沟洫系统的目的是把田野中的积水排泄到川泽中去，这是当时着重于开发河流两岸平野的反映。太湖平原的积涝情况无疑远较北方河流两岸的低地严重，但需要的技术措施却是相通的。通过开辟河渠，使自然地形上的浅水汇集流向深处积水，促使低湿地区逐渐干涸，最后营造成带有排水系统的农田，是太湖平原开发的主要过程。

吴、越、楚曾相继在太湖平原开凿运河，虽然大都是为了交通运输，却给泄洪、排涝创造了条件，促进了低湿洼地的垦殖与围田的开拓。直接以垦殖为目的的水土改造在春秋晚期的吴国也已经出现。《越绝书·外传记吴地传》记载：“（吴都）地门外塘波洋中世子塘者，故曰王世子造以为田。塘去县二十五里”；“无锡湖者，春申君治以为陂，凿语昭渎以东到大田。田名胥卑。凿胥卑下以南注大湖，以写西野”；“无锡西龙尾陵道者，春申君初封吴所造也，属于无锡县。以奏吴北野胥主疁”②。疁田是围垦的农田，陵道是陆行大道，但在江南地区也是挖土筑堤同时开成的河港。《越绝书·外传记吴地传》记载“秦始皇造道陵南，可通陵道，到由拳塞，同起马塘，湛以为陂，治陵水

① 焦循：《孟子正义》，中华书局2011年，第447—448页。
② 袁康、吴平辑录，乐祖谋点校：《越绝书》，第12—15页。

道到钱唐，越地，通浙江”[①]，这里水陆兼通的“陵水道”正是春申君所造“陵道”的延伸。《七国考·楚食货》引《一统志》：“申浦在江阴县西三十里。昔春申君开置田为上下屯，自大江南导，分而为二：东入无锡，西入武进、戚墅，俱达于运河。”[②]春秋战国时期太湖平原的农田往往与河港有关，正是通过开渠凿河将积水排往天然江湖或者利用洼地改造成的人工蓄水陂塘，从而使得大片浅滩沼泽得以开发为农田。经过春秋战国秦汉数代的水土建设，太湖平原有不少沮洳低湿的原野已经被开辟为良田。但是在地广人稀的社会背景下，这类活动毕竟是零星的，太湖平原的开发程度与黄河中下游地区相比远远落后。六朝时期，太湖平原的水土建设在原来的基础上有了长足的发展。

六朝时期在太湖平原修建了很多以塘为名的工程。太湖平原筑塘的历史很早，春秋战国时期有蠡塘、胥塘、吴塘；西汉初年荆王刘贾在长兴县南九十里筑荆塘，汉平帝元始二年（2）又有吴人皋伯通在长兴县筑皋塘。《嘉泰吴兴志》卷19称“凡名塘，皆以水左右通陆路也”[③]，《宋书·恩幸传》载阮佃夫“于宅内开渎，东出十许里，塘岸整洁”[④]。太湖平原早期的塘可以称之为塘河，大概是在潮沟上挖出河泥叠筑在两岸，利用两岸之间的河渠进行排水、蓄水的工程，兼有挡洪和交通的功能。太湖平原发展农业的环境问题主要是地势低洼、向外排水不畅，导致大水浸淫的时间长，沼泽浅滩密布。修塘的过程其实就是一个狭水的过程，先有河道在水中的形成，后有农田在两边的分出。

吴兴郡的荻塘是六朝时期在太湖东南缘修建的重要水利工

① 袁康、吴平辑录，乐祖谋点校：《越绝书》，第18页。

② 董说：《七国考》卷2《楚食货》，中华书局1998年，第96页。

③ 谈钥：《嘉泰吴兴志》，中华书局编辑部编：《宋元方志丛刊》，第4856页。

④ 沈约：《宋书》卷94《恩幸传》，第2314页。

程。《嘉泰吴兴志》卷19注引《统记》:“晋太守殷康开,旁溉田一千顷。后太守沈嘉重开之,更名吴兴塘、南塘。李安人又开一泾,泄于太湖。”①《元和郡县图志·江南道》“湖州乌程县”记载:“吴兴塘,太守沈攸之所建,灌田二千余顷。”②这些记载中的“溉田”很容易让人误以为荻塘是用于蓄水灌溉的陂塘,实际上它是以泄水为主的塘河。《嘉泰吴兴志》卷19对荻塘有更详细的记载:荻塘“连袤东北,出迎春门外百余里。今在城者谓之横塘,城外谓之官塘。晋太守殷康所筑,围田千余顷”。作者特意指出,“濒湖之地,形势卑下,若水不苦旱,初无藉于灌溉意。当时取土以捍民田耳,非溉田也”,“作史者以为开塘灌田,盖以他处例观,易开为筑,易溉为围”③。荻塘长百余里,“围田千余顷”指通过筑塘泄水而得以开垦的农田,由于堤岸较高,通过闸坝体系加以控制,必要时也能引流灌溉高地,说“溉田一千顷”其实也没有太大问题。不过,《嘉泰吴兴志》中“又开一泾,泄于太湖”,事实上已经很明确地说明了荻塘的工程类型。

荻塘所在的吴兴郡是太湖平原地势最低洼的地区,排水始终是个大问题。荻塘兴修前后,这里陆续开凿有孙吴时期的青塘、孙塘,东晋时期的漕渎、官渎等河渠。《嘉泰吴兴志》卷5记载:“青塘在县北三里迎禧门外,吴时开。梁太守柳恽重浚,亦名柳塘”,“漕渎在府州治南,晋咸和中都督郄鉴开”,“官渎在乌程县西二十七里,晋咸和中都督郄鉴开”④。同书卷19记载:“孙塘在长兴县南一里……云孙

---

① 谈钥:《嘉泰吴兴志》,中华书局编辑部编:《宋元方志丛刊》,第4855页。

② 李吉甫:《元和郡县图志》卷25《江南道一》,第605页。

③ 谈钥:《嘉泰吴兴志》,中华书局编辑部编:《宋元方志丛刊》,第4855—4856页。

④ 谈钥:《嘉泰吴兴志》,中华书局编辑部编:《宋元方志丛刊》,第4712页、第4707页。

皓封乌程侯时所筑”,“谢塘在乌程县西十里,晋太守谢安开塘”,“官塘在长兴县南七十里,晋太守谢安所筑,一名谢公塘”[①]。为了解决太湖平原排水不畅的问题,南朝时期还曾两次提出在吴兴开大渎排水入海的计划。第一次在刘宋元嘉年间。《宋书·二凶传》记载:当时始兴王刘濬提出,“所统吴兴郡,衿带重山,地多汙泽,泉流归集,疏决迟壅,时雨未过,已至漂没。或方春辍耕,或开秋沉稼,田家徒苦,防遏无方”。依据州民姚峤的建议,他提议“从武康纻溪开漕谷湖,直出海口,一百余里”[②]。纻溪即苎溪,《嘉泰吴兴志》卷5记载:“苎溪漾在德清县东二十五里,阔数百顷。”[③]这是计划从今德清苎溪向东开河,接通谷水,再开渠直通杭州湾。据载,姚峤在这里勘测了二十余年。元嘉二十二年(445)官府遣人与姚峤共同勘查,绘出图样,审核认为可行,可使吴郡、吴兴、义兴、晋陵四郡获益。为慎重起见,当时决定先开一条小河作为试点,并动员了乌程、武康、东迁三县百姓试营作。但这项工程最后没有成功,可能的原因也许是工程量太大。另一次在梁中大通二年(530)。《梁书·昭明太子传》记载当时“吴兴郡屡以水灾失收”,有人建议“当漕大渎以泻浙江”,政府计划发吴郡、吴兴、义兴三郡民丁“开漕沟渠,导泻震泽”,因昭明太子萧统认为时机不成熟而作罢[④]。由于记载简单,现在已经无从知道其规划的具体路线。南朝政府两次开河排洪的计划虽然都没有实现,但反映出在当时太湖平原的开发过程中,洪涝的出路是始终受到特别关注的问题。

在太湖平原的开发中,开河与成田是相互协同的过程,农田开垦

---

① 谈钥:《嘉泰吴兴志》,中华书局编辑部编:《宋元方志丛刊》,第4856页。
② 沈约:《宋书》卷99《二凶传》,第2435页。
③ 谈钥:《嘉泰吴兴志》,中华书局编辑部编:《宋元方志丛刊》,第4714页。
④ 姚思廉:《梁书》卷8《昭明太子传》,第168页。

必须与开挖塘浦、排泄积涝同时并进。成塘的同时,不仅有助于排除积涝,而且塘河的堤岸实际上已经把塘河与塘河之间的土地围成了一个大圩。太湖平原的塘浦河网系统是一个逐渐形成的过程。人口与农田少的时候,塘浦的延伸不长;随着人口与农田的增加,塘浦则进一步延伸。这个过程不是一般小农户所能力及的,最初需要政府或者大族出面进行统一的布置与组织。太湖平原是孙吴最早屯田的地方。建安八年(203)孙权便任陆逊为海昌屯田都尉,在今浙江海宁组织军屯。在孙吴时期国家组织的屯田中,比较早地出现了塘河与圩田错落有致的景象。左思《吴都赋》描绘了孙吴屯田的情形:"屯营栉比,解署棋布。横塘查下,邑屋隆夸。长干延属,飞甍舛互。"①王建革指出,"这里提到横塘,提到了屯营的设置,提到了有序而规模相当的聚落建筑,说明这种屯田区是有序的,沿塘浦分布的"。他又认为孙吴时期太湖平原,"从宏观的农田原野上,也有了相当的有序与丰收的景象"。《吴都赋》说:"其四野,则畛畷无数,膏腴兼倍。原隰殊品,窊隆异等。象耕鸟耘,此之自兴。穱秀菰穗,于是乎在。"这里"畛为路径,畷为两陌间的道路,'畛畷'是地广道多之意,已初显塘浦圩田的格局。而'窊隆异等',正指出这是说高低不平,外边高,中间低的大圩"②。

随着塘浦的延伸,南朝时期太湖平原部分地区已经初步形成塘浦农田的网络化格局。江苏常熟设县在晋太康四年(283),但最初不叫常熟,而是因境内东临沧海,取名海虞,萧梁时才改名为常熟。《元和郡县图志·江南道》"苏州常熟县"条:"本汉吴县地,梁大同六年置常熟县。"③常熟得名原因即与塘浦农田的发达有关。《常昭合志

① 萧统编,李善注:《文选》卷5《吴都赋》,第217页。

② 王建革:《唐末江南农田景观的形成》,《史林》2010年第4期。

③ 李吉甫:《元和郡县图志》卷25《江南道一》,第601页。

稿》卷9《水利志》“叙”解释说,因为这里“高乡濒江有二十四浦通潮汐,资灌溉,而旱无忧;低乡田皆筑圩,足以御水,而涝亦不为患,以故岁常熟,而县以名焉”①。人们在沿江一带开凿通江港浦,利用大闸控制潮汐,而在腹洼地筑堤作围,拒洪涝之害,而获灌溉之利,旱涝保收。

由于开挖塘河时会同时用挖出的泥土在河渠两岸筑堤,在太湖周围开挖的塘河,事实上都有分隔太湖与湖周围水乡的作用。西汉修建的皋塘已经起到太湖湖堤的作用,晋张玄之撰《吴兴山墟名》称“高士皋伯通筑,以障太湖之水”②。孙吴晚期修筑的青塘,元人程郇《新复青塘堤岸记》称:自吴兴城“为长堤数十里而抵长兴,以绝水势之奔溃,以卫沿堤之良田,以通往来之行旅”③。皋塘与青塘的兴筑,形成了太湖西南缘的湖堤。东晋开始开凿的荻塘,西起吴兴城,东抵平望镇,事实上是青塘向东的延伸,至此太湖南缘的湖堤已经基本筑成。太湖东面塘路的完善是在唐朝。但是吴国在阖闾、夫差时期已经开凿古江南河,汉武帝时为了便于浙江、福建等地运送贡赋,又曾经组织在沿太湖东缘的沼泽地带开挖了一条长百余里的运河④。当时太湖东缘还没有明显界限,疏浚河道需在水中进行,两旁堆土连绵不断,已初具塘岸的雏形。这条运河不仅本身能起到狭水的作用,也会使太湖汛期湖水东泄受到约束。太湖下游平原处于太湖与大海之间,古来湖面浩瀚,汛期水位高涨,湖水弥漫,湖东南的浅滩沼泽地随

① 庞鸿文等:《光绪常昭合志稿》卷9《水利志》,《中国地方志集成·江苏府县志辑22》,江苏古籍出版社、上海书店、巴蜀书社1991年,第111页。

② 张玄之:《吴兴山墟名》,缪荃孙辑:《吴兴山墟名、吴兴记》,光绪十七年刻本,第5页。

③ (万历)《湖州府志》卷13引,万历刻本。

④ 缪启愉编著:《太湖塘浦圩田史研究》,第10页。

即一片汪洋。修筑太湖东南面的湖堤是开发利用太湖平原水土资源，进行沼泽地垦殖的前提条件。汉晋南朝在太湖沿岸修建这些塘河，利用其堤岸阻障太湖泛溢，在太湖汛期进行分洪，从而改善太湖东南边水乡沮洳下湿的状况，为围垦创造条件，应该是最主要的目的。

与湖塘功能相似的有海塘。太湖平原东部边界大部分为海岸与河口段，而且其海岸带的海拔高程高于中心区的平原，一旦发生潮灾，咸水内灌，容易造成很多低地泛滥成灾。东汉时期已经开始修筑零星海塘，防御海潮。《水经注·浙江水》引《钱唐记》："防海大塘在县东一里许，（东汉）郡议曹华信家议立此塘，以防海水。"① 这是我国历史上关于海塘建筑的最早记录。陈桥驿指出：《水经注》称钱唐故县"建立在灵隐山下，当然是由于当时平原上有海潮之患的缘故"，"刘宋钱唐县位于防海大塘西一里许，说明县治已经迁出山区而进入平原。县治能离开山区进入平原，显然就是因为沿海修建了防海大塘，足以屏障海潮的缘故"②。

六朝时期，太湖平原的海塘工程更为系统。《吴越备史》记载吴主孙皓时，"华亭谷极东南有金山咸塘，风激重潮，海水为害，非人力所能防"③。汉晋时华亭的海岸在金山至王盘山一线，由于海岸受冲内蚀，唐朝以后金山、王盘山方成为海中孤岛。三国时金山一带兴建捍海堤塘，很可能与孙吴屯田海昌，适应在海宁、平湖一带从事垦殖的需要有关。孙吴时还开凿了一条潮沟。宋张敦颐撰《六朝事迹编类》卷5《江河门》引《舆地志》载："潮沟，吴大帝所开，以引江潮。"④ 有

---

① 郦道元著，陈桥驿校证：《水经注校证》，第939页。

② 郦道元著，陈桥驿校证：《水经注校证》，第971页。

③ 杨潜：《云间志》卷中引，嘉庆十九年古倪园刊本。

④ 张敦颐：《六朝事迹编类》，中华书局2012年，第78页。

学者认为这是潮田的起源，潮沟的作用是引潮水灌溉[①]。考虑到六朝时太湖平原的水资源状况，以及潮水的含盐量，当时应该并无这种必要。潮沟的作用更可能是约束江潮流向，降低其破坏。《晋书·虞潭传》记载成帝咸和年间（326—334）吴国内史虞潭在松江海口“修沪渎垒”[②]，《晋书·孙恩传》记载安帝隆安四年（400）“吴国内史袁山松筑扈（沪）渎垒”[③]，对之进一步修复。沪渎垒最初或为海防工事，但因为有防潮的作用，被后世视为江苏“海塘肇端”。此外，《新唐书·地理志》载盐官“有捍海塘堤，长百二十四里，开元元年重筑”[④]，文中明言“重筑”，可见这些长距离的海塘工程在开元以前就已存在，很可能就是筑于东晋南朝。

控制上游来水也是减轻太湖平原积涝情况的重要措施。太湖的来水主要来自西南的江苏宜溧山地和浙江天目山地，山地径流在汇入荆溪和苕溪后入湖。《宋书·二凶传》记载，刘宋元嘉年间刘濬建议增辟太湖下游河道，提到的原因便有“二吴、晋陵、义兴四郡，同注太湖，而松江沪渎壅噎不利，故处处涌溢，浸渍成灾”[⑤]。当时从今德清苎溪向东开河的规划不是直接从太湖排水，而是想把通到太湖的苕溪流域的水，利用苎溪向东排泄。荻塘建成后事实上也能将苕溪的水分流一部分，通过嘉兴、吴江，辗转入海。另外，当时在宁镇丘陵和太湖平原交界地带兴修的练湖、新丰塘等规模都比较大，目的是为了调蓄山地径流。这些陂塘的修建，减轻了太湖平原在雨季受山洪侵袭的危险，也为太湖平原农业的发展改善了条件。

---

① 黄锡之：《太湖地区圩田、潮田的历史考察》，《苏州大学学报》1992年第2期。

② 房玄龄等：《晋书》卷76《虞潭传》，第2014页。

③ 房玄龄等：《晋书》卷100《孙恩传》，第2633页。

④ 欧阳修、宋祁：《新唐书》卷41《地理志五》，第1059页。

⑤ 沈约：《宋书》卷99《二凶传》，第2435页。

六朝时期，太湖平原的环境改造与开发利用已经在向湖沼推进，开始出现围垦湖田的活动。古代太湖地区水面率相当高，除太湖外，最初还分布有以太湖为中心的五大湖群，即东部的淀泖湖群、阳澄湖群，太湖以北的古芙蓉湖群，太湖以西的洮滆湖群，太湖以南的古菱湖湖群。刘宋元嘉期间曾在古芙蓉湖群区尝试修湖堰围垦。《读史方舆纪要·南直》载：阳湖“东西八里，南北三十二里。其北通茭饶、临津二湖，共为三湖。刘宋元嘉中修湖堰，得良畴数百顷”①。

二、宁镇丘陵的水土建设

宁镇丘陵是江南丘陵的主要组成部分，属于典型的低山丘陵。宁镇山脉主体在南京、镇江之间，呈向北突出的弧形山脉，耸峙于长江南岸。西段山势较高，海拔在三百至四百米之间，南京东郊的钟山海拔四百四十八米，是宁镇山脉第一高峰。东段山势低落，海拔在三百米以下，余脉过镇江后折向东南，止于常州武进孟河镇，全长约150多公里。略作南北走向的茅山山脉海拔在二百至三百米之间，突起于句容、溧水、高淳、溧阳和金坛之间，是太湖水系和秦淮河水系的分水岭，与宁镇山脉共同组成一个倒“山”字形构造，岗峦向两侧延伸，将地面切割成山、谷、岗、塝、冲各级阶地。以宁镇山脉和茅山山脉构造为骨架，宁镇低山丘陵主要包括江苏省的南京、镇江两市，常州武进、金坛西北隅，安徽马鞍山市的一部分。这里丘陵起伏，间以岗塝冲洼和河谷平原，其中古丹阳湖周围和秦淮河沿岸是面积最大的滨湖、河谷平原，土地平坦，海拔较低。

宁镇丘陵是南方出现人类活动与农业文明较早的地区。南京汤

① 顾祖禹：《读史方舆纪要》卷25《南直七》，第1227页。

山猿人绝对年代为距今35万年左右。解放后五十年期间，江苏境内发现的新石器时代文化遗址有近300处，其中宁镇地区有近100处，是江苏新石器时代遗址比较集中的地区[①]。宁镇丘陵地区的北阴阳营—昝庙文化，与太湖流域的马家滨—崧泽—良渚文化，属于有一定联系但内涵有别的不同新石器时期文化体系。夏、商时期宁镇丘陵地区先后出现点将台文化与湖熟文化。其中湖熟文化遗址迄今为止已发现有三百多处，从各遗址出土石器类型分析，可能当时农业在生产中已占主要的地位。商周之际泰伯、仲雍南奔荆蛮，自号勾吴。从丹徒烟墩山出土的"宜侯夨簋"铭文分析，其早期都邑"宜"应该就在宁镇丘陵。吴国统治时期，宁镇丘陵农业有较大发展。《吴越春秋・吴太伯传》载太伯到南方后，"起城，周三里二百步，外郭三百余里……人民皆耕田其中"[②]。但是在诸樊将都城迁往苏州后，吴国发展的重心转向太湖平原，此后相当长时间内史籍中很少有关于宁镇丘陵地区农业生产的记录。东汉时期宁镇丘陵主要归丹阳郡管辖，但当时丹阳郡治宛陵，中心并不在宁镇丘陵。《后汉书・光武十王传》载楚王英被控谋反遭废黜，"徙丹阳泾县，赐汤沐邑五百户……英至丹阳，自杀"[③]。同书《马援传》载马援子马防及孙马遵，"皆坐徙封丹阳，防为翟乡侯，租岁限三百万，不得臣吏民"[④]。丹阳既然是当时罪臣贬逐安置的场所，可想而知，其经济是很落后的。

建安十三年（208）孙权迁治所于京口（今镇江），建安十六年孙权又由京口溯江而上，迁治所于秣陵，并改秣陵为建业。从此，建业成为稳定的政治中心，一直延续到六朝结束。政治地位的上升，给宁

---

① 邹厚本主编：《江苏考古五十年》，南京出版社2000年，第49页、第59页。

② 周生春：《吴越春秋辑校汇考》，第15页。

③ 范晔：《后汉书》卷42《光武十王传》，第1429页。

④ 范晔：《后汉书》卷24《马援传》，第858页。

镇丘陵的发展提供了良好机遇,这里开始成为六朝水土建设的重点地区。永嘉之乱后,由于靠近长江南岸,即有安全保障又方便渡江北返,加之相较于孙吴江东士族盘踞的太湖平原,可供开垦的荒地较多,宁镇丘陵成为北方移民最为集中的地带,这里的开发动力更加强烈。

宁镇丘陵地区季风气候明显,平均年降雨量在1200毫米左右,雨量充沛,但降雨分配的年际变化和年内变化都比较大。而本区地形以丘陵为主,地势起伏较大,溪流源短流急,一经暴雨,诸水毕集,易发山洪,丘陵间的河谷、洼地平原多受涝灾;而在洪水退后,水流涓滴,高亢之地又会水源缺乏,苦于旱情。因此,从农业发展的角度,宁镇丘陵地区环境改造的主要任务是修筑陂塘堰坝,多雨时拦洪蓄水,无雨时放水以供灌溉之用。《南齐书·武十七王传》载萧子良任丹阳尹时提出,京尹附近"民贫业废,地利久芜。近启遣五官殷沵、典签刘僧瑗到诸县循履,得丹阳、溧阳、永世等四县解,并村耆辞列,堪垦之田,合计荒熟有八千五百五十四顷,修治塘遏,可用十一万八千余夫,一春就功,便可成立"①。萧子良的提议被批准后"会迁官,事寝",并未实施。尽管如此,这段记载反映了宁镇丘陵地区农田的开垦往往是与塘堨修缮相联系的。由于长期的侵蚀切割,宁镇丘陵支冲沟谷广泛,事实上给在这里广建陂塘提供了较好的条件。《宋书·孝义传》载刘宋元嘉二十一年(444)大旱,徐耕说晋陵郡"承陂之家,处处而是,并皆保熟,所失盖微。陈积之谷,皆有巨万"②,可见当时宁镇丘陵上陂塘的数量是相当多的。

江苏句容境内著名的赤山塘,据传建于吴赤乌年间。赤山塘位于茅山丘陵与秦淮河流域的交界带,这里三面都是岗地,只有西北

① 萧子显:《南齐书》卷40《武十七王传》,第694页。
② 沈约:《宋书》卷91《孝义传》,第2251—2252页。

方向地势平坦。修塘之前，每遇大雨或久雨则山水汇集，洪潦弥漫，天干久旱则水源匮乏，细流涓涓。为了解除这种旱潦交织的矛盾，孙吴时期利用这里环山抱洼的有利地形，修筑长堤，将周边各条山溪的来水全部拦蓄起来，下通秦淮河。《读史方舆纪要·南直》记载：赤山湖"源出绛岩山，县南境诸山溪之水悉流入焉，下通秦淮。县及上元之田赖以灌溉。志云：吴赤乌中筑赤山塘，引水为湖"①。南朝时期对赤山塘进行了数次修治，其中规模较大的一次在南齐明帝时，《梁书·良吏传》载明帝使沈瑀"筑赤山塘，所费减材官所量数十万"②。唐代曾"因故堤复治"，大历年间复修后的赤山塘"周百二十里，立二斗门以节旱潦，溉田万顷"③。

赤山塘不仅初步解除了本地的洪涝威胁，也给下游地区提供了稳定的灌溉用水，促进了下游农田的开垦。湖熟位于赤山塘下游，孙吴曾设湖熟典农都尉，赤山塘的兴建起初可能就与发展湖熟屯田有直接联系。《晋书·毛宝传》载苏峻之乱时，毛宝"烧峻句容、湖熟积聚，峻颇乏食"④，说明这里在晋初已经是重要产粮区。宁镇丘陵是孙吴屯田的主要区域。孙吴最大的屯田区毗陵典农校尉辖区，包括镇江、丹徒、丹阳、常州、武进、金坛、无锡、江阴等地，大都在宁镇丘陵的范围。另外在宁镇丘陵的溧阳、湖熟、江乘也分别设有屯田都尉、典农都尉、典农校尉，组织屯田生产。屯田由农官负责组织与管理，这种集中领导的模式对于大规模的水土建设和土地开发非常有利，加之孙吴屯田对水利灌溉又很重视，围绕屯田生产，孙吴在宁镇丘陵建立的陂塘工程必然不止赤山塘一处，只是大多没有记载下来。

---

① 顾祖禹：《读史方舆纪要》卷20《南直二》，第978—979页。
② 姚思廉：《梁书》卷53《良吏传》，第768页。
③ 顾祖禹：《读史方舆纪要》卷20《南直二》，第979页。
④ 房玄龄等：《晋书》卷81《毛宝传》，第2123页。

西晋末年陈敏据有江东时，在丹阳县北修建练塘。《元和郡县图志·江南道》“润州丹阳县”载：“练湖，在县北一百二十步，周回四十里。晋时陈敏为乱，据有江东，务修耕绩，令弟谐遏马林溪以溉云阳，亦谓之练塘，溉田数百顷。”①《读史方舆纪要·南直》引《南徐记》：“湖周百二十里，纳丹徒长山、高骊诸山之水，凡七十一流，汇而为湖。”②据上可知，练塘是利用有利地形，对丹阳西北长山、高骊山的来水进行拦蓄调节，建成的人工大湖。练塘初建的目的是蓄水灌田，唐宋时期又有补充江南运河水源、保障漕运畅通的功能。《宋史·河渠志》记载：大观四年（1110）八月“臣僚言：‘有司以练湖赐茅山道观，缘润州田多高仰，及运渠、夹冈水浅易涸，赖湖以济，请别用天荒江涨沙田赐之，仍令提举常平官考求前人规画修筑。’从之。”宣和五年（1123）五月“臣僚言：‘镇江府练湖，与新丰塘地理相接，八百余顷，灌溉四县民田。又湖水一寸，益漕河一尺，其来久矣。今堤岸损缺，不能贮水，乞候农隙次第补葺。’”③练塘能起到济运的作用，可见其蓄水容量非常巨大。练湖的建成，使丹阳、金坛、延陵一带雨季免受山洪侵袭，并灌溉农田数百顷，为当地农业的蓬勃发展创造了良好条件。

新丰塘是东晋太兴四年（321）张闿主持修建的陂塘，在今丹阳县东北30里新丰镇附近。《晋书·张闿传》载张闿任晋陵内史，“时所部四县并以旱失田，闿乃立曲阿新丰塘，溉田八百余顷，每岁丰稔”。建新丰塘时，“计用二十一万一千四百二十功”，由于用功过多，张闿一度“以擅兴造免官”，但后来公卿认为他“兴陂溉田，可谓益

① 李吉甫：《元和郡县图志》卷25《江南道一》，第592页。

② 顾祖禹：《读史方舆纪要》卷25《南直七》，第1261页。

③ 脱脱等：《宋史》卷96《河渠志六》，中华书局2004年，第2386页、第2390页。

国”,又被起用为负责国家财政的大司农[①]。新丰塘的目的是解除晋陵郡管辖下四县的旱灾,属于蓄水灌溉工程。《元和郡县图志·江南道》“润州丹阳县”载:“新丰湖,在县东北三十里。晋元帝太兴四年,晋陵内史张闿所立。旧晋陵地广人稀,且少陂渠,田多恶秽,闿创湖成灌溉之利。初以劳役免官,后追纪其功,超为大司农。”[②]所谓“少陂渠,田多恶秽”,归根到底也就是要解决灌溉用水,与《晋书》所说的“以旱失田”是同一问题。据《世说新语·规箴》注,时人名新丰塘为富民塘,葛洪作有《富民塘颂》[③]。新丰塘能够被冠以“富民”,足见其在抗旱保收方面确实发挥了重要作用。

赤山塘、练塘、新丰塘与太湖平原以塘为名的水利工程属于不同的类型,作为蓄水工程,它们与湖的概念区分不大,也称赤山湖、练湖、新丰湖。除了这三个大型陂塘外,六朝时期宁镇丘陵兴建的中小型陂塘为数众多。如建康城周围孙吴张昭创建的娄湖。《元和郡县图志·江南道》“润州上元县”载:娄湖为“吴张昭所创,溉田数十顷,周回七里。昭封娄侯,故谓之娄湖”[④]。《宋书·沈庆之传》载:沈庆之“有园舍在娄湖……悉移亲戚中表于娄湖……广开田园之业”[⑤],在娄湖周围大规模垦殖。梁萧正德创建的临贺湖。《读史方舆纪要·南直》记载:“梁临贺王正德筑塘潴水以溉田。”同篇又载:玄武湖“湖周四十里,东西有沟流入秦淮,春夏水深七尺,秋冬四尺,灌田百余顷”,并引徐爰《释问》称“湖实创始于东晋大兴中”[⑥]。据《至顺镇江

① 房玄龄等:《晋书》卷76《张闿传》,第2018页。
② 李吉甫:《元和郡县图志》卷25《江南道一》,第592页。
③ 徐震堮:《世说新语校笺》,中华书局2011年,第309页。
④ 李吉甫:《元和郡县图志》卷25《江南道一》,第595页。
⑤ 沈约:《宋书》卷77《沈庆之传》,第2003页。
⑥ 顾祖禹:《读史方舆纪要》卷20《南直二》,第962页、第952—954页。

志》等古籍记载,其他比较著名的工程还有:单塘,位于金坛县东北28里,南齐单旻主持修建;吴塘,位于金坛、丹阳之间,塘周40里,灌溉金坛、丹阳两县农田,梁吴游主持修造;南北谢塘,在金坛县东南30里,各灌田千余顷,梁普通年间谢德威创建,唐武德中谢元超重修;谢塘,在金坛县北25里,梁天监九年(510)谢法崇主持兴修;莞塘,在金坛东南30里,梁大同五年(539)谢贺之组织修建[①]。建康城周围的玄武湖、迎檐湖、苏峻湖、葛塘湖等也都有灌田的记载,这可能主要是对天然湖泊的改造利用。

宁镇丘陵的陂塘大多兴建于丘陵、山地与平野的交接地带。由于山地溪流有了拦蓄,减轻了下游丹阳湖区、秦淮河流域的洪潦问题,宁镇丘陵湖滨、河谷平原的改造与开发也更受重视。《三国志·吴书·濮阳兴传》载:永安三年(260)"都尉严密建丹杨(阳)湖田,作浦里塘。诏百官会议,咸以为用功多而田不保成,唯兴以为可成。遂会诸兵民就作,功佣之费不可胜数"[②]。这里的浦里塘不是蓄水工程,而是在太湖平原低洼沼泽地带开发中运用普遍的塘河。由于是为适应耕垦需要而疏导的河港,又名蒲塘港。《读史方舆纪要·南直》"江宁府溧水县"载:"蒲塘港,在县南二十里……一名浦里塘。三国吴永安三年,丹阳都尉严密议建丹阳湖田作浦里塘,久之不成,即此。"[③]挖泥筑岸在季节性干涸的浅水区相对简单,但在常年积水的深水区则难度较高,不仅对塘浦的深度有更高要求,而且水中捞泥也

---

① 俞希鲁:《至顺镇江志》,中华书局编辑部编:《宋元方志丛刊》,第2720页。
② 陈寿:《三国志》卷64《吴书·濮阳兴传》,第1451页。
③ 顾祖禹:《读史方舆纪要》卷20《南直二》,第985页。

需要专门的技术[①]。孙吴筑浦里塘时百官反对,“功佣之费不可胜数”却没能成功,应该与当时在深水区筑塘的技术尚未成熟有关。《三国志·吴书·陆凯传》记载,建衡元年(269)奚熙又“建起浦里田,欲复严密故迹”,丞相陆凯力谏止之[②]。

尽管严密围垦丹阳湖没有成功,古丹阳湖区的圩田在六朝时期却有很大发展。著名的金宝圩、咸保圩、永丰圩等可能都始筑于孙吴时期。嘉庆《芜湖县志》卷20引元朱大珍《龟龙寺记》:“芜湖东四十里,有圩曰咸保,古丹阳湖地,世传吴赤乌二年围湖成田。”[③]乾隆《高淳县志》卷15引宣城王舜功语:“金宝围即金钱湖,其下对岸则固城湖……至孙氏起江东,中原避乱者多归之,无田可种,始将金钱等处兴筑围田,各分疆里,多为邑里。”[④]康熙《太平府志》卷4载:“东晋咸康三年取万春圩、荆山、黄池三务田租入后宫。”[⑤]万春及荆山圩田在今芜湖县西境,黄池圩田在今当涂、宣城两县之交,尽管已在皖南,但仍属地势低洼的古丹阳湖区,咸康时已取其田租,反映丹阳湖区在东晋时圩田水利开发已经比较兴盛。

《南史·宋本纪》载:刘宋元嘉二十二年(445)“是冬,浚淮,起

---

① 《梦溪笔谈·权智》记载宋代修建至和塘的过程:“苏州至昆山县凡六十里,皆浅水无陆途,民颇病涉。久欲为长堤,但苏州皆泽国,无处求土。嘉祐中,人有献计,就水中以蘧篨刍稿为墙,栽两行,相去三尺。去墙六丈又为一墙,亦如此。漉水中淤泥实蘧篨中,候干,则以水车汱去。两墙之间旧水墙间六丈皆土,留其半以为堤脚,掘其半为渠,取土以为堤。每三四里,则为一桥,以通南北之水。不日堤成,至今为利。”沈括著,胡道静校注:《梦溪笔谈校注》,古典文学出版社1957年,第474页。

② 陈寿:《三国志》卷61《吴书·陆凯传》,第1403页。

③ (嘉庆)《芜湖县志》卷20《艺文志》,清嘉庆十二年重修民国二年重印本。

④ (乾隆)《高淳县志》卷15《古迹》,清乾隆十六年刻本。

⑤ (康熙)《太平府志》卷4《地里志》,清康熙十二年修光绪二十九年重印本。

湖熟废田千余顷"[①]。文中的"淮"指秦淮河,湖熟在今南京市江宁区湖熟镇。秦淮河流域范围在宁镇山脉以南,横山之北,茅山以西,云台山、牛首山之东的宽谷地带,地跨建康、秣陵、江宁、句容、溧阳诸县。这里土地肥沃,灌溉便利,是宁镇丘陵发展农业的传统地区,汉代曾在本区分封丹阳侯国、湖熟侯国、秣陵侯国。六朝时,秦淮河支流密布,流域内湖泊星罗棋布,上游的句容河两岸有刘阳湖、白米湖、植莲湖等,下游有象鼻湖、倪塘、燕湖等,这些湖泊大都为河谷洼地积水而成。刘宋疏浚秦淮河,改善了秦淮河流域的开发条件,推进了这一宁镇丘陵河谷地带的农田垦拓。

为了加强与吴郡、会稽等地的联系,保障建康城的粮食供应与长江两岸军队的给养,六朝政权加强了宁镇丘陵上的运河建设。起初太湖流域的行船都由京口入长江,再溯流而上去建业,为了缩短抵达建业的水路行船,孙吴开辟了破冈渎。《三国志·吴书·吴主传》载:赤乌八年(245)"遣校尉陈勋将屯田及作士三万人凿句容中道,自小其至云阳西城,通会市,作邸阁"[②]。破冈渎主要在今句容县境内,处在茅山山脉与宁镇山脉之间的丘陵间,凿冈为渎,由冈顶向两侧各建7座堰埭,共14座,用以平水和节制用水。孙吴末年又对江南运河晋陵至京口段进行了改造。《太平御览·州郡部十六》引《吴志》:"岑昏凿丹徒至云阳,而杜野、小辛间皆斩绝陵袭,功力艰辛。"原注:"杜野属丹徒,小辛属曲阿。"[③]岑昏是孙皓时人,《三国志·吴书·三嗣主传》记其"好兴功利,众所患苦"[④],所兴功利当包括改造此段运河在内。南梁时因破冈渎每值冬春行船不便,又在其南另开上容渎,自

① 李延寿:《南史》卷2《宋本纪中》,第49页。

② 陈寿:《三国志》卷47《吴书·吴主传》,第1146页。

③ 李昉等:《太平御览》卷170《州郡部十六》,第827页。

④ 陈寿:《三国志》卷48《吴书·三嗣主传》,第1173页。

分水岭顶点向西南建5座堰埭接秦淮河水系，向东南建16座堰埭接太湖水网。破冈渎、上容渎与江南河以通航为主，但对于沿线的农业开发不无裨益。

三、宁绍平原的水土建设

宁绍平原西起萧山，东至东海海滨，北临杭州湾，南部为低山丘陵区，自西向东排列着龙门、会稽、四明和天台四组山脉，是浙江东北部一片东西向的海岸平原。来自低山丘陵区的浦阳江、平水江、曹娥江、姚江、奉化江自南而北流经宁绍平原注入杭州湾。地势南高北低，形成了“山——原——海”的台阶式地形。宁绍平原属亚热带季风气候区，雨量充沛，南部低山丘陵地势高耸且集水面积很大，发源于此的河流一般都具有山溪性，源短流急，枯洪流量变幅大，雨季洪水频繁。而且曹娥江、浦阳江等都是潮汐河流，钱塘江大潮经常由二江倒灌而入，使得宁绍平原内涝特别严重。陈桥驿指出，在进行改造之前，这里“不仅平原北部长期以来曾经是一片沼泽地，即地势较高的平原南部，也因潮水倒灌，山水排泄不畅，而使河流泛滥漫溢，潴成无数湖泊……在枯水季节各湖彼此隔离，仅以河流港汊相联系，一旦山水盛发或高潮时期，则泛滥漫溢，成为一片泽国”[①]。由于洪水下泄、海潮泛滥经常发生，《管子·水地》称“越之水浊重而洎”[②]。

宁绍平原上的人类活动发轫很早，余姚河姆渡遗址的发掘证实平原南部山麓一带在7000年前已有灿烂的农耕文明。但河姆渡时代以后，人类聚落在宁绍平原一度消失。据分析，这可能与距今约6000年前的“卷转虫海侵”有关。当时海水直拍山麓，整个平原都被

---

① 陈桥驿：《古代鉴湖兴废与山会平原农田水利》，《地理学报》1962年第3期。
② 黎翔凤：《管子校注》，第831页。

淹没,人类也不得退向南面山区。越人兴起之初的主要活动范围就在宁绍平原南部的山区,直到越王勾践“徙治山北”,方将发展重心重新放回宁绍平原。在勾践做这一决定时,宁绍平原应该已有一定发展基础,但沼泽化的情况仍然相当严重。《越绝书·外传记地传》中越王勾践所说的“水行而山处,以船为车,以楫为马”[①],便是这里经常是一片泽国的写照。为了抗拒河湖泛滥,越国在宁绍平原兴建了富中大塘、炼塘、吴塘、苦竹塘等水利工程。这些工程大多位于宁绍平原南部的冲积扇地带,尽管零星分散、规格不一,却给日后宁绍平原的水土建设积累了经验。

宁绍平原最有影响的水利工程是东汉永和五年(140)由会稽太守马臻主持修建的鉴湖。鉴湖被郦道元称为长湖,《水经注·浙江水》载:“浙江又东北得长湖口,湖广五里,东西百三十里,沿湖开水门六十九所。”[②]鉴湖属于湖泊蓄水工程,其主体工程就是在会稽山麓诸小湖北部修建的长堤。湖堤东起蒿口斗门(今上虞市曹娥街道),往北经白米堰折西,环今绍兴城东、南、西,再到龙山村以南,转南至广陵斗门(今绍兴钱清镇大王庙村),全长127里。湖的南界是会稽丘陵的山麓线。湖堤围成后,湖堤与稽北丘陵之间形成周长358里的狭长形鉴湖。由于地形的原因,湖面实际上又分为东、西两部分,东湖面积约107平方公里,西湖面积约99平方公里。沿堤设有斗门、闸、堰、阴沟等组成的涵闸系统,主要在鉴湖与湖外河流的沟通之处,用于排泄洪水、抵御海潮咸水、调节内河水量、供应灌溉用水[③]。

《通典·州郡典》载:“顺帝永和五年,马臻为太守,创立镜湖。

① 袁康、吴平辑录,乐祖谋点校:《越绝书》,第58页。

② 郦道元著,陈桥驿校证:《水经注校证》,第941页。

③ 陈桥驿:《古代鉴湖兴废与山会平原农田水利》,《地理学报》1962年第3期。

在会稽、山阴两县界，筑塘蓄水，水高丈余，田又高海丈余。若水少则泄湖灌田，如水多则闭湖泄田中水入海，所以无凶年。其堤塘，周回三百一十里，都溉田九千余顷。"① 鉴湖建成后，以其巨大库容对会稽山的溪流来水起到拦蓄和调节作用，而且湖、田、海之间又保持着依次高程递减的趋势，"水少则泄湖灌田"，"水多则闭湖泄田中水入海"，融泄洪排涝与灌溉于一体。不仅基本上解除了会稽、山阴地区的洪潦威胁，自然灾害明显减少，也为这一带储备了充足的灌溉用水，有利地保证了宁绍平原农业发展的需要。鉴湖是春秋时期越国在会稽山麓冲积扇兴建的吴中大塘、庆湖基础上的大发展，由于在围堤蓄水的过程中淹没了部分良田与房屋，引起富户不满，马臻遭到诬陷并被处以极刑。这说明汉朝廷在对宁绍平原水利的认识上还缺乏远见，但因鉴湖而受益的当地百姓在马臻死后，将其遗骸由洛阳迁回山阴，安葬于鉴湖边，并立庙纪念。

东晋时期，宁绍平原环境改造的主要工程是开凿了漕渠。这条漕渠北起西陵（今萧山西兴镇），西南经绍兴城东折而抵曹娥江边的曹娥和蒿坝，全长超过 200 里。它后来改称西兴运河，有较强的运输能力，但最初兴建主要是为了更好地发挥鉴湖的灌溉功能。《嘉泰会稽志》卷 10 载："晋司徒贺循临郡，凿此以溉田。"② 由于宁绍平原的河流原来都是南北走向的，要想利用这些河道排水，在鉴湖湖堤上设置涵闸就只能选择湖堤和这些河道的交叉处。由于涵闸的设置受到限制，鉴湖的灌溉效益无法充分发挥。东晋开凿的这条漕渠，其河道与鉴湖湖堤基本平行，且两者相距不远，会稽境内的河道就开在湖堤下，山阴境内的河道跟湖堤的距离也不过三四里。有了这条漕渠后，

① 杜佑：《通典》卷 182《州郡典十二》，第 4832—4833 页。

② 施宿等：《嘉泰会稽志》，中华书局编辑部编：《宋元方志丛刊》，第 6879 页。

鉴湖湖堤涵闸设置便变得非常机动，鉴湖的排水和灌溉能力都能有显著改进。而且这条漕渠与原来那些相互平行的南北向河流形成交错的局面，将它们彼此连接起来，也方便了相互间水量的调节[①]。因此，这条漕渠可以说奠定了宁绍平原内河系统网络化的基础，而且也是整个河网最重要的东西向总干渠，它的兴建进一步改变了宁绍平原的自然面貌，促进了鉴湖的丰富蓄水对北部平原农业发展与生活需要的合理与及时供给。

宁绍平原北部地势低下，一旦发生潮灾，咸水内灌，平原容易泛滥成灾，修筑海岸和河口段的海塘工程是保证平原安全和经济发展的重要手段，和围垦滩涂也有密切关系。陈桥驿指出，宁绍平原北部的沿海海塘在东汉永和以前早已零星开始，马臻建鉴湖的同时曾对沿海堤塘涵闸做过修整，其中比较可靠的是玉山斗门。玉山斗门在今绍兴城正北的陡亹镇，是直落江入海处。既然有斗门兴建，推测斗门两侧当有海塘[②]。杭州湾南岸海塘中萧山、绍兴段的修建是最早的，明李益谦《万历府志》称“莫原所始”，清韩振《三江闸考》说是“汉唐以来”。历史记载，钱塘江口门先后有三个，“南大门”又称鳖子门，位于龛山、赭山之间。“中小门”在赭山、河庄山之间。“北大门”在河庄山与盐官之间。宋代以前，钱塘江基本上从南大门入海，涌潮溯江而上的路线靠近南岸，直达杭州，那时南岸萧山、绍兴一带及杭州附近的潮灾最为严重[③]。因此，这一段在汉代已经兴建零星海塘是可以理解的。萧梁刘孝标《世说新语 · 雅量》“褚公于章安令迁太尉记室参军”条注引《钱唐县记》：“县近海，为潮漂没。县诸豪姓敛钱

① 陈桥驿：《古代鉴湖兴废与山会平原农田水利》，《地理学报》1962 年第 3 期。
② 陈桥驿：《古代鉴湖兴废与山会平原农田水利》，《地理学报》1962 年第 3 期。
③ 郑肇经、查一民：《江浙潮灾与海塘结构技术的演变》，《农业考古》1984 年第 2 期。

雇人，辇土为塘，因以为名也。”[①]《太平御览·资产部十六》引《钱塘记》“王莽时县名泉亭，于是（东汉）改为钱塘”[②]，可见钱塘的防海大塘最早即建于两汉之际。东晋南朝宁绍平原北部海塘当更为系统，《新唐书·地理志》载会稽“东北四十里有防海塘，自上虞江抵山阴百余里，以畜水溉田，开元十年令李俊之增修”[③]。由于唐代前期这里没有创建海塘的记载，李俊之增修的海塘可能在六朝即已存在。《南齐书·王敬则传》称：“会土边带湖海，民丁无士庶皆保塘役。”[④]会稽的“塘役”主要是指湖泊沼泽地开发过程中兴修的湖堤、塘河，但这里既然提到了会稽靠海，估计也包括海塘的修建与维护。海塘挡潮拒咸，巩固了平原内部疏凿河道的成果。

宁绍平原在汉晋南朝开发较集中的是鉴湖覆盖的平原中西部，但是平原东部的塘堰工程在汉代也开始兴起，上虞的白马湖、慈溪的杜湖、白洋湖等都创建于汉代。白马湖位于上虞市驿亭镇，《水经注·浙江水》载：“白马潭，潭之深无底。传云：创湖之始，边塘屡崩，百姓以白马祭之，因以名水。”[⑤]《晋书·孔愉传》载：“句章县有汉时旧陂，毁废数百年。愉自巡行，修复故堰，溉田二百余顷，皆成良业。”[⑥]这个废弃的汉代陂塘最初应该也有可观的灌溉规模。余姚的穴湖在六朝时期灌溉效益很大。《水经注·沔水》载：“江水又东径穴湖塘，湖水沃其一县，并为良畴矣。”[⑦]穴湖水能够“沃其一县，并为

① 徐震堮：《世说新语校笺》，第 201 页。
② 李昉等：《太平御览》卷 836《资产部十六》，第 3735 页。
③ 欧阳修、宋祁：《新唐书》卷 41《地理志五》，第 1061 页。
④ 萧子显：《南齐书》卷 26《王敬则传》，第 482 页。
⑤ 郦道元著，陈桥驿校证：《水经注校证》，第 947 页。
⑥ 房玄龄等：《晋书》卷 78《孔愉传》，第 2053 页。
⑦ 郦道元著，陈桥驿校证：《水经注校证》，第 688 页。

良畴”,除了需筑有湖塘挡水,提高其蓄水能力外,一定还有相当完备的用于输水、配水的沟渠堰闸设施。另外,《水经注·浙江水》又记载:在白马潭之南,与之隔江相望的上塘、阳中二里“隔在湖南,常有水患”。刘宋大明年间“太守孔灵符遏蜂山前湖以为埭,埭下开渎,直指南津。又作水楗二所,以舍此江,得无淹溃之害”[①]。

宁绍平原东部湖沼密布,除了部分湖泊在改造后被用于灌溉外,还有许多水面可以利用。《宋书·孔灵符传》记载孔灵符任山阳尹时,“山阴县土境褊狭,民多田少,灵符表徙无赀之家于余姚、鄞、鄮三县界,垦起湖田”[②]。余姚、鄞、鄮位于宁绍平原最东部的沿海地带,这里开发比较晚,南朝初期人口相对稀少,为缓解平原中西部的人口压力,孔灵符建议向东部移民。虽然朝廷多数官员反对,但“上违议,从其徙民,并成良业”。当时开发的方法是“垦起湖田”,但具体做法并不清楚。可能是在湖沼周围开凿塘河,一方面阻挡湖水,一方面狭水,将湖泊周围的沼泽地带开发为农田。也可能是兴建塘路,将湖泊的水源引走,再将湖泊及其周围沼泽全部排干后开发成农田。前一种做法看上去更为合理,应该更为普遍,但当时确实也存在将湖水排干后开拓农田的方法。《宋书·谢灵运传》记载:“会稽东郭有回踵湖,灵运求决以为田,太祖令州郡履行。此湖去郭近,水物所出,百姓惜之,𫖮坚执不与。灵运既不得回踵,又求始宁岯崲湖为田,𫖮又固执。灵运谓𫖮非存利民,正虑决湖多害生命,言论毁伤之,与𫖮遂构仇隙。”[③] 决湖的结果会造成湖中水产的消失,从而对附近百姓的渔采造成影响,所以当时会稽太守孟𫖮才会以“此湖去郭近,水物所出,

① 郦道元著,陈桥驿校证:《水经注校证》,第947页。
② 沈约:《宋书》卷54《孔灵符传》,第1533页。
③ 沈约:《宋书》卷67《谢灵运传》,第1776页。

百姓惜之”而坚决反对，谢灵运则认为孟觊“非存利民，正虑决湖多害生命，言论毁伤之”。从宋文帝答应谢灵运的请求，下令州郡履行看，“决湖”垦田在当时似乎是常见的农田开拓形式。

宁绍平原南部丘陵山地各河流在其出山口附近都有狭长的平坦谷地，这些地区在六朝时期的农田开发也很突出。《水经注·浙江水》记载：“浦阳江自嶀山东北径太康湖，车骑将军谢玄田居所在。”[①]太康湖位于曹娥江下游的始宁县近郊，是谢氏南渡后选择的安身立命之地。谢玄之孙谢灵运《山居赋》描述谢氏在始宁的庄园：“其居也，左湖右江，往渚还汀”，“近东则上田、下湖，西溪、南谷”，“近北则二巫结湖，两智通沼……引修堤之逶迤，吐泉流之浩溔”。庄园中的山地主要用于种植果树，而较低的湖泽周围则大量辟为农田，所谓“自园之田，自田之湖。泛滥川上，缅邈水区”。而且这些湖泽周围的农田都有发达的水利灌溉设施，“阡陌纵横，塍埒交经。导渠引流，脉散沟并”[②]。足见谢氏在始宁田庄的环境改造与农田水利建设上花了很多心血。

《南齐书·王敬则传》载会稽“民丁无士庶皆保塘役”，这样一种民丁不分贵贱全部参与水利设施维护的做法，只有在水利工程数量众多以及各地工程布局比较系统化的情况下才可能出现。会稽塘役对农业生产的影响很大。《南齐书·王敬则传》记载，南齐会稽太守王敬则“以功力有余，悉评敛为钱，送台库以为便宜”，建议将民丁亲身服的“塘役”改为交税，由专人管理。竟陵王萧子良担心会影响这里水利工程的正常运转，上书反对说：“塘丁所上，本不入官。良由陂湖宜壅，桥路须通，均夫订直，民自为用。若甲分毁坏，则年一修改；

① 郦道元著，陈桥驿校证：《水经注校证》，第946页。

② 沈约：《宋书》卷67《谢灵运传》，第1757—1760页。

若乙限坚完,则终岁无役。今郡通课此直,悉以还台,租赋之外,更生一调。致令塘路崩芜,湖源泄散,害民损政,实此为剧。”①

四、三吴地区农业的地位

三吴地区在六朝具有重要的战略地位,人口的机械增长与自然增长相当迅速,拥有雄厚财力的官僚大族数量众多,这里不仅有广拓农田的迫切需求,而且从事环境改造的人力、物力条件最为充足。六朝时期三吴地区的农田水利建设在全国最为突出,这些工程大大改善了三吴地区农业开发的环境条件,促进了三吴地区的耕地拓垦,使之成为了当时全国农业最发达的地区。

要准确评估六朝三吴地区的农业发展水平,最有说服力的当然是考察三吴地区的垦田面积、亩产高低,并与前后时代及同时代不同地区进行数据的比较。但由于汉晋南朝的农业史资料多泛泛而论的素材,要给当时的垦田数、亩产量提供一个可靠的、令人信服的数值判断,相当困难。第二章叙述气候转寒对南北农业产量的影响时,曾经提到吴慧对这一时期南方水稻亩产的估算。吴慧认为东晋南朝南方水稻亩产从秦汉时期的250斤增加到了264斤,而同时长江以北地区的亩产是下降的。但这一亩产数据尚难说在学者之间已经达成共识。至于垦田面积,更没有一个直接的数字记载。尽管我们也可以从这一时期的人口数与人均耕种能力,推断一个数据。但是当时士族隐匿人口的现象相当突出,依据官方数据推断具体的人口数本身已经没有太大意义,再利用其折算垦田数,与实际情况的出入自然会更加突出。当然,可以肯定的是,考虑到西汉时期地广人稀、火耕水耨的情况,汉晋南朝长江中下游各地无论是垦田数,还是亩产量,

① 萧子显:《南齐书》卷26《王敬则传》,第482—483页。

都有一个很大的提高。鉴于此，这里主要通过侧面分析，对六朝时期三吴地区农业的地位做些考察。

《宋书》卷54载有沈约对当时南方经济的评价。“史臣曰：江南之为国盛矣。虽南包象浦，西括邛山，至于外奉贡赋，内充府实，止于荆、扬二州。自汉氏以来，民户凋耗，荆楚四战之地，五达之郊，井邑残亡，万不余一也。自义熙十一年司马休之外奔，至于元嘉末，三十有九载，兵车勿用，民不外劳，役宽务简，氓庶繁息，至余粮栖亩，户不夜扃，盖东西之极盛也。既扬部分析，境极江南，考之汉域，惟丹阳会稽而已。自晋氏迁流，迄于太元之世，百许年中，无风尘之警，区域之内，晏如也。及孙恩寇乱，歼亡事极，自此以至大明之季，年逾六纪，民户繁育，将曩时一矣。地广野丰，民勤本业，一岁或稔，则数郡忘饥。会土带海傍湖，良畴亦数十万顷，膏腴上地，亩直一金，鄠、杜之间，不能比也。荆城跨南楚之富，扬部有全吴之沃，鱼盐杞梓之利，充仞八方，丝绵布帛之饶，覆衣天下”[①]。

沈约在这里感叹江南经济自汉末以来的发展，指出尤其以荆州、扬州最为突出，“荆城跨南楚之富，扬部有全吴之沃”，两州都是富裕地区。但在其描述中，却显然扬州才是农业最发达的地方。他在《宋书·何尚之传》中也说“江左以来，扬州根本，委荆以阃外”，同卷传论又加上了句“江左以来，树根本于扬越，任推毂于荆楚”[②]。《资治通鉴·宋纪》“孝武帝孝建元年条”称：“初，晋氏南迁，以扬州为京畿，谷帛所资皆出焉；以荆、江为重镇，甲兵所聚尽在焉，常使大将居之。”[③]反映了荆州的优势更多的是在军事方面，而不同于扬州的优

① 沈约：《宋书》卷54《孔季恭羊玄保沈昙庆传》，第1540页。
② 沈约：《宋书》卷66《王敬弘何尚之传》，第1378页、第1739页。
③ 司马光编著，胡三省音注：《资治通鉴》卷128《宋纪十》，第4020页。

势主要是在经济方面。滕雪慧以湖北和江东地区随葬谷仓模型为线索，比较荆州、扬州在汉晋南朝时期的经济发展轨迹，得出的结论是其开发轨迹可以分三个阶段，“第一个阶段为两汉，江东地区发展缓慢，而湖北地区发展较快，水平胜过江东；第二个阶段是东吴、西晋时期，两地经济都有较大的发展，经济差距迅速缩小；第三个阶段是东晋、南朝时期，湖北地区经济虽然仍在发展，但速度不及江东地区，东晋中后期以后，江东地区相对于湖北地区的经济优势日益明显”①。说明相对于长江中游地区，汉晋南朝三吴地区的农业发展速度更快，农业地位也越到后期变得越重要。

沈约指出，南朝时会稽的膏腴上地，亩价一金，已经超过汉代的鄠县、杜县。鄠县、杜县地处关中平原腹地，靠近西汉都城长安，而且灌溉水源充足，土质优良，是关中自然条件最优越的地区。西汉定都关中后不断移民充实关中，采取各种措施推动关中农业发展，这里成为全国农业最发达、地价最高的地方。《汉书·东方朔传》称：“汉兴，去三河之地，止霸产以西，都泾渭之南，此所谓天下陆海之地……又有秔稻梨栗桑麻竹箭之饶，土宜姜芋，水多蛙鱼，贫者得以人给家足，无饥寒之忧。故丰镐之间号为土膏，其贾亩一金。”② 三吴地区会稽的地价能够与汉代关中地区鄠县、杜县的地价相比，至少必须满足两个条件：一是这里土壤肥沃，产量很高；二是土地垦辟已经相对充分，当时的生产条件下能够开发的未垦荒地数量不多。

《禹贡》对扬州土壤的评价很低，是因为这里地形以低地平原和丘陵山地为主，山地患旱、洼地病涝，难以直接开垦为农田。加之历

① 滕雪慧：《汉晋南朝时期湖北与江东地区经济开发之比较——以出土谷仓模型为基础的探讨》，《农业考古》2010年第1期。

② 班固：《汉书》卷65《东方朔传》，第2849页。

史早期这里森林、沼泽密布，土壤粘重、湿漉，相对于易耕易垦的黄土区，开发需要克服的环境困难更大。事实上，这里气候温暖、雨量充足、水源便捷，非常适合水稻种植。《三国志 · 吴书 · 钟离牧传》载：钟离牧"少爰居永兴，躬自垦田。种稻二十余亩……春所取稻得六十斛米"①。一亩得米在2—3斛之间，折算成稻谷，亩产可能在5.5斛左右。永兴即今浙江萧山，从传文看，钟离牧所种的二十亩水稻是重新垦殖的荒地。新开荒田能有这么高的产量，足见三吴地区一般的农田都比较肥沃。随着农田开发能力的增强，东汉以来对于扬州土壤质量的评价已经完全不同于《禹贡》。《三国志 · 吴书 · 鲁肃传》注引《吴书》载其称："吾闻江东沃野万里，民富兵强，可以避害。"②并率领部属渡江，定居三吴。

六朝时期对于三吴农田质量仍然可见负面评价，但主要是针对未经改造的环境。宁镇丘陵的农田如果没有灌溉之利很容易出现旱情，《元和郡县图志 · 江南道》"润州丹阳县"条说："旧晋陵地广人稀，且少陂渠，田多恶秽。"③但由于陂塘事业的发展，刘宋时期晋陵的农田即便在大旱之年也大都仍能照常丰收。《宋书 · 孝义传》载元嘉二十一年（444）大旱，晋陵人徐耕诣县诉称："今年亢旱，禾稼不登……晋陵境特为偏枯"，但"承陂之家，处处而是，并皆保熟，所失盖微。陈积之谷，皆有巨万"④。至于低地平原，只要能够创造开垦的条件，往往垦辟出来便是良田。《宋书 · 二凶传》称"吴兴郡，衿带重山，地多污泽，泉流归集，疏决迟壅，时雨未过，已至漂没"，尽管常有洪

① 陈寿：《三国志》卷60《吴书 · 钟离牧传》，第1392页。
② 陈寿：《三国志》卷54《吴书 · 鲁肃传》，第1267页。
③ 李吉甫：《元和郡县图志》卷25《江南道一》，第592页。
④ 沈约：《宋书》卷91《孝义传》，第2251—2252页。

涝，但“彼邦奥区，地沃民阜，一岁称稔，则穰被京城”[①]，农田本身的肥沃程度是相当高的。在持续的环境改造之后，三吴土壤肥沃在六朝已经成为普遍共识。《晋书·孝武帝纪》载孝武帝称：“三吴奥壤，股肱望郡。”[②]《陈书·裴忌传》载陈霸先对裴忌说：“三吴奥壤，旧称饶沃，虽凶荒之余，犹为殷盛。”[③]

至于说三吴土地垦辟相对充分，当然是限于拥有开垦条件的地区，所以当时才会有环境改造的动力。而这种相对的充分，可以从东晋南朝北来移民在三吴地区获得农田比较困难得到印证。《全晋文》卷24载王羲之帖云：“行欲改就吴中，终是所归。中军往以还田，一顷乌泽田，二顷吴兴，想弟可还以与我。”[④]《梁书·徐勉传》载其戒子书云：“闻汝所买姑孰田地，甚为舄卤，弥复何安。所以如此，非物竞故也。虽事异寝丘，聊可仿佛。”[⑤]王羲之所求田地只有三顷却分布两郡，田地非常分散，徐勉之子不得不将就并不肥美的农田，可见在三吴地区获得田地很不容易。而且当时确实还有一直没有获得土地的南来士族。《颜氏家训·涉务》说：“江南朝士，因晋中兴，南渡江，卒为羁旅，至今八九世，未有力田，悉资俸禄而食耳。”[⑥]即便是南来者中权势最大、尊荣最高的东晋丞相王导，所得的八十顷赐田也只能是在建康附近交通不是很便利的钟山。随着人口增长，农田不断开垦，地少人多的矛盾在刘宋时期已经从江东士族势力最大的太湖平原延伸到宁绍平原上的会稽西部。《宋书·孔灵符传》记载：由于当时山

① 沈约：《宋书》卷99《二凶传》，第2435页。
② 房玄龄等：《晋书》卷9《孝武帝纪》，第226页。
③ 姚思廉：《陈书》卷25《裴忌传》，第318页。
④ 严可均：《全上古三代秦汉三国六朝文》，第1594页。
⑤ 姚思廉：《梁书》卷25《徐勉传》，第385页。
⑥ 王利器：《颜氏家训集解》，中华书局2011年，第324页。

阴“土境褊狭，民多田少”，孔灵符上表“徙无赀之家于余姚、鄞、鄮三县界，垦起湖田”，虽然朝廷多数官员反对，但“上违议，从其徙民，并成良业”[①]。当时三吴地区已经存在要通过人口转移来满足田地需求的情况。而大族们对土地的追求，也开始进一步向比三吴更南的地区发展。《宋书·谢灵运传》载其“尝自始宁南山伐木开径，直至临海，从者数百人。临海太守王琇惊骇，谓为山贼，徐知是灵运乃安”[②]。

农业生产的根本目的是为了获得稳定和可靠的食物来源，无论是提高土地亩产，还是扩大耕地面积，归根到底都是为了获得更多数量的粮食。一个地区粮食供给能力的强弱，既体现了当地农业资源利用的广度、深度和合理程度，也在一定程度上体现了当地劳动生产率的高低。三吴地区是六朝各政权主要的财政来源地。《晋书·诸葛恢传》称“今之会稽，昔之关中，足食足兵，在于良守”[③]。《晋书·王羲之传》称当时“以区区吴越经纬天下十分之九”[④]，《南齐书·武十七王传》称“三吴奥区，地惟河、辅，百度所资，罕不自出”[⑤]，由于都城以及长江下游两岸布防军队的粮食都要仰仗三吴地区供给，三吴漕粮在当时的政治、军事斗争中也成为关键。例如苏峻之乱时，《晋书·郗鉴传》记载：由于三吴漕运断绝，占据广陵的郗鉴曾“城孤粮绝”；后来在联络温峤平叛时，郗鉴建议在曲阿立垒，“断贼粮运，然后静镇京口，清壁以待贼。贼攻城不拔，野无所掠，东道既断，粮运自绝，不过百日，必自溃矣”[⑥]；同书《张闿传》载：平乱期间，在晋陵的

① 沈约：《宋书》卷54《孔灵符传》，第1533页。
② 沈约：《宋书》67《谢灵运传》，第1775页。
③ 房玄龄等：《晋书》卷77《诸葛恢传》，第2042页。
④ 房玄龄等：《晋书》卷80《王羲之传》，第2096页。
⑤ 萧子显：《南齐书》卷40《武十七王传》，第696页。
⑥ 房玄龄等：《晋书》卷67《郗鉴传》，第1799页。

张闿得以“使内史刘耽尽以一部谷，并遣吴郡度支运四部谷”，就近供给进驻京口的郗鉴[①]；《毛宝传》载：苏峻扰三吴得手后粮食充足，曾“送米万斛馈祖约”，巩固双方的联盟[②]。由此可见，三吴的粮食是交战双方赖以进行战争的物质基础[③]。

由于农业发达，粮食富足，三吴漕运粮道的维护在六朝受到特别重视。这条漕运路线包括浙东运河、江南运河、京口建康间的长江航道和破冈渎等部分。其中江南运河晋陵京口段的丘陵地带水位有较大落差，必须补充新的水源，才能保证畅通。六朝之所以在丹阳修建练湖、新丰湖，可能也有蓄水以济此段运河的目的。前引《宋史·河渠志》大观四年（1110）臣僚言“缘润州田多高仰，及运渠、夹冈水浅易涸，赖湖以济”，宣和五年（1123）又有臣僚言“镇江府练湖，与新丰塘地理相接……湖水一寸，益漕河一尺，其来久矣”[④]，可见此两湖的开凿对于维持江南运河通航的重要性。孙吴时期在句容开凿破冈渎，主要是为了缩短会稽抵达建康的水路行程。《太平御览·地部三十八》引张勃《吴录》：“句容县，大皇时使陈勋凿开水道，立十二埭，以通吴会诸郡，故船行不复由京口。”[⑤]《读史方舆纪要·南直》引《舆地志》称：破冈渎“自延陵以至江宁上下各七埭……盖六朝都建康，吴会转输，皆自云阳径至都下也”[⑥]。破冈渎在六朝时期漕运粮谷方面发挥了很大的效益。《三国志·吴书·吴主传》载赤乌八年（245）

① 房玄龄等：《晋书》卷 76《张闿传》，第 2019 页。
② 房玄龄等：《晋书》卷 81《毛宝传》，第 3123 页。
③ 田余庆：《东晋门阀政治》，第 78—79 页。
④ 脱脱等：《宋史》卷 96《河渠志六》，第 2386 页、第 2390 页。
⑤ 李昉等：《太平御览》卷 73《地部三十八》，第 344 页。
⑥ 顾祖禹：《读史方舆纪要》卷 25《南直七》，第 1263—1264 页。

孙权遣校尉陈勋开凿破冈渎时，“通会市，作邸阁”①，这里的邸阁主要用于储存粮食。

《南齐书·武帝纪》载永明中天下米谷、布帛价贱，武帝于永明五年（487）下诏令“京师及四方出钱亿万，籴米谷丝绵之属，其和价以优黔首。远邦尝市杂物，非土俗所产者，皆悉停之。必是岁赋攸宜，都邑所乏，可见直和市，勿使逋刻”②。这次大规模“和市”在第二年进行，由于规定了只能收购“土俗所产”，因此各地的出钱数量可以反映南朝各地农业规模的差异。这次和市中各州的市籴情况，《通典·食货典》有具体记载：“齐武帝永明中，天下米谷布帛贱，上欲立常平仓，市积为储。六年，诏出上库钱五千万，于京师市米，买丝绵纹绢布。扬州出钱千九百一十万，南徐州二百万，各于郡所市籴。南荆河州二百万，市丝绵纹绢布米大麦。江州五百万，市米胡麻。荆州五百万，郢州三百万，皆市绢绵布米大小豆大麦胡麻。湘州二百万，市米布蜡。司州二百五十万，西荆河州二百五十万，南兖州二百五十万，雍州五百万，市绢绵布米。使台传并于所在市易。”③尽管六朝时期建康作为都城，可以汇集各地物质，但是由于特殊的地理位置，其物质供给主要来自三吴，这笔账应该记在三吴头上。从这段记载可以看出，三吴地区各州所出的钱数是最大的，京师、扬州、南徐州总共出钱7110万，占全国各州出钱购买仓储总数的79%，显示出三吴是全国农业最发达的地区，而且扬州、南徐州所出钱不仅多，还全部都是用于购买米，更可见三吴是全国稻米这种主粮的生产重心。

---

① 陈寿：《三国志》卷47《吴书·吴主传》，第1146页。
② 萧子显：《南齐书》卷3《武帝纪》，第54页。
③ 杜佑：《通典》卷12《食货十二》，第288页。

第二节　对三吴以外地区的考察

长江中下游地区普遍丘陵山地多，湖沼洼地也多，农业开发面临的环境限制主要就是山地患旱，洼地病涝。环境改造的途径也基本相似，山地患旱，农田水利以陂塘堰坝为主；洼地病涝，农田水利以水网圩田为主。汉晋南朝长江中下游除了三吴地区，其他地区也有过深度不同的环境改造。这里仅据传世文献所载，讨论当时长江中下游三吴以外地区环境改造的具体表现。

一、江淮地区的水土建设

江淮地区是指淮河以南、长江以北的地区，相当于今安徽、江苏两省的中部地区。这一地区主要由长江、淮河冲积而成，地势低洼，水网交织，湖泊众多。淮南东部由于东临大海，南濒大江，水乡泽国的面貌尤其突出。据学者所制"唐时期淮南地区湖沼地理分布表"，《水经注》所载淮南湖沼，东部邗沟流域有36处，超出西部23处56%[1]。王充《论衡》所谓"海陵麋田"，反映出东汉时期江淮东部居民仍然有利用麋鹿践踏的湖沼淤泥种稻的情况。江淮西部则除平原外，还有范围较大的山地丘陵区，主要是由大别山主体及向东北延伸余脉构成的江淮分水岭。

江淮地区在先秦时期有据传楚相孙叔敖所起的芍陂与吴国开凿的邗沟，前者位于江淮西部，系蓄水灌溉的农田水利工程；后者位于江淮东部，是沟通长江与淮河的古运河，但能起到汇集、排放积水的效果。《史记·河渠书》记载：西汉武帝时大兴水利，"于楚，西方则通渠汉水、云梦之野，东方则通沟江淮之间……此渠皆可行舟，有余

---

① 张文华：《汉唐时期淮河流域历史地理研究》，上海三联书店2013年，第81页。

则用溉浸,百姓飨其利”,“九江引淮……穿渠为溉田,各万余顷”[①];《汉书·地理志》记载:九江郡“有陂官、湖官”[②]。显示当时江淮地区水利工程已有一定数量。不过,汉晋南朝江淮地区影响最大的水利工程仍然是芍陂。晋伏滔撰《正淮篇》论述寿阳地位之重要时,突出强调“龙泉之陂(芍陂),良畴万顷”[③],可见芍陂在江淮农作中的重要地位。芍陂尽管据传是孙叔敖所起,但见于记载最早却是在《汉书》,自东汉庐江太守王景主持整修后,六朝历代对芍陂的整治屡见于史籍。

《后汉书·循吏传》记载:王景任庐江太守,“郡界有楚相孙叔敖所起芍陂稻田。景乃驱率吏民,修起芜废,教用犁耕,由是垦辟倍多,境内丰给”。李贤注:“陂在今寿州安丰县东。陂径百里,灌田万顷。”[④]1959年曾在安徽寿县安丰塘越水坝地方发掘出一座汉代闸坝工程遗址,该闸坝工程系用草土混合的散草法筑成。闸坝建筑在一条泄水沟上面,泄水沟面的生土上是一层砂礓石,草土混合层中有一排排整齐有序的栗树木桩,桩尖穿过礓石层深入生土层内。在闸坝前的水潭前还有一道树木横叠而成的拦水坝。在闸坝工程遗址中,发现有大批铁工具、铜工具以及“都水官”铁锤、铁鱼叉等。学者推测这一蓄泄兼顾、以蓄为主的水利工程可能是王景整修芍陂的遗存[⑤]。

芍陂在六朝时期有过多次修治。《三国志·魏书·刘馥传》载:刘馥任扬州刺史时,“广屯田,兴治芍陂及茹陂、七门、吴塘诸堨以溉

---

① 司马迁:《史记》卷29《河渠书》,第1407页、第1414页。
② 班固:《汉书》卷28《地理志上》,第1569页。
③ 房玄龄等:《晋书》卷92《文苑传》,第2400页。
④ 范晔:《后汉书》卷76《循吏传》,第2466页。
⑤ 殷滌非:《安徽省寿县安丰塘发现汉代闸坝工程遗址》,《文物》1960年第1期。

稻田，官民有畜”[1]。《晋书·刘颂传》载：刘颂任淮南相时，“旧修芍陂，年用数万人，豪强兼并，孤贫失业，颂使大小勠力，计功受分，百姓歌其平惠”[2]。“旧修芍陂”需“年用数万人”，可见西晋时对芍陂的修治功力很大。《宋书·毛修之传》载：“高祖将伐羌，先遣修之复芍陂，起田数千顷。”[3]同书《宗室传》载：刘义欣任豫州刺史时，“芍陂良田万余顷，堤堨久坏，秋夏常苦旱。义欣遣谘议参军殷肃循行修理。有旧沟引渒水入陂，不治积久，树木榛塞。肃伐木开榛，水得通注，旱患由是得除”[4]。刘宋的这两次修治芍陂，后者不仅整修了堤堨，而且整理了水道，使渒水得以重新流入芍陂。《南齐书·垣崇祖传》载齐高帝萧道成曾“敕崇祖修治芍陂田”[5]，《梁书·裴邃传》载普通四年（523）“是冬，始修芍陂”[6]。这两次修治芍陂的效果没有留下记录，估计规模不太大。

芍陂的兴建是充分利用地理条件修建陂塘的成功典型。淮河是一条多支流的河流，据《水经注·淮水》记载，淮南南岸支流自西向东依次是九渡水、油水、浉水、柴水、黄水、淠水、决水、穷水、泄水、泄水、肥水、洛水、濠水、池水、中渎水。这些淮河南岸支流多起源于大别山及其支脉皖山，只有人工开凿的中渎水（即邗沟）是在今江苏淮安入淮，其余均在今安徽、河南汇入淮河，可见淮河干流的南岸来水量主要集中于中游。但由于山地丘陵逼近淮河干流，平原狭窄，淮河中游南岸支流除决水、泄水流程稍长外，其他支流大多是短促的山涧

① 陈寿：《三国志》卷15《魏书·刘馥传》，第463页。
② 房玄龄等：《晋书》卷46《刘颂传》，第1294页。
③ 沈约：《宋书》卷48《毛修之传》，第1429页。
④ 沈约：《宋书》卷51《宗室传》，第1465页。
⑤ 萧子显：《南齐书》卷25《垣崇祖传》，第463页。
⑥ 姚思廉：《梁书》卷28《裴邃传》，第415页。

流水，河床的比降大，水流急，每遇汛期，洪水即可能进入淮南沿岸的湖泊洼地。而由于淮河流域处于我国南北气候过渡带，淮南年降雨量较大，为800—1500毫米，且分布不均，6—8月是南北气流在淮河上空相峙的时期，常常形成连续降雨，故而容易造成洪灾。芍陂的兴建，上引淮河中游南岸支流的丰富水源，下控淮河中游南岸的低地平原，能极大改善江淮地区西部农业开发的环境条件。

《汉书·地理志》在庐江郡灊县下记载："沘山，沘水所出，北至寿春入芍陂。"六安国六县下记载："如溪水首受沘，东北至寿春入芍陂。"① 沘水被认为是现在南北纵贯安徽六安地区直流入淮的淠河。如溪水在《水经注》中称泄水，注文说"泄水自（博安）县上承沘水于麻步川，西北出，历濡溪，谓之濡水也"②，即现在注入安徽霍邱城东湖的汲河。有学者据此推测，芍陂在汉代规模远较后世宏大，"西汉前，城东湖地区是芍陂的一部分……后来，因为淠河上游农田的大量开发，用水日多，芍陂水源不足，致使芍陂中间的高地逐渐现出，芍陂便被分割为二：一为今日霍丘之城东湖洼地；另一部份则仍称芍陂。后来，芍陂的南部塘身又被占为田，淠河也与芍陂脱离，直接北流入淮，便只剩下今日安丰塘这个规模了"③。这一说法可能不准确。《水经注·肥水》"肥水出九江成德县广阳乡西，北过其县西，北入芍陂"，注称："肥水自荻丘北径成德县故城西……又北径芍陂东，又北径死虎塘东，芍陂渎上承井门，与芍陂更相通注，故《经》言入芍陂矣。"④ 可见，所谓肥水"北入芍陂"，是指肥水与芍陂之间有芍陂渎相连，可

① 班固：《汉书》卷28《地理志》，第1569页、第1638页。

② 郦道元著，陈桥驿校证：《水经注校证》，第748页。

③ 水利部淮河水利委员会《淮河水利简史》编写组：《淮河水利简史》，水利电力出版社1990年，第56页。

④ 郦道元著，陈桥驿校证：《水经注校证》，第749页。

以“更相通注”,起到调节水量的作用。沘水、泄水的情况估计与肥水类似。《水经注 · 沘水》记载:沘水(淠水)流经六安故城后,“又西北分为二水,芍陂出焉。又北径五门亭西,西北流径安丰县故城西……又北会濡水,乱流西北注也”[①]。当时沘水也是有支流与芍陂相连,而不是全部注入芍陂。

肥水与芍陂之间有多条水路相互连通。《水经注 · 肥水》记载:肥水流经浚遒县后,“水分为二,洛涧出焉。阎浆水注之,水受芍陂,陂水上承涧水于五门亭南,别为断神水,又东北径五门亭东,亭为二水之会也。断神水又东北径神迹亭东,又北,谓之豪水。虽广异名,事寔一水。又东北径白芍亭东,积而为湖,谓之芍陂。陂周百二十许里,在寿春县南八十里,言楚相孙叔敖所造……陂有五门,吐纳川流”。这段水程中,芍陂上承肥水支流洛涧,陂水又通过阎浆注入肥水。肥水流经寿春后,“又左纳芍陂渎,渎水自黎浆分水,引渎寿春城北,径芍陂门右,北入城……又北出城注肥水”。这段水程中,肥水接纳了芍陂渎的来水。“又西径金城北,又西,左合羊头溪水,水受芍陂,西北历羊头溪,谓之羊头涧水”[②]。这段水程中,肥水又汇入了以芍陂为水源的羊头溪水。沘水、泄水等与芍陂的连通虽然没有这么复杂,但彼此之间都是能够相互调节水量的。芍陂作用不仅在于其“周百二十许里”,“陂有五门,吐纳川流”,有极大的蓄水容量。同样重要的是,通过与芍陂“更相通注”,淮河中游南岸的肥水、沘水、泄水等彼此相连,从而形成网络化的河流系统,极大增强了这一地区的生态稳定性。

汉晋南朝在江淮地区西部修建的陂塘中,上引《三国志 · 魏书 · 刘馥传》刘馥任扬州刺史时修治的茹陂、七门、吴塘也是比较重

---

① 郦道元著,陈桥驿校证:《水经注校证》,第748页。

② 郦道元著,陈桥驿校证:《水经注校证》,第749—751页。

要的水利工程。七门堰,《太平寰宇记·淮南道》载:“在(庐江)县南一百一十里。刘馥为扬州刺史修筑,断龙舒水,灌田千五百顷。”① 这一工程始建于汉初。《文献通考·田赋考》引刘公非《七门庙记》载其于舒城“观所谓七门三堰者”,溉田“凡二万顷”,乃“汉羹颉侯信始基,而魏扬州刺史刘馥实修其废”。马端临评价此工程说:“史所不载,然溉田二万顷,则其功岂下于李冰、文翁邪!”② 吴塘陂,《太平寰宇记·淮南道》载:“在(怀宁)县西二十里,皖水所注。曹操遣朱光为庐江太守,屯皖,大开稻田。吕蒙上言曰:‘皖地肥美,若一收熟,彼众必增,如是数岁,操态见矣,宜早除之。’于是权亲征皖,破之。此塘即朱光所开也。”③ 曹操“遣朱光为庐江太守,屯皖,大开稻田”,事见《三国志·吴书·吕蒙传》。吴塘陂建成后,皖屯随即成为孙、曹两家争夺的焦点。据《太平寰宇记·淮南道》,孙吴征皖获胜后,“吕蒙凿石通水,注稻田三百余顷”,使吴塘陂灌区得到进一步扩展④。茹陂,《太平寰宇记·淮南道》载:“在(固始)县东南四十八里。建安中,刘馥为扬州刺史兴筑,以水溉田。”⑤ 茹陂未见于此前的记载,可能是刘馥始建的。

此外,《梁书·夏侯夔传》载夏侯夔任豫州刺史时,“豫州积岁寇戎,人颇失业,夔乃帅军人于苍陵立堰,溉田千余顷,岁收谷百余万石,以充储备,兼赡贫人,境内赖之”⑥。据《水经注·淮水》:“淮水又

① 乐史:《太平寰宇记》卷126《淮南道四》,中华书局2007年,第2497页。
② 马端临:《文献通考》卷6《田赋考六》,第136页。
③ 乐史:《太平寰宇记》卷125《淮南道三》,第2475页。
④ 乐史:《太平寰宇记》卷125《淮南道三》,第2476页。
⑤ 乐史:《太平寰宇记》卷127《淮南道五》,第2516页。
⑥ 姚思廉:《梁书》卷28《夏侯夔传》,第421—422页。

东流与颍口会，东南径仓陵城北，又东北流径寿春县故城西。”① 苍陵堰当在淮南寿春附近，与芍陂当相隔不远。《水经注·淮水》又载：庐江安丰县有穷水，“流结为陂，谓之穷陂，塘堰虽沦，犹用不辍，陂水四分，农事用康，北流注于淮”②。当时穷陂虽然已经颓败，但仍能发挥一定的农田灌溉功能。

江淮地区东部地势低洼，在汉晋南朝时期，其农业发达程度不如西部。不过，这里在汉代也已经有兴建水利的记载。江苏仪征胥浦汉墓所出《先令券书》载，墓主朱凌曾将“波（陂）田一处”分给女儿仙君③，这是西汉元帝时期的文书，所谓陂田当是有陂塘灌溉的农田。《后汉书·马援传》载：马援族孙马棱在章帝时任广陵太守，“兴复陂湖，溉田二万余顷，吏民刻石颂之”④。马棱兴复的陂塘没有留下具体名称，从“溉田二万余顷”看，应该不止一处。《太平寰宇记·淮南道》载：广陵县“张纲沟，在县东三十里。从岱石湖入，四里至沟中心，与海陵分界。按《后汉书》，纲为广陵太守，济惠于百姓，劝课农桑，于东陵村东开此沟，引湖水灌田，以此立名”⑤。

东汉建安年间，陈登任广陵太守时筑陈登塘。《元和郡县图志·淮南道》载：江都县，“爱敬陂，在县西五十里。魏陈登为太守，开陂，民号爱敬陂，亦号陈登塘”⑥。《读史方舆纪要·南直》载：江都县，“陈公塘，府西五十里，与仪真县接界。后汉末陈登为广陵太守，浚塘筑陂，周回九十余里，灌田千余顷，百姓德之，因名。亦曰爱敬陂，陂水散为

① 郦道元著，陈桥驿校证：《水经注校证》，第 707 页。
② 郦道元著，陈桥驿校证：《水经注校证》，第 707 页。
③ 李均明、何双全编：《散见简牍合辑》，第 106 页。
④ 范晔：《后汉书》卷 24《马援传》，第 862 页。
⑤ 乐史：《太平寰宇记》卷 123《淮南道一》，第 2447—2448 页。
⑥ 李吉甫：《元和郡县图志·阙卷逸文卷二》，第 1072 页。

三十六汊，为利甚溥"[①]。陈登塘旧址在今江苏仪征东北的官塘集西，这里北部为低山浅丘，龙河经捺山与蚂蚁山之间从西北流向东南，在山麓地带形成一片冲积平原[②]。陈登塘当是筑堤蓄水，容纳龙河及其他北部山地的溪流来水，同时通过"三十六汊"排水，以调节水量，避免陂塘下方平原出现旱涝，并保证其灌溉用水需求的工程。《三国志·魏书·吕布传》注引《先贤行状》称陈登留意"巡土田之宜，尽凿溉之利"[③]，陈登塘的兴建是其重视"凿溉之利"的表现之一。

六朝时期南北对峙，江淮地区是双方对抗的前沿阵地，这里的水利工程往往与各政权的屯田事业联系在一起。前面提到的朱光开吴塘陂以及刘馥修治芍陂、茹陂、七门、吴塘诸堨均与曹魏屯田有关。曹魏政权后期对江淮地区水利贡献最大的是邓艾。《晋书·食货志》记载：邓艾"以为田良水少，不足以尽地利，宜开河渠，可以大积军粮，又通运漕之道"，建议于淮南、淮北发展军屯，大治诸陂，穿渠溉田。获得同意后，"遂北临淮水，自钟离而南横石以西，尽沘水四百余里，五里置一营，营六十人，且佃且守"[④]。当时在淮南屯田的士兵有三万人。夏尚忠辑《芍陂纪事·名宦》载：邓艾"于芍陂北堤凿大香水门，开渠引水直达城濠，以增灌溉、通漕运"[⑤]。邓艾修治芍陂不见于正史，但《晋书·食货志》载他规划两淮屯田前曾"行陈、项以东，至寿春地"进行考察，发展两淮屯田后"自寿春到京师，农官兵田，鸡犬之声，阡陌相属"，他所修治的诸陂理应包括芍陂在内。而在淮南

---

① 顾祖禹：《读史方舆纪要》卷23《南直五》，第1123页。
② 汪家伦、张芳编著：《中国农田水利史》，农业出版社1990年，第114页。
③ 陈寿：《三国志》卷7《魏书·吕布传》，第230页。
④ 房玄龄等：《晋书》卷26《食货志》，第785页。
⑤ 李松、陶立明：《〈芍陂纪事〉校注暨芍陂史料汇编》，中国科学技术大学出版社2016年，第80页。

东部地区,邓艾所修水利工程中最著名的是白水塘。

《资治通鉴》陈文帝天嘉元年(560)“修石鳖等屯,自是淮南军防足食”,注引唐杜佑曰:“石鳖,在楚州安宜县西八十里,邓艾筑城于此,作白水塘,北接连洪泽,屯田一万三千顷。”并指出安宜于唐宝应元年(762)改为宝应县[①]。《太平寰宇记·淮南道》载:宝应县,“白水陂,在县西八十五里。邓艾所立,与盱眙县破釜塘相连,开八水门立屯,溉田万二千顷”[②]。今江苏宝应、盱眙、洪泽、金湖之间在汉晋时期为宽广的淤泥平原,土地肥美。白水塘的修建,适应了当地农田灌溉的需要。邓艾之后,这里的屯田历久不休。《晋书·荀崧传》载:荀崧子荀羡任徐州刺史,“北镇淮阴,屯田于东阳之石鳖”[③]。《宋书·臧质传》载:拓跋焘南侵,“及过淮,食平越、石鳖二屯谷”[④]。《南齐书·州郡志》载:“北兖州,镇淮阴……临淮守险,有平阳石鳖,田稻丰饶。”[⑤]《隋书·食货志》载:“(北齐)废帝乾明中,尚书左丞苏珍芝,议修石鳖等屯,岁收数万石。自是淮南军防,粮廪充足。”[⑥]

江淮流域东部见于记载的农田水利工程还有《南齐书·良政传》载:刘怀慰任齐郡太守,“修治城郭,安集居民,垦废田二百顷,决沉湖灌溉”[⑦]。当时齐郡治瓜步,这是在长江北岸绝湖灌溉废弃的农田。《太平寰宇记·淮南道》引阮昇之云:故齐宁县,“齐高宗建武五年遏艾陵湖水立裘塘屯,移县于万岁村”[⑧]。这是遏艾陵湖水立裘塘屯田

① 司马光编著,胡三省音注:《资治通鉴》卷168《陈纪二》,第5211页。

② 乐史:《太平寰宇记》卷124《淮南道二》,第2463页。

③ 房玄龄等:《晋书》卷75《荀崧传》,第1981页。

④ 沈约:《宋书》卷74《臧质传》,第1912页。

⑤ 萧子显:《南齐书》卷14《州郡志上》,第257页。

⑥ 魏征等:《隋书》卷24《食货志》,中华书局2002年,第676页。

⑦ 萧子显:《南齐书》卷53《良政传》,第918页。

⑧ 乐史:《太平寰宇记》卷123《淮南道一》,第2446页。

的记载，齐宁因此而移县，可见这一工程的规模也是比较大的。

六朝时期江淮地区未见于记载的水利工程应该有很多，只是这些工程有不少都是战争环境中的应急之作，质量不高，很难发挥持久的效果。西晋初年，杜预曾主张废弃兖、豫州东界曹魏兴建的陂塘。《晋书·食货志》载其在上疏中指出，“陂堨岁决，良田变生蒲苇，人居沮泽之际，水陆失宜，放牧绝种，树木立枯，皆陂之害也”，建议“其汉氏旧陂旧堨及山谷私家小陂，皆当修缮以积水。其诸魏氏以来所造立，及诸因雨决溢蒲苇马肠陂之类，皆决沥之”[1]。他的建议被朝廷采纳，曹魏因屯田而在淮南兴建的陂塘，很多因而被决毁。另外，因为地处南北对峙的前沿地带，当时江淮地区陂塘失修的问题也比较突出。《南齐书·徐孝嗣传》载其表立屯田时提到，“淮南旧田，触处极目，陂遏不修，咸成茂草。平原陆地，弥望尤多”[2]。

二、江汉地区的水土建设

江汉地区因长江、汉水交汇冲积而得名。这一地区西北是荆山、大洪山等山脉、丘陵，地势有自西北向东南逐渐下降的特点。襄樊、南漳、宜昌、宜都以东基本属平原地带，只有南部略有丘陵分布。江汉平原河流纵横交错，湖泊星罗棋布，是古代的云梦泽所在。前面曾指出，江汉地区早期人类的活动区域主要是北部与西部山前地带的江陵、松滋、天门、京山、钟祥等县市，东部长江两岸的武昌、汉阳、洪湖等县市也有少量人类活动，但两者之间的以沼泽形态著称的古云梦泽地区则鲜有人类活动。进入历史时期以来，江汉平原可开垦的土地逐渐扩大。先秦时期江汉地区云梦泽东西两头各有一片平原，

① 房玄龄等：《晋书》卷26《食货志》，第788—789页。

② 萧子显：《南齐书》卷44《徐孝嗣传》，第773页。

西部平原即江陵以东的荆江三角洲，东部为城陵矶至武汉的长江西侧的泛滥平原，两块平原上均已经有聚落城邑。汉晋南朝江汉地区的地理环境变化更大。秦汉时期荆江三角洲向东发展，与来自今潜江一带向东南方向发展的汉江三角洲合并，江陵以东出现了广阔的江汉陆上三角洲。汉代在此设置了华容县。云梦泽受挤压而逐渐沼泽化、陆地化。东汉末年曹操赤壁战败后，“引军从华容道步归，遇泥泞，道不通，天又大风，悉使羸兵负草填之，骑乃得过”[1]，虽然过程艰辛，但骑兵终究已经能纵穿云梦泽。六朝时期江汉陆上三角洲继续向东、向南迅速扩展，云梦泽水体向东南推移的同时，逐渐淤浅，无论范围与深度，均已今非昔比[2]。江汉三角洲的扩展与云梦泽水体的退却，对于江汉地区的农田扩展是相当有利的因素，而汉晋南朝江汉地区的开发，又与人们对江汉水系的利用与改造息息相关。

汉晋南朝江陵以东的云梦泽水体退却，原来的沼泽很多逐渐演变为成串的湖泊，新成陆地的平原地区，其土地资源的开发利用，首先要解决排涝的问题。西晋灭吴后，为促进江汉地区开发，采取的重要措施之一就是河道修浚。《晋书·杜预传》载：杜预都督荆州时，“旧水道唯沔汉达江陵千数百里，北无通路。又巴丘湖，沅湘之会，表里山川，实为险固，荆蛮之所恃也。预乃开杨口，起夏水达巴陵千余里，内泻长江之险，外通零桂之漕”[3]。杨口是杨水注入汉水的水道。据《水经注·沔水》，杨水“上承江陵县赤湖……径郢城南，东北流……又东入华容县……又北径竟陵县西……又北注于沔，谓之扬口，中

① 陈寿：《三国志》卷1《魏书·武帝纪》注引《山阳公载记》，第31页。

② 中国科学院《中国自然地理》编辑委员会：《中国自然地理·历史自然地理》，科学出版社1982年，第90—92页。

③ 房玄龄等：《晋书》卷34《杜预传》，第1031页。

夏口也”[①]。而《水经注·夏水》“夏水出江津于江陵县东南,又东过华容县南,又东至江夏云杜县,入于沔”,注云:“夏水又东径监利县南……夏水又东,夏杨水注之,水上承杨水于竟陵县之柘口,东南流与中夏水合,谓之夏杨水。”[②]从《水经注》对当时杨水、夏水水道的叙述看,杜预“开杨口,起夏水达巴陵千余里”,应该是通过杨水、夏水,将长江与汉江联系起来,其中夏杨水这段可能就是杜预主持开凿出来的运河。除开凿夏杨水外,杜预的工程理应还包括对杨水、夏水的疏浚。这一工程将江、汉、杨、夏等水道连接成网,不仅能“内泻长江之险”,而且增强了江汉平原内部的排涝能力。

东晋立国初年,王敦任荆州刺史时凿漕河,这是继杜预工程之后,又一连通江、汉的航运兼排灌工程。《方舆胜览·湖北路》载:漕河,“在江陵县北四里”,又引绍兴元年(1131)省札:“契勘本府漕河,乃晋元帝建武初所凿,自罗堰口出大漕河,由里社穴、沌口、沔水口直通襄、汉二江。”[③]刘宋元嘉年间,进一步完善了杨、夏水道。《水经注·沔水》载:“宋元嘉中,通路白湖,下注扬水,以广运漕。”[④]这些河渠的修浚,同样有助于调节江汉汛期水位,增强江汉地区的防涝、排涝能力。

修筑堤防也是江汉地区防洪与发展农耕面积的重要措施。《水经注·江水》载:“江陵城地东南倾,故缘以金堤,自灵溪始,桓温令陈遵造。遵善于方功,使人打鼓,远听之,知地势高下,依傍创筑,略无差矣。”[⑤]东晋在江陵附近修筑的长江防护堤,开后世荆江大堤的

① 郦道元著,陈桥驿校证:《水经注校证》,第669—670页。
② 郦道元著,陈桥驿校证:《水经注校证》,第754—755页。
③ 祝穆:《方舆胜览》卷27《湖北路》,中华书局2003年,第481页。
④ 郦道元著,陈桥驿校证:《水经注校证》,第670页。
⑤ 郦道元著,陈桥驿校证:《水经注校证》,第797页。

先河，对保护江陵城及其附近长江沿岸农田庐舍免遭水灾有着重要作用。荆州官员也很重视这道堤防，有的甚至不惧危险亲自抗洪抢险，巩固堤防。《梁书·太祖五王传》载：天监六年（507）荆州大水，"江溢堤坏"，荆州刺史萧憺"亲率府将吏，冒雨赋丈尺筑治之。雨甚水壮，众皆恐，或请憺避焉。憺曰：'王尊尚欲身塞河堤，我独何心以免。'乃刑白马祭江神。俄而水退堤立"。当时"郦州在南岸，数百家见水长惊走，登屋缘树"，大概这段长江堤防南岸的没有北岸的完善[①]。为了维护江陵堤防，当时曾造林护堤。《太平御览·木部六》载盛弘之《荆州记》称："缘城堤边，悉植细柳，丝条散风，清阴交陌。"[②]如果堤防出现闪失，地方官员要受到惩处。《晋书·殷仲堪传》载其在荆州时，"其后蜀水大出，漂浮江陵数千家。以堤防不严，复降为宁远将军"[③]。汉水在当时也有防洪大堤的修建。《读史方舆纪要·湖广》载：宜城县鄢城为楚、秦鄢县县治，"汉改县曰宜城，治此。刘宋筑宜城大堤，改置华山县，而故城遂废"[④]。刘宋废弃鄢城故城，改置华山县，与宜城大堤修建后，新县城附近一带更有安全保障有关。

《宋书·张邵传》载其元嘉五年（428）任雍州刺史，"及至襄阳，筑长围，修立堤堰，开田数千顷，郡人赖之富赡"[⑤]。从"开田数千顷"看，张邵所筑襄阳长围无疑是项农田水利工程。但是这项工程的具体地点及其工程性质，记载并不明确。袁纯富引用这条史料时，在

---

① 姚思廉：《梁书》卷22《太祖五王传》，第354页。

② 李昉等：《太平御览》卷957《木部六》，第4248页。

③ 房玄龄等：《晋书》卷84《殷仲堪传》，第2179页。

④ 顾祖禹：《读史方舆纪要》卷79《湖广五》，第3712页。

⑤ 沈约：《宋书》卷46《张邵传》，第1395页。

“围”后括注“堤”①，大概认为这是在襄阳修筑的汉水大堤。我们猜测襄阳长围可能与改造、围垦襄阳地区的低洼地有关。通过围堤筑坝将水挡在堤外，围中开沟渠，设涵闸，有排有灌，使河湖滩地得到垦殖的条件。刘宋时，荆州刺史沈攸之对获湖的改造，则很明确是垦殖湖区洼地。《元和郡县图志・山南道》载：江陵府枝江县，“获湖，在县东。沈攸之为荆州刺史，堰湖开渎田，多收获，因以为名”②。从这一记载看，沈攸之是通过堰、渎等工程，解决湖沼洼地的旱涝问题，将其辟为良田。

江汉地区河流众多，开渠引水灌田比较方便。只是受各种自然条件，尤其是江水涨落的限制，六朝直接开凿人工渠道引江水灌田的并不多，见于记载的只有朱龄石在松滋所开三明渠。《元和郡县图志・山南道》载：松滋县，“三明故城，亦谓桓城，在县西一里。居上明之地，而桓冲所筑，故兼二名……上明在县东，明犹渠也，因城在渠首，故曰上明。晋朱龄石开三明，引江水以灌稻田，大为百姓兴利”③。由“明犹渠也”，可知三明即三条引江水灌田的渠道。《宋书・朱龄石传》载：“义熙八年，高祖西伐刘毅，龄石从至江陵。九年，遣诸军伐蜀，令龄石为元帅。”④朱龄石开三明渠，应当在此期间。不过，《晋书・桓冲传》载淝水之战前桓冲任荆州刺史，曾上疏“南平孱陵县界，地名上明，田土膏良，可以资业军人”，并移镇上明⑤。既然桓冲时已有上明之名，当时应该已有三明渠，可能是由于中间淤废，朱龄石再

① 袁纯富：《魏晋南北朝时期江汉地区的水利建设》，《中国魏晋南北朝史学会第二届学术讨论会论文集》，1986年，第56—66页。

② 李吉甫：《元和郡县图志・阙卷逸文卷一》，第1051页。

③ 李吉甫：《元和郡县图志・阙卷逸文卷一》，第1052—1053页。

④ 沈约：《宋书》卷48《朱龄石传》，第1422页。

⑤ 房玄龄等：《晋书》卷74《桓冲传》，第1951页。

次重开。

引江水支流溉田的工程，则已有相当数量。《水经注·江水》在“鄂县北”下注：“江水左则巴水注之，水出雩娄县之下灵山，即大别山也……南历蛮中，吴时旧立屯于水侧，引巴水以溉野。”① 巴水是长江北岸的支流，流经今湖北麻城、罗田、黄冈、浠水等地，汇入长江。熊会贞疏《水经注》云：“今罗田为三国吴、魏分界处，故吴屯兵守险，并引水溉田，以储粮。”② 认为孙吴时修渠引巴水灌溉是在今湖北罗田。《水经注·江水》又于“东过下雉县北”下注：“江之右岸，富水注之，水出阳新县之青湓山，西北流径阳新县……水之左右，公私裂溉，咸成沃壤，旧吴屯所在也。”③ 富水是长江南岸的支流，流经今湖北通山、阳新，汇入长江。孙吴时已经引富水灌溉屯田，从“水之左右，公私裂溉，咸成沃壤”看，郦道元注《水经》时，这一带的灌溉农田是相当发达的。当时江陵附近的沮、漳水流域引河灌田工程也比较完善。《三国志·魏书·王基传》载其陈述伐吴对策时提到：“今江陵有沮、漳二水，溉灌膏腴之田以千数。安陆左右，陂池沃衍。”④《汉书·地理志》南郡临沮载：“《禹贡》南条荆山在东北，漳水所出，东至江陵入阳水，阳水入沔，行六百里。”应劭注曰：“沮水出汉中房陵，东入江。”⑤ 沮、漳二水分别汇入江水、汉水。

引汉水支流溉田的工程也不少。《水经注·沔水》于“南过宜城县东，夷水出自房陵，东流注之”下注：“夷水，蛮水也……其水又东

---

① 郦道元著，陈桥驿校证：《水经注校证》，第 808 页。
② 李南晖、徐桂秋点校：《京都大学藏钞本水经注疏》，辽海出版社 2012 年，第 1629 页。
③ 郦道元著，陈桥驿校证：《水经注校证》，第 809—810 页。
④ 陈寿：《三国志》卷 27《魏书·王基传》，第 752 页。
⑤ 班固：《汉书》卷 28《地理志上》，第 1566—1567 页。

出城，东注臭池。臭池溉田，陂水散流，又入朱湖陂。朱湖陂亦下灌诸田。余水又下入木里沟，木里沟是汉南郡太守王宠所凿故渠，引鄢水也，灌田七百顷。白起渠溉三千顷，膏良肥美，更为沃壤也。”注文称夷水“又谓之鄢水”，王宠所凿木里沟就是引夷水的溉田工程。注文又称：“夷水又东注于沔。昔白起攻楚，引西山长谷水，即是水也。旧堨去城百许里，水从城西灌城东，入注为渊，今熨斗陂是也。”[①] 白起渠大概是在原来白起攻楚时灌城的水渠基础上改造而成的，也是引夷水的溉田工程。从《水经注》的记载看，当时对夷水已经是梯级利用，夷水注入臭池，池水用以“溉田”；池水散流入朱湖陂，陂水“亦下灌诸田”；余水流入木里沟后，又“灌田七百顷”。这里，引水渠与陂池之间相互串联，充分发挥了夷水的灌溉效益。

江汉地区的陂塘灌溉工程，见于《水经注》记载的有池集陂、白马陂、白水陂、熨斗陂、新陂、土门陂、朱湖陂、龙陂、甘鱼陂、六门陂、邓氏陂、马仁陂、唐子陂等。这些陂塘分布于江汉各地，而以西、北部的低山丘陵区最为集中，其中最著名的是六门陂。《晋书·杜预传》载其：“激用滍淯诸水以浸原田万余顷，分疆刊石，使有定分，公私同利。”[②] 六门陂的修治即是其中之一。六门陂是在汉水上游支流湍水上修筑拦河石坝形成的大型陂塘。《水经注·湍水》载：“汉孝元之世，南阳太守邵信臣以建昭五年断湍水，立穰西石堨。至元始五年，更开三门为六石门，故号六门堨也。溉穰、新野、昆阳三县五千余顷……晋太康三年，镇南将军杜预复更开广，利加于民。”[③]《水经注·淯水》载：“昔在晋世，杜预继信臣之业，复六门陂，遏六门之水，下结二十九

① 郦道元著，陈桥驿校证：《水经注校证》，第667—668页。

② 房玄龄等：《晋书》卷34《杜预传》，第1031页。

③ 郦道元著，陈桥驿校证：《水经注校证》，第689页。

陂，诸陂散流，咸入朝水。”[①] 六门陂始创于汉代，经杜预修治，“下结二十九陂”，形成了“长藤结瓜”式的水利形式[②]。六门陂在刘宋时期有过一次大规模的修治。《宋书·刘秀之传》载：刘骏镇襄阳时，以刘秀之为抚军录事参军、襄阳令。“襄阳有六门堰，良田数千顷，堰久决坏，公私废业。世祖遣秀之修复，雍部由是大丰”[③]。《宋书·自序》亦载有此事，称刘骏镇襄阳时，“郡界有古时石堨，芜废岁久”，沈亮建议“世祖修治之”，当时除修治六门陂外，“又修治马人陂，民获其利”[④]。马人陂即《水经注》中的马仁陂。《水经注·沅水》载：此陂“盖地百顷，其所周溉田万顷，随年变种，境无俭岁”[⑤]，也是一个规模与效益较大的陂塘工程。

江汉地区在汉晋南朝有很多蛮民散居，他们也颇留意所居地区的水利建设。《水经注·沔水》在“东过中庐县东”下注：“县故城南有水出西山……然候水诸蛮北遏是水，南壅维川，以周田溉，下流入沔。”[⑥] 这是蛮民遏汉水支流溉田的记载。前面提到引夷水溉田工程中引水渠与陂塘相连的情况，事实上在夷水上游的山地丘陵区，陂塘工程也很发达。《三国志·吴书·朱然传》注引《襄阳记》曰：“柤中在上黄界，去襄阳一百五十里。魏时夷王梅敷兄弟三人，部曲万余家屯此，分布在中庐宜城西山鄢、沔二谷中，土地平敞，宜桑麻，有水陆良田，沔南之膏腴沃壤，谓之柤中。”[⑦] 山谷之中既然有水田，且号称

---

① 郦道元著，陈桥驿校证：《水经注校证》，第 729 页。
② 汪家伦、张芳编著：《中国农田水利史》，第 110 页。
③ 沈约：《宋书》卷 81《刘秀之传》，第 2073—2074 页。
④ 沈约：《宋书》卷 100《自序》，第 2452 页。
⑤ 郦道元著，陈桥驿校证：《水经注校证》，第 733 页。
⑥ 郦道元著，陈桥驿校证：《水经注校证》，第 666 页。
⑦ 陈寿：《三国志》卷 56《吴书·朱然传》，第 1307 页。

"膏腴沃壤",必然有陂塘水利的兴建。

三、湘赣地区的水土建设

长江中游南部的洞庭湖平原、鄱阳湖平原分属今湖南、江西。湘赣两省在地形上的共同特点是北边面向长江,其余各面都是丘陵山地,历史上的农业开发亦均以平原为核心。汉晋南朝洞庭湖、鄱阳湖都经历了由小变大的过程,大片原来的河网切割平原逐渐发展成为湖泊[①]。湖面的扩大自然会侵占部分良田,但其影响并非灾难性的。湘赣地区在进入汉代时,即便就农业发展总体落后的长江中下游地区而言,其开发程度也是相当低的。《史记·五宗世家》称长沙定王刘发是"以其母微,无宠,故王卑湿贫国"[②]。而六朝时期湘赣漕运对稳定全国局势则已有较大影响。《晋书·刘胤传》载:刘胤领江州刺史,"是时朝廷空罄,百官无禄,惟资江州运漕"[③]。《梁书·刘坦传》载:刘坦任长沙太守、行湘州事时资助萧衍,曾"简选堪事吏,分诣十郡,悉发人丁,运租米三十余万斛,致之义师,资粮用给"[④]。《梁书·元帝纪》载其诏书称:"江、湘委输,方船连舳。"[⑤]《南齐书·州郡志》曾称赞:"湘川之奥,民丰土闲。"[⑥]《太平寰宇记·江南西道》引南朝宋雷次宗《豫章记》亦称赞:豫章"嘉蔬精稻,擅味于八方,金铁篠荡,资给于四境。沃野垦辟,家给人足,畜藏无缺,故穰岁则供商旅之求,饥

① 中国科学院《中国自然地理》编辑委员会:《中国自然地理·历史自然地理》,第104—105页、第128—130页。

② 司马迁:《史记》卷59《五宗世家》,第2100页。

③ 房玄龄等:《晋书》卷81《刘胤传》,第2114页。

④ 姚思廉:《梁书》卷31《刘坦传》,第301页。

⑤ 姚思廉:《梁书》卷5《元帝纪》,第133页。

⑥ 萧子显:《南齐书》卷15《州郡志下》,第287页。

年不告臧孙之粜"[1]。只是湘赣地区的农业开发在此期间发展速度不及长江中下游其他地区,经济地位亦不如其他地区,故而不太受人关注,关于这一地区是如何通过环境改造来促进发展的,保存下来的传世资料比较少。

《水经注·澧水》载:"作唐县,后汉分孱陵县置。澧水入县,左合涔水,水出西北天门郡界,南流径涔坪屯,屯堨涔水,溉田数千顷。"[2]作唐县相当于今湖南澧县、津市等地,涔水源出石门燕子山,在澧县小渡口注入澧水,涔坪屯当在今澧县北的澧阳平原一带。涔坪屯"堨涔水",引水"溉田数千顷",规模不算小。《三国志·吴书·周泰传》载:孙吴平定荆州后,周泰"将兵屯岑"[3],这项工程可能是周泰领兵屯田时主持修建的。《水经注·耒水》载:便县(治今湖南永兴县),"县界有温泉水,在郴县之西北,左右有田数千亩,资之以溉。常以十二月下种,明年三月谷熟。度此水冷,不能生苗,温水所溉,年可三登"[4]。这是引温泉水溉田的记载。如果有田数千亩,则所溉农田也有相当数量。但《续汉书·郡国志》"郴县"注引盛弘之《荆州记》称温泉灌溉的只有"数十亩田"[5],而《太平御览·百谷部一》所引《荆州记》未记溉田数量,却有"其下流百里,恒资以灌溉",似乎田数又不止"数十亩"[6]。便县引温泉水溉田的工程规模如何,尚无法确定。

沅水流域在汉代亦已修建陂塘。《新唐书·地理志》载:朗州武陵郡武陵县(治所在今常德武陵区),"东北八十九里有考功堰,

---

① 乐史:《太平寰宇记》卷106《江南西道四》,第2102页。
② 郦道元著,陈桥驿校证:《水经注校证》,第867页。
③ 陈寿:《三国志》卷55《吴书·周泰传》,第1288页。
④ 郦道元著,陈桥驿校证:《水经注校证》,第916页。
⑤ 司马彪:《续汉书》志22《郡国志四》,附于范晔《后汉书》,第3484页。
⑥ 李昉等:《太平御览》卷837《百谷部一》,第3741页。

长庆元年，刺史李翱因故汉樊陂开，溉田千一百顷”[①]。《太平寰宇记·江南西道》记武陵县又有放鹤陂，并引《郡国志》云“梁崔穆于此陂罗双鹤，因放之，后鹤啣玉璧一双送穆庭中”[②]，可见放鹤陂在南朝萧梁时已经存在。据《读史方舆纪要·湖广》，放鹤陂在武陵“东北八十里”，后堙塞，唐武陵令崔嗣业重开后更名崔陂[③]。六朝时，武陵附近还有沿江防护大堤的修建。《南齐书·刘悛传》载：刘悛任武陵内史时，“郡南江古堤，久废不缉。悛修治未毕，而江水忽至，百姓弃役奔走，悛亲率厉之，于是乃立”[④]。“郡南江古堤”，《南史》记为“郡南古江堤”，应该就是沅江的防护堤。

鄱阳湖平原的水利工程见于记载的，最早也在东汉。《水经注·赣水》在“北过南昌县西”下载：“东大湖十里二百二十六步，北与城齐，南缘回折至南塘，本通章江，增减与江水同。汉永元中，太守张躬筑塘以通南路，兼遏此水。冬夏不增减，水至清深，鱼甚肥美。”南塘系汉和帝时豫章太守张躬所筑，由“筑塘以通南路，兼遏此水”看，南塘可能是用于通水的塘河，以东大湖为主要水源。南塘修建后，“每于夏月，江水溢塘而过，民居多被水害。至宋景平元年，太守蔡君西起堤，开塘为水门，水盛旱则闭之，内多则泄之，自是居民少患矣”[⑤]。这里的蔡君应该是蔡廓，《宋书·蔡廓传》载蔡廓“为豫章太守”，后“征为吏部尚书”，不拜而“徙为祠部尚书”，接着就是“太祖入奉大统，廓奉迎”[⑥]，可见蔡廓任豫章太守正是在刘

① 欧阳修、宋祁：《新唐书》卷40《地理志四》，第1029页。
② 乐史：《太平寰宇记》卷118《江南西道十六》，第2383页。
③ 顾祖禹：《读史方舆纪要》卷80《湖广六》，第3774页。
④ 萧子显：《南齐书》卷37《刘悛传》，第649—650页。
⑤ 郦道元著，陈桥驿校证：《水经注校证》，第921—922页。
⑥ 沈约：《宋书》卷57《蔡廓传》，第1572页。

宋废帝景平年间。由于东大湖与赣江水位相等,汛期江水会漫过引水于东大湖的南塘,故而蔡廓在此塘河地势较低的西边起堤,并且建水门调节水量,从而减少了水患。杨守敬认为“此西起堤不可通……西当作更”①,大概是将南塘视为了陂塘工程。

《太平寰宇记·江南西道》记袁州宜春县有昌山,并引顾野王《舆地记》:“晋永嘉四年,罗子鲁于山峡堰断为陂,从此灌田四百余顷。梁大同二年废。”②这是在山地丘陵地带筑堰蓄水的陂塘工程,主要拦蓄袁江及其他溪流的来水。《南齐书·州郡志》载:荆州刺史庾翼领豫州时,“诸郡失土荒民数千无佃业,翼表移西阳、新蔡二郡荒民就陂田于寻阳”③。寻阳郡治今江西九江,这里有能够满足数千失土荒民的陂田,可见当地陂塘工程的规模或数量也是比较大的。

第三节　从走马楼吴简看长沙地区的环境改造

从前面的叙述可知,汉晋南朝长江中下游三吴地区的环境改造力度是最大的,农业开发取得的成就也最高。其他地区尽管也有过深度不一的环境改造,但农业发展速度不如三吴地区,有关农田水利建设的传世资料亦远不如三吴地区丰富,这在湘赣地区尤其明显。那么这些地区农业发展在汉晋南朝所取得的成绩,是否就与环境改造关系不大呢?这里拟就湘赣内部长沙地区的情况继续做些探讨。长沙地区主要位于长浏盆地的西缘,东南面为地势较高的低山丘陵,区内湘江与浏阳河两岸形成地势低平的冲积平原。这里的农业在战

① 李南晖、徐桂秋点校:《京都大学藏钞本水经注疏》,第1831页。
② 乐史:《太平寰宇记》卷109《江南西道七》,第2196页。
③ 萧子显:《南齐书》卷14《州郡志上》,第249页。

国时期已有较高水平，《史记·越王勾践世家》有“复雠、庞、长沙，楚之粟也”的说法[①]。传世文献中这里不见汉晋南朝时期的大中型水利工程。唯有《太平御览·地部三十九》引《荆州记》记载：“长沙郡东十余里有郡人刘寿墓……其东有龟塘，周围四十五里。有灵龟出其中，故塘因名焉。”[②]但龟塘是否经过人工整治，是否与农田垦殖有关，目前并不清楚。之所以能够对长沙地区的情况进行探讨，主要是由于长沙走马楼吴简的出土。走马楼吴简为地方官府档案文书。孙吴长沙郡治所在临湘县，临湘县治即在今长沙城区，黄武二年（223）吴将步骘以广信侯改封临湘侯。走马楼吴简很可能就是临湘侯或更高级别行政机构的档案文书。

一、走马楼吴简中的“旱田”与“熟田”

走马楼吴简《嘉禾吏民田家莂》记录有嘉禾四年、五年（235、236）长沙地区一千七百余户吏民交纳地租的实况，反映孙吴时期吏民租种国有土地，租税要按照旱田和熟田两个标准征收，旱田的缴纳物远远低于熟田。为便于讨论，现引两则简牍如下：

> 绪中丘男子邓草，佃田二町，凡十八亩，皆二年常限。其十亩旱败不收，亩收布六寸六分，定收八亩，为米九斛六斗。亩收布二尺。其米九斛六斗，四年十二月七日付仓吏李金。凡为布二丈二尺六寸，四年十二月十日付库吏潘有。其旱田亩收钱卌七，其熟田亩收钱七十。凡为钱八百七钱，四年十二月二日付库吏潘有。嘉禾五年三月三日，田户曹史赵野、张惕、陈通校。

① 司马迁：《史记》卷41《越王勾践世家》，第1749页。
② 李昉等：《太平御览》卷74《地部三十九》，第346页。

（四·四五四）

弦丘州卒毛硕，佃田十二町，凡卌八亩，皆二年常限。其廿九亩旱不收布。定收九亩，为米十斛八斗，亩收布二尺。其米十斛八斗，五年十二月十日付仓吏张曼、周栋。凡为布一丈八尺，准入米一斛八升。五年十一月十日付仓吏张曼、周栋。其旱田不收钱。其熟田［亩］收钱八十，凡为钱七百廿，五年十二月廿日付库吏潘有毕。嘉禾六年二月廿日，田户曹史张惕、赵野校。（五·四三七）①

对于简文中“旱田”与“熟田”的理解，大部分学者都认为分别是指遭了旱灾与正常收获的田亩。但也有学者持有异议。孟彦弘提出“此处的‘旱田’本作暵田或熯田，是相对于稻田而言的，也就是与水田相对举的陆田”，旱田收成“比稻田要差许多，但与遭受旱灾之田还是有本质区别的”②。后来高敏也提出类似观点，认为旱田应该是种植旱地作物的可耕地，而熟田是更高产的水稻田③。吴荣曾认为旱田与熟田区分的关键在于采用的耕作技术，熟田是指经过精耕细作的田，旱田是指耕作粗放的田④。臧知非认为旱田、熟田其实是个行政性问题，是国家征收地租的专门术语，旱田是低产田，熟田是高

① 长沙市文物考古研究所等编著：《长沙走马楼三国吴简·嘉禾吏民田家莂》（上），文物出版社1999年，第130页、第216页。

② 孟彦弘：《〈嘉禾吏民田家莂〉所录田地与汉晋间民屯形式》，《出土文献与汉唐典制研究》，北京大学出版社2015年，第35—57页。

③ 高敏：《从〈嘉禾吏民田家莂〉看长沙郡一带的民情风俗与社会经济状况》，《长沙走马楼简牍研究》，广西师范大学出版社2008年，第36—43页。

④ 吴荣曾：《孙吴佃田初探》，长沙市文物考古研究所编：《长沙三国吴简暨百年来简帛发现与研究国际学术研讨会论文集》，中华书局2005年，第64—71页。

产田[①]。陈荣杰、张显成在此基础上提出旱田与熟田的界定以政治因素为主，而附带参考自然因素，旱田是指统治者根据土质、地力而行政规定的低产田，熟田是指统治者根据土质、地力而行政规定的高产田[②]。笔者对田家莂中旱田与熟田界定标准的认识与上述意见不尽一致。

按照现在一般的理解，旱田是相对于水田而言的，前者指土地表面不蓄水的农田，主要用于种植旱地作物，后者指蓄水种植水稻等水生作物的农田。而熟田是相对于荒田而言的，前者指常年耕种的田地，后者指未加整治而荒芜的田地。在传世文献中旱田与水田对举、熟田与荒田对举的情况非常普遍。但在走马楼吴简中，旱田却是与熟田对举，这说明旱田、水田、熟田、荒田等词的本义可能与现在的理解是存在差异的。因此在界定旱田与熟田的标准时不能存先入之见，认为旱田就是不蓄水的农田，而将与之对举的熟田理解为蓄水的稻田，也不能因为现在旱田、熟田的概念是基于不同的分类标准，就不考量其最初的内涵，而将田家莂中的旱田与熟田完全视为人为规定，并没有客观区分标准。

田家莂中的旱田与熟田应该都是种植水稻的农田。《周礼·夏官司马·职方氏》称荆州"其谷宜稻"[③]，《史记·货殖列传》称楚越之地"饭稻羹鱼"[④]，《汉书·地理志》称江南"民食鱼稻"[⑤]，可见

① 臧知非：《三国吴简"旱田""熟田"与田租征纳方式》，《中国农史》2003年第2期。

② 陈荣杰、张显成：《吴简〈嘉禾吏民田家莂〉"旱田""熟田"考辨》，《中国经济史研究》2013年第2期。

③ 贾公彦：《周礼注疏》，阮元校刻：《十三经注疏》，清嘉庆刊本，第1862页。

④ 司马迁：《史记》卷129《货殖列传》，第3270页。

⑤ 班固：《汉书》卷28《地理志下》，第1666页。

长沙所在的长江流域在三国以前作物结构都比较单一，基本上就是种稻。长江流域湿润多雨的自然条件不适宜旱地作物种植，长沙及周边地区在三国前后也始终以卑湿而著称。《史记·贾生列传》载：汉初贾谊被贬为长沙王太傅，因“长沙卑湿，自以为寿不得长，伤悼之”①。《梁书·王亮传》载：南朝萧梁时王亮“出为衡阳太守。以南土卑湿，辞不之官，迁给事黄门侍郎”②。即便这里的丘陵地区能开垦出部分陆田从事旱作，也会因为雨量过于充足与土壤过于潮湿，而使农作受到影响。南方旱地作物较大规模的推广是在东晋以后，走马楼吴简中官府粮仓收支的合计数反映，孙吴时期长沙地区虽然有旱地作物，但数量微乎其微。如“右黄龙二年租税杂米二千四斛五斗一升，麦五斛六斗，豆二斛九斗”（壹·9546）③；“定领租税杂米一万七千四百二斛七斗九升，麦五斛八斗，大豆二斛九斗”（叁·4561）④。而在《嘉禾吏民田家莂》中吏民租种的国有土地，嘉禾四年旱田为 19375 亩，占总亩数的 76.33%，嘉禾五年旱田为 14298 亩，占总亩数的 43.27%⑤。旱田所占的比例这么高，绝不可能是种植旱地作物的农田。

将种植水稻的农田区分为旱田和熟田，依据可能是农田形态完善与否，其中最关键的是农田水源情况。魏晋时期水稻的种植过程中要多次对稻田进行排水、灌水工作。《汉书·武帝纪》东汉应劭注：

---

① 司马迁：《史记》卷 84《贾生列传》，第 2496 页。

② 姚思廉：《梁书》卷 16《王亮传》，第 267 页。

③ 长沙简牍博物馆等编著：《长沙走马楼三国吴简·竹简（壹）》，第 1091 页。

④ 长沙简牍博物馆等编著：《长沙走马楼三国吴简·竹简（叁）》，文物出版社 2008 年，第 823 页。

⑤ 田亩统计数据参见蒋亚福：《〈嘉禾吏民田家莂〉中的“余力田”》之表二“嘉禾四年二年常限田和余力田旱、熟统计表”、表三“嘉禾五年二年常限田和余力田旱、熟统计表”，《魏晋南北朝经济史探》，甘肃人民出版社 2003 年，第 261 页。

"烧草下水种稻，草与稻并生，高七八寸，因悉芟去，复下水灌之，草死，独稻长，所谓火耕水耨。"① 应劭在这里可能是用他那时代普遍施用的稻作技术来解释火耕水耨，也就是说当时种稻要在播种前与除草后两次灌田。《齐民要术 · 水稻第十一》也记载种稻之前要"先放水"整地，在稻苗长七八寸时要"以镰侵水"芟草，除草后"决去水，曝根令坚。量时水旱而溉之。将熟，又去水"②。因此，标准的稻田必须周围有田塍包围从而能够蓄水，同时还必须有配套的灌水与排水设施。走马楼吴简田家莂中的熟田可能是指有灌溉水源保障的稻田，旱田是指缺乏稳定灌溉水源的稻田，用现在的农业术语来讲，分别是指灌溉稻田与雨养稻田。

吴荣曾曾指出田家莂中的熟田与人工整治有关，"不是表明田地本身壤质之优良"，因为"从氾胜之的《区种》到《齐民要术》，都把肥田或贫瘠的田称为美田或薄田"。他根据《齐民要术 · 耕田》"耕不深，地不熟"，王祯《农书 · 农桑通诀 · 垦耕篇》"未耕曰生，已耕曰熟"，认为熟田是经过精耕细作的田，而与之对立的旱田就是指耕作粗放的田，"这种田因产量不高而可以少缴或不缴租税"③。"熟"有仔细、周密的意思，农田的"熟"与"不熟"跟治田是否周密有关是讲得通的。但是治田并不仅仅是耕地，而且耕作粗放还是精细是农夫自己可以掌控的，如果因耕作粗放导致产量不高而可以少缴或不缴租税，岂不是鼓励农夫不要勤力劳作。秦汉以来北方旱田精耕细作技术体系逐渐形成，隋唐以来南方水田精耕细作技术体系逐渐形成，《齐民要术》与王祯《农书》强调耕作理所当然，但是孙吴时期长沙地区的

① 班固：《汉书》卷 6《武帝纪》，第 183 页。

② 贾思勰著，石声汉校释：《齐民要术今释》，第 159—160 页。

③ 吴荣曾：《孙吴佃田初探》，长沙市文物考古研究所编：《长沙三国吴简暨百年来简帛发现与研究国际学术研讨会论文集》，第 64—71 页。

农业生产中，通过整治田土，在河谷台地上创建与维持具有良好排灌条件的农田系统应该更为重要。相对于陆田，稻田的农田形态更为复杂，开辟难度更高，根据农田形态来区分出稻田中的熟田是合理的做法。

将田家莂中的旱田理解为缺乏灌溉水源的稻田是有根据的。“从历史发展的角度来看，最初出现在西北的水田，原本是指水浇地；后来出现在华北，也以水浇地为主，但部分已可种稻。也就是说，水田和水稻之间原本没有等号”[①]。水田最初是指能够得到灌溉的田地，那么旱田起初也应该是指无法得到灌溉的田地。事实上，尽管南方农业发展起来后，水田逐渐与种稻直接联系在一起，但在稻作区内，将不通灌溉的农田称为旱田的情况始终存在。清屈大均《广东新语·地语》载：“香山土田凡五等……二曰旱田，高硬之区，潮水不及，雨则耕，旱干则弃，谓之望天田。”[②] 所谓望天田，就是没有灌溉设施，将天然降雨作为唯一水源的耕田。现在广西南丹月里村，“村民把耕地分为三类：水田、旱田和旱地。水田是指可用水库水保证灌溉的稻田；旱田是指种植水稻但没有灌溉水，完全靠降雨的稻田；而种玉米等旱地作物的坡地则是旱地”[③]。

从字面意思上，将旱田理解成受旱灾而歉收的农田，将熟田理解成正常收获的农田，是比较正常的做法。而且田家莂中还经常将旱田标为“旱败不收”，似乎也是在强调这些农田因为遭受旱灾而没有收成。尽管按照我们的理解，以及嘉禾五年（236）记录中“旱不收布”的记载，这里的“不收”不是指没有收成，而是不收租税。田家莂中

---

① 曾雄生：《水田：一个被误读的概念》，《中国农史》2012年第4期。

② 屈大均：《广东新语》卷2《地语·沙田》，中华书局2006年，第53页。

③ 王怀豫、陈传波、丁士军：《中国南方灌溉和“雨养”水稻系统的干旱风险分析》，《经济问题》2004年第3期。

的旱田与熟田分别是指遭了旱灾与正常收获的田亩，是学界较为普遍的认识。既然我们认为田家莂中旱田与熟田的区分标准在于农田是否有灌溉水源，而与是否遭受旱灾无关，也就有必要再谈谈对这一具有共识性的观点的看法。

田家莂中登录吏民所佃田地，大部分吏民都是旱田、熟田皆有。嘉禾四年（235）只有旱田的户数是245户，只有熟田的是11户，旱田、熟田皆有的户数占到总户数的67.26%，嘉禾五年只有旱田的户数是72户，只有熟田的是133户，旱田、熟田皆有的户数占总户数的比例更上升到83.85%[①]。由于几乎田家莂每户吏民都有旱田和熟田两种情况，孟彦弘提出，如果认为"旱败不收"是遭了旱灾，那么"大部分人所佃的田地都是一部分没有遭灾，一部分遭了旱灾。如此整齐，殊难置信"。他还指出田家莂中的吏民很多属于同一丘，所佃田地应当不会相距太远，"作为自然灾害的旱灾，如果它发生时所覆盖的面积很小，则不会波及大部分人的田地；如果面积很大，则不会在同一地区或同一个人所佃的相距不会太远的田地上，出现有的地没有遭灾而有的地却遭了灾两种情况，更不太会使大部分人的田地都分成遭灾与没有遭灾两部分"[②]。这里所提出的，应该是将田家莂中的旱田与熟田理解为受旱灾与否的农田，面对的最为显著同时也是比较难说通的问题。

于振波曾尝试对这个问题做出解释。他认为"原因在于，长沙地区属于水田农业区，不同于北方的旱田农业区"，在水田农业区"同一田家的土地，可能会有一部分因地势较低，或离水源较近，能够得到

① 户数统计参见陈荣杰、张显成《吴简〈嘉禾吏民田家莂〉"旱田""熟田"考辨》，《中国经济史研究》2013年第2期。

② 孟彦弘：《〈嘉禾吏民田家莂〉所录田地与汉晋间民屯形式》，《出土文献与汉唐典制研究》，第35—57页。

灌溉所需的水,而另一部分土地则因地势较高,或离水源较远,而给水困难……由于河流众多,使得许多田地虽遇大旱也能够得到灌溉;由于田家佃田的高度分散,又使每户的熟、旱程度大体相当"①。田家莂中佃田一町的吏民很少,一般都是几町或几十町,最多的有一百几十町,吏民佃种的土地确实"呈现高度碎化状态"。笔者对于旱田的理解其实跟这种解释也有相通的地方。他认为旱田是受旱灾的水田,受灾的原因是这些水田给水困难,在大旱时无法得到灌溉,而笔者认为旱田就是指缺乏灌溉水源的稻田。也就是说,我们都认为旱田、熟田的形成与稻田的灌溉条件有关,所以笔者并不认为这一解释本身存在问题。但是从逻辑关系而言,田家莂中旱田与熟田在吏民之间分配得如此整齐,而且不仅嘉禾四年(235)如此,嘉禾五年(236)还是如此,将之归因于根据客观标准有意识地搭配分配的结果,比看作因旱灾与田家佃田高度分散相结合而无意识造成的客观后果,可能会更加可信。

田家莂中租种二年常限田中的熟田,每亩需交米一斛二斗,布二尺,钱七十或八十。走马楼吴简记载当时孙吴纳税用的容器是吴平斛,在简文中吴平斛经常与禀斛对举,1禀斛等于0.96吴平斛。尽管对于吴平斛的理解还存在不同意见,但从它与禀斛的比例看,应该与这段时间前后其他国家使用的容器区别不大。邱东联在比较东汉后期亩产量与吴简熟田的缴纳数量后,结论是后者相当于前者的"三分之二,即六成多"②。三国时期曹魏屯田的剥削采用分成的形式,而针对一般编户的田租户调令规定"收田租亩四升,户出绢二匹,绵二斤"。熟田每亩交米一斛二斗,相当于四升

---

① 于振波:《走马楼吴简初探》,文津出版社2004年,第19—20页。

② 邱东联:《长沙走马楼佃田租税简的初步研究》,《江汉考古》1998年第4期。

的30倍。即便考虑到曹魏编户的田租可能延续了汉代三十税一的低标准,孙吴田家莂中佃种的熟田具有民屯性质,同时水田的产量高于旱田等各种因素,仍然可以说,田家莂中熟田的租税是相当高的。与此同时,田家莂中旱田的租税标准又相当低,嘉禾四年(235)每亩需要交的布相当于熟田的三分之一,钱相当于熟田的一半,作为份量最重的米则全部免交,嘉禾五年(236)更是米、钱、布都免了。也就是说,田家莂中旱田与熟田的租税标准几乎是两个极端。如果旱田与熟田是因为旱灾造成的收成不同,制定这样的租税标准说明一类应该是差不多没有收成,而另一类则大获丰收,那么是否可能对农田做出这种两极的区分呢?在旱灾非常严重的情况下,人们找不到水源,对于干旱问题无能为力,农田普遍完全没有收成是可能的。但是如果同一地区的熟田仍然能够丰产,说明还是有水源存在,虽然由于水位降低而无法将其引入其他地势较高的农田灌溉,仍然有条件用人工运水的方式对作物进行抢救。在这种情况下,农田的收成理应根据用功的多少而呈现出不同的等级。

再来比较下嘉禾四年(235)与嘉禾五年(236)的情况。嘉禾五年田家莂中的旱田不仅不要交米,钱与布也不要交了。如果旱田租税低是因为旱灾造成的收成减少,这表明嘉禾五年的旱情应该比嘉禾四年的更加严重。但在同一年,熟田中二年常限田的米、布缴纳标准不变,钱却增加了十钱。那么在旱情加重的情况下,熟田的租税标准反而提高了,这种现象当然是不合理的。从文献记载看,嘉禾四年、五年可能的确在长沙地区出现过比较严重的灾情。《三国志·吴书·吴主传》载:嘉禾四年“七月,有雹”;五年“自十月不雨,至于夏”[①]。《建康实录·太祖下》载：嘉禾四年“八月，雨雹，又陨霜”；五年“夏，旱，自去冬不雨至于五月”[②]。然而这些资料也反映出嘉禾五年的旱情显然比嘉禾四年严重，但在前面列出的数据中，这一年田家莂中旱田的数量减少了五千多亩，熟田的数量增加到了前一年的三倍，旱田占总田亩的比例降低了二十多个百分点。可见，将田家莂中的旱田与熟田理解成遭了旱灾与正常收获的田亩应该是不正确的。

二、走马楼吴简所见长沙地区的陂塘建设

嘉禾吏民田家莂登录的农田中旱田比例相当高，在嘉禾四年、五年（235、236）分别占总亩数的 76.33%、43.27%。既然旱田、熟田的区分标准在于是否有良好的灌溉条件，这是否意味着长沙地区的农田扩展与环境改造的关系不大，很多农田都是在没有水源保障的情况下被开垦出来的呢？笔者推测，田家莂登录的农田中旱田比例相当高，应该属于比较特殊的现象。造成这一现象的原因，可能与这批佃田的性质有关。整理者通过比较嘉禾四年、五年莂中所出现的丘名，指出“走马楼出土的嘉禾吏民田家莂不是某几个乡的田家莂的全部，而只是其中之一部分”[③]。《嘉禾吏民田家莂》中的佃田，只是长沙地区的官田。官田的来源在当时主要是从前代继承下来的官田、由士卒新垦辟的农田、官府没收的私人农田以及无主农田。《三国志·魏书·司马朗传》记载司马朗曾上疏恢复井田，说：“往者以民各有累世之业，难中夺之，是以至今。今承大乱之后，民人分

① 陈寿：《三国志》卷 47《吴书·吴主传》，第 1140—1141 页。
② 许嵩：《建康实录》卷 2《太祖下》，中华书局 2009 年，第 42 页。
③ 长沙市文物考古研究所等编著：《长沙走马楼三国吴简·嘉禾吏民田家莂》（上），第 165 页。

散，土业无主，皆为公田，宜及此时复之。”① 反映了汉末以来民众因战乱逃亡，使得大量农田成为无主之田而收归官有的情况。长沙地区在东汉末年至孙吴初期，社会同样长期动荡不安②。《嘉禾吏民田家莂》中用于租佃的官田，应该主要是无主之田。

孙吴时期长江中游地区最主要的灌溉类型是利用陂池水塘等蓄水进行稻田灌溉。汉晋南朝时期的文献中有很多南方各地建设陂塘的记载，并且在这一时期的南方墓葬中出土了大量水田陂塘模型。然而当时农用陂塘的堤坝一般都是土堤，大中型的工程也只是草土木混筑。睡虎地秦简《徭律》规定：“兴徒以为邑中之功者，令嫴堵卒岁。未卒堵坏，司空将功及君子主堵者有罪，令其徒复垣之，勿计为徭。”③ 夯筑的土墙只需担保一年，长期浸泡在水中的土堤无疑更容易损坏。因此，陂塘是需要定期维护的，《南齐书 · 王敬则传》称当时会稽“民丁无士庶皆保塘役”④。史籍中有很多陂塘溃败的记载。如《后汉书 · 鲍昱传》载鲍昱任汝南太守，“郡多陂池，岁岁决坏，年费常三千余万”⑤。《南齐书 · 徐孝嗣传》载：“淮南旧田，触处极目，陂遏不修，咸成茂草。平原陆地，弥望尤多。”⑥ 一旦堤坝毁败，陂塘的蓄水功能降低，就会使部分有灌溉水源的熟田变成失去灌溉水源的旱田。田家莂中用于租佃的官田主要是无主之田，用于维持这些农田灌溉的陂塘必然也是长期失修，其中缺乏灌溉水源的旱田的比例

① 陈寿：《三国志》卷15《魏书 · 司马朗传》，第467—468页。

② 参见王素《汉末吴初长沙郡纪年》，北京吴简研讨班编：《吴简研究》第1辑，崇文书局2004年，第40—86页。

③ 睡虎地秦墓竹简整理小组编：《睡虎地秦墓竹简》，文物出版社1990年，第47页。

④ 萧子显：《南齐书》卷26《王敬则传》，第482页。

⑤ 范晔：《后汉书》卷29《鲍昱传》，第1022页。

⑥ 萧子显：《南齐书》卷44《徐孝嗣传》，第773页。

自然也就相当高。

走马楼吴简《竹简(叁)》有一批记录陂塘田亩信息的簿籍,凌文超将其定名为“隐核波田簿”,并对簿书做了复原、整理,最后编排如下:

上半部分:

☐□田顷数为簿如牒。(叁·7199·3/37)

☐……长卅五丈,败廿一丈,沃田十五顷,枯芜二年,可(叁·7198·2/37)

☐胡(?)诸□□自垦食(叁·7197·1/37)

民大男毛苌□皮等合□民垦食(叁·7200·4/37)

京□塘一所……长一百五十丈,沃田十顷,溏儿民陈散李□等岁自[垦食]……长[一]百一十八丈,沃田[十]九顷……(叁·7205·9/37)

[都乡谨列枯芜]波长[深]顷亩簿(叁·7204·8/37)

☐[一]所,深一丈□尺,长[卅]□丈,败廿一丈,[沃田]□[五]顷,枯芜二年,可用一万(叁·7203·7/37)

☐……□六十五丈,沃田一百一十顷,男子聂礼张(叁·7202·6/37)

☐六千夫,民大男毛[市]陈丈陈建等自垦食(叁·7206·10/37)

☐……一千□丈,[沃]田六顷五十八[亩](叁·7210·14/37)

右波二所,沃田卅五顷……(叁·7209·13/37)

□汉波一所,深二丈五尺,长十二丈,败十丈,沃田……枯芜二年,可用七千夫(叁·7208·12/37)

右(?)小武陵乡波二所,沃田十四顷九亩□□□十五年廿三年□□□(叁·7207·11/37)

西波一所，□□长卅一……作用[二千五]百夫，□沃田七顷五（叁·7214·18/37）

□□[作]（叁·7213·17/37）

□□波一所，[深七丈]，长十丈，[败]□丈，[沃田]七顷，枯芜七年，可用七千夫（叁·7212·16/37）

高□波一所，深一丈，长七十一丈，败□丈，沃田□顷，枯芜三年，可用五千夫（叁·7215·19/37）

下半部分：

□□□□□[溏儿民]□……

□□□□长一百丈，沃田卌九顷，溏儿民吴金王署等岁自[垦食]（叁·7216·20/37）

芜……溏作（叁·7217·21/37）

□□波一所，深……长六十一丈，败五十丈，沃田八十三顷卅亩（叁·7219·23/37）

[大]田波一所，深二丈，长[廿]五丈，败[廿]丈，沃田十四顷，枯芜▨（叁·7220·24/37）

逢唐波一所……长三百丈，沃田四顷，溏儿民沙郡刘张（叁·7221·25/37）

冯汉等岁自垦食（叁·7222·26/37）

千夫作（叁·7223·27/37）

善等自垦食（叁·7224·28/37）

仓等岁自垦食，其卅顷枯芜廿年，可用一万夫作（叁·7225·29/37）

右波九所，田合五百卅一顷卅亩，□给民自[垦食]（叁·7226·30/37）

□波一所,深一丈五尺,长十丈,败八丈,沃田七顷,枯芜二年,可用▨(叁·7227·31/37)

年,可用一万二千夫作(叁·7228·32/37)

东卖波一所,深七丈二尺,长七十九丈,□败沃田九十顷,[枯]▨(叁·7229·33/37)

□□波一所,长六十丈,深□丈,败卅丈,沃田卌顷□十顷□武□□□□(叁·7230·34/37)

可用三万一千夫作(叁·7231·35/37)

□□波一所,[深]□[丈],长八十五丈,沃田一百卅亩,枯芜十年,可用□□(叁·7232·36/37)

□□波[二所]……长十九丈,败七丈,沃田……顷,枯芜卅六年,可用三万(叁·7235·39/37)

[逢唐]一所,长三百丈,沃田[五十]顷,溏儿民□□长沙郡刘张冯汉等岁自(叁·7236·40/37)

右唐波三所,沃田一百□十□顷[六]亩,其一百一十八顷□□(叁·7237·41/37)

[田]四顷枯芜廿年,可用一万夫作(叁·7238·42/37)

□唐波一所,长廿五丈,深一丈四尺,败十五丈,沃田□□顷五十亩,枯芜五年,可用一千(叁·7239·43/37)

□□波一所,长十一丈,深□丈七尺,败八尺,沃田四顷,枯芜三年,可用五千夫作(叁·7240·44/37)

……

叩头叩头死罪死罪,案文书,被敕,辄诣乡吏区(叁·7195/37)

光、[黄]肃等隐核□□波唐田顷亩,令光等各列簿(叁·7241·45/37)

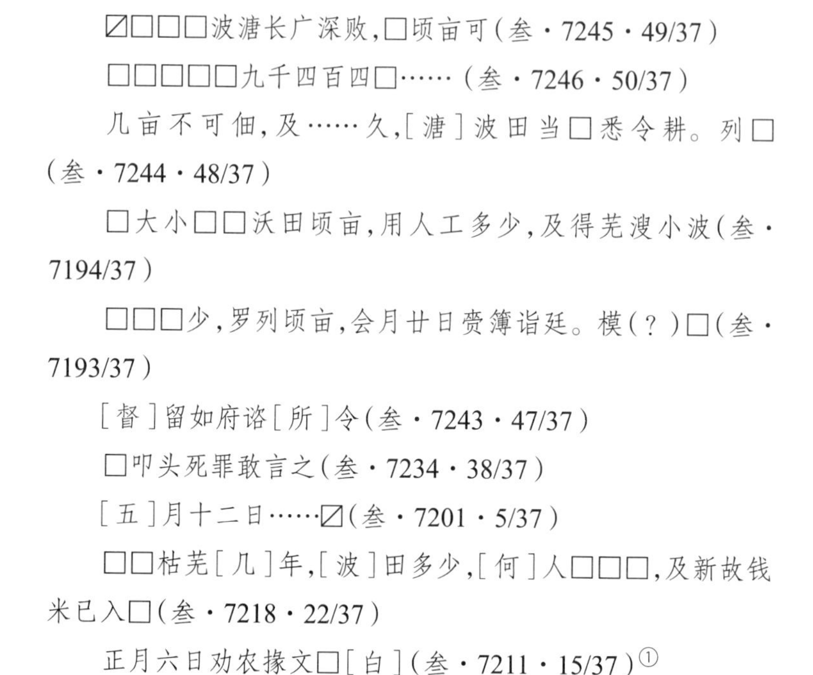

▨□□□波溏长广深败，□顷亩可（叁·7245·49/37）

□□□□□九千四百四□……（叁·7246·50/37）

几亩不可佃，及……久，[溏]波田当□悉令耕。列□（叁·7244·48/37）

□大小□□沃田顷亩，用人工多少，及得芜溲小波（叁·7194/37）

□□□少，罗列顷亩，会月廿日赍簿诣廷。模（？）□（叁·7193/37）

[督]留如府诰[所]令（叁·7243·47/37）

□叩头死罪敢言之（叁·7234·38/37）

[五]月十二日……▨（叁·7201·5/37）

□□枯芜[几]年，[波]田多少，[何]人□□□，及新故钱米已入□（叁·7218·22/37）

正月六日劝农掾文□[白]（叁·7211·15/37）①

这是县廷要求乡吏按照郡府的要求将各乡陂塘田亩的具体情况列簿上奏形成的简册。簿书对于陂塘田亩的罗列主要分两种格式，一种是某波一所，深若干丈若干尺，长若干丈，败若干丈，沃田若干顷若干亩，枯芜若干年，可用若干夫做；另一种是某波一所，长若干丈，沃田若干顷若干亩，溏儿民某等岁自垦食。陂塘长若干丈是指陂塘堤坝的长度，沃田若干亩是指陂塘覆盖区的农田数量。在第二种格式中只有这两个数字，加上这批农田目前由谁垦种。而在第一种格式中没有“溏儿民某等岁自垦食”的内容，却加上了“败若干丈”，“枯

① 凌文超：《走马楼吴简采集簿书整理与研究》，广西师范大学出版社2015年，第437—441页。

芜若干年”，显然这类陂塘是有毁损的。“败若干丈”接在“长若干丈”之后，是指毁损堤坝的长度，“枯芜若干年”接在“沃田若干”之后，是指因为陂塘蓄水功能丧失而使陂塘覆盖区农田无法得到有效灌溉的时间长度。政府要求上报陂塘田亩的目的在于修复毁损陂塘，故而在第一种格式中还有“可用若干夫做”，即修复陂塘所需要的人工数。同时格式一中的“深若干”也不见于格式二，可能是因为这一数据主要与估算修复陂塘的用工数有关。也有个别陂塘虽然堤坝有毁损，其灌溉功能却并未完全丧失。如：“☐六千夫，民大男毛［市］陈丈陈建等自垦食（叁・7206・10 /37）”，“仓等岁自垦食，其卅顷枯芜廿年，可用一万夫作（叁・7225・29 /37）”。这两个陂塘既有格式二中修复陂塘所需的人工数，同时也有格式一中“自垦食”的内容。

从这份簿书看，当时长沙地区陂塘堤坝毁坏的情况确实比较严重。目前能看到的材料中，需要修复的陂塘有十七个，完好的只有五六个，只占全部陂塘的四分之一。这份隐核波田簿没有详细年份，但是文书中垦食逢唐的冯汉也见于《嘉禾吏民田家莂》：

> 逢唐丘男子冯汉，佃田六町，凡廿九亩，皆二年常限。其十六亩旱不收布。定收十三亩，为米十五斛六斗，亩收布二尺。其米十五斛六斗，五年十二月廿日付吏孙仪。凡为布二丈六尺，准入米一斛五斗六升，五年十二月十日付仓吏张曼、周栋。其旱田不收钱。其熟田亩收钱八十。凡为钱一千卌，准入米一斛五斗五升二合，五年十二月廿日付吏孙仪。嘉禾六年二月廿日，田户曹史张惕、赵野校。（五・五九〇）[1]

① 长沙市文物考古研究所等编著：《长沙走马楼三国吴简・嘉禾吏民田家莂》（上），第232页。

田家莂中的冯汉也属逢唐,与隐核波田簿中的冯汉应该就是同一人,这两份文书之间因而可能存在关联。隐核波田簿格式一中的沃田已经无法得到灌溉,即是旱田,格式二中的沃田仍然有灌溉条件,即是熟田。当时有以田地名称来称呼耕种者的现象[①],《水经注·叶榆河》引《交州外域记》:"交趾昔未有郡县之时,土地有雒田,其田从潮水上下,民垦食其田,因名为雒民。"[②]隐核波田簿中的溏儿民可能就是对耕种有陂塘灌溉农田者的称呼,他们不见于格式一,仅见于格式二。

田家莂中的旱田主要是因为水利失修而缺乏灌溉水源,并非没有灌溉的条件,要恢复成为熟田并不是特别困难。《南齐书·武十七王传》载萧子良曾上表修复陂塘,称:"京尹虽居都邑,而境壤兼跨,广袤周轮,几将千里。萦原抱隰,其处甚多,旧遏古塘,非唯一所。而民贫业废,地利久芜。近启遣五官殷沵、典签刘僧瑗到诸县循履,得丹阳、溧阳、永世等四县解,并村耆辞列,堪垦之田,合计荒熟有八千五百五十四顷,修治塘遏,可用十一万八千余夫,一春就功,便可成立。"[③]当然,陂塘的全面修复也需要一个过程。因此孙吴政权一方面将这些旱田租佃给吏民耕种以免其完全荒芜,一方面也加紧组织陂塘的修复以使其重新成为熟田。

陂塘的修复也很有成效。田家莂中所租佃的田亩统计,嘉禾四年(235)旱田有19375亩,熟田只有6120亩,熟田还没占到官田的四分之一。嘉禾五年熟田已经有18749亩,是前一年的三倍,在田亩总数从25855亩增加到33047亩的情况下,旱田14298亩,比前一年

---

① 凌文超:《走马楼吴简采集簿书整理与研究》,第451页。

② 郦道元著,陈桥驿校证:《水经注校证》,第861页。

③ 萧子显:《南齐书》卷40《武十七王传》,第694页。

减少了五千多亩[①]。陂塘的修复并不像萧子良所说的"一春就功，便可成立"。隐核波田簿记录的信息中，单个陂塘修复预计的人工有需要一千、五千、七千、一万，乃至三万夫的。《晋书·张闿传》载张闿任晋陵内史时修建新丰塘，"计用二十一万一千四百二十功"，因为用工规模过大，"以擅兴造免官"[②]。按照当时的人力，长沙地区陂塘全面修复需要三四年的时间。但是嘉禾四年到五年间修复陂塘的成绩，已经足以让政府在减免旱田全部租税，同时基本维持熟田租税不变的情况下，让租佃官田的总收入有大幅度的增长。

中国稻作农业起源之初，就重视稻田排灌设施的兴修。湖南澧县城头山遗址的古稻田距今6000—7000年，在古稻田西边的原生土层发现有三个水坑和数条与水坑相连的水沟，水沟一直追溯到稻田西壁，这些水坑与水沟均高出于稻田，无疑是与稻田配套的灌溉设施[③]。江苏吴县草鞋山遗址西片马家滨文化时期水田遗迹，发现有两个南北紧邻的人工水塘，其中一个现发现的水域面积已逾250平方米。水田在水塘西岸外侧，从水塘西岸有若干水口与部分田块相连，区内田块有水口相通连为一体，部分田块有条形水口及水路延伸至发掘区外[④]。这是以水塘为水源，采用群体串联形式的农田灌溉系统。

中国传统农业中雨养稻田逐渐增多是在宋代以后。南宋叶廷珪

① 田亩统计数据参见蒋亚福：《〈嘉禾吏民田家莂〉中的"余力田"》之表二"嘉禾四年二年常限田和余力田旱、熟统计表"、表三"嘉禾五年二年常限田和余力田旱、熟统计表"，《魏晋南北朝经济史探》，第261页。

② 房玄龄等：《晋书》卷76《张闿传》，第2018页。

③ 湖南省文物考古研究所：《澧县城头山古城址1997—1998年度发掘简报》，《文物》1999年第6期。

④ 谷建祥等：《对草鞋山遗址马家滨文化时期稻作农业的初步认识》，《东南文化》1998年第3期。

《海录碎事·农田部》记载：当时四川果州、合州等地“无平田，农人于山陇起伏间为防，潴雨水，用植粳糯稻，谓之噌田，俗名雷鸣田，盖言待雷而后有水也”[①]。这里“为防”指修筑田塍拦蓄雨水。雷鸣田的出现是当时平原地区开发已经比较彻底、丘陵山地开发力度加大的结果。由于丘陵高处或低丘顶部水源极差，加上山区地形地貌复杂，水利建设难度大，且不易配套到农田，在无法修筑陂塘或引用泉水的情况下，只能依赖雨水。在这种情况下，宋以后逐渐发展出冬水田技术，从而极大促进了山区开发，也使得雨养稻田变得普遍。冬水田是在水稻收割后，蓄秋雨过冬的稻田，又可分成浅水田和囤水田。浅水田的蓄水量较少，只能保证第二年稻田自身的泡田整地用水；囤水田的蓄水量则比较大，除满足自身用水外，还可以解决两至三倍邻近稻田的用水需求。清严如熤《三省边防备览·民食》记：“楚粤侨居之人善于开田……由下而上竟至数十层，名曰梯田。山顶不能作池，则就各层中田形稍大者，深耕和泥，不致漏水，作高塍二三尺蓄冬水，以备春种之用，如平地池塘然，其泥脚深，颇能耐旱。”[②]

汉晋南朝冬水田技术尚未出现，南方稻田的扩展是与灌溉设施的建设同步进行的。尽管嘉禾吏民田家莂反映孙吴时期长沙地区有较多缺乏灌溉条件的农田，但从嘉禾四年（235）与嘉禾五年旱田数的对比看，这类农田的存在既有特殊原因，政府与农户也都不会坐视其长久存在。

拥有灌溉水源的熟田，其收获是有保障的，在田家莂中熟田又称“定收”田。因陂塘失修而失去灌溉水源的旱田因为依靠的降雨反

① 叶廷珪：《海录碎事》卷17《农田部》，中华书局2002年，第808页。

② 严如熤：《三省边防备览》卷8《民食》，《严如熤集》，岳麓书社2013年，第1028页。

复无常,所以水稻的生长条件不利而且难以预测。田家莂中几乎每户吏民都是既有熟田又有旱田,这应该是由于政府根据各家的实际情况,按照一定的标准将这些风险较高的农田搭配出去,让吏民维持其耕种。与此同时,对于旱田所定的租税标准也远低于熟田。吏民租种旱田,在嘉禾四年每亩只交布六寸六分,钱三十七。同年租种熟田中的二年常限田,每亩需交米一斛二斗,布二尺,钱七十;熟田中的余力田,每亩需交米四斗五升六合,布二尺,钱七十。嘉禾五年租种旱田更加优待,米、钱、布都不要交,鼓励耕种的意图更加明显,而租种熟田中的二年常限田和余力田,每亩要分别交米一斛二斗或四斗,还都要交布二尺,钱八十。耕种旱田的租税标准接近于零,可见这种农田在长沙地区收获不大或者经营起来相当困难。也就是说,修建陂塘等农田水利,保证农田的灌溉条件,在长沙地区是垦辟土地的基础。

走马楼吴简《竹简(叁)》中除了"隐核波田簿",还有其他少量记载陂塘田亩信息的简文。搜集书中记载有相应"沃田"数的陂塘,可列表如下:

表3—1　走马楼吴简《竹简(叁)》所见长沙地区陂塘①

(单个陂塘)

堤坝长度	沃田数量	简号	堤坝长度	沃田数量	简号
10余丈	79顷	6311	20丈	9顷	6320
	20顷	6325		14顷	6414
25丈	6顷50亩	6726	30丈	9顷	6764
	60顷	6867		28顷	6948
	14顷	7016		60顷	7069

① 长沙简牍博物馆等编著:《长沙走马楼三国吴简·竹简(叁)》。

② "四"前有缺字,可能不止4顷90亩。

续表

堤坝长度	沃田数量	简号	堤坝长度	沃田数量	简号
	1顷	7082		4顷90亩[②]	7144
35丈	15顷	7198		110顷	7202
150丈	10顷	7205(1)	118丈	19顷	7205(2)
	6顷58亩	7210	10丈	7顷	7212
31丈	7顷余	7214	100丈	49顷	7217
61丈	83顷30亩	7219	15丈	14顷	7220
300丈	4顷	7221	18丈	7顷	7227
79丈	90顷	7229	60丈	40顷	7230
85丈	1顷30亩	7232	300丈	50顷	7236
	4顷	7238	11丈	4顷	7240

(合计陂塘)

简号	沃田总数	陂塘数	平均沃田数
6316	532顷79亩	16	33顷30亩
6554	642顷70余亩	16	49顷17亩
7207	14顷9亩	2	7顷5亩
7209	35顷	2	17顷50亩
7226	531顷30亩	9	59顷3亩
7237	超过118顷	3	超过39顷33亩

走马楼吴简《竹简(叁)》中的沃田不一定是灌溉农田,但反映了陂塘失修前的灌溉能力。由上表看,长沙地区陂塘以小型为主,单个陂塘的规模都不算大,表中陂塘堤坝最短的只有 10 余丈,最长的也就 300 丈,与“湖广五里,东西百三十里”的鉴湖显然不可同日而语。长沙地区丘陵很多,这些陂塘可能是利用山坡地势汇聚水源,只是在收口处修建堤防,堤防长短不能完全体现陂塘蓄水容积。但是从灌溉农田面积来看,尽管最大的陂塘也能灌溉 110 顷农田,灌田百顷以

上的却仅有1例,大多陂塘的灌溉能力都是数十顷,灌溉面积最小甚至只有1顷。不过,长沙地区的陂塘数量相当可观。表中能够罗列的走马楼吴简《竹简(叁)》中记载的单个陂塘已经有30个,这还不包括只留存有堤坝长度等信息而没有沃田数的陂塘。而在吴简中,可以看到当时长沙地区很多的"丘"都是以"唐"为名,如逢唐丘、夫唐丘、桐唐丘、新唐丘、仓唐丘、石唐丘、唐下丘、唐中丘等。这都说明陂塘在长沙地区是非常普遍的存在。

从"隐核波田簿"的形式看,长沙地区每个陂塘与其下的"沃田"分别构成一个灌溉区。尽管这些沃田已经不一定能获得灌溉水源,但它属于哪个陂塘仍然是明确的。由此似可推断,长沙地区的农业开发同样是随着对环境的改造而展开的,正常情况下必须先有陂塘保证灌溉水源,然后才在其覆盖范围内垦辟农田。传世文献对汉晋南朝长沙地区的水利建设没有太多记载,只是由于当时的作者对小型水利工程缺乏兴趣,而不是不存在水利建设。尽管单个而言,小型水利工程的作用有限,但因其数量众多,作为整体而言,在长江中下游地区农业发展中的作用却不见得低于当时的大、中型水利工程。

小　结

本章的着眼点是环境改造对汉晋南朝长江中下游地区农业发展的影响。长江中下游地区地形以低地平原和低山丘陵为主。由于地势低洼、雨量丰沛,历史早期这里内涝严重,沿江滨湖浅滩、沼泽密布,土地泥泞的状况非常突出,尤其雨季山洪泛滥,平原地区更是遍地水泽。《禹贡》称荆州、扬州"厥土惟涂泥",将其田地等级定为最末。在这样的环境条件下,开拓农田通常必须与农田水利建设同步并进。汉晋南朝长江中下游地区水利工程相当普遍,其中低地平原因为防洪、排涝非常重要,农田水利以修建塘浦为主;低山丘陵溪河源短流急,久晴无雨则容易断流,农田水利的主要类型是陂塘堰坝。

三吴地区是六朝时期公认的农业发达地区,包括太湖平原、宁镇丘陵、宁绍平原等不同的地理单元,它们在汉晋南朝都经历过深度的环境改造。太湖平原开发中,洪涝出路始终受到特别关注。这里在六朝有过两次排水入海的尝试,更陆续开凿了青塘、孙塘、荻塘、漕渎、官渎等为代表的大量塘浦以排水造田。由于开挖塘浦时会用挖出的泥土在河渠两岸筑堤,太湖沿岸的塘浦还能起到阻障太湖泛溢、将太湖与周围水乡分隔开来的作用,加之修建海塘与控制上游来水,极大改善了太湖平原沮洳下湿、排水不畅的状况,创造围垦条件。南朝时,太湖平原部分地区已形成塘浦农田的网络化格局。宁镇丘陵的环境改造主要是修筑陂塘,多雨时拦洪蓄水,无雨时放水以供灌溉。六朝时这里有"承陂之家,处处而是"的说法,尤其是赤山塘、练塘、新丰塘等大中型陂塘的兴建,既初步解除了当地的洪涝威胁,也减轻了下游丹阳湖区、秦淮河流域的洪潦问题,促进了下游地区的农田拓展。宁绍平原在修建鉴湖对会稽山的溪流来水进行拦蓄和调节后,初步解除了内涝问题。东晋开凿的漕渠奠定了平原内河系统网络化的基础,进一步提高了鉴湖的排水和灌溉能力。逐渐系统化的北部海塘工程在防御海潮的同时,也巩固了平原内部疏凿河道的成果。随着沼泽浅滩因为排水改造得以大量开垦为农田,围湖造田在三吴地区也日益受到重视。

江淮、江汉、湘赣地区在汉晋南朝也有不少见于记载的水利工程,揭示了环境改造对于农田拓展的基础性作用。值得注意的是,传世文献中没有太多当时水利工程记载的地区,其农田拓展同样应该是随着环境改造而展开的。例如长沙地区,据走马楼吴简的材料反映,当地政府登记的旱田、熟田,其区分标准可能就在于是否有灌溉条件,且所谓旱田往往是由于水利失修而缺乏灌溉水源,政府很重视陂塘的修复以使其恢复为熟田。吴简“隐核波田簿”中,每个陂塘与其下的“沃田”分别构成一个灌溉区,每块“沃田”属于哪个陂塘相当明确。另外,吴简中长沙地区的很多“丘”也都是以“唐(塘)”为名。由此推断,当时长沙地区修建陂塘与开垦农田应该是配合进行的。这些不见于传世文献的小型陂塘,虽然单个的作用有限,但由于数量众多,对地区农业发展的作用不容忽视。

第四章　长江中下游生态环境与农业经营的种类

寻求生态环境差异与农作物不同生理特征之间的结合点,因地制宜安排农作物对于农业经营非常重要。无论是农业生产技术的区域差异,还是类型特征都在很大程度上反映了人类农业活动对环境的适应方式。我国传统农业很早就注意到因地制宜的问题,强调合理利用各类土地资源。《淮南子・齐俗训》:"其导万民也,水处者渔,山处者木,谷处者牧,陆处者农。地宜其事……泽皋织网,陵阪耕田。"[①] 这里主张根据土地本身的属性来确立土地的用途,当渔则渔、当林则林、当牧则牧,当种植粮谷的才进行垦辟。同样是种植粮谷,作物的选择也必须与环境条件相协调。《管子・立政》称:"相高下,视肥硗,观地宜……使五谷桑麻皆安其处,由田之事也。"[②] 长江中下游地区气候温暖、雨量充足、河湖众多,为水稻种植提供了相当便利的条件,是传统的水田稻作农业区。与此同时,阳光强烈、气温高以及河谷与丘陵山区相间的地形特征,在造成这里经济作物种类繁多的同时,也表现出有异于黄河流域的地域特色。

---

① 刘文典:《淮南鸿烈集解》,第 351 页。

② 黎翔凤:《管子校注》,第 73 页。

第一节　以水稻为核心的作物种植制度

古代粮食作物有“五谷”的说法。汉人对于五谷的解释主要有两种，一种是稻、黍、稷、麦、菽，另一种是麻、黍、稷、麦、菽，两者的差异在于稻与麻。把这两种说法结合起来看，共有稻、黍、稷、麦、菽、麻六种作物。《吕氏春秋·审时》比较农作物得时失时的利弊时，谈论的是禾、黍、稻、麻、菽、麦，禾就是稷（即粟）。这六种作物中，麻虽然可以供食用，但主要是用它的纤维来织布。而黍、粟、麦、菽都是旱地作物，喜欢相对干旱的环境，只有稻是水田作物。长江中下游地区降水量大、地势低，农田经常会由于地面径流不能及时排除而处于淹水状态，至于由于地下水位高、土质粘重、土壤透水性较差而造成的土层涝水情况，则更加普遍，旱地作物的种植只能局限于地势高亢、比较容易受旱的山地和坡地。中国史前农业已经呈现出南稻北粟的作物分布格局，虽然在后来的发展过程中不断出现南北作物互相渗透的现象，但水稻在南方粮食作物中的优势局面始终没有改变。汉晋南朝长江中下游地区的农业经营中，水稻种植同样处于核心地位。

一、稻的优势地位及水稻种植的发展

水稻是一种高产作物。《汉书·沟洫志》载贾让之言：“若有渠溉，则盐卤下湿，填淤加肥；故种禾麦，更为杭稻，高田五倍，下田十倍。”[①] 种稻对土壤的要求不高，重点在于有足够的水源。《齐民要术·水稻第十一》称：“稻，无所缘；唯岁易为良。选地，欲近上流。地无良薄，水清则稻美也。”[②] 尽管水稻蒸腾系数并不是特别高，大约

① 班固：《汉书》卷29《沟洫志》，第1695页。

② 贾思勰著，石声汉校释：《齐民要术今释》，第159页。

在250—600之间，与麦类作物相近，但是稻田需要水层覆盖，在一定阶段还需要不同程度的露田和晒田，用水量相当大，水稻全生长季需水量一般在700—1200毫米之间。因此，种稻首先要有水量条件。水量多少决定能否种稻和种稻的比重。与此同时，水稻又是喜温作物，“需要日平均气温在10℃以上才能开始活跃生长。一般把日平均气温在10℃以上的月数叫做水稻的生长季。生长季的长短和生长期内温度的高低，是决定水稻栽培制度的重要因素之一”[①]。受雨量与热量条件限制，北方稻作的范围有限。而长江中下游地区地势低平，河床湖泊密布，气候温暖湿润，是种植水稻的理想地区。

长江中下游地区适合种植水稻，自古就是人们的共识。《周礼·夏官司马·职方氏》记述九州适宜种植的粮食作物时指出扬州“其谷宜稻”，荆州亦“其谷宜稻”[②]。《淮南子·坠形训》叙述五方物产时说“南方阳气之所积，暑湿居之……其地宜稻”，在谈到不同流域适宜种植的作物时又说“江水肥仁而宜稻”[③]。《汉书·地理志》也说：“东南曰扬州……畜宜鸟兽，谷宜稻”，“正南曰荆州……畜及谷宜，与扬州同”[④]。元代农学家王祯在其《农书》之《农桑通诀·地利篇》中称：“尝以大体考之，天下地土，南北高下相半。且以江淮南北论之，江淮以北，高田平旷，所种宜黍稷等稼；江淮以南，下土涂泥，所种宜稻秫。”[⑤]王祯提出以江淮做宜稻与宜黍稷的分界虽然是讲述元代的实际情况，实际上也是长期以来历史规律的客观反映。汉晋南朝长

① 王伯伦主编：《水稻栽培技术》，东北大学出版社2010年，第8页。

② 贾公彦：《周礼注疏》，阮元校刻：《十三经注疏》，清嘉庆刊本，第1861页、第1862页。

③ 刘文典：《淮南鸿烈集解》，第145页。

④ 班固：《汉书》卷28《地理志上》，第1539页。

⑤ 王祯著，王毓瑚校：《王祯农书》，第14页。

江中下游地区有不少关于野生稻的记载。如《宋书·符瑞志》载："吴孙权黄龙三年(231),由拳野稻生,改由拳为禾兴","宋文帝元嘉二十三年(446),吴郡嘉兴盐官县野稻自生三十许种,扬州刺史始兴王濬以闻"[①]。《南史·梁本纪》载:梁武帝中大通三年(531)秋"吴兴生野稻,饥者赖焉"[②]。《梁书·武帝纪》载:梁武帝大同三年(537)九月"北徐州境内旅生稻穇二千许顷"[③]。当时北徐州治燕,在今安徽凤阳县东北。由此可见,即便是气候相对寒冷的六朝,稻仍然是长江中下游地区农作的天然适应性作物。

长江中下游地区是中国稻作农业的发源地。进入汉代时,稻在长江中下游地区农作物中的优势地位非常明显。《史记·货殖列传》称:"楚越之地,地广人稀,饭稻羹鱼,或火耕而水耨。"[④]《汉书·地理志》称:"江南地广,或火耕水耨,民食鱼稻。"[⑤]"饭稻羹鱼""民食鱼稻"概括了当时长江中下游地区人们以稻为主食的饮食特点。《汉书·沟洫志》记载武帝时穿渠引汾水、黄河灌溉河东,开发这里的"河壖弃地"。后来因黄河改道,引水不利,"河东渠田废,予越人,令少府以为稍入"。师古注:"越人习于水田,又新至,未有业,故与之也。"[⑥]汉政府将河东渠田交给越人耕种,主要就是因为来自长江中下游的越人拥有丰富的水稻种植经验。长江中下游汉初墓葬出土的水稻标本,以长沙马王堆出土的稻谷与江陵凤凰山出土的稻穗最为重要。马王堆汉墓出土稻谷经鉴定有四个品种,分别类似今湖南晚稻品种

① 沈约:《宋书》卷29《符瑞下》,第833页。
② 李延寿:《南史》卷7《梁本纪中》,第208页。
③ 姚思廉:《梁书》卷3《武帝纪下》,第82页。
④ 司马迁:《史记》卷129《货殖列传》,第3270页。
⑤ 班固:《汉书》卷28《地理志下》,第1666页。
⑥ 班固:《汉书》卷29《沟洫志》,第1680页。

红米冬粘和长粒籼糯、华东粳稻、养和堡白皮大稻、粳型晚糯和华东晚粳，这里“籼、粳、粘、糯并存，长粒、中粒和短粒并存”，说明西汉初期南方“稻作的品种类型确实是极其丰富的”①。江陵凤凰山汉墓出土简牍所记谷物中以稻最多，有粢秫米、粢米、白稻米、精米、稻粝米、稻粺米等等不同品种稻谷与加工的各类米。在167号汉墓的陶仓内还发现四束形态完整的稻穗，“出土时色泽鲜黄，穗、颖、茎、叶外形保存完好。穗型整齐，芒和刚毛清晰可见，颗粒饱满”，经鉴定为粳稻。稻穗长约18—19厘米，每穗粒数41—72粒，粒长0.7—0.9厘米，粒宽0.35—0.39厘米，千粒重估计28—32克②。其粒形大小和千粒重已经和现在的品种差不多，只是每穗的粒数大大低于现在的品种。

汉晋南朝长江中下游地区水稻种植发展显著。这一时期稻作农业的发展，首先表现在水稻种植面积的扩大。自东汉以来，我国农田水利事业的重心便开始向江淮流域及其以南地区发展，当时随着陂塘兴建而新垦辟的农田一般都是稻田。《后汉书·循吏传》载：王景迁庐江太守，“郡界有楚相孙叔敖所起芍陂稻田。景乃驱率吏民，修起芜废，教用犁耕，由是垦辟倍多，境内丰给”③。王景任庐江太守前，当地“地力有余而食常不足”，农田面积有限，经过他率领百姓修治荒废的芍陂，发展水稻生产，垦辟的农田成倍增加。东汉顺帝时会稽太守马臻主持修建鉴湖，“若水少则泄湖灌田，如水多则闭湖泄田中水入海，所以无凶年。其堤塘，周回三百一十里，都溉田九千余顷”④。

① 湖南农学院、中国科学院植物研究所：《农产品鉴定报告》，《长沙马王堆一号汉墓出土动植物标本的研究》，文物出版社1978年，第1—20页。

② 江陵凤凰山一六七号汉墓发掘整理小组：《江陵凤凰山一六七号汉墓发掘简报》，《文物》1976年第10期。

③ 范晔：《后汉书》卷76《循吏传》，第2466页。

④ 杜佑：《通典》卷182《州郡典十二》，第4832—4833页。

山会平原北部的沼泽地带，由于鉴湖的修建，得以改造成为旱涝保收的优质稻田。

六朝时期，曾是地广人稀的长江中下游地区，由于中原人口大量南迁以及人口的自然增长，农业资源得到前所未有的大规模开发，稻田面积扩展更加迅速。当时各政权在长江中下游地区广辟屯田，种植水稻。由于屯田利用的主要是各种生熟荒地，因此屯田的发展过程也就是土地垦辟为稻田的过程。历史上的屯田以曹魏最有名，曹魏屯田的重点之一就是在与孙吴对峙的长江沿线种植水稻。《三国志·魏书·刘馥传》载：建安年间刘馥被曹操任为扬州刺史，他在任上“广屯田，兴治芍陂及茹陂、七门、吴塘诸堨以溉稻田，官民有畜”[1]。《三国志·吴书·吕蒙传》载：“曹公遣朱光为庐江太守，屯皖，大开稻田。”[2] 曹魏屯田规模最大的是邓艾屯田。《三国志·魏书·邓艾传》载：邓艾规划两淮军屯，“淮北屯二万人，淮南三万人，十二分休，常有四万人，且田且守。水丰常收三倍于西”[3]。两淮田兵五万，淮南占据三万。《太平寰宇记·河南道》载：西华县柳城，“魏邓艾营稻陂时，柳舒为陂长，后人因为柳城”；沈丘县砖城，“司马宣王使邓艾于此置屯种稻，以备东南，筑城围仓廪”[4]。邓艾在淮北的屯田已经以种植水稻为主，那么在淮南的屯田自然应该几乎都是稻田。《元和郡县图志·淮南道》载：邓艾曾在盱眙县军山“营堰涧为塘以溉稻田”[5]。前面介绍江淮地区的水土建设时也提到他在淮南修复芍陂，

① 陈寿：《三国志》卷15《魏书·刘馥传》，第463页。

② 陈寿：《三国志》卷54《吴书·吕蒙传》，第1276页。

③ 陈寿：《三国志》卷28《魏书·邓艾传》，第775页。

④ 乐史：《太平寰宇记》卷10《河南道十》，第192页；卷11《河南道十一》，第210页。

⑤ 李吉甫：《元和郡县图志·阙卷逸文卷二》，第1075页。

兴建白水陂,重视与屯种稻田相配套的陂塘水利设施。

孙吴屯田规模也很大。《三国志·吴书·诸葛瑾传》注引《吴书》:"赤乌中,诸郡出部伍,新都都尉陈表、吴郡都尉顾承各率所领人会佃毗陵,男女各数万口。"① 当时仅在毗陵屯田的便有数万口。《三国志·吴书·陆凯传》称:"先帝战士,不给他役,使春惟知农,秋惟收稻,江渚有事,责其死效。"②《晋书·王浑传》记载:王浑泰始初年迁安东将军、都督扬州诸军事时,"吴人大佃皖城,图为边害。浑遣扬州刺史应绰督淮南诸军攻破之,并破诸别屯,焚其积谷百八十余万斛、稻苗四千余顷、船六百余艘"③,清楚地记载了孙吴屯田以种植水稻为主。石鳖一带是东晋南朝在淮南的重要屯田区,《南齐书·州郡志》称"阳平石鳖,田稻丰饶"④,主要种植水稻。《晋书·桓冲传》载:前秦苻氏占领樊、邓,东晋荆州刺史桓冲"使扬威将军朱绰讨之,遂焚烧沔北田稻"⑤,可见前秦在汉水流域的屯田也是种植水稻。

六朝时期长江中下游地区农田水利事业蓬勃发展,每一处水利工程的修建,都是为了将原来的沼泽平原或其他历来的劣等土地改造成为理想的可耕种对象。前面提到,《南齐书·武十七王传》载竟陵王萧子良上表:京尹"萦原抱隰,其处甚多,旧遏古塘,非唯一所。而民贫业废,地利久芜……堪垦之田,合计荒熟有八千五百五十四顷,修治塘遏,可用十一万八千余夫,一春就功,便可成立",认为只要陂塘得到修治,建康周围的"萦原抱隰"之处便可得以开垦。据《嘉泰吴兴志》卷19,晋太守殷康开荻塘,就是因为"濒湖之地,形势卑

① 陈寿:《三国志》卷52《吴书·诸葛瑾传》,第1236页。
② 陈寿:《三国志》卷61《吴书·陆凯传》,第1407页。
③ 房玄龄等:《晋书》卷42《王浑传》,第1202页。
④ 萧子显:《南齐书》卷14《州郡志上》,第257页。
⑤ 房玄龄等:《晋书》卷74《桓冲传》,第1952页。

下”,故而“取土以捍民田”。荻塘“围田千余顷”,通过筑堤泄水,大量濒湖的卑湿之地得以开垦成为农田。据《晋书·张闿传》,张闿任晋陵内史时建新丰塘,“溉田八百余顷”,亦是因为“时所部四县并以旱失田”,故而筑陂塘以蓄水。《南史·宋本纪》载:刘宋元嘉二十二年(445)“是冬,浚淮,起湖熟废田千余顷”;《宋书·毛修之传》载:“高祖将伐羌,先遣修之复芍陂,起田数千顷。”同书《张邵传》载张邵元嘉五年任雍州刺史,“及至襄阳,筑长围,修立堤堰,开田数千顷,郡人赖之富赡”,反映了当时水利兴建对促进农田垦辟的作用。

随着农田水利工程不断增加,长江中下游地区稻田日益扩展,部分地区由于民多田少,乃至需要转移人口和泻湖为田。《宋书·孔灵符传》载:“山阴县土境褊狭,民多田少,灵符表徙无赀之家于余姚、鄞、鄮三县界,垦起湖田。”[①]山阴地区在东汉所筑鉴湖的覆盖范围之内,由于开发早,土地垦殖比较充分,晋室南迁后这里移民增多,在南朝已经出现“民多田少”的现象,故而丹阳尹孔灵符建议将当地的贫户迁到宁绍平原东部沿海地区围湖造田。六朝时农田垦殖已经不局限于对浅滩沼泽地的开发,开始向深水区发展。前面提到,孙吴时丹阳都尉严密曾建议作浦里塘,围垦丹阳湖,只是由于技术未成熟而没有成功。谢灵运亦曾求会稽东郭回踵湖、始宁岯崲湖,想要“决以为田”。沈约在《宋书》中概括说:“江南之为国盛矣……地广野丰,民勤本业,一岁或稔,则数郡忘饥。会土带海傍湖,良畴亦数十万顷,膏腴上地,亩直一金,鄠、杜之间,不能比也。”[②]反映了当时长江中下游地区稻田弥望的情形。

汉晋南朝长江中下游地区的水稻种植技术有明显改进。持续了

---

① 沈约:《宋书》卷54《孔灵符传》,第1533页。
② 沈约:《宋书》卷54《孔季恭羊玄保沈昙庆传》,第1540页。

相当长时间的火耕水耨粗放稻作方式在这段时间几乎彻底消失，稻作技术逐渐向精耕细作的方向发展。这一时期水稻的品种不断翻新。《齐民要术·水稻第十一》载："今世有黄瓮稻、黄陆稻、青稗稻、豫章青稻、尾紫稻、青杖稻、飞蜻稻、赤甲稻、乌陵稻、大香稻、小香稻、白地稻，菰灰稻（一年再熟）。有秫稻。秫稻米，一名'糯'米……有九格秫、雉目秫、大黄秫、棠秫、马牙秫、长江秫、惠成秫、黄般秫、方满秫、虎皮秫、荟柰秫，皆米也。"又引西晋郭义恭《广志》云："南方有蝉鸣稻（七月熟）；有盖下白稻（正月种，五月获；获讫，其茎根复生，九月熟）；青芋稻（六月熟）、累子稻、白汉稻（七月熟），此三稻：大而且长，米半寸，出益州。秔：有乌秔、黑秔、青函、白夏之名。"[①]《广志》中提及的都是南方稻种，《齐民要术》正文提及的稻种虽然包含了北方稻种，但豫章青稻、长江秫等，从名字就能判断出自南方。

长江中下游地区栽培稻在新石器时期已经出现籼稻与粳稻两个亚种的分化。这两个水稻亚种有不同的熟期、籽粒大小，而且粳稻相较籼稻更为耐寒。由于生态属性的差异，它们在生存环境上也有不同的适宜选择。但是水稻的这个属性一开始并没有被人们所认识，古代文献中"稻"在多数情况下是对所有"水田米"的通称，有时则专指糯稻；而"粳"则代表所有不黏的水稻，包括籼稻和粳稻。宋郑樵《通志》卷75《昆虫草木略》称："稻有粳、糯二种，古人谓糯为稻。"[②]"籼"的名称最早出现于南方，《方言》称"江南呼粳为籼"[③]，此后逐渐演变成用籼指早稻，粳指晚稻。将粳与籼两者区分开来，显然是注意到不同品种水稻的成熟期有早晚之分。《广志》在叙述南方

① 贾思勰著，石声汉校释：《齐民要术今释》，第158页。

② 郑樵：《通志》卷75《昆虫草木略》，中华书局1987年，第873页。

③ 笔者在戴震《方言疏证》中没查到"江南呼粳为籼"，此处转引自《集韵》卷3，清文渊阁四库全书本。

稻作品种时首先提到的是“蝉鸣稻”，这个品种六十日便能成熟。南朝梁庾肩吾《谢东宫赉米启》有“滍水鸣蝉，香闻七里。琼山合颖，租归十县”[①]，庾信《奉和永丰殿下言志诗》有“六月蝉鸣稻，千金龙骨渠”[②]。《广志》将其列在南方稻作品种的首位，应该与其种植范围较广有关。蝉鸣稻属于籼稻，六月即可成熟，与《广志》中提到的七月熟都是早稻。《广志》中提到的乌粳、黑穬等为粳稻，其成熟期要晚于早稻。

六朝文献中常见的秫稻即糯稻，因为黏性重，是用来酿酒的上好材料。《晋书·孔愉传》记载山阴人孔愉的从弟孔群“性嗜酒……尝与亲友书云：‘今年田得七百石秫米，不足了麴糵事。’其耽湎如此。”[③]《晋书·隐逸传》载：陶潜任县令，“在县公田悉令种秫谷，曰：‘令吾常醉于酒足矣。’妻子固请种秔，乃使一顷五十亩种秫，五十亩种秔”[④]。陶潜曾想将二顷在县公田全部用来种秫，因为妻子坚持才将其中五十亩用于种植粳稻。六朝名士崇尚自然，能饮酒、能醉酒是他们的风度，当时长江下游地区秫稻的种植应有相当规模。《宋书·谢灵运传》载谢氏庄园中便是“蔚蔚丰秫”。秫稻当然也可以直接食用。《宋书·文帝纪》载：元嘉十二年（435）六月“丹阳、淮南、吴兴、义兴大水，京邑乘船……是月，断酒”[⑤]；同书沈约《自序》载：“时三吴水淹，谷贵民饥”，沈亮建议“且酒有喉唇之利，而非飡饵所资，尤宜禁断，以息游费”[⑥]。这是在粮食不足的情况下，节省酿酒的秫米供给食

① 严可均：《全上古三代秦汉三国六朝文》，第3341页。
② 逯钦立辑校：《先秦汉魏晋南北朝诗》，中华书局2011年，第2389页。
③ 房玄龄等：《晋书》卷78《孔愉传》，第2061—2062页。
④ 房玄龄等：《晋书》卷94《隐逸传》，第2461页。
⑤ 沈约：《宋书》卷5《文帝纪》，第83页。
⑥ 沈约：《宋书》卷100《自序》，第2449—2450页。

用的例子。

水稻品种日益丰富，由于播种期不同形成早稻、晚稻品种，可以使劳力的分配更加均衡；各品种适应的最佳环境存在差异，可以根据各地自然条件建立起不同的作物组合方式，对稻作范围的扩大以及技术的精细化都是有利的。

汉晋南朝南方水田农具的种类有所增多，除了锄、锸、镰等农具继续使用外，适用于水田耕作的犁、耙等也相继出现了[①]。犁是与牛耕配套的农具。《后汉书·循吏传》记载：东汉王景任庐江太守时，"先是，百姓不知牛耕，致地力有余而食常不足"，王景"驱率吏民，修起芜废，教用犁耕。由是垦辟倍多，境内丰给"[②]。可见东汉时期南方地区牛耕还很罕见。《三国志·吴书·吴主传》载：黄武五年（226）"陆逊以所在少谷，表令诸将增广农亩。权报曰：'甚善。今孤父子亲自受田，车中八牛以为四耦，虽未及古人，亦欲与众均等其劳也。'"[③]孙权同意扩大屯田并将驾车之牛改作耕牛，说明孙吴的屯田也有采用牛耕。为发展农业，东晋南朝政府非常重视牛耕的推广，对于杀牛行为有严格的禁令，即便是"齿力疲老""不任耕驾"的老牛亦不能随意屠杀。《晋书·张茂传》载：东晋初年"官有老牛数十，将卖之"，张茂曰："杀牛有禁，买者不得辄屠，齿力疲老，又不任耕驾，是以无用之物收百姓利也。"[④]东晋南朝禁止杀牛的法令执行得还相当严格。《宋书·刘粹传》载：五城人帛氏奴等欲谋反，先"杀牛盟誓"，然后以"官禁杀牛，而村中公违法禁"胁迫众人为乱[⑤]。《南齐书·王玄载传》载

① 梁家勉主编：《中国农业科学技术史稿》，第249—250页。

② 范晔：《后汉书》卷76《循吏传》，第2466页。

③ 陈寿：《三国志》卷47《吴书·吴主传》，第1132页。

④ 房玄龄等：《晋书》卷78《张茂传》，第2064页。

⑤ 沈约：《宋书》卷45《刘粹传》，第1381页。

其侄太常王宽“坐于宅杀牛，免官”①，《梁书·谢朏传》载其子谢谖“官至司徒右长史，坐杀牛免官”②。对耕牛的保护，说明当时牛耕应该具有一定普遍性。南朝梁宗懔《荆楚岁时记》云：“四月也，有鸟名获谷，其名自呼。农人候此鸟，则犁杷上岸。”③四月时开始耕地、耙土以利播谷是稻作生产的反映，犁是牛耕的实现条件。《荆楚岁时记》反映的是荆楚地区的一般民俗，那么南朝荆楚民众使用“犁杷”自然不是个别现象。

为了提高稻田的产量，六朝不仅注意农田水利建设，而且已经广泛使用肥料。《南史·到彦之传》载其“初以担粪自给”④，替人担粪能够谋生，说明粪肥的使用量应该是比较大的。《荆楚岁时记》载：荆楚地区正月初一有“以钱贯系杖脚，回以投粪扫上，云令如愿”的风俗，隋杜公瞻注将之与“北人正月十五日夜立于粪扫边，令人执杖打粪堆”的风俗相对照⑤，所谓“粪扫”应该是堆“粪堆”的工具。南朝时荆楚地区农民大多已使用粪堆，说明已经知道沤粪积肥，普遍利用熟粪肥田。人工栽培绿肥这时也已经见于记载，《齐民要术》卷10引晋郭义恭《广志》记载：“苕，草色青黄，紫华。十二月稻下种之。蔓延殷盛，可以美田。”⑥即是在收割稻谷后种下苕草，来春翻耕做基肥。

值得一提的是，西晋左思《吴都赋》提到“国税再熟之稻”⑦，这

① 萧子显：《南齐书》卷27《王玄载传》，第510页。
② 姚思廉：《梁书》卷15《谢朏传》，第264页。
③ 宗懔：《荆楚岁时记》，中华书局2018年，第38页。
④ 李延寿：《南史》卷25《到彦之传》，第679页。
⑤ 宗懔：《荆楚岁时记》，第10页。
⑥ 贾思勰著，石声汉校释：《齐民要术今释》，第1107页。
⑦ 萧统编，李善注：《文选》卷5《吴都赋》，第215页。

条材料常被视为六朝南方稻作一年两熟的记载。其实,《吴都赋》中的"再熟之稻"可以理解为同一田块中种早稻和晚稻的再熟,也可理解为不同田块分别种植的早稻和晚稻,后者仍然是单季稻。黄淑梅认为,由于水稻一年两熟在宋代仍限于福建、广东、广西等部分地区,这里"'再熟之稻'当指稻的种类而言,即早稻与晚稻之别,一年分两次收成,并非指同一田地一年可两造稻作……本区所种稻的种类有秔稻(俗作稉稻或粳稻)、籼稻及秫稻三大类,其中秔稻是种于水田中品质较高的白色稻种,属晚稻类。籼稻则为旱稻,种于高田(旱田),有多种红色的品种,前引左思吴都赋中所言的'红粟流行'当即指籼稻,较无黏性"①。前引《广志》记载的"盖下白稻",因为"正月种,五月获;获讫,其茎根复生,九月熟",也曾被视为一年两熟制的例证。游修龄指出东晋张湛《养生要集》载有"稻已割而复抽曰稻孙",《广志》所载其实是再生稻,而非双季稻②。

六朝时期长江中下游稻作普遍一年两熟的可能性不大,但当时这里甚至有稻作一年三熟的记载。《水经注·耒水》记载:桂阳郡便县境内有温泉水,"左右有田数千亩,资之以溉。常以十二月下种,明年三月谷熟……温水所溉,年可三登"③。刘宋盛弘之《荆州记》也记载:"桂阳郡西北接耒阳县,有温泉,其下流百里,恒资以溉灌。常十二月一日种,至明年三月新谷便登。重种,一年三熟。"④耒阳靠近南岭,气候本来就很温暖,加上有温泉灌溉,冬天也可以种植水稻,因而能够一年三熟。不过,这里利用了地热活动,属于极偶然的现象。

---

① 黄淑梅:《六朝太湖流域的发展》,台北联鸣文化有限公司1982年,第128—130页。

② 游修龄:《中国稻作史》,第215—216页。

③ 郦道元著,陈桥驿校证:《水经注校证》,第916页。

④ 李昉等:《太平御览》卷837《百谷部一》,第3741页。

六朝时期稻田的平均产量，我们在第二章曾根据《晋书·食货志》所载“咸和五年，成帝始度百姓田，取十分之一，率亩税米三升（斗）”，推测每亩得米应该是3斛。如果按唐开元二十五年（737）令“稻三斛折纳糙米一斛四斗”的标准，则亩产应该在6.4斛左右。当时也有为数不少的高产田。《梁书·夏侯夔传》载其任豫州刺史时，“帅军人于苍陵立堰，溉田千余顷，岁收谷百余万石”①，平均亩产达到10斛。《太平御览·资产部》引刘宋雷次宗《豫州记》，“郡江之西岸有盘石，下多良田，极膏腴者，一亩二十斛”②，最高亩产达到20斛。

汉晋南朝是长江中下游地区水稻种植面积大扩展的时期，也是水稻种植技术的转折时期。与其他时期一样，稻作当时在长江中下游地区表现出明显的种植优势，人们往往以种稻来代表这里的粮食生产。《三国志·吴书·吴主传》注引《吴书》描述吴国富庶，称“带甲百万，谷帛如山，稻田沃野，民无饥岁”③。《晋书·食货志》载杜预在上疏中指出“东南以水田为业”④。稻米始终是长江中下游地区最基本的，同时也是最受喜爱的食粮。《南史·孝义传》载：“宋初吴郡人陈遗，少为郡吏，母好食铛底饭。遗在役，恒带一囊，每煮食辄录其焦以贻母。后孙恩乱，聚得数升，恒带自随。及败逃窜，多有饿死，遗以此得活。”⑤铛底饭即煮米饭时烧焦的锅巴，陈遗在役时“恒带一囊”收集锅巴，正是由于长江中下游地区的饮食几乎餐餐离不开米饭。由于种稻、食稻普遍，六朝官吏月俸也用稻米支付。《宋书·孝

---

① 姚思廉：《梁书》卷28《夏侯夔传》，第421—422页。

② 李昉等：《太平御览》卷821《资产部一》，第3658页。

③ 陈寿：《三国志》卷47《吴书·吴主传》，第1130页。

④ 房玄龄等：《晋书》卷26《食货志》，第788页。

⑤ 李延寿：《南史》卷73《孝义传》，第1804页。

义传》载刘宋时何子平任扬州从事史,“月俸得白米,辄货市粟麦”①。

二、长江中下游地区稻田的形态

先秦时期对于农田形式有统一的规格和要求。《周礼·考工记》中的沟洫制度、四川青川出土秦武王二年(前309)更修《为田律》对农田阡陌的严格规定,反映当时的理想农田应该是大方块形式,内部畎、亩相间。这样规整的田块只能局限在广阔平原地区,而且政府必须对土地有很强的支配权力。成书于西汉末年的《九章算术》列举有不同形状的农田面积计算方法,计算的农田尽管以方块田为主,但长宽大小不一,同时也出现了不规则的圭田、邪田、箕田、圆田、宛田、弧田、环田,反映当时的农田已经重在因地制宜,不再有强制统一的规格。汉晋南朝的农田遗迹,目前发现的仅内黄三杨庄汉代村落遗址一处。遗址共发现13处宅院,庭院“四周都发现有排列整齐的十分明晰的高低相间的田垄遗迹,田垄的走向有东西向的,但多为南北向,田垄的宽度大致在60厘米左右。田地内发现有车辙痕迹及牛蹄痕迹”②。三杨庄农田遗迹展现了汉代黄河流域旱作农田的真实面貌。汉晋南朝长江中下游地区的稻田,尽管没有发掘遗迹可供考察,根据文献记载以及出土水田模型,仍然可以对其类型与内部结构有所了解。

水稻种植过程中要多次对稻田进行灌水与排水,因此标准稻田必须周围有田埂包围从而能够蓄水与调节水的深浅,同时还必须有配套的灌水、排水设施。汉晋南朝文献记载中的稻田有陂田、渠田、围田等不同名目,体现的主要就是不同排灌类型的稻田。

---

① 沈约:《宋书》91《孝义传》,第2257页。

② 刘海旺、张履鹏:《国内首次发现汉代村落遗址简介》,《古今农业》2008年第3期。

陂田是利用陂塘蓄水进行灌溉的稻田。这种类型的稻田起源很早，湖南澧县城头山遗址的古稻田距今6000—7000年，在古稻田西边的原生土层就发现有三个水坑和数条与水坑相连的水沟，水沟一直连到稻田西壁，这些水坑与水沟均高出于稻田，无疑是与稻田配套的灌溉设施[①]。汉晋南朝稻田开垦往往与陂塘修建同步。《三国志·魏书·刘馥传》载：刘馥为扬州刺史，"兴治芍陂及茹陂、七门、吴塘诸堨以溉稻田"[②]；《宋书·文帝纪》载宋文帝元嘉二十一年（444）诏："徐、豫土多稻田，而民间专务陆作，可符二镇，履行旧陂，相率修立，并课垦辟，使及来年。"[③]《南齐书·武十七王传》载萧子良任丹阳尹时上表："京尹虽居都邑……萦原抱隰，其处甚多，旧遏古塘，非唯一所。而民贫业废，地利久芜。近启遣五官殷沵、典签刘僧瑗到诸县循履，得丹阳、溧阳、永世等四县解，并村耆辞列，堪垦之田，合计荒熟有八千五百五十四顷，修治塘遏，可用十一万八千余夫，一春就功，便可成立。"[④]这说明当时长江中下游地区的大量稻田能否垦种必须取决于配套陂塘的维护状况，一旦没有了陂塘提供灌溉水源，很多稻田就可能废弃。

汉晋南朝长江中下游地区陂塘非常普遍。规模大的如鉴湖，这是在会稽山麓原来的诸小湖北部修建长堤，由湖堤与会稽丘陵山麓线围成的大型蓄水工程，能灌田九千余顷。小规模的陂塘则数量相当庞大，长沙地区仅走马楼吴简《竹简（叁）》记载的陂塘便有几十

① 湖南省文物考古研究所：《澧县城头山古城址1997—1998年度发掘简报》，《文物》1999年第6期。

② 陈寿：《三国志》卷15《魏书·刘馥传》，第463页。

③ 沈约：《宋书》卷5《文帝纪》，第92页。

④ 萧子显：《南齐书》卷40《武十七王传》，第694页。

处,《宋书·孝义传》称晋陵郡“承陂之家,处处而是”[1]。这些陂塘通过沿堤设立斗门、闸、堰、阴沟等组成的涵闸系统与输水渠,向稻田输送或控制水源。寿县安丰塘发现的汉代闸坝工程即建筑在一条泄水沟的上面,水沟至闸坝前有一个水潭,闸坝水潭前还有一道树木横叠而成的拦水坝。“由结构和建筑形式推测,在缺水时,安丰塘内的水,可以通过闸坝的草层经常有很少的水滴泄到拦水坝的水潭内,使之有节制的流到田间,而有很多的水,被蓄在安丰塘内,使之灌溉附近农田”[2]。

渠田是在河流中设堰引水灌溉的稻田。这种类型的稻田在全国比较普遍。战国晚期秦国李冰主持修建的都江堰就有引江水灌溉稻田的作用。《华阳国志·蜀志》记载:“冰乃壅江作堋,穿郫江、检江,别支流双过郡下……又溉灌三郡,开稻田。于是蜀沃野千里,号为‘陆海’。旱则引水浸润,雨则杜塞水门。”[3]《汉书·沟洫志》记载:武帝时因河东守番系的建议,“发卒数万人作渠田。数岁,河移徙,渠不利,田者不能偿种。久之,河东渠田废,予越人,令少府以为稍入”。师古注:“越人习于水田,又新至,未有业,故与之也。”[4]可见,河东渠田也是引河水灌溉的稻田。为了使水流相对平缓,汉晋南朝长江中下游地区通常是在中小河流及其支流筑堰引水,而且往往先将河水引入较大型的湖池陂塘蓄积,然后再根据需要泄水用于稻田灌溉。

围田是在低湿滨水地区防止稻田被淹没而创造出来的农田形态。汉晋南朝南方低地垦田规模逐渐增大,为了解决围田与蓄洪排涝间的矛盾,围田必须与开挖塘浦同时并举。由于开挖塘河时会用

---

① 沈约:《宋书》卷91《孝义传》,第2251—2252页。

② 殷涤非:《安徽省寿县安丰塘发现汉代闸坝工程遗址》,《文物》1960年第1期。

③ 常璩撰,刘琳校注:《华阳国志校注》,巴蜀书社1984年,第202页。

④ 班固:《汉书》卷29《沟洫志》,第1680页。

挖出的泥土在河渠两岸筑堤，事实上也有围筑堤岸拦水以便垦辟的作用。随着塘浦的延伸，南朝时期江南部分地区逐渐形成横塘纵浦之间围圩棋布的塘浦圩田系统。围田除了环水筑堤，同时也必须在堤岸修建堰闸，来调节围内围外的水源。吴兴郡乌程县的荻塘是六朝时期在太湖东南缘修建的重要水利工程。《嘉泰吴兴志》卷19《塘》注引《统记》：“晋太守殷康开，旁溉田一千顷。后太守沈嘉重开之，更名吴兴塘、南塘。李安人又开一泾，泄于太湖。”荻塘是以泄水为主的塘河。《嘉泰吴兴志》改荻塘“旁溉田一千顷”为“围田千余顷”，并特意指出，“濒湖之地，形势卑下，若水不苦旱，初无藉于灌溉意”，“作史者以为开塘灌田，盖以他处例观，易开为筑，易灌为围”[①]。荻塘长百余里，“围田千余顷”指通过筑塘泄水而得以开垦的农田。但是由于堤岸较高，通过闸坝体系加以控制，必要时也能引流灌溉所围农田，故而也有说它是“溉田一千顷”。

汉晋南朝时期稻田类型相对简单，后世江南地区常见的梯田、架田、涂田、沙田或者尚未出现或者仅现萌芽，反映出当时长江中下游地区人地关系尚不是特别紧张。

目前出土有不少汉晋时期的陂塘水田模型，尽管这些水田模型大都出自西南地区与岭南地区，仍然可以为进一步了解长江中下游地区稻田的内部结构提供参照。出土陂塘水田模型中的稻田都有很明显的田埂。至于将陂塘中的蓄水引入稻田的方式则分两种：一类陂塘水田模型在水田区内有水渠，陂塘与水渠相通，水田往往分布在水渠两侧，通过水渠一侧田埂上的通水孔来排水与灌水。陕西勉县出土的一件汉代塘库农田模型，塘库与田连为一体。“塘田相间的正中坎下，有一直径2厘米的放水孔。塘内放水孔的两侧，各有一个直

---

①谈钥：《嘉泰吴兴志》，中华书局编辑部编：《宋元方志丛刊》，第4855—4856页。

径 1.5 厘米的立式闸门槽柱，为提升式平板闸门，可上下提动，以控制放水量。田面正中，有一条宽 3 厘米的沟渠，直对闸门水口。沟上为横田畦，下为竖田畦”①。贵州兴仁 M6 出土的一件东汉陂塘水田模型，“陂塘、水田两部分被堤坝分开……堤坝上装有闸门控制水位，闸外为一条较宽的水渠，水渠两侧各有规则的长方形水田两块”②。四川合江草山出土的一件东汉水田模型，右边是两个池塘，左边是水田和水渠。在最左边有一条水渠，水渠的中部又横出一条水道，分开两边的水田与池塘相连③。云南呈贡小松山出土的一件东汉陂塘水田模型，右边是一个大的池塘，左边是 12 块排列整齐的长方形水田，在水田的中间有一条细长的水渠纵贯，并与池塘直接相通④。这类模型一般田块数量比较多，显示模型中陂塘与农田的规模应该相对较大。

除了利用陂塘蓄水灌溉的稻田，利用其他水源的稻田通常也是先通过渠道将水引入农田区。淮阳出土的一件汉代陶院落侧院的水田采用井灌。模型中的水田，“全长 44 厘米，由水井向北灌溉干渠分为东西两部分，每边有畦田 7 块，共 14 块……每两块间有支沟高出畦田，便于放水流向畦内”，“干渠宽 4 厘米、长 48 厘米，北端有一下水孔，孔径为 1.2 厘米，成圆形。南端成弧形与井底部紧密结合一起”⑤。汉晋南朝的围田内是否有水渠没有具体记载，也没有出土

① 郭清华：《浅谈陕西勉县出土的汉代塘库、陂池、水田模型》，《农业考古》1983 年第 1 期。

② 赵小帆：《贵州出土的汉代陂塘水田模型》，《农业考古》2003 年第 3 期。

③ 罗二虎：《汉代模型明器中的水田类型》，《考古》2003 年第 4 期。

④ 肖明华：《陂池水田模型与汉魏时期云南的农业》，《农业考古》1994 年第 1 期。

⑤ 骆明、陈红军：《汉代农田布局的一个缩影——介绍淮阳出土的三进陶院落模型的田园》，《农业考古》1985 年第 1 期。

围田遗迹或模型能够参考，但是兴建围田的同时必须设置堰闸控制内外水流，有闸则应该在围内有与闸门相连的水渠，通过水渠对围内灌、排起作用。《越绝书·外传记吴地传》记载："吴西野鹿陂者，吴王田也。今分为耦渎。胥卑虚，去县二十里。"[①] 缪启愉认为，吴时的"鹿陂"至汉时分为"耦渎"，"透露了（围田内）分凿内河并分隔一围为二围的形迹"[②]。

还有一类陂塘水田模型中陂塘直接与水田相连，通过陂塘与水田间堤坝上的缺口或排水孔向稻田灌水。贵州可乐M15出土模型，"陂塘与水田之间的堤坝中间有一个缺口，堤坝底部没有通水口，当陂塘的水位超出缺口高度时，水便能流入水田"。兴仁M7和M8的两件模型中，"陂塘、水田之间是堤坝下均有涵洞，陂塘的水通过涵洞缓慢流进水田"[③]。四川宜宾草田出土的一件模型，水塘在右上边，右边的水塘、水田与左边的水田之间有一条大田埂，田埂上设有一个排水孔，与贯通左边水田的渠道相连；而在右上边的水塘与右下边的水田之间则是一条较宽的矮田埂，在田埂靠右的地方有一个缺口，通过缺口直接向水田灌水[④]。这件模型中左边水田所占面积超过整个模型三分之二，而右边的水田面积不到水塘面积的三分之一。反映出当时可能对于大面积稻田的灌溉通常是先将水引入田间渠道，只有小规模的稻田才直接由陂塘灌水。

出土模型中的水田，一般都由田埂分隔为数量不等的小田块，而在田块间的田埂上留有缺口，方便水从一块田流入另一块田。上面

① 袁康、吴平辑录，乐祖谋点校：《越绝书》，第13页。

② 缪启愉编著：《太湖塘浦圩田史研究》，第13页。

③ 赵小帆：《贵州出土的汉代陂塘水田模型》，《农业考古》2003年第3期。

④ 秦保生：《汉代农田水利的布局及人工养鱼业》，《农业考古》1984年第1期；罗二虎：《汉代模型明器中的水田类型》，《考古》2003年第4期。

提到的兴仁M7和M8的两件模型中，水田分别被田埂分隔成形状各异、面积大小不等的6小块和4小块，“每块田里都刻有行距整齐的秧苗，每道田埂均留有缺口，以利水田的水互相贯通”。前述四川合江草山出土的模型中，水渠两侧的水田各由大的田埂与水渠与池塘隔开，而在水田中又各自用小田埂分为6小块。“在水渠的两侧和大、小田埂上共设有14个放水的缺口，在两侧水田与池塘相连的大田埂上还各有一个放水孔”。四川新津宝子山出土陶水田也是由渠道将水田分为两边，两边田中又以田埂为界形成几个较为规整的小田，每块小田都有特别开置的渠口，方便水的流通。而在峨眉出土的一件模型中，右边是一水塘，左边是上下两块水田。模型的田埂上共开了两个水口，一个在左下方的水田与水塘之间的田埂上，一个在左边上下两块田之间的田埂上。当稻田需要灌水时，水通过前一个缺口进入左下方的水田，然后经过第二个缺口进入左上方的水田①。

出土汉晋水田模型中的田块除了规整的长方田外，更多的是不规则的田块。广州番禺出土的一块东汉水田模型四周有埂，中间用十字埂划分，形成“田”字形田块，其中三块田中又有斜向埂。于是模型中田块呈四方形、梯形、三角形等不同形状②。上面提到的贵州兴仁M7和M8中的两件水田模型都是圆盘形，其中的水田又分别被带拐折的田埂相隔成6与4块，各自有一个小田块是方形，其他都是不规则形。四川乐山市车子乡出土水田模型，中间有一条大田埂将水田分出两部分，大田埂两边的水田分别被不规则的田埂分隔成13和12个不规则的小块，呈鱼鳞状布局③。四川彭山出土的一件

---

① 刘文杰、余德章：《四川汉代陂塘水田模型考述》，《农业考古》1983年第1期。
② 向安强、张巨保：《浅论广东出土的汉晋水田模型》，《农业考古》2007年第1期。
③ 刘兴林：《汉代农田形态略说》，《农业考古》2009年第1期。

农田模型中,除右上方一方块为旱地外,其余均为水田。水田同样是被不规则的田埂分隔成许多个形状不规则的小块,呈鱼鳞状[①]。四川凉山西昌出土的一件水田模型中,除了一个小池塘,其余部分都是水田,多道弯曲的田埂将水田分为数块,田块的布局显得相当凌乱,而且每个田块都不规则到难以具体描述其形状[②]。

南方稻田的内部结构不像北方旱田那样规整,田块形式更加多样化。原因是南方地形以丘陵山地为主,地势起伏较大,不同于北方的广阔平原区,同时稻田田块必须底部保持平整,灌水后才能深浅一致。因此为使田块底部平整,稻田的形状往往会因地形的情况而有不同。不规则的田块相对于方形田块,更不利于耕作与管理。不同于三杨庄遗址那种大面积平坦农田和整齐的垄沟,南方稻田几乎都会进行分区,分隔为不同的小田块,尤其是不规则的小田块,并不是由于南方农业生产上的风俗不同,而是营田时因地制宜,将不在同一平面的农田进行分解的结果。

仅仅依靠水田模型,无法估算汉晋南朝通常情况下稻田的具体面积,但相对于旱田而言,平均每块稻田的面积不会太大。《氾胜之书》说:"种稻区不欲大,大则水深浅不适。"[③]稻田田块必须底部保持平整,这在较小面积的范围内才会比较容易实现。长沙走马楼吴简《嘉禾吏民田家莂》记载有三国孙吴时期长沙地区吏民佃种官田的情况,每户均按照佃田若干町,总共有多少亩的格式登录。一町就是指一处或一块田地。从吴简看,当时长沙地区稻田的面积有大有小,大的能够达到二三十亩,如简 4.512 "佃田一町,凡廿一亩";

① 南京博物院:《四川彭山汉代崖墓》,文物出版社 1991 年,第 41—42 页。
② 凉山州博物馆:《四川凉山西昌发现东汉、蜀汉墓》,《考古》1990 年第 5 期。
③ 万国鼎:《氾胜之书辑释》,第 121 页。

简4.647“佃田一町，凡卅三亩”，小的则不足一亩，如简5.899“佃田十五町，凡五亩”，简5.1056“佃田八町，凡六亩”。有些人租种的农田面积较大，田块的数量也因而相当多。如简5.901“佃田一百一十四町，凡一顷八十一亩”，简5.1074“佃田一百町，凡二顷一十八亩”[①]。尽管稻田田块面积会因为地形不同而有较大区别，但吴简中平均每町的面积在2到5亩之间，还是能够反映汉晋南朝时期稻田的一般情况。《左传·襄公二十五年》“町原防”，杜注“堤防间地，不得方正如井田，别为小顷町”[②]。“町”起初用来指不能成井田的小块田地，而在吴简中用来泛指田块，是稻田田块较北方旱田要小的体现。

三、北方农业技术的南传与适应性改造

长江中下游地区是稻作的发源地，但长期以来地广人稀、食材丰富，广种薄收也能够有盈余，故而农业技术的改进缺乏动力。北方的农业技术体系尽管是以旱作农业为基础而形成的，但很多农业增产技术环节和相关经验，包括精耕细作、鉴别土壤、育种、栽培、积肥以及农田水利等，对于各种作物都是适用的。部分原本不太适应水田稻作的工具、措施在经过改造后，其实也能在南方农业生产中发挥很好的作用。汉晋南朝北方移民的南迁促成北方农业技术持续南传，促进了长江中下游地区农作技术的逐渐完善。而由于南北环境的差异与种植作物的不同，这些技术在长江中下游地区稻作农业中的运用，有的也面临着适应性改造的问题。

牛耕从北方引入长江中下游地区是在东汉时期。前面提到王

---

① 长沙市文物考古研究所等编著：《长沙走马楼三国吴简·嘉禾吏民田家莂》（上），第138页、第153页、第267页、第285、第268页、第286页。

② 孔颖达：《春秋左传正义》，阮元校刻：《十三经注疏》，清嘉庆刊本，第4312页。

景任庐江太守，此前当地"百姓不知牛耕，致地力有余而食常不足"，经王景"教用犁耕"并修复芍陂，"由是垦辟倍多，境内丰给"。两汉时期牛耕在南方得到一定程度的推广，孙吴屯田也有使用牛耕，孙权曾经在回复陆逊扩大屯田的建议时，表示赞同并亲自受田，称"今孤父子亲自受田，车中八牛以为四耦"，以"与众均等其劳"。然而，《晋书·食货志》载：杜预咸宁元年（275）在上疏中指出当时"东南以水田为业，人无牛犊"[①]，说明当时南方稻作中使用牛耕的现象并不是太多。东晋以前牛耕在南方推广的速度比较慢，原因之一应该是北方的牛耕技术没有真正适应南方稻作农业的生产环境。汉代以来北方普遍流行的牛耕方式是采用二牛抬杠的耦犁。二牛牵引的长辕犁是根据平原地区旱田耕作的特点创造出来的，这种犁形制比较大，操作不是非常便捷，尤其拐弯比较困难。南方地形比较复杂，而且稻田因为有必须保持底部平整的要求，田亩面积不宜过大，因此二牛抬杠的牛耕方式并不适合南方的稻田耕作。孙吴屯田采用牛耕，可能只是在屯田中相对大块的稻田上使用。

一般认为，长江中下游地区稻作农业中牛耕的普及得益于江东犁的出现。南方稻田田块普遍较小且不规整，采用牛耕需要经常拐弯，这就要求犁比较轻便和灵活。江东犁属曲辕犁。曲辕犁改变了耕牛的挽拉方式，缩短了犁辕，这样就克服了直辕犁"回转相妨"的缺点。江东犁在唐代陆龟蒙的《耒耜经》中方有详细记载，不过，曲辕犁在魏晋南北朝时期是已经出现了的。《齐民要术·耕田第一》载："今自济州以西，犹用长辕犁、两脚耧。长辕，耕平地尚可；于山涧之

---

① 房玄龄等：《晋书》卷26《食货志》，第788页。

间则不任用。且回转至难、费力，未若齐人蔚犁之柔便也。”[①] 蔚犁是我国犁具由长辕直辕犁到短辕曲辕犁的过渡类型。嘉峪关新城魏晋墓中有不少反映牛耕情景的壁画，其中较早的一号、四号和五号墓壁画中，犁用二牛挽拉牵引；至较晚的三号、六号和七号墓中，则普遍使用一牛挽拉牵引[②]。随着北方人口大量南迁，东晋南朝时期这种一牛挽拉的短辕犁也可能传入了长江中下游地区，当时牛耕在长江中下游地区逐渐推广，应该与这种犁具的传入与采用有关，而其使用也是后来在江南稻田耕作中得以诞生江东犁的基础。

关于江东犁的构造，陆龟蒙《耒耜经》记载："冶金而为之者，曰犁镵，曰犁壁；斫木而为之者，曰犁底，曰压镵，曰策额，曰犁箭，曰犁辕，曰犁梢，曰犁评，曰犁建，曰犁盘。木与金凡十有一事。”[③] 江东犁与北方汉犁的不同之处，首先是增加了犁盘。犁辕通过犁盘两端的系绳与牛轭相连，淘汰了二牛抬杠的肩轭，代之以单牛使用的曲轭，从而缩短了犁辕，减轻了犁架重量，又有了可以旋转的犁盘，操作更为灵活，尤其便于转弯。其次是增加了犁评。通过犁评的前后移动，调整犁箭上端所抵犁评槽内的等级，从而增减犁辕与犁镵间的夹角，控制耕地深浅。再次是从犁梢分离出犁底。犁底前部嵌入犁镵，其上又有压镵和策额用来固定犁镵和犁壁，从而使江东犁操作时能保持平稳，深浅一致。最后是用犁镵替代了原来的犁铧。犁镵尖锐而狭长，适用于南方比较黏重的土壤的耕作，也适合翻起较窄的耕垡，

① 此段为《齐民要术》引崔寔《政论》文的按语。石声汉认为此注“系谁所作，现无法推断”。石声汉校释：《齐民要术今释》，第18页；而缪启愉认为“此是贾思勰按语”。缪启愉校释：《齐民要术校释》，第51页。

② 肖亢达：《河西壁画墓中所见的农业生产概况》，《农业考古》1985年第2期。

③ 董浩等编：《全唐文》，中华书局1983年，第8417页。

配合以犁壁覆转土垡，能达到很好的碎土效果[1]。江东犁操作灵活，耕地深浅一致，使用尖锐的犁镵，适合在土质黏重、田块“高下阔狭不等”的南方稻田使用；而且又能调节耕地的深浅宽窄，保证耕田的质量，从而保障了牛耕在南方的普及。江东犁的形成是一牛挽拉短辕犁长期发展的结果，六朝时期正是这种先进犁具在长江中下游地区不断实践、改进和完善的关键时期。

同样有改变的应该还有耕牛种类。南方水牛比较普遍，《世说新语·言语》载：满奋曾对晋武帝说“臣犹吴牛，见月而喘”，梁刘孝标注“今之水牛，唯生江淮间，故谓之‘吴牛’也。南土多暑，而此牛畏热，见月疑是日，所以见月则喘”[2]。水牛的体型与力气都要比黄牛大。《资治通鉴》载南齐东昏侯永元二年（500）：魏汝阴太守傅永将兵救寿阳，“去淮口二十余里，牵船上汝水南岸，以水牛挽之，直南趣淮”，胡三省注“水牛形力倍于黄牛”[3]。北方旱地农作主要使用黄牛耕田，但黄牛怕水，长江中下游地区的稻田采用牛耕，自然会用力气更大且不怕水的水牛来代替黄牛。

稻田对整地有着不同于旱地的要求，不仅要破碎土块，而且要求田面平整，泥水融合软熟。《齐民要术·水稻第十一》记载：北方地区种稻是在耕地后放水泡田，“十日，块既散液，持木斫平之”，当土块被泡成融合流动的情况时，用木椎敲打来平田。或者是使用陆轴，“先放水；十日后，曳陆轴十遍”[4]。陆轴是一个有轴的木架，轴上装有重的石制或木制重辊。它最初是旱田中用来碾谷脱粒或平整场地的农具，用于水田整地后才逐渐改石制的重辊为木制，用来辊压水田，平

① 梁家勉主编：《中国农业科学技术史稿》，第318—319页。

② 徐震堮：《世说新语校笺》，第44页。

③ 司马光编著，胡三省音注：《资治通鉴》卷143《齐纪九》，第4469页。

④ 贾思勰著，石声汉校释：《齐民要术今释》，第159—160页。

地的同时也能压死杂草。关于旱地整田,《齐民要术・耕田第一》记载:"耕荒毕,以铁齿鎒楱,再遍杷之。漫掷黍穄,劳亦再遍。"[①]鎒楱,王祯《农书》以为是"人字耙"(即尖齿铁钯)[②],主要用于松土;劳,大概是长方形的无齿耙,"由牲口拉动,可以'荡'平耕地。役使牲口的人,可以坐或立在劳上"[③]。这两种耙都适宜于旱田操作。

六朝时期随着北人南迁,这些整田工具也进入南方地区,并逐渐出现了适应南方水田生产的改变。广东连县西晋墓曾出土一块犁田耙田模型,因为模型四角各有一用于排水的漏斗状设施,可判断系水田模型。模型中所用耙采用单牛挽拉方式,下有六个较长的齿,上有横把,使用者在耙后,一边掌耙,一边使牲畜[④]。广西梧州亦曾出土一件与此类似的耙田模型。耙上有较长的六齿,齿疏而锐,可能也是装在横木上,横木上再安装扶手把[⑤]。这种耙不同于北方地区的人形耙、无齿耙,而与后世农书中称之为"耖"的农具相似。王祯《农书》载:"耖,疏通田泥器也。高可三尺许,广可四尺,上有横柄,下有列齿。其齿比耙齿倍长且密。人以两手按之,前用畜力挽行,一耖用一人一牛……耕耙而后用此,泥壤始熟矣。"[⑥]耖的列齿"长且密",有助于将泥浆荡起,再沉淀成平软泥层,在搅拌田泥和平整田地方面能起到很好的效果。西晋、南朝农田模型中这种类似耖的耙,应该是为适应水田耕作需要对耙改造的结果。尽管它们不是出土于长江中下游地区,但不能否定这种耙当时在长江中下游地区也有使用。

---

① 贾思勰著,石声汉校释:《齐民要术今释》,第6页。
② 王祯著,王毓瑚校:《王祯农书》,第205页。
③ 贾思勰著,石声汉校释:《齐民要术今释》,第7页。
④ 徐恒彬:《简谈广东连县出土的西晋犁田耙田模型》,《文物》1976年第3期。
⑤ 李乃贤:《浅谈广西倒水出土的耙田模型》,《农业考古》1982年第2期。
⑥ 王祯著,王毓瑚校:《王祯农书》,第206页。

陆轴传入南方地区后，逐渐发展出礰碡。王祯《农书》载："陆龟蒙《耒耜经》曰：耙而后有礰碡焉，有砺砮焉。自耙至砺砮皆有齿，礰碡觚棱而已，咸以木为之，坚而重者良。余谓'礰''碡'，字皆从'石'，恐本用石也。然北方多以石，南人用木，盖水陆异用，亦各从其宜也。其制长可三尺，大小不等，或木或石，刊木括之，中受簨轴，以利旋转。"[①] 从王祯对礰碡形制的描述，可知它跟陆轴是很相似的。陆轴起初是石制的旱田工具，用于水田整地后，渐渐由石质改为木质。但陆轴无齿，不能使泥浆充分混合，尚不能充分满足水田耕作的要求。于是逐渐增加了觚棱，后来更发展出列齿，成为专门用于打混泥浆的稻田整地工具礰碡。

犁具与耙、陆轴等整地农具向适应水田耕作方向的发展，为南方水田"耕—耙—耖"为核心的耕作体系的最终形成创造了条件。王祯《农书》引唐代陆龟蒙《耒耜经》"凡耕而后有耙，所以散垡去芟，渠疏之义也"，"耙而后有礰碡焉，有砺砮焉"[②]，对当时水田耕作中耕、耙、耖三个环节有相当明确的描述。从上面对水田农具的叙述可推知，这些技术环节六朝时期在长江中下游地区都已经得到相当程度的普及。

需要说明的是，水稻尽管不是北方地区的优势作物，其稻作技术却很早就在向着精细化的方向发展。西汉农学家氾胜之认识到水温高低会影响水稻生长发育，设计了通过控制稻田进、出水口来调节稻田水温的方法。《氾胜之书》记载："始种稻欲温，温者缺其塍，令水道相直；夏至后大热，令水道错。"[③] 至迟东汉时期，水稻移栽技术在

① 王祯著，王毓瑚校：《王祯农书》，第209页。
② 王祯著，王毓瑚校：《王祯农书》，第204页、第209页。
③ 万国鼎：《氾胜之书辑释》，第121页。

北方稻作中已经出现。崔寔《四民月令》载：五月“可别稻及蓝，尽至后二十日止”[①]。所谓“别稻”就是移栽，这是中国古代关于水稻移栽的最早记载。贾思勰《齐民要术·水稻第十一》有关于烤田的记载，要求除草完毕后，“决去水，曝根令坚”[②]。所谓“曝根令坚”，即指通过烤田改善土壤环境，促使根系向纵深发展。这些水稻种植技术都在六朝以后的南方稻作中得到运用。六朝时期长江中下游地区稻作水平的提高，既要看到在北方种植旱地作物的移民所带来的农作技术在南方地区的本土化发展，但更主要的可能还是原来种植水稻的移民将北方集约化的稻作技术带到南方后，适应南方自然条件，加以完善的后果。

第二节　麦作推广与环境造成的局限

五谷中除稻外，黍、粟、麦、菽等都是旱地作物。黍在甲骨文中出现的次数特别多，《诗经》中也常常黍稷（粟）连称。但是黍的单位面积产量不及粟，作为日常饭食也不如小米好吃，其重要性远不如谷子。战国著作中已经看不到黍稷连称，而是常常菽粟连称。菽的地位在汉代以后逐渐下降。尽管西汉氾胜之说“大豆保岁易为，宜古之所以备凶年也”[③]，呼吁推广大豆生产。但大豆不宜做常年主食，《史记·项羽本纪》说“今岁饥民贫，士卒食芋菽”[④]，《汉书·货殖传》说“贫者裋褐不完，唅菽饮水”[⑤]，《汉书·贡禹传》中贡禹自称“年老贫

① 石声汉：《四民月令校注》，第43页。
② 贾思勰著，石声汉校释：《齐民要术今释》，第160页。
③ 万国鼎：《氾胜之书辑释》，第129页。
④ 司马迁：《史记》卷7《项羽本纪》，第305页。
⑤ 班固：《汉书》卷91《货殖传》，第3682页。

穷,家訾不满万钱,妻子穅豆不赡,裋褐不完”①。豆饭粗粝只是贫穷人家或荒年维持日常生活的食品,自西汉起大豆制品主要作为重要的副食品而出现。中国传统社会对国计民生意义重大的旱地作物主要是粟、麦两种。

粟又称作禾,禾指的是作物的株茎,粟指所结的籽粒,去壳后称小米。我国是粟的起源地之一,史前中国农业具有明显北粟南稻的地理分布格局。以粟为主的种植结构是典型的旱作农业类型。粟属于小粒谷物,籽粒发芽时需要水分少,而且叶片窄小,蒸腾系数小,根系发达,能充分利用地下水,具有耐旱、耐碱、生育期短的特点。粟的种植与长江中下游温暖湿润的环境条件并不适应。《吴越春秋》有春秋末年越国灾年向吴国借粟的记载,一般认为这里的粟应该指的是稻,也有学者认为是由于吴越对岗阜与山区地理环境的利用②。长江中下游并不是完全不能种粟,汉晋南朝也有不少当地种粟、贩粟的记载。《宋书·谢灵运传》载其在始宁的山庄种有“麻麦粟菽”③,《南齐书·良政传》载傅琰为山阴令,“二野父争鸡,琰各问‘何以食鸡’,一人云‘粟’,一人云‘豆’。乃破鸡得粟,罪言豆者”④,《梁书·贺琛传》载“琛家贫,常往还诸暨,贩粟以自给”⑤。但粟的种植在长江中下游地区农业生产中从来就没有过比较重要的地位。

相对来说,麦在长江中下游地区农业生产中的地位要重要很多。尤其是宋代以后,长江流域逐渐形成了具有相当广泛性的、比较稳定

---

① 班固:《汉书》卷72《贡禹传》,第3073页。

② 韩茂莉:《中国历史农业地理》,第267页。

③ 沈约:《宋书》67《谢灵运传》,第1760页。

④ 萧子显:《南齐书》卷53《良政传》,第914页。

⑤ 姚思廉:《梁书》卷38《贺琛传》,第540页。

的稻麦轮作制度,麦的种植受到普遍重视[1]。麦比粟更容易在长江中下游获得推广,与其生态属性有关。麦类的需水量显著高于一般的旱地作物,因而能够相对适应这里潮湿多雨的气候特征。先秦时期麦的主产地在黄河下游,自西汉中期政府在关中大力推广宿麦以后,麦作逐渐在北方获得普及。东晋建国后,麦作开始在南方获得推广。东晋南朝长江中下游地区麦作的推广,与这一时期气候转寒创造的环境条件以及北方移民大量南迁有直接关联。关于这方面的内容,在第二章叙述气候变迁对长江中下游地区农业的影响时已经有过阐述。这里想要强调的是,即便拥有这些有利的条件,长江中下游地区麦作的规模也不是可以任意扩大的,仍然受到环境条件的严格限制。六朝南方麦作推广中,东晋太兴元年(318)与刘宋元嘉二十一年(444)麦作推广诏是两次有力的推动。以往的研究大都忽视了这两道诏书在麦作推广范围上存在的差异。我们认为这一差异相当重要,分析其出现的原因,有助于对当时麦作推广过程、成效与环境限制的正确理解。

一、太兴元年与元嘉二十一年麦作推广范围的比较

政府督令南方地区种麦最早出现在东晋初年。《晋书·食货志》记晋元帝太兴元年(318)诏:“徐、扬二州土宜三麦,可督令熯地,投秋下种,至夏而熟,继新故之交,于以周济,所益甚大。昔汉遣轻车使者氾胜之督三辅种麦,而关中遂穰。勿令后晚。”[2] 东晋以淮河为北界,徐州所辖主要是今江苏省江淮之间地区,而扬州辖境广大,除今江苏、安徽长江以南部分及整个浙江、上海外,安徽江淮之间的地区

---

① 李根蟠:《再论宋代南方稻麦复种制的形成和发展》,《历史研究》2006年第2期。

② 房玄龄等:《晋书》卷26《食货志》,第791页。

当时亦属扬州管辖。

东晋初年在南方推广麦作，是解决当时饥荒的突击措施，即诏书所说的"投秋下种，至夏而熟，继新故之交，于以周济，所益甚大"。东晋建国前后，大批北方流民涌入南方。谭其骧估计，"晋永嘉之丧乱，致北方平均凡八人之中，有一人迁徙南土"，"南渡人户中以侨在江苏者为最多，约二十六万；山东约二十一万，安徽约十七万，次之"，"大抵永嘉初乱，河北、山东、山西、河南及苏、皖之淮北流民，即相率过江、淮"[①]。短期内北人大批南迁，势必造成南方粮食短缺。元帝即位之初，徐州、扬州是侨寓人口最为集中的地区，自然也是粮食压力最大的地区。尽管种麦的收益不如种稻，但两者种植时间是错开的，而且东晋初年长江下游地区劳力与土地都比较充裕，推广麦作并不会对种稻产生太大妨碍。侨居徐州、扬州的北方人习惯面食，也有在北方种麦的经历，并不排斥麦作，对于推广麦作也是有利的条件。

刘宋时期再次颁布麦作推广诏。《宋书·文帝纪》载宋文帝元嘉二十一年（444）七月诏："比年谷稼伤损，淫亢成灾，亦由播殖之宜，尚有未尽。南徐、兖、豫及扬州浙江西属郡，自今悉督种麦，以助阙乏。速运彭城下邳郡见种，委刺史贷给。徐、豫土多稻田，而民间专务陆作，可符二镇，履行旧陂，相率修立，并课垦辟，使及来年。凡诸州郡，皆令尽勤地利，劝导播殖，蚕桑麻纻，各尽其方，不得但奉行公文而已。"[②]由于东晋末年刘裕北伐的胜利，刘宋北边疆域一度达到青州一带，政区划分与东晋也有很大变化。据谭其骧主编《中国历史地图集》"南朝·宋疆域图"[③]，诏书中提到的徐州主要包括今江苏北部、

① 谭其骧：《晋永嘉丧乱后之民族迁徙》，《长水集》（上），第199—223页。
② 沈约：《宋书》卷5《文帝纪》，第92页。
③ 谭其骧：《中国历史地图集》第4册，中国地图出版社1982年，第25—26页。

山东南部以及安徽东部的蚌埠一带，豫州主要包括今河南东南、安徽中北部地区，辖境都在淮河以北。而南兖州治广陵（今江苏扬州），南豫州治姑熟（今安徽当涂），主要辖今江苏、安徽江淮之间及长江以南的铜陵、宣城、池州等地。南徐州治京口（今江苏镇江）、扬州治建康（今江苏南京），辖境在长江以南。由于分割出了东扬州，扬州只管辖丹阳（今江苏南京）、吴郡（今江苏苏州）、吴兴（今浙江湖州）、义兴（今江苏宜兴）四郡，其中最西边的是丹阳。当时的浙江水就是今钱塘江，钱塘江入海口与太湖在同一经度，所谓“扬州浙江西属郡”，大致就是扬州太湖以西的地区。

比较太兴元年（318）与元嘉二十一年（444）诏，可以发现刘宋元嘉诏书中要求推广麦作的“南徐、兖、豫及扬州浙江西属郡”都属于东晋初年推广麦作的范围，但后者的推广区域已经压缩，只限于江淮之间及长江南缘的宁镇、宣城、池州一带。之所以出现这种变化，我们推测应该与刘宋政府注意到了麦作的适应性有关。从诏书内容看，元嘉时期这次推广麦作的起因是连年水旱成灾、谷稼伤损，刘宋政府认为“播殖之宜，尚有未尽”是原因之一，即在作物选择上有不合适的地方。所以下令在“南徐、兖、豫及扬州浙江西属郡”推广麦作，而在“专务陆作”的徐州、豫州推广种稻，目的是要各郡根据地宜杂种五谷，以减轻粮食灾害对社会的影响。

这一调整很可能是吸取了东晋政府麦作推广的教训。《晋书·五行志》记载：“元帝太兴二年，吴郡、吴兴、东阳无麦禾，大饥”，“（太兴）二年五月，淮陵、临淮、淮南、安丰、庐江等五郡蝗虫食秋麦。是月癸丑，徐州及扬州江西诸郡蝗，吴郡百姓多饿死”[1]。在晋元帝颁令推

---

① 房玄龄等：《晋书》卷27《五行志上》，第808页；《晋书》卷29《五行志下》，第881页。

广麦作的第二年，徐州、扬州便有这么多郡有麦类作物受灾的记录，可见推广麦作的诏令得到了认真贯彻执行，很多学者也正是因此而认为东晋政府的督麦政策非常成功。然而太兴二年（319）徐州、扬州麦类受灾面积这么大，事实上也说明种麦在南方的环境条件下不一定合适，而政府在推广麦作前欠缺全面的考量。如果说江淮之间各郡麦类受灾因为有蝗虫为害还能理解，吴郡、吴兴、东阳等江以南各郡没有遭遇蝗灾，反而灾情更为严重，乃至“百姓多饿死”，则应该与这里地势低湿、适宜种麦的土地有限直接相关。刘宋将后者排除出麦作推广的范围，与地理环境对麦作的限制是相一致的。

从气温与降水条件而言，江淮之间显然比长江以南更适合种植麦类作物。江淮之间的地貌类型除了平原外，还有一个范围宽广的低山丘陵区，自西向东，从安徽西部一直延伸到江苏的盱眙、六合、仪征，横贯了刘宋时期的整个南豫州，一直到南兖州中部。这个低山丘陵区是江淮的分水岭，由大别山的主体及向东北延伸的余脉构成。其西部，即大别山的山前地区，地势高亢。中部的沉积台地土层虽较深厚，但由于既向南、北两面倾斜而又有岗冲起伏，土质粘重，降水难滞留、难下渗，地表水与地下水均感缺乏。尤其是中部东段，由于地面高程较大，提引外水较难，是比较容易干旱的地方。长江南缘的宣城、池州、南京、镇江一带属于皖南低山丘陵与宁镇低山丘陵区，地势同样较为高亢。相对于吴会水乡，这里气候更加干燥，水田稻作在六朝也远不如吴会发达。刘宋南徐州的大部分地区，在孙吴是毗陵典农校尉屯田区，可见当地此前人户稀少，土地未垦。西晋罢屯田为郡县，开始在这里置毗陵郡，东晋改置晋陵郡。《元和郡县图志·江南道》“润州丹阳县”称：“旧晋陵地广人稀，且少陂渠，田多恶秽。”①

① 李吉甫：《元和郡县图志》卷25《江南道一》，第592页。

《太平广记・神三》载陈郡谢玉为琅邪内史,在京城时语云:"此间顷来甚多草秽。"[①]这些评价当然是从发展稻作的条件与稻作的发达程度做出的,但也正好说明了这些高阜地区会相对适合耐旱的麦类种植。

据此,可以得出以下结论:第一,刘宋政府已经认识到长江以南大部分地区并不适宜种麦,故而放弃了在南方普遍推广麦作的努力;第二,东晋时期江淮之间及长江南缘低山丘陵的麦作推广同样比较缓慢,故而刘宋政府仍需在此再次推广麦作;第三,刘宋政府坚持在江淮之间及长江南缘推广麦作,主要是弥补单一稻作的不足,"以助阙乏"。

二、太兴元年诏书扬州"土宜三麦"质疑

太兴元年(318)诏书提到"徐、扬二州土宜三麦",三麦大概是指大麦、小麦、穬麦[②]。然而,淮河以南地区地势低洼,湿润多雨,总体上是宜稻不宜麦的。尽管南方丘陵与河谷相间地形造成的自然环境复杂,也给南方种麦提供了可能。但在东晋南朝的技术条件下,要说南方,尤其是扬州"土宜三麦"则是谈不上的。事实上,在此之前从未有人提到南方环境适宜种麦,都只说适宜种稻。《周礼・夏官司马・职方氏》《淮南子・坠形训》《汉书・地理志》都称南方的扬州与荆州"其谷宜稻"。

关于南方种麦,东晋以前主要是在长江中游地区有一些零星或间接的记载。《楚辞・招魂》"稻粢穱麦,挐黄粱些",王逸注"穱,择

① 李昉等编:《太平广记》卷293《神三》,中华书局2011年,第2329页。

②《齐民要术》卷2《大小麦第十》引崔寔曰:"凡种大小麦,得白露节,可种薄田;秋分,种中田;后十日,种美田。唯穬,早晚无常。"贾思勰著,石声汉校释:《齐民要术今释》,第150页。

也，择麦中先熟者也”[①]；湖北云梦睡虎地秦简《日书》乙种有“五种忌日，丙及寅禾，甲及子麦，乙巳及丑黍，辰卯及戌叔（菽），亥稻”[②]，说明战国时期长江中游已经有麦作的可能。江陵凤凰山汉墓出土契约、账簿类简牍的租谷账中有关于“麦”的记录，长沙马王堆汉墓发现有小麦、大麦遗存，走马楼三国吴简有临湘地区官府粮仓收支麦的会计记录，也都反映了这里存在麦作的事实。但从走马楼吴简官府粮仓收支的合计数看，麦、豆等旱地作物在政府收入总量中的比例微乎其微。如前引“右黄龙二年租税杂米二千四斛五斗一升，麦五斛六斗，豆二斛九斗”（壹·9546）[③]；“定领租税杂米一万七千四百二斛七斗九升，麦五斛八斗，大豆二斛九斗”（叁·4561）[④]。这说明，麦类对当时长沙地区的粮食作物结构其实构不成影响。而在晋元帝推广麦作的长江下游地区，汉以前江以南没有麦作。尽管三国时吴主孙权曾飨蜀使费祎食饼，费祎、诸葛恪分作《麦赋》《磨赋》，在南京、高淳也出土了孙吴时期的陶明器旋转磨。但这并不一定意味着麦作在江南的兴起，学者怀疑这里的面食小麦可能来自淮南或长江中游，而墓葬中的陶明器磨与南下北人的葬俗有关[⑤]。

魏（晋）、吴对峙时期，双方在江淮之间推行屯垦，种植的都是水稻。《三国志·魏书·邓艾传》载邓艾于曹魏正始时建议在淮南屯田，指出“陈、蔡之间，土下田良，可省许昌左右诸稻田，并水东下。令淮

---

① 洪兴祖：《楚辞补注》，第207页。

② 睡虎地秦墓竹简整理小组编：《睡虎地秦墓竹简》，第236页。

③ 长沙简牍博物馆等编著：《长沙走马楼三国吴简·竹简（壹）》，第1091页。

④ 长沙简牍博物馆等编著：《长沙走马楼三国吴简·竹简（叁）》，第823页。

⑤ 张学锋：《再论六朝江南的麦作业》，胡阿祥主编：《江南社会经济史研究·六朝隋唐卷》，中国农业出版社2006年，第271—305页。

北屯二万人，淮南三万人……且田且守。水丰常收三倍于西”①。同书《魏书·刘馥传》载其建安时任扬州刺史，广屯田，“兴治芍陂及茹陂、七门、吴塘诸堨以溉稻田，官民有畜”②。《吴书·吕蒙传》载建安中曹操任朱光为庐江太守，“屯皖，大开稻田”③。《晋书·王浑传》载晋初“吴人大佃皖城，图为边害”，安东将军王浑“遣扬州刺史应绰督淮南诸军攻破之，并破诸别屯，焚其积谷百八十余万斛、稻苗四千余顷、船六百余艘”④。魏、吴屯田的成功，说明即便是靠近北方的淮南地区，其实也更适合种植水稻。《晋书·食货志》记载西晋时有人试图在淮南从事旱作，却未获得成功，“因云此土不可陆种”。杜预认为“言者不思其故”，这种情况应该是由于滥起陂塘导致，“陂多则土薄水浅，潦不下润。故每有水雨，辄复横流，延及陆田”，并建议大坏诸陂，“其诸魏氏以来所造立，及诸因雨决溢蒲苇马肠陂之类，皆决沥之”⑤。不过，这次坏陂塘，发展旱地作物的效果，史书中没有任何记载。

由此可见，虽然元帝在推广麦作诏中提到“徐、扬二州土宜三麦”，实际上此前南方并没有很多麦作的成功经验。当时政府教导的种麦方法也主要是根据北方的种麦经验。太兴元年（381）麦作推广诏中要求“督令熯地，投秋下种”，“熯地”即“暵地”，是北方种麦的传统做法。《齐民要术·大小麦第十》载：“大小麦，皆须五月六月暵地。不暵地而种者，其收倍薄。”⑥事实上，东晋政府选择在长江下游地区推广麦作，而不是在南方麦作基础更好的长江中游地区，已经明白反

① 陈寿：《三国志》卷28《魏书·邓艾传》，第775页。
② 陈寿：《三国志》卷15《魏书·刘馥传》，第463页。
③ 陈寿：《三国志》卷54《吴书·吕蒙传》，第1276页。
④ 房玄龄等：《晋书》卷42《王浑传》，第1202页。
⑤ 房玄龄等：《晋书》卷26《食货志》，第788—789页。
⑥ 贾思勰著，石声汉校释：《齐民要术今释》，第143页。

映出当时推广麦作主要是为解决人口大量聚集于建康周围带来的紧迫粮食需求,尚无暇顾及麦作的环境适应问题,所谓的"土宜三麦"只不过是一个用于宣传的没有根据的借口。由于缺乏适宜麦作的环境,这次推广麦作的吴郡、吴兴、东阳等地在第二年"无麦禾,大饥","百姓多饿死"。有了东晋不顾环境限制,在长江下游地区普遍推广麦作的教训,刘宋元嘉诏书特别强调"播殖之宜",只针对相对适宜种麦的地区推广麦作,以"尽勤地利"。

历史上南方麦作主要是在丘陵缓坡地带及干旱少雨年份进行,即利用不宜种稻的地方或年份。只有这种情况下,种麦才可能有比种稻更好的收成。《宋书·周朗传》载其上书提议"田非疁水,皆播麦菽"[①]。所谓疁田,李剑农认为"即火耕水耨之田"[②]。唐人何超纂《晋书音义》称:"《说文》:疁,烧种也,音流。案通沟溉田亦为疁。"[③]所以疁田应该就是指水田。总之疁田、水田是种稻的农田,只有这以外的农田才是周朗强调要播种麦、菽的地方。

《宋书·孝武帝纪》载大明七年(463)九月诏:"近炎精亢序,苗稼多伤。今二麦未晚,甘泽频降,可下东境郡,勤课垦殖,尤弊之家,量贷麦种。"[④]诏书中的东境郡指建康以东诸郡,而且重点是指会稽郡。这道诏书经常被用来与元嘉时期的推广麦作诏相提并论,认为是刘宋政府在元嘉诏书的基础上进一步向东南推广麦作,从而使督

---

① 沈约:《宋书》卷82《周朗传》,第2093页。

② 李剑农:《魏晋南北朝隋唐经济史稿》,中华书局1963年,第5页。

③ 何超:《晋书音义》卷下,附于房玄龄等《晋书》,第3278页。

④ 沈约:《宋书》卷6《孝武帝纪》,第133页。

令种麦的区域遍及了整个江南[1]。这种说法不无疑问,以会稽为中心的三吴地区当然也有能够种麦的山区,但其低湿的环境显然不适宜普遍种麦。有了东晋以来的经验教训,刘宋政府对此不可能没有认识,却仍然特意就这一地区发展麦作来做出指示。分析诏书内容,大明年间的这次活动应该仅仅是天灾后的权宜之计,而不是将推广麦作作为促进地区农业发展的基本政策。孝武帝在诏书中提到"近炎精亢序,苗稼多伤",《建康实录》卷13大明七年(463)八月条也记载:"时大旱,自四月不雨,至于是月。"[2]当年八月虽然终于有雨,这一年的稻作没有什么收成是肯定的,所幸这时"二麦未晚",其他地区的百姓可能会主动种麦进行弥补,但在三吴这种缺乏种麦条件和基础的地区却不尽然,所以政府才会在这年九月特意督令东境郡种植越冬的宿麦。

三、东晋南朝南方麦作的推广程度

东晋南朝政府对于麦作的推广并非仅仅停留在口头宣传,而是配合以实际行动。元嘉二十一年(444)诏书规定"速运彭城下邳郡见种,委刺史贷给",大明七年(463)诏书提到"尤弊之家,量贷麦种",均努力为百姓种麦提供便利,因此种麦要求能够在一定程度上落实。永嘉之乱后,北方人大量南迁。北方移民不仅将麦食习惯带到南方,提高了南方对麦类的需求量,而且他们抵达南方之初,为避免与本地人的利益冲突,只能逐空荒而居,其停驻地往往是稻作条件相对不利的地区,加上没有种稻经验,很多人不待政府督促,亦会选

① 黎虎:《东晋南朝时期北方旱田作物的南移》,《北京师范大学学报》1988年第2期;张学锋:《再论六朝江南的麦作业》,胡阿祥主编:《江南社会经济研究·六朝隋唐卷》,中国农业出版社2006年,第271—305页。

② 许嵩:《建康实录》卷13《世祖孝武皇帝》,第485页。

择种麦。例如《晋书·隐逸传》中河内人郭文在永嘉之乱时就前往吴兴余杭大辟山中的穷谷无人之地"区种菽麦",同时"采竹叶木实,贸盐以自供"①。当时北方移民数量很多,郭文这样的情况应当不在少数。东晋南朝的气候状况事实上也有利于麦作在南方的推广。魏晋南北朝是我国古代气候的低温寒冷期,在经历了春秋至西汉的相当长的温暖期之后,东汉时代我国气候出现了转向寒冷的趋势,并在4世纪前半期达到顶点。温暖的气候往往能带来较多降水,而寒冷多与干燥相伴。东晋南朝的低温气候,给耐寒耐旱的麦类作物南移创造了相对有利的生态环境条件。在所有旱田作物中,麦类需水量最高,相对更能适应南方的暖湿环境。

在这种情况下,东晋南朝南方麦作的规模确实有较大发展。我们在第二章中曾提到,建康城的市场上四季都有麦类出售,何子平任扬州从事史时,每月俸禄得到的白米都会拿到市场去交换粟、麦。而且市场上的交易规模可能还不小,陈霸先与北齐作战时令孔奂给军队做麦饭,材料即大都来自建康市场,由市场上的商人提供。但受环境因素的限制,东晋南朝长江下游地区的麦作仍主要局限于离北方最近而相对适合种麦的淮南地区。《宋书·自序》载元嘉中三吴发生水灾,沈亮指出"缘淮岁丰,邑富地穰,麦既已登,黍粟行就",提议通过交易淮南的麦、粟来解决饥民粮荒②。《南齐书·徐孝嗣传》记其在齐明帝时表立屯田,说:"淮南旧田,触处极目,陂遏不修,咸成茂草。平原陆地,弥望尤多……今水田虽晚,方事菽麦,菽麦二种,益是北土所宜,彼人便之,不减粳稻……请即使至徐、兖、司、豫,爰及荆、雍,

① 房玄龄等:《晋书》卷94《隐逸传》,第2440页。
② 沈约:《宋书》卷100《自序》,第2450页。

各当境规度，勿有所遗。”[①] 徐孝嗣的建议在于使“缘淮诸镇”能够自足，不必“取给京师”，因为刘宋时已失淮北，所以主要是在淮南一线屯田种植菽麦，同时“爰及荆、雍”，试图延伸到长江中游地区。

尽管麦作能够改变南方单一种植水稻的作物结构，起到稻麦互补的作用，也有助于南方丘陵山区与水乡高阜地带的开发。但总体而言，东晋南朝南方百姓种麦的动力并不太强。南方环境适宜种稻，而麦的产量又不如水稻。当时江淮之间与长江南缘麦作一度发展较快，主要因为这里是北方侨民的集中地，而且也有部分地势比较高亢、种稻相对困难的地区。徐孝嗣在建议于淮南一线屯田的上表中，提到“菽麦二种，益是北土所宜，彼人便之”，也是强调北方人习于种麦的传统对推广种麦的帮助，这里的“彼人”即南迁的北方移民。然而，随着东晋南朝南方水利工程建设的发展，这些地区从事稻作的条件也在逐渐改善。以宁镇丘陵为例，这里有东晋太兴四年（321）晋陵内史张闿在丹阳主持兴建的新丰塘，《晋书·张闿传》记载当时晋陵下属四县均因为干旱而农田荒芜，于是张闿在曲阿建新丰塘，“溉田八百余顷，每岁丰稔”。修新丰塘“计用二十一万一千四百二十功”[②]，其规模相当大。建康东南的赤山塘相传建成于孙吴，南朝时屡次修治，周长120里，有两斗门控制蓄池，灌田号称万顷，规模也相当大。其他见于记载的单塘、吴塘、南北谢塘、莞塘、迎檐湖、苏峻湖、葛塘湖等，虽然规模小于新丰、赤山塘，但对于宁镇丘陵地区发展稻作农业都有重要意义。《宋书·孝义传》载：元嘉二十一年（444）大旱，晋陵“承陂之家，处处而是，并皆保熟，所失盖微。陈积之谷，皆有

① 萧子显：《南齐书》卷44《徐孝嗣传》，第773—774页。
② 房玄龄等：《晋书》卷76《张闿传》，第2018页。

巨万”[①],并没有因大旱而引起稻作歉收。而且移民的生活习俗与饮食追求也不会长期保持,三代之后基本就会完全放弃原有习惯。所以梁、陈政府推广麦作已经明显不如东晋、刘宋政府积极。梁、陈两代没有政府诏令推广种麦的记载,只是《陈书·世祖纪》天嘉元年(560)八月的劝农诏中提到“麦之为用,要切斯甚”[②],还表现出对麦的重视。

麦在东晋南朝同样被视为粗粝食物,价值不高。《梁书·任昉传》载任昉“出为义兴太守,在任清洁,儿妾食麦而已”[③],“儿妾食麦”在这里成为判断廉吏的标准。《南史·沈众传》载沈众负责监起太极殿,“恒服布袍芒屩,以麻绳为带,又囊麦饭饼以噉之,朝士咸共诮其所为”[④],因表现得过于吝啬而遭到嘲笑。《宋书·孝义传》载何子平“月俸得白米,辄货市粟麦”,说是“尊老在东,不办常得生米,何心独飨白粲”[⑤]。依古代为父母守丧的规则,孝子居丧期间不能食用适口的饭菜,而麦在南朝就是被作为居丧期间食物。《梁书·昭明太子传》载:昭明太子萧统在生母丁贵嫔去世后,“自是至葬,日进麦粥一升”[⑥]。同书《孝行传》载:沈崇傃母卒,居丧期间“久食麦屑,不噉盐酢,坐卧于单荐,因虚肿不能起”[⑦]。《陈书·徐孝克传》载:徐孝克“母亡之后”,“遂常噉麦,有遗粳米者,孝克对而悲泣,终身不复食之焉”[⑧]。同书《孝行传》载:司马暠“丁父艰,哀毁逾甚,庐于墓侧,一日之内,唯

①沈约:《宋书》卷91《孝义传》,第2251—2252页。
②姚思廉:《陈书》卷3《世祖纪》,第51页。
③姚思廉:《梁书》卷14《任昉传》,第253页。
④李延寿:《南史》卷57《沈众传》,第1415页。
⑤沈约:《宋书》卷91《孝义传》,第2257页。
⑥姚思廉:《梁书》卷2《昭明太子传》,第167页。
⑦姚思廉:《梁书》卷47《孝行传》,第649页。
⑧姚思廉:《陈书》卷26《徐孝克传》,第338页。

进薄麦粥一升”，张昭“及父卒，兄弟并不衣绵帛，不食盐醋，日唯食一升麦屑粥而已”[①]。

事实上，隋唐时期长江中下游地区的麦作仍很不普遍，唐代正史中仅有两条史料涉及本地区的麦类生产[②]。这说明南朝后期南方麦作的种植规模可能有所缩小。南方小麦扩张的高潮出现在南宋，这主要归因于当时稻麦复种技术的成熟，新一轮的移民潮导致小麦需求的增加，加上政府的赋税制度使种麦变得有利可图。庄绰《鸡肋编》卷上载：“建炎之后，江浙、湖湘、闽、广，西北流寓之人遍满。绍兴初，麦一斛至万二千钱，农获其利，倍于种稻。而佃户输租，只有秋课。而种麦之利，独归客户。于是竞种春稼，极目不减淮北。”[③]即便如此，南方麦作在宋以后还是时起时落，并没有稳定下来，可见环境因素对作物推广的限制并不容易克服。

第三节　主要经济作物的种类与地域特色

中国传统农业以谷物生产为中心，但古人获取衣食的手段并不仅仅限于谷物种植，而是包括了园圃、畜养、纺织、渔采等多种经营方式在内。《汉书·食货志》谈到，“种谷必杂五种……还庐树桑，菜茹有畦，瓜瓠果蓏，殖于疆易。鸡豚狗彘毋失其时，女修蚕织，则五十可以衣帛，七十可以食肉”[④]，正是战国以来个体农户多种经营的写照。崔寔《四民月令》记载了汉代农家一年内的各种生产活动，在以粮食生产为主的同时，还包括种植各种油料、染料、蔬菜，从事养蚕、

① 姚思廉：《陈书》卷32《孝行传》，第429页、第430页。
② 华林甫：《唐代粟、麦生产的地域布局初探（续）》，《中国农史》1990年第3期。
③ 庄绰：《鸡肋篇》卷上，中华书局1997年，第36页。
④ 班固：《汉书》卷24《食货志》，第1120页。

纺织、织染，进行食品加工及酿造，采集野生植物，种植苜蓿作为家畜的饲料等等。长江中下游地区气候温暖，雨量充沛，自古物产就很丰富，自然条件有利于各种经济作物生长。进入汉代之时，这里多处于初步开发状态，地旷人稀，粮食种植尚且采用火耕水耨的方式，经济作物的种植自然十分有限。汉晋南朝，长江中下游地区农业开发程度逐渐加深，经济作物的种植随之进步，种类日益繁杂。而由于南北自然条件的差异，这里经济作物的种类构成也表现出与黄河流域的差异。

一、栽桑养蚕与纤维作物种植

经济作物中以丝、麻为主体的纤维作物是解决衣被需求的原材料，在人类生活中与食物具有同样重要的作用。浙江余姚河姆渡遗址第二期文化遗存的两件象牙盖帽形器上分别雕刻有蚕形和近似蚕形图案，反映当时先民已经开始利用与驯化野蚕，遗址同时还出土有多段粗细不一的麻绳[①]。浙江吴兴钱山漾遗址出土有苎麻布和细苎麻绳子[②]。江苏吴县草鞋山遗址则出土有三件葛纤维的织品[③]。蚕桑、麻、葛作为纺织原料，都有一个从野生到人工种植的过程，长江中下游地区的这个过程应该在有文字记载以前就已经完成了。春秋战国时期南方地区的各诸侯国对桑、麻种植均很重视。《史记·吴太伯世家》记载因“边邑之女争桑”，曾导致吴、楚两国“怒而相攻”[④]。《越绝

① 浙江省文物考古研究所编：《河姆渡：新石器时代遗址考古发掘报告》（上），第283—284页、第154页。

② 浙江省文物管理委员会：《吴兴钱山漾遗址第一、二次发掘报告》，《考古学报》1960年第2期。

③ 南京博物院：《江苏吴县草鞋山遗址》，《文物资料丛刊》（3），文物出版社1980年，第1—24页。

④ 司马迁：《史记》卷31《吴太伯世家》，第1462页。

书》记载："勾践欲伐吴，种麻以为弓弦。"[①] 湖北江陵马山楚墓、望山楚墓，湖南长沙左家塘楚墓、广济桥楚墓等都曾出土楚国的丝织品，丝织品的颜色、纹样均显示出了较高的水平。

进入汉代，长江中下游地区的桑、麻种植继续扩展。《后汉书·循吏传》载：东汉初年南阳茨充为桂阳太守，"教民种殖桑柘麻纻之属，劝令养蚕织屦，民得利益焉"[②]，在湘江流域南部推广桑、麻的人工种植。江苏扬州胥浦出土的西汉元始五年（5）《先令券书》中，户主朱凌分给儿子公文的财产中有"桑田二处"[③]。王充在《论衡·自纪》中自称会稽上虞人，其家族定居会稽后，即"以农桑为业"[④]。可见当时桑、麻的种植已经成为长江中下游地区普通农户基本的农事活动。只是两汉时期长江中下游地区的经济地位与人口密度均无法与黄河中下游地区相提并论，桑、麻种植自然也无法与后者比量。长江中下游地区桑、麻种植的大发展主要还是在进入六朝之后。

六朝历代政府均提倡种桑养蚕。《三国志·吴书·华覈传》载其上疏中称：孙权曾"广开农桑之业，积不訾之储"[⑤]，可见孙吴政府曾有推动桑蚕生产的举动。《宋书·文帝纪》载刘宋元嘉二十一年（444）诏："凡诸州郡，皆令尽勤地利，劝导播殖，蚕桑麻纻，各尽其方，不得但奉行公文而已。"[⑥] 同书《周朗传》载其言："田非疁水，皆播麦菽，地堪滋养，悉艺纻麻，荫巷缘藩，必树桑柘，列庭接宇，唯植竹栗。"[⑦]

---

① 袁康、吴平辑录，乐祖谋点校：《越绝书》，第 61 页。
② 范晔：《后汉书》卷 76《循吏传》，第 2460 页。
③ 李均明、何双全编：《散见简牍合辑》，第 106 页。
④ 黄晖：《论衡校释》，第 1187 页。
⑤ 陈寿：《三国志》卷 65《吴书·华覈传》，第 1465 页。
⑥ 沈约：《宋书》卷 5《文帝纪》，第 92 页。
⑦ 沈约：《宋书》卷 82《周朗传》，第 2093 页。

两者都是倡导桑、麻并重,以解决百姓的衣料需求。

由于南北气候的差异,长江中下游地区的桑树种类与北方地区有所不同。《齐民要术·种桑柘第四十五》提到当时有鲁桑、荆桑,称"凡蚕从小与鲁桑者,乃至大入簇,得饲荆鲁二桑,小食荆桑,中与鲁桑,则有裂腹之患也"[1]。从名称分析,荆桑应该起源与主要分布于长江中游地区,而鲁桑则主要分布于山东地区。这两类桑树的区别,《农桑辑要·栽桑》引《士农必用》称:"叶薄而尖,其边有瓣者,荆桑也。凡枝、干、条、叶坚劲者,皆荆之类也。叶圆厚而多津者,鲁桑也。凡枝、干、条、叶丰腴者,皆鲁之类也。"[2]鲁桑产叶量高,叶片厚且水分多,口感应该比荆桑好,故而《齐民要术》说饲荆桑的幼蚕一旦改饲鲁桑,会由于贪多而导致撑腹。但荆桑也有自己的优势,《农桑辑要·栽桑》引《士农必用》又称:"荆桑之类,宜饲大蚕;其丝坚韧,中纱罗。"[3]饲荆桑能够使丝质更为坚韧而有光泽。

六朝时期长江中下游地区已有桑树传种远方。《晋书·慕容宝载记》称:"辽川无桑,及廆通于晋,求种江南,平州桑悉由吴来。"[4]蚕的饲养技术也已经相当成熟。左思《吴都赋》有"国税再熟之稻,乡贡八蚕之绵"[5],所谓"八蚕"即一年八绩的蚕。《齐民要术·种桑柘第四十五》引《永嘉记》曰:"永嘉有八辈蚕:蚖珍蚕,三月绩。柘蚕,四月初绩。蚖蚕,四月初绩。爱珍,五月绩。爱蚕,六月末绩。寒珍,七月末绩。四出蚕,九月初绩。寒蚕,十月绩。"并强调"'爱蚕'者,故蚖蚕种也:蚖珍三月既绩,出蛾,取卵,七八日便剖卵蚕生。多

①贾思勰著,石声汉校释:《齐民要术今释》,第409页。
②石声汉:《农桑辑要校注》,中华书局2014年,第85页。
③石声汉:《农桑辑要校注》,第85页。
④房玄龄等:《晋书》卷124《慕容宝载记》,第3097页。
⑤萧统编,李善注:《文选》卷5《吴都赋》,第215页。

养之,是为'蚖蚕'。欲作'爱'者,取蚖珍之卵,藏内罂中,盖覆器口,安硎、泉、冷水中,使冷气折其出势。得三七日,然后剖生;养之,谓为'爱珍',亦呼'爱子'。"[①] 这是利用低温影响中断蚕的滞育,培育八辈蚕的最早记载。由于二化性蚕的第二化蚕所产的卵,通常情况下处于滞育状态,即便当时温度还很高,也需等到第二年春天才能孵化。而将二化性蚕的第一化蚕(蚖珍蚕)所产卵封好放在山间冷泉水中,延缓其孵化速度,这种蚕(爱珍蚕)所产的卵当年可以继续孵化[②]。八辈蚕的培育,说明当时永嘉等地的养蚕者对低温催青的养蚕技术已经相当熟练。

随着桑蚕业的发展,东晋南朝时长江中下游地区各种丝织品产量大为增加。《宋书》卷54载史臣曰:"荆城跨南楚之富,扬部有全吴之沃,鱼盐杞梓之利,充仞八方,丝绵布帛之饶,覆衣天下。"[③] 齐武帝永明年间曾在京师建康与南豫州(治寿春)、荆州(治南郡)、郢州(治江夏)、司州(治汝南)、西豫州(治历阳)、南兖州(治广陵)、雍州(治襄阳)大量收购丝、绵、纹、绢[④]。不过,如果说到发达程度,当时长江中下游地区的丝织业却远不如麻织业。《梁书·良吏传》载:沈瑀在齐明帝时"为建德令,教民一丁种十五株桑、四株柿及梨栗,女丁半之,人咸欢悦,顷之成林"。建德位于钱塘江上游,境内以山地丘陵为主。沈瑀教民植桑,说明此前当地很少种桑养蚕。同篇又记伏暅在齐末为新安太守,"郡多麻苎"[⑤]。新安与建德相临而"多麻苎",建德一带的丘陵山地在沈瑀教民植桑之前应该原本也是以种麻为主。

① 贾思勰著,石声汉校释:《齐民要术今释》,第406页。
② 荀萃华等:《中国古代生物学史》,科学出版社1989年,第139—140页。
③ 沈约:《宋书》卷54《孔季恭羊玄保沈昙庆传》,第1540页。
④ 杜佑:《通典》卷12《食货十二》,第288页。
⑤ 姚思廉:《梁书》卷53《良吏传》,第768页、第775页。

用做纺织原料的麻有大麻、苎麻之分。大麻属于雌雄异株的一年生草本植物。雄株称枲，麻茎细长，韧皮纤维质佳且产量高，主要用于织布；雌株称苴，韧皮纤维质劣且产量低，主要用于榨油。大麻环境适应性强，且加工简便，其种植遍布南北各地。苎麻是我国特有的雌雄同株多年生草本植物，喜温好湿，尽管历史时期在黄河流域也有种植的记载，但主要分布却是在长江流域及其以南地区。《诗经·陈风·东门之池》孔疏引吴末陆机云："纻亦麻也。科生数十茎，宿根在地中，至春自生，不岁种也。荆扬之间一岁三收。今官园种之，岁再刈，刈便生，剥之以铁若竹，挟之，表厚皮自脱，但得其里韧如筋者，谓之徽纻。今南越纻布皆用此麻。"[1] 这里讲述的是苎麻的收获、加工情况，但也反映出当时苎麻的主产地就是"荆扬之间"。苎麻在长江中下游地区一年可以收获三次，而且宿根"至春自生"，不需"岁种"，百姓的种植意愿自然会比较强烈。

苎麻茎皮纤维细长坚韧，平滑而有光泽，用其织成的布具有散热、透气、吸湿的特点，是深受人们喜爱的夏季衣料。大麻布在古代是普通百姓的主要衣料，《盐铁论·散不足》称："古者，庶人耋老而后衣丝，其余则麻枲而已，故命曰布衣。"[2] 下层百姓着大麻布衣料在六朝同样是等级差异的体现。《梁书·良吏传》载：沈瑀任余姚令，"初至，富吏皆鲜衣美服，以自彰别。瑀怒曰：'汝等下县吏，何自拟贵人耶？'悉使着芒屩粗布"[3]。但用苎麻织成的布料，其精美往往不亚于丝帛。《汉书·高帝纪》载汉高祖曾规定"贾人毋得衣锦绣绮縠絺纻罽"，师古注"纻，织纻为布及疏也"[4]。苎麻织成的布料与"锦绣绮縠"

① 贾公彦：《周礼注疏》，阮元校刻：《十三经注疏》，清嘉庆刊本，第 803 页。

② 王利器校注：《盐铁论校注》，第 350 页。

③ 姚思廉：《梁书》卷 53《良吏传》，第 769 页。

④ 班固：《汉书》卷 1《高帝纪》，第 65—66 页。

一样，都不允许商贾服用。《后汉书 · 独行传》载：陆续祖父陆闳，“建武中为尚书令。美姿貌，喜着越布单衣，光武见而好之，自是常敕会稽郡献越布”①，苎麻织成的越布已经成为贡品。梁刘孝绰《谢越布启》亦称赞越布，“比纳方绡，既轻且丽，珍迈龙水，妙越岛夷”②。加之苎麻布料轻薄透气，适合南方暑热环境，因而受到六朝社会上下的普遍欢迎。

东晋南朝的户调以征布为主，不同于此前曹魏、西晋主要征收绢、帛。《晋书 · 孝武帝纪》载：宁康二年（374）皇太后诏，“三吴义兴、晋陵及会稽遭水之县尤甚者，全除一年租布，其次听除半年”③。《宋书 · 武帝纪》载：永初元年（420）八月，“开亡叛赦，限内首出，蠲租布二年”，当月又下诏，“其沛郡、下邳可复租布三十年”④。同书《孝武帝纪》载：宋武帝刘骏即位当年（453）“蠲寻阳、西阳郡租布三年”，大明三年（459）“荆州饥，三月甲申，原田租布各有差”，大明五年“制天下民户岁输布四匹”，大明七年诏“大赦天下，行幸所经，无出今岁租布”⑤。《南齐书 · 百官志》载：尚书右丞掌“州郡租布”⑥。西晋户调式规定“丁男之户，岁输绢三匹、绵三斤”，同时有各地所纳户调随土产而异的补充法令。《初学记》卷27引《晋令》：“其赵郡、中山、常山国输缣当绢者，及余处常输疏布当绵绢者，缣一匹当绢六丈，疏布一匹当绢一匹。”⑦《太平御览 · 百卉部二》引《晋令》：“其上党及

① 范晔：《后汉书》卷81《独行传》，第2682页。
② 严可均：《全上古三代秦汉三国六朝文》，第3311页。
③ 房玄龄等：《晋书》卷9《孝武帝纪》，第226页。
④ 沈约：《宋书》卷3《武帝纪下》，第55页。
⑤ 沈约：《宋书》卷6《孝武帝纪》，第112页、第123页、第129页、第131页。
⑥ 萧子显：《南齐书》卷16《百官志》，第321页。
⑦ 徐坚：《初学记》卷27《宝器部 · 绢第九》，中华书局2010年，第658页。

平阳输上麻二十二斤、下麻三十六斤，当绢一匹，课应田者枲麻加半亩。”[①]东晋南朝直接规定户调征布，是当时长江中下游地区麻类生产盛于桑蚕的反映。

东晋南朝麻布的储量与流通数量都要超过丝织品。《晋书·苏峻传》载：苏峻攻陷建康宫城，“时官有布二十万匹，金银五千斤，钱亿万，绢数万匹”[②]，可见当时官府所藏织物中，麻布的数量远多于丝绢。同书《王导传》载：苏峻之乱后，“时帑藏空竭，库中惟有练数千端，鬻之不售，而国用不给”[③]，更是有布无绢。练就是苎麻布，周去非《岭外代答·服用门》提到“邕州左、右江溪峒，地产苎麻，洁白细薄而长，土人择其尤细长者为练子。暑衣之，轻凉离汗者也”[④]。《晋书·简文帝纪》载咸安元年（371）简文帝“赐温军三万人，人布一匹，米一斛”[⑤]，朝廷一次性用三万匹布赏赐桓温士兵。《宋书·何承天传》载：“太尉江夏王义恭岁给资费钱三千万，布五万匹，米七万斛。”[⑥]《南齐书·豫章文献王传》载：萧嶷任南蛮校尉、荆湘二州刺史时，“荆州资费岁钱三千万，布万匹，米六万斛……湘州资费岁七百万，布三千匹，米五万斛，南蛮资费岁三百万，布万匹，绵千斤，绢三百匹，米千斛”[⑦]。地方政府资费中布的数量相当大，而绢的数量相当小。当时朝廷对有功臣下的赏赐也多是用布，如《宋书·刘秀之传》载刘秀之去世后，“上以其莅官清洁，家无余财，赐钱二十万，布三百匹”[⑧]；

① 李昉等：《太平御览》卷995《百卉部二》，第4403页。
② 房玄龄等：《晋书》卷100《苏峻传》，第2630页。
③ 房玄龄等：《晋书》卷65《王导传》，第1751页。
④ 周去非著，杨武泉校注：《岭外代答校注》，中华书局2006年，第225页。
⑤ 房玄龄等：《晋书》卷9《简文帝纪》，第221页。
⑥ 沈约：《宋书》卷64《何承天传》，第1710页。
⑦ 萧子显：《南齐书》卷22《豫章文献王传》，第407页。
⑧ 沈约：《宋书》卷81《刘秀之传》，第2076页。

《南齐书·薛渊传》载薛渊去世后，“有诏赙钱五万，布五百匹”①。

南北朝时期丝织品的重心在北方黄河中下游地区，而麻织品的重心在南方长江中下游地区，这种格局一直延续到唐代。据《唐六典·太府寺》记载，唐代以苎麻布为赋贡的州分八等，一等复州，二等常州，三等杨、湖、沔州，四等苏、越、杭、蕲、庐州，五等衢、饶、洪、婺州，六等郢、江州，七等台、括、抚、睦、歙、虔、吉、温州，八等泉、建、闽、袁州，均集中于长江中下游地区；而以绢为赋贡的州，前四等均在黄河中下游地区②，反映出当时南、北之间衣料作物的差异。

汉晋南朝长江中下游地区种植与利用的纤维作物还有葛。葛藤茎皮中含有约40%的纤维，而且其纤维比麻细长、白而坚韧，织成的布质轻、凉爽，特别适合做夏衣。葛对生长环境要求不高，亦不需要特别的管理，其利用一度非常普遍。《周礼·地官司徒·掌葛》载其职务，“掌以时征絺、绤之材于山农”③，当时称细葛布为絺，粗葛布为绤。秦汉以后由于葛藤生长慢、产量低，种植、加工也比较麻烦，其种植与利用逐渐减少。但南方吴越地区气候温暖湿润，山地丘陵众多，自然环境适合葛的生长，这里的葛布反而成为地区的优势特产。

吴越地区在春秋时期已有人工种植葛藤的明确记载，《越绝书》载：“葛山者，勾践罢吴，种葛，使越女织治葛布，献于吴王夫差。去县七里。”④当地野生葛的数量也非常大。《吴越春秋·勾践归国外传》载：“越王曰：‘吴王好服之离体，吾欲采葛，使女工织细布献之，以求吴王之心，于子何如？’群臣曰：‘善。’乃使国中男女入山采葛，以作

① 萧子显：《南齐书》卷30《薛渊传》，第555页。
② 李林甫等：《唐六典》卷20《太府寺》，中华书局2008年，第541页。
③ 贾公彦：《周礼注疏》，阮元校刻：《十三经注疏》，清嘉庆刊本，第1613页。
④ 袁康、吴平辑录，乐祖谋点校：《越绝书》，第61页。

黄丝之布……越王乃使大夫种赍葛布十万……以复封礼。"[①] 汉晋南朝这里的细葛布可以说名扬天下。《淮南子·原道训》称"匈奴出秽裘,于、越生葛絺",高诱注"于,吴也。絺,细葛也"[②],吴越的细葛布和北方匈奴的裘皮同样有名。《太平御览·布帛部七》引刘宋夏侯开国《吴郡赋》也称赞这里"纤絺细越,青笺白纻,名练夺乎乐浪,英葛光乎三辅"[③]。

汉晋南朝长江中下游地区温热时间较长,葛布维持有相当规模的生产。左思《吴都赋》称"纻衣絺服,杂沓傱萃"[④],《太平御览·布帛部三》引魏文帝曹丕诏中有"江东为葛,宁可比罗纨绮縠"[⑤],可见吴地百姓常以苎麻布与葛布为衣料。东晋陶渊明有诗:"代耕本非望,所业在田桑。躬亲未曾替,寒馁常糟糠。岂期过满腹,但愿饱粳粮。御冬足大布,粗絺以应阳。"[⑥] 此诗作于其辞官归隐之后,由"御冬足大布,粗絺以应阳",可知当时九江附近的普通百姓一般也是冬天穿粗麻布、夏天则穿粗葛布做成的衣服。《宋书·恩幸传》载:戴法兴"少卖葛于山阴市,后为吏传署,入为尚书仓部令史"[⑦]。由于南方地区对葛布的需求旺盛,当时除采集野生葛外,应该也有人工种植的葛藤。

---

① 周生春:《吴越春秋辑校汇考》,第 135 页。

② 刘文典:《淮南鸿烈集解》,第 18 页。

③ 李昉等:《太平御览》卷 820《布帛部七》,第 3651 页。

④ 萧统编,李善注:《文选》卷 5《吴都赋》,第 219 页。

⑤ 李昉等:《太平御览》卷 816《布帛部三》,第 3627 页。

⑥ 陶渊明:《陶渊明集》,中华书局 2013 年,第 119 页。

⑦ 沈约:《宋书》卷 94《恩幸传》,第 2303 页。

二、果树的种植与地域特色

汉晋南朝长江中下游地区果树的品种有显著增加。除了野生果木的人工种植化外，这一时期还从北方、岭南、蜀地引入了不少果树品种。晋王羲之《杂贴》："青李、来禽、樱桃、日给藤子皆囊盛为佳，函封多不生。足下所疏，云此果佳，可为致子，当种之。此种彼胡桃皆生也。吾笃喜种果，今在田里，惟以此为事，故远及足下，致此子者，大惠也。"[①] 这是王羲之在浙东种植引进的胡桃成功后，给寄种子给他的友人益州刺史周抚的报喜之辞。胡桃，即核桃，是汉代从西域引入中国的。《太平御览·果部八》引晋郭义恭《广志》曰"陈仓胡桃，皮薄多肌；阴平胡桃，大而皮脆，急捉则破"[②]。临近陈仓、阴平的蜀地当时估计也有好的胡桃或者容易得到好的胡桃种，故而周抚会寄胡桃种予王羲之。事实上，在王羲之引种胡桃成功前，长江下游已经有胡桃种植。《太平御览·果部八》引刘滔母答虞吴国书曰："咸和中避苏峻乱于临安山，吴国遣使饷馈，乃答书曰：此果有胡桃、飞穰，飞穰出自南州，胡桃本生西羌，外刚内柔，质似贤，欲以奉贡。"[③] 苏峻之乱爆发于咸和二年（327），当时浙西天目山区已经引入胡桃。

王羲之在给周抚的信中，提到请对方从蜀地再寄青李、来禽、樱桃、日给藤种子过来。青李是李的一种。来禽即林檎。《艺文类聚·果部下》引晋郭义恭《广志》云"林檎似赤柰，亦名黑檎……一名来禽，言味甘熟则来禽也"[④]，《齐民要术·柰林檎第三十九》将林檎与柰的

---

① 严可均：《全上古三代秦汉三国六朝文》，第1583页。
② 李昉等：《太平御览》卷971《果部八》，第4306页。
③ 李昉等：《太平御览》卷971《果部八》，第4306页。
④ 欧阳询：《艺文类聚》卷87《果部下》，上海古籍出版社1982年，第1490页。

栽培方法合并介绍。“柰”是中国本土苹果最早的称呼，林檎形似柰却非柰，但大致就是苹果属的植物。日给，据《太平御览·果部七》引三国魏杜恕《笃论》“日给之华与柰相似也，柰结实而日给零落”，也可能是苹果属的植物[①]。而刘滔母书信中提到的当时天目山区种植的飞穰即佛手柑，主要产自岭南。屈大钧《广东新语·木语》载：“香橼，一曰枸橼，以高要极林乡为上。其状如人手，有五指者曰五指柑，有十指者曰十指柑，亦曰佛手柑，有单拳有合掌不一。花开即见其子于蕊中，子成长如小瓜，皮若橙柚而光泽，肉甚厚，色白如肪。然亦松虚，味短……一名飞穰。”[②]

左思《吴都赋》称：孙吴境内“其果则丹橘余甘，荔枝之林。槟榔无柯，椰叶无阴。龙眼橄榄，棎榴御霜。结根比景之阴，列挺衡山之阳”[③]。这里所列的荔枝、槟榔、椰子、龙眼、橄榄都是热带水果，当时主要产自岭南，只有橘、甘、棎、榴是荆、扬两州普遍种植的亚热带果木。而南朝谢灵运《山居赋》称谢氏在浙江上虞的庄园内“百果备列，乍近乍远”，“杏坛、柰园，橘林、栗圃。桃李多品，梨枣殊所。枇杷林檎，带谷映渚。椹梅流芬于回峦，椑柿被实于长浦”[④]。这里有分类很细的专业果园杏坛、柰园、橘林、栗圃，还有品种繁多的桃、李，异地引种的梨、枣，以及枇杷、椹、梅、椑、柿等。品种之多，远远超过了左思所列。这在某种程度上反映了当时长江中下游地区果树种植的发

---

① 李昉等：《太平御览》卷970《果部七》，第4302页。《齐民要术》卷10《五谷果蓏菜茹非中国物产者》引潘尼《朝菌赋》云：“朝菌者，世谓之‘木堇’，或谓之‘日及’，诗人以为‘蕣华’。”“给”“及”相通，日给也可能就是木槿，属观花灌木。

② 屈大钧：《广东新语》卷25《木语》，第633页。

③ 萧统编，李善注：《文选》卷5《吴都赋》，第213页。

④ 沈约：《宋书》卷67《谢灵运传》，第1768—1769页。

展。尽管很多果类并不是这一时期才从北方引进的。如《史记·楚世家》记载楚先王熊绎“唯是桃弧棘矢以共王事”[①],桃是桃树,棘是酸枣,可见西周初年楚地就有桃、枣。但它们作为经济作物在南方地区普遍种植,有的却可能是从六朝时期才开始的。宋吴淑《事类赋注》卷27《果部二》引《广五行记》曰:“宋废帝太始年,江南盛传消梨。先无此树,百姓争植之,既而后齐萧氏受禅。”[②]这一记载尽管有迷信色彩,却也反映出刘宋末年梨树种植在江南的发展非常快速。

六朝时期桃、李、杏、柰、梨、枣、栗、林檎等盛产于北方的果类在长江中下游地区都有广泛种植,并且形成了一些著名品种和重要产地。例如,江汉地区的李、梨等在六朝时期便都有闻名的品种。《齐民要术·种李第三十五》引《荆州土地记》曰:“房陵、南郡有名李。”《风土记》曰:“南郡细李,四月先熟。”[③]同书《插梨第三十七》又引《荆州土地记》曰:“江陵有名梨。”[④]房陵李当时名气很大。西晋傅玄《李赋》有“河沂黄建,房陵缥青,一树三色,异味殊名”[⑤];潘岳《闲居赋》有“张公大谷之梨,梁侯乌椑之柿,周文弱枝之枣,房陵朱仲之李,靡不毕植”[⑥]。《太平御览·果部五》引任昉《述异记》亦载:“房陵定山有朱仲李园三十六所。”[⑦]宜都出产的柿子也很有名。《太平御览·果部八》引《荆州土地记》曰:“宜都出大椑。”[⑧]椑是柿中短而小者的别名。浙江青田梨在当时也已颇为著名。《齐民要术·插梨第

① 司马迁:《史记》卷40《楚世家》,第1705页。
② 吴淑:《事类赋注》卷27《果部二》,中华书局1989年,第529页。
③ 贾思勰著,石声汉校释:《齐民要术今释》,第348页。
④ 贾思勰著,石声汉校释:《齐民要术今释》,第360页。
⑤ 严可均:《全上古三代秦汉三国六朝文》,第1718页。
⑥ 房玄龄等:《晋书》卷55《潘岳传》,第1506页。
⑦ 李昉等:《太平御览》卷968《果部五》,第4294页。
⑧ 李昉等:《太平御览》卷971《果部八》,第4303页。

三十七》引《永嘉记》:“青田村民家,有一梨树,名曰‘官梨’;子大,一围五寸,常以供献,名曰‘御梨’。实落地即融释。”[①]

但汉晋南朝长江中下游地区种植得最多的还是柑橘类果树。柑橘属芸香科柑橘亚科,用作经济栽培的有枳属、柑橘属和金柑属,普通所说的柑橘就是指柑橘属的诸种果树,包括橘、柑、橙、柚等。柑橘喜温暖,生长发育不能低于12℃。《晏子春秋·内篇杂下》称:“橘生淮南则为橘,生于淮北则为枳,叶徒相似,其实味不同。所以然者何?水土异也。”[②]但也不是越暖和越好,热带四季温差不大,种柑橘不易形成花芽,果实也不易着色,品质差。早在先秦时期,长江中下游地区的柑橘就已闻名于中原。《山海经·中山经》云:荆山“其草多竹,多橘櫾”[③],櫾即柚。屈原《橘颂》称颂:“后皇嘉树,橘徕服兮。受命不迁,生南国兮。深固难徙,更壹志兮。”[④]《吕氏春秋·本位》云:“果之美者……江浦之橘,云梦之柚。”[⑤]柑橘的种植规模也相当大。《史记·苏秦列传》载苏秦游说赵王时,称“齐必致鱼盐之海,楚必致橘柚之园”[⑥],将楚地的橘柚种植与齐地的鱼盐生产相提并论。同书《货殖列传》中有“蜀、汉、江陵千树橘……此其人皆与千户侯等”[⑦],可见汉初江陵等地已经存在数千棵橘树的果园。

汉晋南朝柑橘仍是南方地区的特色水果。由于自然条件的差异,北方地区难以引种。《事类赋注·果部二》引《吴历》曰:“吴王馈魏

---

① 贾思勰著,石声汉校释:《齐民要术今释》,第360页。

② 张纯一校注:《晏子春秋校注》,中华书局2014年,第290页。

③ 郭世谦:《山海经考释》,天津古籍出版社2011年,第370页。

④ 洪兴祖:《楚辞补注》,第153页。

⑤ 许维遹:《吕氏春秋集释》,第320页。

⑥ 司马迁:《史记》卷69《苏秦列传》,第2245页。

⑦ 司马迁:《史记》卷129《货殖列传》,第3272页。

文帝大橘，帝诏群臣曰：‘南方有橘酢，正裂人牙时有甜耳。’”[①]《齐民要术》将橙、橘、甘、柚列在“五谷果蓏菜茹非中国物产者”之中，并引《异物志》曰：“橘树，白花而赤实，皮馨香，又有善味。江南有之，不生他所。”[②]而在长江中下游地区，柑橘则非常普遍。《齐民要术》卷10引《异苑》曰：“南康有奚石山，有甘、橘、橙、柚，就食其实，任意取足。持归家人噉，辄病，或颠仆失径。”[③]《事类赋注·果部二》引《述异记》曰：“南康郡有东望山，山顶有果林，周四里许，众果毕植，行列整齐，如人功也。甘子熟，尝有三人造之，共食致饱，又怀二枚，欲以示外人。回旋半日，迷不得归，闻空中语云：‘放双甘乃听汝去。’怀甘者恐怖，放甘于地，转眄即见归径。”[④]这些故事虽有迷信色彩，但所反映出的南康境内柑橘众多却是可以肯定的。

汉晋南朝长江中下游地区很多人家堂前屋后都种有柑橘。谢承《后汉书·桓荣传》载：“沛国桓严字文林，罢鄮县，舍扬州从事屈豫室。中庭有橘树一株，遇其实熟，数垂室内，严乃以竹藩树四面。时风吹动，两实堕地，以书绳缚系树枝。”[⑤]《齐民要术》卷10引《吴录·地理志》曰：“朱光禄为建安郡，中庭有橘。冬月，于树上覆裹之；至明年春夏，色变青黑，味尤绝美。”[⑥]《南齐书·良政传》载：虞愿祖父虞赉“中庭橘树冬熟，子孙竞来取之，愿年数岁，独不取”[⑦]。也不乏有人大面积种植柑橘以谋取利润。《三国志·吴书·三嗣主传》注引

① 吴淑：《事类赋注》卷27《果部二》，第536页。
② 贾思勰著，石声汉校释：《齐民要术今释》，第1032页。
③ 贾思勰著，石声汉校释：《齐民要术今释》，第1031页。
④ 吴淑：《事类赋注》卷27《果部二》，第533页。
⑤ 周天游辑注：《八家后汉书辑注》，上海古籍出版社1986年，第46页。
⑥ 贾思勰著，石声汉校释：《齐民要术今释》，第1032页。
⑦ 萧子显：《南齐书》卷53《良政传》，第915页。

《襄阳记》载：李衡“于武陵龙阳氾洲上作宅，种甘橘千株”，“吴末，衡甘橘成，岁得绢数千匹，家道殷足。晋咸康中，其宅址枯树犹在”①。甚至还有专门的橙橘户。《太平御览·果部三》引任昉《述异记》曰“越多橘柚园，越人岁多橘税，谓之橙橘［户］”，夹注：“吴阚泽表曰：请除臣之橘籍，是也。”②橙橘户有单独的橘籍，应是隶属官府的专业橘农，每年以柑橘进献朝廷使用。

《齐民要术》卷10引周处《风土记》曰：“甘、橘之属，滋味甜美特异者也。有黄者，有赪者，谓之‘壶甘’。”③黄甘是南方柑橘中品质佳美的品种，晋胡济《黄甘赋》称其是“江南之奇果”。《宋书·索虏传》载：北魏太武帝拓跋焘曾遣人“乘驿就太祖乞黄甘，太祖饷甘十簿、甘蔗千挺”④。今湖北枝江、宜都一带出产的柑子名气很大。《齐民要术》卷10引《荆州记》曰：“枝江有名甘。宜都郡，旧江北，有甘园，名‘宜都甘’。”⑤打霜的天气昼夜温差大，有利于植物的糖分积累，会更甜一些。洞庭一带的橘子早在南朝就被誉为霜橘。梁吴均《饼说》有“洞庭负霜之橘”⑥，《唐语林·文学》载：“韦应物诗云：‘书后欲题三百颗，洞庭须待满林霜。’后人多说率尔成章，不知江左尝有人于纸尾‘寄洞庭霜三百颗’。”⑦《农政全书·树艺·果部下》引《种树书》解释说：“南方柑橘虽多，然亦畏霜，不甚收，惟洞庭，霜虽多无损。”⑧

甘蔗同样是汉晋南朝长江中下游地区普遍种植的南方水果。《宋

① 陈寿：《三国志》卷48《吴书·三嗣主传》，第1156—1157页。
② 李昉等：《太平御览》卷966《果部三》，第4286页。
③ 贾思勰著，石声汉校释：《齐民要术今释》，第1034页。
④ 沈约：《宋书》卷95《索虏传》，第2350页。
⑤ 贾思勰著，石声汉校释：《齐民要术今释》，第1034页。
⑥ 严可均：《全上古三代秦汉三国六朝文》，第3306页。
⑦ 周勋初：《唐语林校证》，中华书局1997年，第124页。
⑧ 徐光启撰，石声汉校注：《农政全书校注》，上海古籍出版社1979年，第809页。

书·张劭传》载:北魏太武帝拓跋焘进攻刘宋时,曾“致意求甘蔗及酒”,镇守彭城的刘骏“遣送酒二器,甘蔗百挺,求骆驼”[①]。南北双方各自点名要对方的甘蔗、骆驼,进行交换。同书《张畅传》载:后来“焘复求甘蔗、安石留”,张畅曰:“石留出自鄴下,亦当非彼所乏。”[②]言外之意,甘蔗却是北魏所未有的。甘蔗原产岭南,但六朝时期种植范围更为广阔。《本草纲目》引南朝梁陶弘景曰:“蔗出江东为胜,庐陵亦有好者。”[③]似乎长江下游已经成为甘蔗最主要的产地。雩都(今江西于都)的甘蔗在当时颇负盛名。《齐民要术》卷10载:“雩都县,土壤肥沃,偏宜甘蔗。味及采色,余县所无;一节数寸长。郡以献御。”[④]浙东亦有好的甘蔗。《太平御览·果部十一》引刘宋郑辑之《永嘉郡记》曰:“乐城县三州府,江有三洲,因以为名。对岸有浦,名为菰子,出好甘蔗。”[⑤]甘蔗因其汁多疗渴的效果,在当时颇受欢迎。《太平御览·果部十一》引晋张载诗曰:“江南都蔗,酿液澧沛,三巴黄甘,瓜州素柰。凡此数品,殊美绝快,渴者所思,铭之裳带。”又引晋张协《都蔗赋》曰:“若乃九秋良朝,玄酎初出,黄华浮觞,酣饮累日。挫斯柘而疗渴,若漱醴而含蜜,清滋津于紫梨,流液丰于朱橘。”[⑥]

枇杷、杨梅等南方果品当时在长江中下游地区种植也较普遍。《太平御览·果部八》引谢灵运《七济》曰:“朝食既毕,摘果堂阴。春惟枇杷,夏则林禽。”[⑦]可见谢氏始宁墅中种植有很多枇杷。宜都

---

① 沈约:《宋书》卷46《张劭传》,第1397页。
② 沈约:《宋书》卷59《张畅传》,第1603页。
③ 李时珍:《本草纲目》卷33《果部五》,人民卫生出版社1978年,第1888页。
④ 贾思勰著,石声汉校释:《齐民要术今释》,第1037页。
⑤ 李昉等:《太平御览》卷974《果部十一》,第4318页。
⑥ 李昉等:《太平御览》卷974《果部十一》,第4318页。
⑦ 李昉等:《太平御览》卷971《果部八》,第4304页。

是远近闻名的枇杷产地。《齐民要术》卷10引《荆州土地记》曰："宜都出大枇杷。"又引《广志》曰："枇杷，冬花。实黄；大如鸡子，小者如杏；味甜酢。四月熟。出南安、犍为、宜都。"[①]杨梅多见于长江下游的吴越地区，既有野生，也有种植的。《南史·任昉传》载：任昉任新安太守时，"郡有蜜岭及杨梅，旧为太守所采，昉以冒险多物故，即时停绝"[②]。同书《孝义传》载：庐江人王虚之"庭中杨梅树隆冬三实"[③]。《太平御览·果部九》引《吴兴记》曰："故章县县北有石椁山，出杨梅，常以贡御。张华所谓'地有名章，必生杨梅'，盖此谓也。"又引《临海异物志》曰："杨梅，其子如弹丸，正赤，五月中熟。熟时似梅，味甘甜酸。"[④]梁江淹有《杨梅颂》，称杨梅"宝跨荔枝，芳轶木兰"[⑤]，是超越荔枝的果中佳品。

汉晋南朝长江中下游地区见于记载的南方果品还有很多。如木瓜，《太平御览·果部十》引盛弘之《荆州记》曰："鱼腹县有固陵村，地多木瓜树，其子大者如瓶。"[⑥]榇，《太平御览·果部十一》引薛莹《荆扬以南异物志》曰："榇子树产山中，实似梨，冬熟，味酸。丹阳诸郡有之。"[⑦]榡，《太平御览·果部十一》引《吴录·地理志》曰："卢陵南郡雩都县有榡树，其实如甘蕉，而核味亦如之。"[⑧]仅沈莹《临海异物志》便记载有当时浙东至福建沿海的余甘、杨桃、冬熟、猴闼、关桃、土翁、狗槽、鸡橘、猴總、多南、王坛等数十种知名或不知名的热

---

① 贾思勰著，石声汉校释：《齐民要术今释》，第1036—1037页。

② 李延寿：《南史》卷59《任昉传》，第1455页。

③ 李延寿：《南史》卷73《孝义传上》，第1814页。

④ 李昉等：《太平御览》卷972《果部九》，第4310页。

⑤ 严可均：《全上古三代秦汉三国六朝文》，第3172页。

⑥ 李昉等：《太平御览》卷973《果部十》，第4312—4313页。

⑦ 李昉等：《太平御览》卷974《果部十一》，第4316页。

⑧ 李昉等：《太平御览》卷974《果部十一》，第4316页。

带、亚热带水果,可见当地的果树资源相当丰富。

三、蔬菜的种植与地域特色

汉晋南朝长江中下游地区蔬菜的品种同样有明显增加。而且随着人口增长,蔬菜需求扩大,蔬菜种植日益向着专业化的方向发展,六朝时期民众以种植或贩卖蔬菜为生的记载日益增多。《三国志·吴书·步骘传》载:步骘早年避难江东,“单身穷困,与广陵卫旌同年相善,俱以种瓜自给”[①]。《太平御览·菜茹部三》引《吴录》曰:“姚翁仲,常种瓜菜灌园,以供衣食。时人或饷,一无所受。”[②]《宋书·孝义传》载:会稽永兴人郭原平,“以种瓜为业。世祖大明七年大旱,瓜渎不复通船,县官刘僧秀愍其穷老,下渎水与之”,郭原平不愿接受,“步从他道往钱唐货卖”[③]。《梁书·处士传》载:吴郡钱唐人范元琰,“家贫,唯以园蔬为业”[④]。《陈书·文学传》载:山阴令褚玠去官后,“因留县境,种蔬菜以自给”[⑤]。当时贵族庄园内往往种植有大量蔬菜,自食之余,也可出售牟利。《宋书·柳元景传》载:“时在朝勋要,多事产业,唯元景独无所营。南岸有数十亩菜园,守园人卖得钱二万送还宅,元景曰:‘我立此园种菜,以供家中啖尔。乃复卖菜以取钱,夺百姓之利邪。’以钱乞守园人。”[⑥]柳元景家中守园人卖菜得钱二万,数量可观。尽管柳元景不欲与百姓争利,此事却也反证了在朝勋要所从事的产业是可以包括蔬菜种植的。

---

① 陈寿:《三国志》卷 52《吴书·步骘传》,第 1236 页。
② 李昉等:《太平御览》卷 978《菜茹部三》,第 4332 页。
③ 沈约:《宋书》卷 91《孝义传》,第 2245 页。
④ 姚思廉:《梁书》卷 51《处士传》,第 746 页。
⑤ 姚思廉:《陈书》卷 34《文学传》,第 460 页。
⑥ 沈约:《宋书》卷 77《柳元景传》,第 1990 页。

谢灵运《山居赋》记载："畦町所艺，含蕊藉芳，蓼蕺葼荠，葑菲苏姜。绿葵眷节以怀露，白薤感时而负霜。寒葱摽倩以陵阴，春藿吐苕以近阳。"①这里提到的葵、薤、葱、藿、葑等都是南北所共有的重要蔬菜品种。《南齐书·周颙传》：周颙"清贫寡欲，终日长蔬食，虽有妻子，独处山舍。卫将军王俭谓颙曰：'卿山中何所食？'颙曰：'赤米白盐，绿葵紫蓼。'"②同书《庾杲之传》：庾杲之"清贫自业，食唯有韮葅、瀹韭、生韮杂菜"③；《梁书·吕僧珍传》：吕僧珍从父兄子"以贩葱为业"，吕僧珍上任南兖州刺史时，他们"弃业欲求州官"，吕僧珍责令其"但当速反葱肆耳"④，表明这些蔬菜在长江中下游地区也是百姓的寻常食物，种植相当广泛。然而，由于南北自然条件的差异，长江中下游地区蔬菜的种类构成仍然与中原地区有很大不同，其中最突出的表现便是水生蔬菜栽培发达。事实上，谢灵运的庄园中也种有水生蔬菜，只是由于生于水中，而没有被《山居赋》列入"畦町所艺"。

《晋书·文苑传》载：张翰在洛阳，"因见秋风起，乃思吴中菰菜、莼羹、鲈鱼脍……遂命驾而归"⑤。张翰思念吴中的菰菜、莼羹、鲈鱼脍，而下定辞官归乡的决心，可见菰菜、莼菜都是长江中下游地区的特色蔬菜，在洛阳很难享受得到。菰即茭白。《尔雅·释草》称之为"蘧蔬"，晋郭璞注："蘧蔬似土菌，生菰草中。今江东啖之，甜滑。"清郝懿行疏："方俗呼菰为茭，故名茭白。"⑥菰属喜温性植物，是南方特有的水生蔬菜，《齐民要术》将蘧蔬列在"五谷果瓜菜茹非中国物产者"

---

① 沈约：《宋书》卷67《谢灵运传》，第1769页。
② 萧子显：《南齐书》卷41《周颙传》，第732页。
③ 萧子显：《南齐书》卷34《庾杲之传》，第615页。
④ 姚思廉：《梁书》卷11《吕僧珍传》，第213页。
⑤ 房玄龄等：《晋书》卷92《文苑传》，第2384页。
⑥ 郝懿行：《尔雅义疏》，《郝懿行集》第4册，齐鲁书社2010年，第3497页。

之列。菰菜羹在汉代已经是吴中名菜。《太平御览·饮食部二十》引《春秋佐期助》:“八月雨后,菰菜生于洿下地中,作羹臛甚美。吴中以鲈鱼作脍,菰菜为羹,鱼白如玉,菜黄若金,称为金羹玉鲈,一时珍食。”[①]《资治通鉴》“梁武帝太清三年”条载:侯景之乱时,梁将李迁仕、樊文皎援台城,进至“菰首桥东”,被侯景伏军击败[②]。此桥以菰首取名,周围菰菜的种植必定有较大规模。

与菰菜齐名的莼菜,也是一种水生蔬菜。《齐民要术·养鱼第六十一》“种莼法”称:“近陂湖者,可于湖中种之;近流水者,可决水为池种之。以深浅为候:水深则茎肥而叶少,水浅则叶多而茎瘦。莼性易生,一种永得。”又引《本草》云:“杂鲤鱼作羹。亦逐水,而性滑。谓之‘淳菜’,或谓之‘水芹’。”[③]从《齐民要术》载有“种莼法”看,当时北方地区应该也有莼菜栽培,但《齐民要术》将“种莼法”附着于“养鱼”篇,亦可见当时中原地区并未将莼菜作为专门的种植对象,数量不会太多,很可能味道也有区别。莼菜在长江中下游地区相当普遍。《诗经·鲁颂·泮水》“思乐泮水,薄采其茆”,正义引陆机疏云:“茆与荇菜相似,菜大如手,赤圆。有肥者,着手中滑不得停。茎大如匕柄。叶可以生食,又可鬻,滑美。江南人谓之莼菜,或谓之水葵,诸陂泽水中皆有。”[④]《晋书·陆机传》载其与弟陆云入洛后,“尝诣侍中王济,济指羊酪谓机曰:‘卿吴中何以敌此?’答云:‘千里莼羹,未下盐豉。’时人称为名对”[⑤]。可见莼菜羹是公认的吴中名菜。《南史·崔祖思传》载:“高帝既为齐王,置酒为乐,羹脍既至,祖思曰:‘此味

---

① 李昉等:《太平御览》卷862《饮食部二十》,第3829页。

② 司马光编著,胡三省音注:《资治通鉴》卷162《梁纪十八》,第5002页。

③ 贾思勰著,石声汉校释:《齐民要术今释》,第606页。

④ 孔颖达:《毛诗正义》,阮元校刻:《十三经注疏》,清嘉庆刊本,第1318页。

⑤ 房玄龄等:《晋书》卷54《陆机传》,第1473—1473页。

故为南北所推。’侍中沈文季曰：‘羹脍吴食，非祖思所解。’祖思曰：‘炰鳖鲙鲤，似非句吴之诗。’文季曰：‘千里莼羹，岂关鲁、卫。’帝甚悦，曰：‘莼羹故应还沈。’”[①]崔祖思是清河东武城人，沈文季是吴兴武康人。从两人的对话可以看出，鳖、鲤鱼等水产在各地都能经常食用，但莼菜羹却是南方的特色食物。

《齐民要术》中藕、莲子、芡、菱角的种植方法也是附着于“养鱼”篇，受环境的局限，这些水生蔬菜在中原地区很难大范围栽培。而在长江中下游地区，这些都是人们日常食用的蔬菜。《南史·齐武帝诸子传》载：戴僧静曾为诸王抱屈，称“天王无罪，而一时被囚，取一挺藕，一杯浆，皆谘签帅，不在则竟日忍渴”[②]，视吃藕与喝浆一样平常。长江中下游地区当时野生的莲藕、芡、菱角很多。《南史·鱼弘传》载鱼弘赴职湘东王镇西司马，“述职西上，道中乏食，缘路采菱，作菱米饭给所部”[③]，可见沿路野生菱相当丰富。但对它们的需求量同样很大，可于市场出售。《南齐书·孝义传》载：会稽陈氏三女，“值岁饥”，“相率于西湖采菱莼，更日至市货卖，未尝亏怠”[④]。而且种植方法非常简单。《齐民要术·养鱼第六十一》载：种藕法，“春初，掘藕根节头，着鱼池泥中种之，当年即有莲花”；种芡法，“八月中收取，擘破，取子，散着池中，自生也”；种芰法，“一名菱。秋上，子黑熟时，收取；散着池中，自生矣”[⑤]。只要将藕根的节头放在塘底泥里种下，或者将芡、菱的种子撒在塘里，就可以坐待收成。因而有栽培的价值。谢灵运《山居赋》中称“萍藻蕰菼，雚蒲芹荪，蒹菰苹蘩，蕝荇菱莲。虽备物之偕

① 李延寿：《南史》卷47《崔祖思传》，第1171页。
② 李延寿：《南史》卷44《齐武帝诸子传》，第1115—1116页。
③ 李延寿：《南史》卷55《鱼弘传》，第1362页。
④ 萧子显：《南齐书》卷55《孝义传》，第959页。
⑤ 贾思勰著，石声汉校释：《齐民要术今释》，第606—607页。

美,独扶渠之华鲜”[①],其庄园的池塘中便种植有莲藕与菱角。

水芹在当时也是食用较多的水生蔬菜。《吕氏春秋·本味》“菜之美者,云梦之芹”,高诱注:“芹生水涯。”[②]中原地区也产水芹,《诗经·鲁颂·泮水》有“思乐泮水,薄采其芹”[③]。但由于水芹主要产自南方,故而又以“楚”为名,称楚葵。《尔雅》“芹,楚葵”,郭璞注:“今水中芹菜。”[④]清代学者江藩曰:“考芹有二种,一为野芹,茎叶黑色,味如藜蒿,疑即《说文》蒿类之莤;一为芹菜,青白色,味甘美,有水芹旱芹,疑即楚葵。”[⑤]认为楚葵是区别于野芹的人工栽培品种。

此外,《齐民要术》中列入“五谷果瓜菜茹非中国物产者”的水生蔬菜还有凫茈、苹、藻等。凫茈即荸荠。《后汉书·刘玄传》载:“王莽末,南方饥馑,人庶群入野泽,掘凫茈而食之。”李贤注引郭璞曰:“生下田中,苗似龙须而细,根如指头,黑色,可食。”[⑥]《吕氏春秋·本味》载:“菜之美者:昆仑之苹。”[⑦]《齐民要术》卷10引《诗义疏》:“藻,水草也。生水底。有二种:其一种,叶如鸡苏,茎大似箸,可长四五尺。一种,茎大如钗股,叶如蓬,谓之‘聚藻’。此二藻皆可食。煮熟,挼去腥气,米面糁蒸,为茹佳美。荆阳(扬)人饥荒以当谷食。”[⑧]这些水生蔬菜在长江中下游地区都很常见,而且苹、藻亦见于上引《山居赋》,不排除有部分是人工种植的。

笋是竹的幼芽,味道鲜美,尤以春笋、冬笋味道最佳。《诗经·大

① 沈约:《宋书》卷67《谢灵运传》,第1761页。

② 许维遹:《吕氏春秋集释》,第317—318页。

③ 孔颖达:《毛诗正义》,阮元校刻:《十三经注疏》,清嘉庆刊本,第1317页。

④ 邢昺:《尔雅注疏》,阮元校刻:《十三经注疏》,清嘉庆刊本,第5716页。

⑤ 许维遹《吕氏春秋集释》“云梦之芹”条引,第318页。

⑥ 范晔:《后汉书》卷11《刘玄传》,第467—468页。

⑦ 许维遹:《吕氏春秋集释》,第317页。

⑧ 贾思勰著,石声汉校释:《齐民要术今释》,第1108—1109页。

雅·韩弈》有“其蔌维何,维笋及蒲”[①],此诗记述周宣王时韩侯受封入觐,当时已经以笋为菜肴。由于竹是喜温怕冷的热带、亚热带作物,作为其幼芽的笋自然也属富有南方地域色彩的蔬食,《齐民要术》亦将笋记在“五谷果瓜菜茹非中国物产者”之列。长江中下游地区的毛竹、早竹是优良的笋用竹种。《吕氏春秋·本味》称“和之美者……越骆之菌”,高诱注:“菌,竹笋也。”[②]鄱阳湖地区的竹笋在六朝时期也很有名气,《齐民要术》卷10引《吴录》曰:“鄱阳有笋竹,冬月生。”[③]汉晋南朝长江中下游地区民众食笋相当普遍,二十四孝故事中的孟宗哭竹便出自于此。《三国志·吴书·三嗣主传》注引《楚国先贤传》曰:“宗母嗜笋,冬节将至。时笋尚未生,宗入竹林哀叹,而笋为之出,得以供母,皆以为至孝之所致感。”[④]当时很多人都在宅前屋后植竹以食笋,《宋书·孝义传》载:会稽永兴人郭原平,“宅上种少竹,春月夜有盗其笋者,原平偶起见之,盗者奔走坠沟”,“乃于所植竹处沟上立小桥,令足通行,又采笋置篱外”[⑤]。同书《隐逸传》载:吴兴武康人沈道虔居县北石山下,“人拔其屋后笋,令人止之,曰:‘惜此笋欲令成林,更有佳者相与。’乃令人买大笋送与之”[⑥]。而《梁书·处士传》载:范元琰“唯以园蔬为业”,“或有涉沟盗其笋者,元琰因伐木为桥以渡之。自是盗者大惭,一乡无复草窃”[⑦],可见其从事的园蔬业是包括竹笋种植的。

① 孔颖达:《毛诗正义》,阮元校刻:《十三经注疏》,清嘉庆刊本,第1231页。
② 许维遹:《吕氏春秋集释》,第318页。
③ 贾思勰著,石声汉校释:《齐民要术今释》,第1093页。
④ 陈寿:《三国志》卷48《吴书·三嗣主传》,第1169页。
⑤ 沈约:《宋书》卷91《孝义传》,第2245页。
⑥ 沈约:《宋书》卷93《隐逸传》,第2291页。
⑦ 姚思廉:《梁书》卷51《处士传》,第746页。

南北地区共有的蔬菜品种，由于地域气候差异，在长期人工栽培中也有一些不同的变化。汉晋南朝长江中下游地区因培栽选育而产生的新蔬菜品种中，影响最深远的应该是由葑类蔬菜演变而来的菘，即白菜。梁家勉指出：葑在先秦时期是十字花科蔬菜的总称，后来逐步分化为蔓菁、芥和芦菔，魏晋之际又演变成栽培种菘[1]。芥是葑在岭南的变种，《太平御览·菜茹部五》引《岭表录异》曰："广州地热，种麦则苗而不实。北人将蔓菁子就彼种者，出土即变为芥。"[2]菘则是其在长江中下游地区出现的后代变种。《方言》"葑、荛，芜菁也"，晋郭璞注"今江东名为温菘"[3]。《三国志·吴书·陆逊传》载其攻襄阳时"催人种葑豆"以示闲暇[4]，而《太平御览·菜茹部四》引《吴录》所记同一事则称其是"催人种豆菘"[5]，也反映出菘就是葑在江东的新名。菘在北方不常见，《农政全书·树艺·蔬部》载唐《本草》注云："菘菜不生北土。有人将子北种，初一年，半为芜菁，二年，菘种都绝。有将芜菁子南种，亦二年都变。土地所宜，须有此例。"[6]在长江中下游地区则自东晋南朝始已成为当家蔬菜之一。《南齐书·周颙传》载：周颙"清贫寡欲，终日长蔬食"，"文惠太子问颙：'菜食何味最胜？'颙曰：'春初早韭，秋末晚菘。'"[7]同书《高帝十二王传》载：武陵昭王萧晔"无宠于世祖"，自怨贫薄。尚书令王俭曾拜访萧晔，"晔留俭设食，柈中菘菜䰾鱼而已"[8]。《梁书·处士传》载：范元琰"家贫，唯以园

① 梁家勉：《中国农业科学技术史稿》，第 285 页。
② 李昉等：《太平御览》卷 980《菜茹部五》，第 4340 页。
③ 钱绎：《方言笺疏》，中华书局 2013 年，第 108 页。
④ 陈寿：《三国志》卷 59《吴书·陆逊传》，第 1351 页。
⑤ 李昉等：《太平御览》卷 979《菜茹部四》，第 4339 页。
⑥ 徐兴启撰，石声汉核注：《农政全书校注》，第 717 页。
⑦ 萧子显：《南齐书》卷 41《周颙传》，第 732 页。
⑧ 萧子显：《南齐书》卷 35《高帝十二王传》，第 626 页。

蔬为业。尝出行,见人盗其菘,元琰遽退走”[1]。

瓜的种类很多,既可做菜,也可以做水果。《齐民要术·种瓜第十四》记载了诸色瓜的种植方法,并单列有“种越瓜、胡瓜法”。越瓜即稍瓜,胡瓜即黄瓜。王先谦《诗三家义集疏》载:“《本草》‘苦瓠’……唐本注云:‘瓠味皆甜,时有苦者,而似越瓜,长者尺余,头尾相似。’”[2]越瓜味道不算甜,主要用于佐餐,可以用新鲜越瓜做菜、羹,也可以腌制。《齐民要术·作菹藏生菜法第八十八》引《食经》:“藏越瓜法:糟一斗,盐三升,淹瓜三宿。出,以布拭之,复淹如此……豫章郡人晚种越瓜,所以味亦异。”[3]李时珍《本草纲目》称“越瓜以地名也,俗名梢瓜,南人呼为菜瓜”,又引《藏器》曰“越瓜生越中,大者色正白。越人当果食之,亦可糟藏”[4]。越瓜属喜温暖,尽管南北皆可种植,其起源地与早期主要种植范围应该还是长江中下游的越地。汉晋南朝长江中下游地区食瓜普遍,民众以种瓜为生的事例很多,最有名的产瓜地是庐江。《齐民要术·种瓜第十四》引《广志》曰:“瓜之所出,以辽东、庐江、敦煌之种为美。”又引张孟阳《瓜赋》曰:“羊骹累错,䫉子庐江。”[5]

小　结

本章着眼于对环境的适应问题,来考察汉晋南朝长江中下游地区的农业生产情况。长江中下游地区高温多湿、水热同期,对水稻生

① 姚思廉:《梁书》卷51《处士传》,第746页。
② 王先谦:《诗三家义集疏》卷3上,中华书局2011年,第162页。
③ 贾思勰著,石声汉校释:《齐民要术今释》,第971页。
④ 李时珍:《本草纲目》卷28《菜部三》,第1700页。
⑤ 贾思勰著,石声汉校释:《齐民要术今释》,第179页。

长极为有利。荆州、扬州“其谷宜稻”,自古就是人们共识。汉晋南朝时期,稻作在长江中下游地区同样呈现出明显的种植优势,稻田的种植面积扩展迅速,稻米始终是当地最基本与最受喜爱的粮食作物。由于地形复杂及必须保持田块底部平整,相较于北方旱地,南方稻田往往田块面积不大且不太规整。汉晋南朝北方农业技术持续南传,为了适应南方的自然条件和稻田耕作的需要,很多技术都经历过本土化改造。其中犁具由直辕长辕逐渐演化成曲辕短辕,耙、陆轴等整地农具向水田整地工具耖、碌碡的方向发展,为南方稻作“耕—耙—耖”为核心的耕作体系的最终形成创造了条件。

东晋南朝气候转寒及北方移民大量南迁,有助于粟、麦等旱地作物在南方的推广。但是比较东晋太兴元年(318)与刘宋元嘉二十一年(444)的两次麦作推广诏,可以发现后者的推广区域已经压缩到江淮之间及长江南缘。就地形、气温与降水条件而言,江淮之间显然比长江以南更适宜麦类作物生长。长江南缘的宣城、池州、南京、镇江一带属皖南低山丘陵与宁镇低山丘陵,地势较为高亢,同样相对适合种植耐旱的麦类作物。这一调整很可能是吸取了东晋政府麦作推广的教训,反映出环境因素对南方麦作推广的限制。由于南方的生态环境更适宜种稻,东晋南朝百姓种麦的动力不足,随着长江中下游地区稻作条件的进一步改善以及北方移民饮食习惯的土著化,麦作在南朝后期反而有所衰退。

汉晋南朝长江中下游地区经济作物的种类与构成富有地域特色。六朝桑蚕业有很大发展,但当时长江中下游的丝织业远不如麻织业发达。东晋南朝户调以征布为主,麻布的储量与流通数量都要超过丝织品。其中苎麻喜温好湿,加之做成的布料轻薄透气,适应南方的暑热气候,是种植最广泛的纤维作物,此外葛的利用也很普遍。六朝时期桃、李、杏、柰、梨、枣、栗、林檎等盛产于北方的果类在长江中下游地区的种植数量不少,并且形成了一些著名品种和重要产地。但这里种植得最多的仍然是南方特有的柑橘类果树,由于性喜温暖湿润,这类果树在北方很难存活。甘蔗、枇杷、杨梅等南方果品在长江中下游地区种植也较普遍。水生蔬菜栽培发达是汉晋南朝长江中下游蔬菜种植方面的突出特征。菰菜、莼菜等是这里的特色蔬菜,莲藕、芡、菱角、水芹等及竹笋的种植规模也要大于其他地区。由于环境条件的差异,北方种植的葑类蔬菜引入到长江中下游地区后,六朝时期逐渐演变出菘(白菜),并长期成为我国的当家蔬菜之一。

第五章　长江中下游地区农业开发的环境影响

目前人类所面临的各种环境问题,往往与人类对自然的不合理利用有直接关系。因此当人们反思历史上人与自然的关系时,很容易产生对人类文明进行责难的观点,甚至认为人类文明的每次进步都是以牺牲自然环境为代价的。在有些学者眼中,自然似乎就应该是未经人类触碰过的原始状态,只要人类改造了它们,就意味着生态平衡遭到破坏。部分学者在考察中国历史上农业开发与生态环境的关系问题时,同样持的是这种极端“生态中心主义”观点,并逐渐固化了一种“开发—破坏”的简单模式。在谈到历史时期农业开发的后果时,首先想到的必然是对自然环境的破坏,而在追溯当代生态问题的历史根源时,甚至会远溯到早期农业“伐木而树谷,燔莱而播粟”的生产方式。这种认识的出现并非完全没有历史根据,在当前生态问题空前严峻的背景下也有相当的警示意义,但失之简单化与情绪化的批判,事实上对于生态建设并没有实际的帮助。汉晋南朝长江中下游地区农业开发取得的进展可谓巨大,但是与“开发——破坏”模式不同,在这个过程中,不仅长江中下游地区自然环境没有遭到严重破坏,人们对于南方生活环境的主观体验也出现了明显提升。

第一节　东晋南朝的山地开发模式

山地开发通常是由农田生态系统向山地森林生态系统推进，农林交错带的景观过渡性决定了其生态系统的脆弱性，山地土壤和植被一旦遭到破坏则难以恢复。因而与平原地区的开发不同，山地开发很容易导致森林缩减、水土流失与河湖淤塞。东晋南朝是长江中下游地区开发取得重大进展的时期，不仅平原地带垦辟出大量农田，当时世家大族封山固泽、开启山林也成为令人瞩目的现象，这标志着南方山地进入了正式开发阶段。不过，与后世相比，这一时期南方人地矛盾并不突出，平原地区的开发尚未达到饱和，因此山地开发的模式与后世也存在很大差异。这里拟就东晋南朝世家大族封山固泽后的经营方式加以阐述，以期有助于理解当时长江中下游地区农业开发的环境影响。

一、从逃亡山泽到封山固泽

汉晋南朝曾经有很多越族、蛮族生活在南方的山林之中，他们主要是在两汉时期受汉族势力扩展的压力而退入山林，同时也有大量汉族百姓因为躲避战乱、徭役及其他原因而逃亡山泽。《三国志·吴书·诸葛恪传》载："丹杨地势险阻，与吴郡、会稽、新都、鄱阳四郡邻接，周旋数千里，山谷万重，其幽邃民人，未尝入城邑，对长吏，皆仗兵野逸，白首于林莽。逋亡宿恶，咸共逃窜。"[1]《宋书·孝武帝纪》大明二年（458）诏："往因师旅，多有逋亡。或连山染逆，惧致军宪；或辞役惮劳，苟免刑罚。虽约法从简，务思弘宥，恩令骤下，而逃伏犹

---

① 陈寿：《三国志》卷64《吴书·诸葛恪传》，第1431页。

多。”[①]《南齐书·周颙传》载：“滂民之困，困实极矣。役命有常，祇应转竭，蹙迫驱催，莫安其所。险者或窜避山湖，困者自经沟渎尔。”[②]这些进入山区的少数民族与汉人在当时被泛称为山民。

山民以山林为家，为了解决饥饱，不仅从事渔猎采集，也在山区种植粮谷。《三国志·吴书·诸葛恪传》载：诸葛恪讨伐山越时，“移书四郡属城长吏，令各保其疆界，明立部伍，其从化平民，悉令屯居。乃分内诸将，罗兵幽阻，但缮藩篱，不与交锋，候其谷稼将熟，辄纵兵芟刈，使无遗种。旧谷既尽，新田不收，平民屯居，略无所入，于是山民饥穷，渐出降首”[③]。《宋书·沈庆之传》载：沈庆之征伐沔北诸山蛮时，称“去岁蛮田大稔，积谷重岩，未有饥弊，卒难禽剪”。他率领诸军斩山开道，“自冬至春，因粮蛮谷”。在大破山蛮后，“虏生蛮二万八千余口，降蛮二万五千口，牛马七百余头，米粟九万余斛”[④]。可见粮谷在山民的生计中占有较大比重。不过，由于人数有限，山民垦殖的主要是山区的河谷地带。《三国志·吴书·朱然传》注引《襄阳记》：“柤中在上黄界，去襄阳一百五十里。魏时夷王梅敷兄弟三人，部曲万余家屯此，分布在中庐宜城西山鄢、沔二谷中，土地平敞，宜桑麻，有水陆良田，沔南之膏腴沃壤，谓之柤中。”[⑤]而从前引《三国志·吴书·诸葛恪传》“旧谷既尽，新田不收，平民屯居，略无所入，于是山民饥穷，渐出降首”的记载看，山越也主要是在地势比较平坦的山间河谷地带垦辟农田。

山民因为不承担赋役，在六朝属于政府攻击的对象，孙吴政权便

---

① 沈约：《宋书》卷 6《孝武帝纪》，第 121 页。
② 萧子显：《南齐书》卷 41《周颙传》，第 731 页。
③ 陈寿：《三国志》卷 64《吴书·诸葛恪传》，第 1431 页。
④ 沈约：《宋书》卷 77《沈庆之传》，第 1997—1998 页。
⑤ 陈寿：《三国志》卷 56《吴书·朱然传》，第 1307 页。

曾多次征讨境内山越。而且由于当时南方政府兵力、劳力不足的问题比较突出，他们在征服某一山区后，常见的做法并不是在当地设立统治机构，而是将山民强迫迁移到平地。《三国志·吴书·陆逊传》载："吴、会稽、丹杨多有伏匿，逊陈便宜，乞与募焉"，在讨平丹杨山越首领费栈后，"部伍东三郡，强者为兵，羸者补户，得精卒数万人"①。同书《诸葛恪传》载其讨伐山越时，命令"山民去恶从化，皆当抚慰，徙出外县，不得嫌疑，有所执拘"②。孙吴征伐山越动辄得兵数万，少的也有数千，用以补户的羸者自然更多。东晋南朝的统治者也经常出动大军，进攻境内蛮夷，并力图将他们引出山地。《宋书·夷蛮传》载："雍州刺史刘道产善抚诸蛮，前后不附官者，莫不顺服，皆引出平土，多缘沔为居。"③至于当时陆续逃亡山泽的汉人百姓，在政府的攻击下，最终也大都投到了世家大族的手下以求庇护。《宋书·刘敬宣传》载其任宣城太守，"悉罢私屯"，"亡叛多首出，遂得三千余户"④。《梁书·贺琛传》载："百姓不能堪命，各事流移，或依于大姓，或聚于屯封，盖不获已而窜亡，非乐之也。"⑤

逃亡山泽是东晋南朝之前南方山地开发的重要形式。但山民数量有限，而且由于遭受政府打压，往往需要隐身于深山大泽之中，与外界几乎完全隔离才能生存。他们的经营对山区的触动无疑是比较轻微的。东晋南朝时期世家大族逐渐成为南方山地开发的主要力量。当时世家大族封山固泽的行为非常盛行。《宋书·武帝纪》载：东晋

① 陈寿：《三国志》卷58《吴书·陆逊传》，第1343—1344页。

② 陈寿：《三国志》卷64《吴书·诸葛恪传》，第1431页。

③ 沈约：《宋书》卷97《夷蛮传》，第2396页。

④ 沈约：《宋书》卷47《刘敬宣传》，第1412页。

⑤ 姚思廉：《梁书》卷38《贺琛传》，第543页。

末，"山湖川泽，皆为豪强所专，小民薪采渔钓，皆责税直"[①]。同书《羊希传》载刘子尚上言："山湖之禁，虽有旧科，民俗相因，替而不奉，熂山封水，保为家利。自顷以来，颓弛日甚，富强者兼岭而占，贫弱者薪苏无托，至渔采之地，亦又如兹。"[②]《蔡兴宗传》载："会稽多诸豪右，不遵王宪。又幸臣近习，参半宫省，封略山湖，妨民害治。"[③]《南齐书·高逸传》载："贵势之流，货室之族……亭池第宅，竞趋高华。至于山泽之人，不敢采饮其水草。"[④]梁任昉《为齐竟陵王世子临会稽郡教》称："权豪之族，擅割林池。势富之家，专利山海。"[⑤]

封山固泽现象的出现，一般认为与永嘉丧乱后北方士族与民众大量南迁有关，由于当时南方的平原地区已经基本被吴姓士族占有，为避免与土著产生冲突，于是南来移民将经营重心转向山区。后来侯旭东对此提出疑问，他认为东晋南朝江南地区耕地并不紧张，在平原地区犹有不少空荒地可供追逐的情况下，从抢占耕地角度论述封占山泽不是十分妥当，并进而指出封山占泽现象与当时游历山水之风盛行直接相关[⑥]。从东晋南朝的相关史料看，世家大族利用封占的山泽大量开垦耕地确实不是普遍现象，但世家大族封占山泽根本上应该还是出于经济追求，这主要涉及当时的山地开发模式问题。

山林川泽在东晋南朝以前，名义上始终归国家所有。秦汉时期除了国家划定的禁苑外，一般情况下，百姓在秋冬农闲时节利用山林

---

① 沈约：《宋书》卷2《武帝纪中》，第29页。

② 沈约：《宋书》卷54《羊希传》，第1537页。

③ 沈约：《宋书》卷57《蔡兴宗传》，第1583页。

④ 萧子显：《南齐书》卷54《高逸传》，第929页。

⑤ 严可均：《全上古三代秦汉三国六朝文》，第3193页。

⑥ 侯旭东：《东晋南朝江南地区封山占水再研究》，《北京师范大学学报》（社会科学版）1993年第3期。

川泽资源从事渔采狩猎并不受限制。而对于利用山林川泽等自然资源进行商品性生产的行为，国家则有严格的管制，部分于国计民生意义重大的商品经常由国家专营，禁止私人插手。来自山泽经营的收入是秦汉政府财政的重要来源。秦汉时期曾设少府“掌山海池泽之税”，与大司农分管财政。据桓谭《新论·离事篇》，“汉宣以来，百姓赋敛一岁为四十余万万，吏俸用其半，余二十万万藏于都内为禁钱，少府所领园地作务之八十三万［万］，以给宫室供养诸赏赐”①。由于少府藏钱丰富，在大司农穷乏时，往往需要动用少府钱财来补充国用。如《汉书·食货志》云：“大农上盐铁丞孔仅、咸阳言：山海，天地之臧，宜属少府，陛下弗私，以属大农佐赋。”② 这说明从事山泽的经营开发是非常有利可图的。

南方地区气候温暖，湿润多雨，光热充足，有利于多种动植物生长发育，山林川泽资源较北方丰富。由于可供取食的资源较多，渔采狩猎长期以来都是南方百姓生计的重要来源。《史记·货殖列传》记载：“楚越之地，地广人稀，饭稻羹鱼，或火耕而水耨，果隋蠃蛤，不待贾而足，地势饶食，无饥馑之患，以故呰窳偷生，无积聚而多贫。”③ 然而，由于南方地广人稀，交通不便，直到秦汉时期，对于山林川泽的经营程度仍然很低。《史记·货殖列传》说：“江南卑湿，丈夫早夭。多竹木。豫章出黄金，长沙出连、锡，然堇堇物之所有，取之不足以更费。”④《后汉书·王符传》提到东汉末年“京师贵戚，必欲江南檽梓豫章之木”，但当时要将南方材木运到北方相当困难，“夫檽梓豫章，所出殊远，伐之高山，引之穷谷，入海乘淮，逆河溯洛……会众而后动，

① 桓谭撰，朱谦之校辑：《新辑本桓谭新论》，中华书局2009年，第49页。
② 班固：《汉书》卷24《食货志》，第1165页。
③ 司马迁：《史记》卷129《货殖列传》，第3270页。
④ 司马迁：《史记》卷129《货殖列传》，第3268页。

多牛而后致，重且千斤，功将万夫，而东至乐浪，西达敦煌，费力伤农于万里之地”①，事实上不可能大规模开采贩卖。

随着东汉以来南方人口的增加，尤其是孙吴政权立足江南，南方山泽的经营逐渐受到重视。《世说新语·政事》记载：贺循出任吴郡，“初不出门，吴中诸强族轻之……于是至诸屯邸，检校诸顾、陆役使官兵及藏逋亡，悉以事言上，罪者甚众”②。这里的屯、邸即与山泽开发有关。《宋书·刘敬宣传》载：“宣城多山县，郡旧立屯以供府郡费用。前人多发调工巧，造作器物，敬宣到郡，悉罢私屯，唯伐竹木，治府舍而已。”③《梁书·止足传》载：“时司徒竟陵王于宣城、临成、定陵三县界立屯，封山泽数百里，禁民樵采，宪之固陈不可。”④前者因“多山县”而立屯“造作器物”“伐竹木”“治府舍”，后者立屯需“封山泽”“禁民樵采”，可见“屯”在六朝时期是开发山泽的组织。至于这里的“邸”，大致是储存与销售山泽所出物质的机构。由贺循事例可知，孙吴时期以顾、陆为首的逐渐强大起来的吴姓士族，出于经济利益，已经普遍利用自己的部曲与逃亡者，从事对山林川泽资源的经营。

东晋以后，江南成为国家政治中心，达官权贵云集，各色产品需求急剧增加，世家大族通过封山固泽以谋利的行为便大规模开展起来。世家大族封山固泽既妨碍了百姓的樵采渔猎，也与封建国家对山泽资源的控制构成了利益冲突。《宋书·羊希传》记载：东晋曾于咸康二年（336）颁布壬辰之制，规定“占山护泽，强盗律论，赃一丈

---

① 范晔：《后汉书》卷49《王符传》，第1636页。
② 徐震堮：《世说新语校笺》，第91页。
③ 沈约：《宋书》卷47《刘敬宣传》，第1412页。
④ 姚思廉：《梁书》卷52《止足传》，第759页。

以上，皆弃市”[①]。《宋书·武帝纪》记载：刘裕于义熙八年（412）亦颁令，“州郡县屯田池塞，诸非军国所资，利入守宰者，今一切除之”[②]，对私人设置的山泽开发机构予以废除。然而，由于皇权暗弱，士族雄张，封建国家最终还是不得不承认了私人占有山泽的合法性。《宋书·羊希传》记载：刘宋大明初年，尚书左丞羊希认为“壬辰之制，其禁严刻，事既难遵，理与时弛。而占山封水，渐染复滋，更相因仍，便成先业，一朝顿去，易致嗟怨”，提议“凡是山泽，先常炼爈种养竹木杂果为林芿，及陂湖江海鱼梁鳝鮆场，常加功修作者，听不追夺。官品第一、第二，听占山三顷；第三、第四品，二顷五十亩；第五、第六品，二顷；第七、第八品，一顷五十亩；第九品及百姓，一顷。皆依定格，条上赀簿。若先已占山，不得更占；先占阙少，依限占足。若非前条旧业，一不得禁”[③]。这一建议被批准执行。刘宋的占山法虽然有意对世家大族肆意封固山泽有所限制，但也首次承认了山泽成为世家大族的合法产业，事实上推动了南朝山地开发事业的发展。

二、从《山居赋》看谢氏山庄的经营

谢灵运是东晋南朝时期热衷封山固泽的世家大族代表。《宋书·谢灵运传》载其“凿山浚湖，功役无已。寻山陟岭，必造幽峻，岩嶂千重，莫不备尽”，“尝自始宁南山伐木开径，直至临海”，又曾求回踵湖、岯崲湖“决以为田”[④]。传中选录的其所作《山居赋》详细描写了谢氏山庄的总体布局、自然风景和庄园生活，使我们得以了解当时

① 沈约：《宋书》卷 54《羊希传》，第 1537 页。
② 沈约：《宋书》卷 2《武帝纪中》，第 29 页。
③ 沈约：《宋书》卷 54《羊希传》，第 1537 页。
④ 沈约：《宋书》卷 67《谢灵运传》，第 1775—1776 页。《山居赋》见于《宋书·谢灵运传》，第 1754—1772 页。此节所引《山居赋》文不再另外出注。

世家大族对于封占山泽的经营情况。谢灵运的山庄又称始宁墅,《山居赋》自注称其祖父谢玄“经始山川,实基于此”,《宋书》本传亦载:“灵运父祖并葬始宁县,并有故宅及墅,遂移籍会稽,修营别业,傍山带江,尽幽居之美。”① 谢氏山庄连山带水,规模巨大。《山居赋》详细描写了山庄周围的地形地貌,“近东则上田、下湖,西溪、南谷,石埭、石滂,闵硎、黄竹”;“近南则会以双流,萦以三洲。表里回游,离合山川”;“近西则杨、宾接峰,唐皇连纵。室、壁带溪,曾、孤临江”;“近北则二巫结湖,两瞀通沼。横、石判尽,休、周分表”。

谢氏山庄中田畴广阔,沟洫纵横。《山居赋》描述:“田连冈而盈畴,岭枕水而通阡。阡陌纵横,塍埒交经。导渠引流,脉散沟并。蔚蔚丰秫,苾苾香秔。送夏蚤秀,迎秋晚成。兼有陵陆,麻麦粟菽。候时觇节,递艺递孰。供粒食与浆饮,谢工商与衡牧。”这里既种植有南方的主要粮食作物水稻,包括秫、秔两个不同品种,也种植有麻、麦、粟、菽等旱地作物,一年四季依次收获,以满足谢氏家族的各种粮食需求。赋中称:“自园之田,自田之湖。泛滥川上,缅邈水区。”这些农田大部分都在湖泽周围地势较为低洼的地带,加之顺地势水流修建了网络化的沟渠,田块的灌溉与排水极其方便且有保障。谢灵运对粮谷种植相当重视,赋中自注“人生食足,则欢有余,何待多须邪……若少私寡欲,充命则足。但非田无以立耳”,故而将庄园中土壤肥沃、灌溉方便的地方垦辟为农田。与此同时,引起我们注意的是山庄内的其他经营。

谢氏山庄内有专门种植蔬菜的菜圃。《山居赋》中称:“畦町所艺,含蕊藉芳,蓼蕺葼荠,葑菲苏姜。绿葵眷节以怀露,白薤感时而负霜。寒葱摽倩以陵阴,春藿吐苕以近阳。”赋中自注:“灌蔬自供,不

① 沈约:《宋书》卷67《谢灵运传》,第1754页。

待外求者也。”这里提到的蔬菜有蓼、葴、荾、荠、葑、菲、紫苏、姜、葵、薤、葱、藿,共10余种,基本囊括了当时南方地区的主要陆生蔬菜品种。另外山庄中还有各种水生蔬菜,《山居赋》中称:“水草则萍藻薀荥,藋蒲芹荪,蒹菰苹蘩,蕝荇菱莲。虽备物之偕美,独扶渠之华鲜。”这里提到的菰、菱、莲、芹、藕都是富有南方地域特色的水生蔬菜,萍、藻等亦可食用。谢氏山庄中的这些水生蔬菜有野生的部分,也应该有人工种植的部分。蔬菜在东晋南朝的饮食中占有显著地位,种菜既可满足自身需求,亦可出售牟利。当时以种菜、贩菜为生的百姓不少,刘宋柳元景的守园人即曾将其园中蔬菜卖得二万钱。

谢氏山庄的南北二山中辟有果园。《山居赋》中称:“北山二园,南山三苑。百果备列,乍近乍远。罗行布株,迎早候晚。猗蔚溪涧,森疏崖巘。杏坛、柰园,橘林、栗圃。桃李多品,梨枣殊所。枇杷林檎,带谷映渚。椹梅流芬于回峦,椑柿被实于长浦。”山庄种植的果树品种众多,既有南方地区广泛种植的橘、桃、李、柿、枇杷等,也有从北方引进的梨、枣等。赋中自注:“桃李所殖甚多,枣梨事出北河、济之间,淮、颍诸处,故云殊所也。”果树的种植可以选择庭前院后、田头路旁的闲散土地进行,但要进行大规模种植,则以利用丘陵坡地最为合适。《淮南子·主术训》说:“肥硗高下,各因其宜。丘陵阪险不生五谷者,以树竹木。”[①]《论衡·量知》说:“山性生木……山树枣栗,名曰美园茂林。”[②]谢氏山庄的五处果苑就是在南北二山上。山庄内有专门的杏坛、柰园、橘林、栗圃,“罗行布株”的描述也很容易联想到东汉王褒《僮约》的“种植桃李,梨柿柘桑,三丈一树,八尺为行,果类

---

① 刘文典:《淮南鸿烈集解》,第308页。

② 黄晖:《论衡校释》,第546页。

相从，纵横相当"①。对果树进行分门别类的种植，以及树和树之间行距、株距之间做出规定，是果树栽培技术进步的结果。

谢氏山庄的山地上还有各种材木和竹林。《山居赋》中称："其木则松柏檀栎，□□桐榆。檿柘榖栋，楸梓柽樗。刚柔性异，贞脆质殊。卑高沃墉，各随所如"，"其竹则二箭殊叶，四苦齐味。水石别谷，巨细各汇。既修竦而便娟，亦萧森而蓊蔚"。赋中自注又提到："缘崖下者，密竹蒙径，从北直南，悉是竹园。东西百丈，南北百五十五丈。"可见庄内的竹园相当广阔。这里提到的柘、榆、楸、梓、竹等都是古代种植广泛的林木品种，《齐民要术》卷5分别记载有其栽种方法。木材和竹子能够满足日常生活中建筑、造船和制造各种生活用品的需要，具有很高的经济效益，汉晋南朝时期不少地方官员都鼓励境内百姓种植树木，如《三国志·魏书·郑浑传》载郑浑为魏郡太守时曾因"郡下百姓，苦乏材木"而"课树榆为篱"②，《南齐书·刘善明传》载刘善明"出为海陵太守。郡境边海，无树木，善明课民种榆檟杂果，遂获其利"③。谢氏山庄中的林木有的可能是后来种植的，但很大部分应该是其养护的原始林地。《山居赋》中提到的"檿"指檿桑，其木坚劲，古代多用以制弓和车辕，其叶则可以饲蚕。谢氏山庄内种植桑柘与在旱地植麻，都主要是为了解决穿衣问题。从《山居赋》中"既耕以饭，亦桑贸衣"推断，谢氏山庄内的纺织生产也是比较发达的。

山地适合种植树木，湖泽则适合养殖水产。《山居赋》中称："鱼则鱿鳢鲋鲊，鳟鲩鲢鳊，鲂鲔鲨鳜，鲿鲤鲻鳣。辑采杂色，锦烂云鲜。唼藻戏浪，泛荇流渊。或鼓鳃而湍跃，或掉尾而波旋。鲈鮆乘时以入

① 严可均：《全上古三代秦汉三国六朝文》，第359页。

② 陈寿：《三国志》卷16《魏书·郑浑传》，第511页。

③ 萧子显：《南齐书》卷28《刘善明传》，第523页。

浦，鳜鲵沿濑以出泉。”这里提到的鱼类差不多有二十种，可见谢氏山庄内养鱼业的发达。长江中下游地区野生鱼资源丰富，捕捞业自古就很发达，但人们以“饭稻羹鱼”为生，鱼的消费量也相当巨大。东晋南朝民间多有鱼类贩卖，如《南史·梁武帝诸子传》载：萧纶权摄南徐州事时，“遨游市里”，“尝问卖者曰：‘刺史何如？’对者言其躁虐，纶怒，令吞鲤以死”[1]。由于鱼的贸易规模较大，以至有征收鱼税的情况。《隋书·食货志》载：东晋南朝“都西有石头津，东有方山津，各置津主一人……其荻炭鱼薪之类过津者，并十分税一以入官”[2]。养鱼在汉晋南朝时期是相当普遍的产业，这一时期的墓葬中出土的很多鱼塘模型便是当时养鱼业发达的体现。

对山林川泽资源的采集、加工也是谢氏山庄内的重要生产活动。《山居赋》中称：“山作水役，不以一牧。资待各徒，随节竞逐。陟岭刊木，除榛伐竹。抽笋自篁，槠箬于谷。杨胜所拮，秋冬蘊获。野有蔓草，猎涉蘡薁。亦醞山清，介尔景福。苦以术成，甘以捀熟。慕椹高林，剥芨岩椒。掘蒨阳崖，擿擗阴摽。昼见搴茅，宵见索绹。芟菰翦蒲，以荐以茭。既坭既埏，品收不一。其灰其炭，咸各有律。六月采蜜，八月朴栗。备物为繁，略载靡悉。”这里提到的榛、竹可以用作材木；术、捀、擗可以用于酿酒，赋中自注：“术，术酒，味苦。捀，捀酒，味甘，并至美，兼以疗病”，“擗音勘，采以为饮”；芨可以用于造纸，赋中自注：“芨音及，采以为纸。”蒨可以用来做洗剂，赋中自注：“蒨音倩，采以为渫。”茅、菰、蒲可以用于编织草垫与草绳等日用品；“既坭既埏，品收不一”，是指用粘土烧制各种陶器。这些概称为“山作水役”活动中利用到的物品不少都有其特殊的环境要求，只有依托山泽才

① 李延寿：《南史》卷53《梁武帝诸子传》，第1322页。

② 魏征等：《隋书》卷24《食货志》，第689页。

能生长。赋中还列举有各种药材,包括参核、六根、五华、九实、二冬、三建以及水香、林兰、卷柏、伏苓等。谢灵运自己经常食用的有地黄、天门、细辛、溪荪、钟乳、丹阳,赋中自注:"此皆住年之药,即近山之所出,有采拾,欲以消病也。"可见这些药材也是采自谢氏自己的山庄。

由《山居赋》对谢氏山庄生产情况的描述,可以看出谢灵运对于封占的山泽并不仅仅是为了将其垦辟成农田,而是根据土地本身的属性来确立土地的用途。谢氏将整个庄园分为湖、田、园、山四个区域。湖畔围堤营田,山麓低丘开辟果园菜圃,山区种植与养护林木,湖泽养殖鱼类水产,同时还利用山林川泽的各种特色产品从事综合性副业经营,从而使所占山泽的经济价值得到充分发挥。

三、世家大族主导下的山地开发

山区地形多变、交通闭塞,受自然环境的限制,其开发难度远远高于平原。《宋书·谢灵运传》记载:谢灵运"尝自始宁南山伐木开径,直至临海,从者数百人。临海太守王琇惊骇,谓为山贼,徐知是灵运乃安"。可见对于一些交通隔绝的山区,即便是作为开发辅助措施的道路修建也是很大的工程。谢氏家族起初经营位于始宁的山庄时便非常辛苦,"爰初经略,杖策孤征。入涧水涉,登岭山行。陵顶不息,穷泉不停。栉风沐雨,犯露乘星。研其浅思,罄其短规。非龟非筮,择良选奇。翦榛开径,寻石觅崖"①。因此,只是在拥有强大经济实力的世家大族通过封山固泽,将原属国有的山林变成自己的私产后,由他们投入足够的资金、劳力,才使长江中下游地区的山地逐渐进入深度开发的阶段。东晋南朝世家大族封山固泽后是如何进行开发的?以往强调得较多的是农田开垦方面,但要把山林大规模变成耕地其

---

① 沈约:《宋书》卷67《谢灵运传》,第1775页、第1764页。

实并不简单,反倒是利用山泽从事农耕之外的生产活动不仅不太困难,而且更加合适山区环境。通过对《山居赋》的分析,我们看到谢氏在始宁的山庄除了将条件较好的低洼地带开垦为农田外,更重要的是利用山地的丰富资源从事多种经营。谢氏山庄的经营方式,在东晋南朝世家大族的山地开发中是比较典型的。

与谢氏山庄一样,世家大族会利用封占的山泽建立庄园,垦辟农田。《梁书·太宗王皇后传》载王骞在钟山的旧墅"有良田八十余顷"[①],同书《处士传》载张孝秀"去职归山","有田数十顷"[②],《陈书·韦载传》载其在江乘白山的山庄"有田十余顷"[③]。《南史·隐逸传》载庾诜"尝乘舟从沮中山舍还,载米一百五十石"[④],这150石米自然是庾诜在沮中的山庄所产粮食。而同样与谢氏山庄一样,建立果园、菜圃、渔场也是他们经营山泽的主要方式。当时世家大族的庄园都有大量果树。《晋书·隐逸传》说王导的西园"园中果木成林"[⑤],《宋书·孔灵符传》称孔灵符永兴墅,"周回三十三里,水陆地二百六十五顷,含带二山,又有果园九处"[⑥]。《宋书·羊希传》所载羊希提议通过的占山法中,第一条就规定"凡是山泽,先常炽爈种养竹木杂果为林芿,及陂湖江海鱼梁鳝鳖场,常加功修作者,听不追夺"[⑦]。刘宋占山法规定已经"种养竹木杂果"及修建"鱼梁鳝鳖场"的山泽"听不追夺",显然与此前世家大族对山泽的经营方式有关,是对既成

① 姚思廉:《梁书》卷7《太宗王皇后传》,第159页。
② 姚思廉:《梁书》卷51《处士传》,第752页。
③ 姚思廉:《陈书》卷18《韦载传》,第250页。
④ 李延寿:《南史》卷76《隐逸传下》,第1904页。
⑤ 房玄龄等:《晋书》卷94《隐逸传》,第2440页。
⑥ 沈约:《宋书》卷54《孔灵符传》,第1533页。
⑦ 沈约:《宋书》卷54《羊希传》,第1537页。

事实予以承认。而强调经过私人投资改造成林园、渔场等的山林湖泊,其所有权均可获得国家承认,也会推动已经占领山泽的世家大族利用此条,通过开辟园林与渔场来保持自己的产业。

事实上,利用山林湖泊大规模植树、养鱼的收益是相当丰厚的。《史记·货殖列传》称:"水居千石鱼陂,山居千章之材。安邑千树枣;燕、秦千树栗;蜀、汉、江陵千树橘;淮北、常山已南,河济之间千树萩;陈、夏千亩漆;齐、鲁千亩桑麻;渭川千亩竹……此其人皆与千户侯等。"司马迁指出拥有大量林木与水产的农家都可以获得可观的收益。他还认为,从长远看,植树比种谷更加有利可图,故而建议"居之一岁,种之以谷;十岁,树之以木"①。《三国志·吴书·三嗣主传》注引《襄阳记》:李衡"于武陵龙阳汜洲上作宅,种甘橘千树。临死,敕儿曰:'……吾州里有千头木奴,不责汝衣食,岁上一匹绢,亦可足用矣。'"及至"吴末,衡甘橘成,岁得绢数千匹,家道殷实"②。《宋书·明帝纪》泰始三年(467)诏:"顷商贩逐末,竞早争新。折未实之果,收豪家之利。"③可见当时贩卖鲜果利润应该很高,而且商贩贩卖的鲜果大抵都出自豪家的果园。

贾思勰对当时种植木材的收益有详细说明。《齐民要术·种榆、白杨第四十六》称:种植榆树,"三年春,可将荚叶卖之。五年之后,便堪作椽。不梜者即可斫卖,梜者镟作独乐及盏。十年之后,魁、椀、瓶、榼、器皿,无所不任。十五年后,中为车毂及蒲桃瓨"。其自注,榆椽每根值10文,独乐及盏每个值3文,椀每个值7文,魁每个值20文,瓶、榼每个值100文,瓨每口值300文,车毂每具值绢3匹,榆树旁

① 司马迁:《史记》卷129《货殖列传》,第3271—3272页。

② 陈寿:《三国志》卷48《吴书·三嗣主传》,第1156—1157页。

③ 沈约:《宋书》卷8《明帝纪》,第161页。

枝还可以作为薪柴出售。总之“卖柴之利,已自无赀;况诸器物,其利十倍。斫后复生,不劳更种,所谓‘一劳永逸’。能种一顷,岁收千匹……比之谷田,劳逸万倍”。若种植杨树,每亩可种4320株,“三年,中为蚕椸。五年,任为屋椽。十年,堪为栋梁。以蚕椸为率,一根五钱,一亩岁收二万一千六百文。岁种三十亩,三年九十亩。一年卖三十亩,得钱六十四万八千文。周而复始,永世无穷。比之农夫,劳逸万倍”。所以贾思勰强调“去山远者,实宜多种”①。

贾思勰认为规模化养鱼、种植蔬菜等同样有利可图。《齐民要术·养鱼第六十一》介绍陶朱公养鱼法,说六亩鱼池放入怀子的鲤鱼20只与雄鲤鱼4只,“至来年二月,得鲤鱼:长一尺者,一万五千枚;三尺者,四万五千枚;二尺者,万枚。枚值五十,得钱一百二十五万。至明年:得长一尺者,十万枚;长二尺者,五万枚;长三尺者,五万枚;长四尺者,四万枚。留长二尺者二千枚作种,所余皆得钱,五百一十五万钱。候至明年,不可胜计也”②。同书《种葵第十七》称:种葵,“三月初,叶大如钱,逐概处拔大者卖之。一升葵还得一升米。日日常拔,看稀稠得所乃止……一亩得葵三载。合收米九十车;车准二十斛,为米一千八百石。自四月八日以后,日日剪卖……比及剪遍,初者还复;周而复始,日日无穷。至八月社日止,留作秋菜。九月指地卖,两亩得绢一匹。收讫,即急耕,依去年法;胜作十顷谷田”③。

《齐民要术》所载的植树、养鱼、种植蔬菜利润,估计都是纸面上的数字。石声汉即指出,“一亩四千三百二十株白杨,秧苗也许可以容纳得下”,但“十年之后,堪为栋梁的时候,一亩还有四千三百二十

① 贾思勰著,石声汉校释:《齐民要术今释》,第426页、第429页。
② 贾思勰著,石声汉校释:《齐民要术今释》,第604—605页。
③ 贾思勰著,石声汉校释:《齐民要术今释》,第216—217页。

株,而且它们同时供给着栋、梁、蚕槌和柴,更是不可想象的情形了"[①]。尽管《齐民要术》有夸大其辞的成分,当时植树、养鱼、种植蔬菜利润甚厚,应是事实。

对山泽中材木、皮革、齿牙、骨角、毛羽等自然资源的采集、加工、贩运,在东晋南朝同样是有利可图的产业。《梁书·傅昭传》载:傅昭任临海太守,"郡有蜜岩,前后太守皆自封固,专收其利。昭以周文之囿,与百姓共之,大可喻小,乃教勿封"[②]。《南史·任昉传》载:任昉任新安太守,"郡有蜜岭及杨梅,旧为太守所采,昉以冒险多物故,即时停绝。吏人咸以百余年未之有也"[③]。这是地方守宰封固山泽,采集天然蜂蜜以为私产的记载。据《太平御览·饮食部十五》所引《晋令》:"蜜工收蜜十斛,有能增煎二升者,赏谷十斛。"[④]增煎二升能获得十斛谷物的赏赐,反映了蜜在东晋南朝是比较珍贵的食品。《晋书·刁协传》载:刁协孙辈刁逵"兄弟子侄并不拘名行,以货殖为务,有田万顷,奴婢数千人,余资称是","刁氏素殷富,奴客纵横,固吝山泽,为京口之蠹"[⑤]。侨居京口的刁氏在刁协死后家道中落,咸康中已经沦为贫户,由于"以货殖为务",至东晋末年重新成为有田万顷、奴客数千的巨富,其货殖的物品应主要是"固吝山泽"之所得。《隋书·地理志》称:丹阳、京口与宣城、毗陵、吴郡、会稽、余杭、东阳,"数郡川泽沃衍,有海陆之饶,珍异所聚,故商贾并凑"[⑥],强调了当时社会对山泽所出物产的追逐。

---

① 贾思勰著,石声汉校释:《齐民要术今释》,第429页。
② 姚思廉:《梁书》卷26《傅昭传》,第394页。
③ 李延寿:《南史》卷59《任昉传》,第1455页。
④ 李昉等:《太平御览》卷857《饮食部十五》,第3810页。
⑤ 房玄龄等:《晋书》卷69《刁协传》,第1845—1846页。
⑥ 魏征等:《隋书》卷31《地理志下》,第887页。

《晋书·隐逸传》载郭翻少时"居贫无业,欲垦荒田,先立表题,经年无主,然后乃作"[1],这里占垦荒田的手续非常简单,说明政府是鼓励垦荒的。而世家大族封山固泽在刘宋占山法颁布之前,名义上却是非法行为,也从另一方面说明了开垦耕地并不是世家大族经营山泽的主要内容。东晋南朝世家大族封占山泽,栽种竹木蔬果、辟建渔场,垄断山林川泽资源的加工、销售,以此获取超过农田垦殖的利润。这与唐宋以后,基于人口压力,失去土地的农民被迫大量奔向山地开拓新的农田,是两种完全不同的开发模式。尽管东晋南朝也有个体农民进山开垦农田的现象,《晋书·隐逸传》载:郭文"步担入吴兴余杭大辟山中穷谷无人之地……区种菽麦,采竹叶木实,贸盐以自供"[2],但在平原地区耕地开拓尚未饱和的情况下,这种现象并未形成规模。郭文所居即是"无人之地",他在山中过的是隐士生活。

东晋南朝在世家大族主导下的山地开发,在某种程度上正好契合了现代山地开发中倡导的立体农业理念,即利用山地空间与地形的差异进行多层次配置,实现多物种稳定共存,而不破坏山地生态系统的稳定。山地生态系统的脆弱性主要在于坡地上覆盖的土壤、岩石及其他物质,在重力作用下具有下滑能力,其稳定需要依赖植被的保护。植物的根系能够固定土壤颗粒,从而阻滞坡地土壤的侵蚀,保持水土平衡。同时山地海拔较高,气候寒冷,土壤发育程度低,土层薄而贫瘠,土壤和植被一旦遭到破坏便很难恢复。唐宋以后在山区种植农作物的情况逐渐增多,尤其是明代中后期从海外引进了适合高山种植的玉米、番薯等粮食作物后,很多地区出现入山垦殖的热潮,确实引发了相当普遍的生态问题。东晋南朝的山地开发,以谢

① 房玄龄等:《晋书》卷94《隐逸传》,第2446页。
② 房玄龄等:《晋书》卷94《隐逸传》,第2440页。

灵运的山庄为代表，只是将坡麓冲击扇区较为肥沃的土壤垦辟为农田，下坡主要是改造果园，中上坡则是经济林木，仍然在很大程度上保持了山地的自然风貌，能够有效防止水土流失，维持其生态系统的稳定。

谢氏山庄的生态环境显然是相当好的。《山居赋》中描述到其居室近东“决飞泉于百仞，森高薄于千麓”，近南“拂青林而激波，挥白沙而生涟”，近西“竹缘浦以被绿，石照涧而映红。月隐山而成阴，木鸣柯以起风”，都有大片林木，较远的地方则森林更加茂盛。这些林木内生活着众多的鸟兽，“鸟则鹍鸿鶂鹄，鹙鹭鸨䴔。鸡鹊绣质，鸐鹨绶章。晨凫朝集，时鷮山梁。海鸟违风，朔禽避凉。荑生归北，霜降客南。接响云汉，侣宿江潭”，“山上则猨狎貍獾，犴獌猰猛。山下则熊罴豺虎，羱鹿麕麖。掷飞枝于穷崖，踔空绝于深硎。蹲谷底而长啸，攀木杪而哀鸣”。其他各种自然资源也相当丰富，从而能带动山庄内采木、伐竹、酿酒、造纸、编织、制陶、采蜜、采果、采药等产业的发展，做到“山作水役，不以一牧。资待各徒，随节竞逐”[①]。而且在经过谢氏的经营后，这里不再是原始的荒蛮之地，农业生态系统、自然生态系统与人工建筑系统融为一体，生产性与景观性相互结合，实在是理想的生活场所。

第二节 从渔猎采集看六朝野生动植物资源

渔猎采集与农耕经济天生就是此消彼长的关系。渔猎采集的繁荣必须建立在野生动植物丰富的基础上。随着农田垦殖在丘陵、沼泽地带大举扩张，野生动植物生息繁育的空间逐渐萎缩，渔猎采集自

① 沈约：《宋书》卷67《谢灵运传》，第1757—1766页。

然会受到影响。汉晋南朝渔猎采集在长江中下游地区经济生活中的地位日益下降，与农业发展不断占夺渔猎采集赖以存续的空间和资源是有一定关系的。然而，六朝时期长江中下游地区的自然景观并没有遭到严重破坏，各种野生动物仍然相当常见。农田扩展对山林川泽的挤压并不是导致渔猎采集衰退的唯一原因。由于以渔猎采集谋生对野生动植物的消耗量非常大，而农业发展能够给人口持续增殖提供保障，从而使得野生动植物资源与人口数量的比例发生急剧改变，才是造成渔猎采集难以持续的重要因素。考察六朝渔猎采集经济的详情和背景，辩证分析渔猎采集与农耕种植的相互关系，有助于揭示汉晋南朝长江中下游地区农业开发的环境影响。

一、六朝渔猎采集活动的相关记载

相对于农耕种植而言，渔猎采集是一种比较落后的经济形态。在六朝时期农业发展取得长足进展的背景下，史籍中对于当时长江中下游地区的渔猎采集活动更少直接的记载。然而仔细搜罗史籍，仍然能够发现不少与渔猎采集有关的内容。

六朝时期的校猎是官方组织的具有军事训练性质的大规模狩猎活动。《宋书·礼志》《隋书·礼仪志》分别记载有刘宋、梁、陈时皇帝讲武校猎的礼仪。皇帝主持的校猎活动在六朝多次举行。如《宋书·文帝纪》载：元嘉二十五年（448）“三月庚辰，车驾校猎”①。《宋书·孝武帝纪》载：大明七年（463）二月“丁巳，车驾校猎于历阳之乌江”，十月“己巳，车驾校猎于姑孰”②。《陈书·后主纪》载：祯明二年（588）十月“己酉，舆驾幸莫府山，大校猎”③。《宋书·沈庆之传》

① 沈约：《宋书》卷5《文帝纪》，第96页。
② 沈约：《宋书》卷6《孝武帝纪》，第131页、第134页。
③ 姚思廉：《陈书》卷6《后主纪》，第116页。

载：沈庆之“每从游幸及校猎，据鞍陵厉，不异少壮”①。或许是出于安全的考虑，南朝皇帝校猎以射雉为主。《宋书·礼志》记载：校猎仪礼中“皇帝从南旌门入射禽。谒者以获车收载，还陈于获旗北。王公以下以次射禽，各送诣获旗下，付收禽主者。事毕。大司马鸣鼓解围复屯，殿中郎率其属收禽，以实获车，充庖厨”②。

校猎也是当时领兵将领进行军事训练和军事演习的重要方式。《三国志·吴书·诸葛瑾传》载：诸葛融驻守公安，“疆外无事，秋冬则射猎讲武，春夏则延宾高会”③。《宋书·文九王传》载：建平王刘宏建议令统兵将领“抚养士卒，使恩信先加，农隙校猎，以习其事，三令五申，以齐其心”④。《晋书·陶侃传》载：陶侃镇守武昌时很多人建议分兵镇守北岸的邾城，因“言者不已，侃乃渡水猎”⑤，现场向将佐讲述不分兵守城的利害。《晋书·桓彝传》载：桓石虔“从父在荆州，于猎围中见猛兽被数箭而伏，诸督将素知其勇，戏令拔箭”，桓石虔之弟桓石秀“尝从冲猎，登九井山，徒旅甚盛，观者倾坐，石秀未尝属目，止啸咏而已”⑥。从参与者为将佐、军队看，这里的狩猎都是属于军事训练性质的校猎。《三国志·吴书·宗室传》载：“建衡二年，（孙）皓遣何定将五千人至夏口猎。”孙秀认为何定“远猎”是为了图谋自己而投晋⑦。《三国志·吴书·陆逊传》载：陆逊伐魏，“军到白围，托言住猎，潜遣将军周峻、张梁等击江夏新市、安陆、石阳”⑧。《南齐书·陈

① 沈约：《宋书》卷77《沈庆之传》，第2003页。
② 沈约：《宋书》卷14《礼志一》，第371页。
③ 陈寿：《三国志》卷52《吴书·诸葛瑾传》，第1235页。
④ 沈约：《宋书》卷72《文九王传》，第1860页。
⑤ 房玄龄等：《晋书》卷66《陶侃传》，第1778页。
⑥ 房玄龄等：《晋书》卷74《桓彝传》，第1943页、第1945页。
⑦ 陈寿：《三国志》卷51《吴书·宗室传》，第1213页。
⑧ 陈寿：《三国志》卷58《吴书·陆逊传》，第1351页。

显达传》载:陈显达讨伐獠人,“分部将吏,声将出猎,夜往袭之,男女无少长皆斩之”[①]。这些以狩猎为借口的军事行为,反映出当时军队校猎讲武是常见的活动。

校猎之外,六朝皇帝与官僚贵族很多都喜好并经常组织游猎。《三国志·吴书·张昭传》载:“权常游猎,迨暮乃归,(张昭子张)休上疏谏戒,权大善之,以示于昭。”[②] 同书《吴主五子传》载:孙登“或射猎,当由径道,常远避良田,不践苗稼”;孙奋居南昌,“游猎弥甚,官属不堪命”[③]。《晋书·桓玄传》载:“玄自篡盗之后,骄奢荒侈,游猎无度,以夜继昼。”[④] 同书《孙盛传》载:孙放“年七八岁,在荆州,与父俱从庾亮猎”[⑤]。《宋书·王僧达传》载:王僧达任宣城太守,“性好游猎,而山郡无事,僧达肆意驰骋,或三五日不归,受辞讼多在猎所”[⑥]。《南齐书·到㧑传》载:“宋世,上数游会㧑家,同从明帝射雉郊野,渴倦,㧑得早青瓜,与上对剖食之。”[⑦] 同书《刘怀珍传》载:“怀珍幼随奉伯至寿阳,豫州刺史赵伯符出猎,百姓聚观,怀珍独避不视。”[⑧]《陈书·萧摩诃传》载:萧摩诃“年未弱冠,随侯安都在京口,性好射猎,无日不畋游”[⑨]。同书《文学传》载:褚玠“尝从司空侯安都于徐州出猎,遇有猛兽,玠引弓射之,再发皆中口入腹,俄而兽毙”[⑩]。《新安王

① 萧子显:《南齐书》卷26《陈显达传》,第489页。
② 陈寿:《三国志》卷52《吴书·宗室传》,第1225页。
③ 陈寿:《三国志》卷59《吴书·吴主五子传》,第1364页、第1374页。
④ 房玄龄等:《晋书》卷99《桓玄传》,第2597页。
⑤ 房玄龄等:《晋书》卷82《孙盛传》,第2149页。
⑥ 沈约:《宋书》卷75《王僧达传》,第1951—1952页。
⑦ 萧子显:《南齐书》卷37《到㧑传》,第648页。
⑧ 萧子显:《南齐书》卷27《刘怀珍传》,第499页。
⑨ 姚思廉:《陈书》卷31《萧摩诃传》,第412页。
⑩ 姚思廉:《陈书》卷34《文学传》,第461页。

伯固传》载：陈伯固“在州不知政事，日出田猎，或乘眠舆至于草间，辄呼民下从游，动至旬日”①。《南史·齐本纪》载：废帝东昏侯“喜游猎，不避危险”②。由于游猎风气盛行，《宋书·武三王传》载江夏王刘义恭出镇历阳时，文帝特意告诫他说：“声乐嬉游，不宜令过，蒱酒渔猎，一切勿为。”③

皇室官僚的游猎活动大多采用集体狩猎的方式，规模往往也比较大。《宋书·百官志》载：刘宋设武骑常侍，“车驾游猎，常从射猛兽”④。《南史·齐本纪》载：齐废帝东昏侯曾“置射雉场二百九十六处，翳中帷帐及步障，皆袷以绿红锦，金银镂弩牙，瑇瑁帖箭”⑤，又设鹰犬队主、媒翳队主专职负责射猎。《晋书·王湛传》载：王忱“尝朔日见客，仗卫甚盛，玄言欲猎，借数百人，忱悉给之”⑥。《宋书·蔡兴宗传》载：王玄谟因部曲多而受疑，“启留五百人岩山营墓，事犹未毕，少帝欲猎，又悉唤还城”⑦，这里一次狩猎动用的人数都在数百。《初学记》卷22《武部》引陈张正见《和诸葛览从军游猎诗》说：“持兵曜武节，纵猎骇畿封。迅骑驰千里，高罝起百重。腾麚毙马足，饥鼯落剑锋。云根连烧火，鸟道绝禽踪。方罗四海俊，聊以习军戎。”⑧诗中用夸张的语气描述了游猎场面的宏大。由于游猎规模大，当中也能潜伏阴谋。《宋书·武帝纪》载：刘裕在京口起兵讨伐篡晋的

---

① 姚思廉：《陈书》卷36《新安王伯固传》，第497页。

② 李延寿：《南史》卷5《齐本纪下》，第153页。

③ 沈约：《宋书》卷61《武三王传》，第1642页。

④ 沈约：《宋书》卷40《百官志下》，第1250页。

⑤ 李延寿：《南史》卷5《齐本纪下》，第151页。

⑥ 房玄龄等：《晋书》卷75《王湛传》，第1973页。

⑦ 沈约：《宋书》卷57《蔡兴宗传》，第1580—1581页。

⑧ 徐坚等：《初学记》卷22《武部·猎第十》，第542页。

桓玄前,“托以游猎,与无忌等收集义徒”①。《宋书·孔觊传》载:张淹屯军上饶县,军副鄱阳太守费昙“诳云捕虎,借大鼓及仗士二百人,淹信而与之。昙因率众入山,飨士约誓,扬言虎走城西,鸣鼓大呼,直来趣城”②。

文献对于民众生活较少关注,但加以搜集,也能发现不少反映一般百姓狩猎活动的记载。《晋书·周处传》载:“处少孤,未弱冠,膂力绝人,好驰骋田猎,不修细行,纵情肆欲。”③同书《隐逸传》载:郭文隐居吴兴余杭大辟山,“猎者时往寄宿,文夜为担水而无倦色”,郭翻“家于临川,不交世事,惟以渔钓射猎为娱……尝以车猎,去家百余里,道中逢病人,以车送之,徒步而归”④。《南齐书·张敬儿传》载:张敬儿“年少便弓马,有胆气,好射虎,发无不中”⑤。同书《王敬则传》载:“敬则少时于草中射猎,有虫如乌豆集其身,摇去乃脱,其处皆流血。”⑥《崔慧景传》载:崔慧景攻京师,听从“善射猎,能捕虎”的竹塘人万副儿的建议,缘山突袭,取得胜利⑦。《祥瑞志》载:“会稽剡县刻石山,相传为名,不知文字所在。昇明末,县民儿袭祖行猎,忽见石上有文凡三处,苔生其上,字不可识。”⑧《陈书·周迪传》记:周迪“少居山谷,有膂力,能挽强弩,以弋猎为事”,兵败后“与十余人窜于山穴中”,被诱“出猎”,遭伏兵斩杀⑨。《高僧传·习禅》载:释净度“吴兴

① 沈约:《宋书》卷1《武帝纪上》,第5页。
② 沈约:《宋书》卷84《孔觊传》,第2163页。
③ 房玄龄等:《晋书》卷58《周处传》,第1569页。
④ 房玄龄等:《晋书》卷94《隐逸传》,第2440页、第2446页。
⑤ 萧子显:《南齐书》卷25《张敬儿传》,第464页。
⑥ 萧子显:《南齐书》卷26《王敬则传》,第479页。
⑦ 萧子显:《南齐书》卷51《崔慧景传》,第875页。
⑧ 萧子显:《南齐书》卷18《祥瑞志》,第352页。
⑨ 姚思廉:《陈书》卷35《周迪传》,第478页、第483页。

余杭人。少爱游猎。尝射孕鹿堕胎,鹿母衔痛,犹就地舐子。度乃心悟,因摧弓折矢,出家蔬食"[①]。同书《诵经》载:释法宗"临海人。少好游猎。尝于剡遇射孕鹿母堕胎,鹿母衔箭,犹就地舐子。宗乃悔悟……于是摧弓折矢,出家业道"[②]。

一般百姓的狩猎也有采用集体行动的。《三国志·吴书·鲁肃传》注引《吴书》:鲁肃"天下将乱,乃学击剑骑射,招聚少年,给其衣食,往来南山中射猎,阴相部勒,讲武习兵"[③]。《梁书·曹景宗传》载:"景宗幼善骑射,好畋猎。常与少年数十人泽中逐獐鹿,每众骑赴鹿,鹿马相乱,景宗于众中射之,人皆惧中马足,鹿应弦辄毙,以此为乐。"[④]而且长江中下游部分地区在六朝仍然有狩猎的风气。《南齐书·张敬儿传》称:"南阳新野风俗出骑射,而敬儿尤多膂力。"[⑤]南阳在汉代就以好渔猎著称。《汉书·地理志》称:颍川、南阳"其俗夸奢,上气力,好商贾渔猎,藏匿难制御也"[⑥]。《南齐书》的记载说明这种风气到南朝仍未消除。《南史·周山图传》载:周山图"家世寒贱,年十五六,气力绝众,食噉恒兼数人。乡里猎戏集聚,常为主帅,指麾处分皆见从"[⑦]。周山图是义兴义乡人,年少时"乡里猎戏集聚,常为主帅",说明义兴应该也仍然有狩猎的习俗。

长江中下游地区水资源丰富,渔捕一直比较发达,六朝时期捕鱼、垂钓的记载同样很多。《水经注·江水》载:江陵有宠洲、龙洲,"二

① 释慧皎:《高僧传》卷11《习禅》,中华书局2004年,第416页。
② 释慧皎:《高僧传》卷12《诵经》,第461页。
③ 陈寿:《三国志》卷54《吴书·鲁肃传》,第1267页。
④ 姚思廉:《梁书》卷9《曹景宗传》,第178页。
⑤ 萧子显:《南齐书》卷25《张敬儿传》,第464页。
⑥ 班固:《汉书》卷28《地理志下》,第1654页。
⑦ 李延寿:《南史》卷46《周山图传》,第1155页。

洲之间，世擅多鱼矣。渔者投罟历网，往纡绝”①。《晋书·陶侃传》载陶侃军队缺粮，部将吴寄曰：“要欲十日忍饥，昼当击贼，夜分捕鱼，足以相济。”②军队白天作战，夜晚捕鱼，能够坚持十天，足见当时长江中下游仍然是捕捞的胜地。六朝军队捕鱼为食并非只有孤例。《晋书·甘卓传》载：甘卓常率部捕鱼，襄阳太守周虑等“诈言湖中多鱼，劝卓遣左右皆捕鱼，乃袭害卓于寝”③。《南齐书·张冲传》载：“鲁山城乏粮，军人于矶头捕细鱼供食，密治轻船，将奔夏口。”④同书《崔慧景传》载：南齐大将崔慧景曾举兵保卫京师，失败后“单马至蟹浦，为渔父所斩，以头内鳝鱼篮，担送至京师”⑤。梁、陈设合州治今合肥，当地鱼产相当丰富，甚至引起刺史陈褒觊觎。《陈书·宗元饶传》载：“时合州刺史陈褒赃污狼藉，遣使就渚敛鱼，又于六郡乞米，百姓甚苦之。”⑥同书《侯安都传》载：陈镇北将军侯安都讨王琳时被囚后贿赂王琳亲信王子晋，“子晋乃伪以小船依艑而钓，夜载安都、文育、敬成上岸，入深草中，步投官军”⑦。

捕鱼对于六朝民众而言，是基本的生活技能。《三国志·吴书·三嗣主传》注引《吴录》载：监池司马孟仁“自能结网，手以捕鱼，作鲊寄母”⑧。《陈书·孝行传》载：张昭“父熯，常患消渴，嗜鲜鱼，昭乃身自结网捕鱼，以供朝夕”⑨。这些孝子都是亲自捕鱼奉养父母。垂钓

---

① 郦道元著，陈桥驿校证：《水经注校证》，第796页。
② 房玄龄等：《晋书》卷66《陶侃传》，第1770页。
③ 房玄龄等：《晋书》卷70《甘卓传》，第1866页。
④ 萧子显：《南齐书》卷49《张冲传》，第855页。
⑤ 萧子显：《南齐书》卷51《崔慧景传》，第876—877页。
⑥ 姚思廉：《陈书》卷29《宗元饶传》，第385页。
⑦ 姚思廉：《陈书》卷8《侯安都传》，第145页。
⑧ 陈寿：《三国志》卷48《吴书·三嗣主传》，第1169页。
⑨ 姚思廉：《陈书》卷32《孝行传》，第430页。

在当时是相当盛行的消遣方式。《晋书·王羲之传》载:"羲之既去官,与东土人士尽山水之游,弋钓为娱。"[①]《晋书·桓彝传》载:桓石秀"性放旷,常弋钓林泽,不以荣爵婴心"[②]。《晋书·隐逸传》载:孟陋"口不及世事,未曾交游,时或弋钓,孤兴独往,虽家人亦不知其所之也",翟庄"不交人物,耕而后食,语不及俗,惟以弋钓为事。及长,不复猎。或问:'渔猎同是害生之事,而先生止去其一,何哉?'庄曰:'猎自我,钓自物,未能顿尽,故先节其甚者。且夫贪饵吞钩,岂我哉!'时人以为知言"[③]。《宋书·隐逸传》载:王弘之"性好钓,上虞江有一处名三石头,弘之常垂纶于此"[④]。《南史·恩幸传》载:吕文度"宅后为鱼池钓台,土山楼馆,长廊将一里"[⑤]。《南史·张裕传》载:张充在书信中称自己"幸以渔钓之闲,镰采之暇,时复引轴以自娱,逍遥乎前史"[⑥]。当时还有因沉迷于渔捕而耽误政事的例子。《晋书·羊祜传》载:羊祜在荆州时,"常轻裘缓带,身不被甲,铃阁之下,侍卫者不过十数人,而颇以畋渔废政"[⑦]。

螺蛤蟹虾等水产动物也是捕捞的主要对象。《史记·货殖列传》说楚越之地"果隋嬴蛤,不待贾而足",《正义》补充到:"楚越水乡,足螺鱼鳖,民多采捕积聚,棰叠包裹,煮而食之","食螺蛤等物,故多羸弱而足病也"[⑧]。六朝时期没有养殖螺蛤蟹虾的记录,但是不乏食用它们的记载。《宋书·刘湛传》载:刘义真出为南豫州刺史时,"使左

① 房玄龄等:《晋书》卷 80《王羲之传》,第 2101 页。
② 房玄龄等:《晋书》卷 74《桓彝传》,第 1945 页。
③ 房玄龄等:《晋书》卷 94《隐逸传》,第 2443 页、第 2445 页。
④ 沈约:《宋书》卷 93《隐逸传》,第 2282 页。
⑤ 李延寿:《南史》卷 77《恩幸传》,第 1929 页。
⑥ 李延寿:《南史》卷 31《张裕传》,第 811 页。
⑦ 房玄龄等:《晋书》卷 34《羊祜传》,第 1015 页。
⑧ 司马迁:《史记》卷 129《货殖列传》,第 3270 页。

右索鱼肉珍羞，于斋内别立厨帐。会湛入，因命臑酒炙车螯”[1]。《太平御览 · 鳞介部十四》引谢灵运《答弟书》曰：“前月十二日至永嘉郡，蛎不如鄞县，车螯亦不如北海。”[2] 认为永嘉的蛎味道平常，不如鄞县的好，车螯味道也不如北海的。《南史 · 何胤传》载：何胤“侈于味，食必方丈，后稍欲去其甚者，犹食白鱼、䱇脯、糖蟹，以为非见生物。疑食蚶蛎，使门人议之”[3]。同书《王融传》载：沈昭略与王融在酒席上谈话时说，“不知许事，且食蛤蜊”[4]。这些用于食用的螺蛤蟹虾自然是捕捞自河流湖泊的天然水产。

再看采集野生植物的例子。《晋书 · 郭舒传》载：郭舒不愿随王澄渡江南逃，“乃留屯沌口，采稆湖泽以自给”[5]。稆是一种自生的谷物，可能即野生稻[6]。《晋书 · 嵇康传》载其《忧愤诗》云：“采薇山阿，散发岩岫，永啸长吟，颐神养寿。”[7] 同书《文苑传》载顾荣曾对张翰说：“吾亦与子采南山蕨，饮三江水耳。”[8] 薇是一种山菜，可能即蕨。《史记 · 伯夷列传》载：伯夷、叔齐“义不食周粟，隐于首阳山，采薇而食之”。《索隐》“薇，蕨也”，《正义》引《毛诗草木疏》云：“薇，山菜也。茎叶皆似小豆，蔓生，其味亦如小豆藿，可作羹，亦可生食也。”[9]《晋书 · 桓玄传》载：“时会稽饥荒，玄令赈贷之。百姓散在江湖采梠。”[10]

---

① 沈约：《宋书》卷 69《刘湛传》，第 1816 页。
② 李昉等：《太平御览》卷 942《鳞介部十四》，第 4183 页。
③ 李延寿：《南史》卷 30《何胤传》，第 793 页。
④ 李延寿：《南史》卷 21《王融传》，第 576 页。
⑤ 房玄龄等：《晋书》卷 43《郭舒传》，第 1242 页。
⑥ 游修龄：《中国稻作史》，第 15 页。
⑦ 房玄龄等：《晋书》卷 49《嵇康传》，第 1373 页。
⑧ 房玄龄等：《晋书》卷 92《文苑传》，第 2384 页。
⑨ 司马迁：《史记》卷 61《伯夷列传》，第 2123—2124 页。
⑩ 房玄龄等：《晋书》卷 99《桓玄传》，第 2591 页。

同书《殷仲堪传》载:“顷闻抄掠所得,多皆采梠饥人。”[①]《隐逸传》载:夏统“幼孤贫,养亲以孝闻,睦于兄弟,每采梠求食,星行夜归”[②]。梠即芋头,这里所指应为野生。《晋书·孝友传》载:“岁大饥,藜羹不糁,门人欲进其饭者,而(庾)衮每曰已食,莫敢为设……又与邑人入山拾橡,分夷险,序长幼,推易居难,礼无违者。”[③]藜为一年生草本植物,嫩叶可食,橡实是栎树的果实,富含淀粉,可以充饥。《南史·鱼弘传》载:鱼弘“为湘东王镇西司马,述职西上,道中乏食,缘路采菱,作菱米饭给所部”[④]。菱是一年生水生草本植物,果实有硬壳,有角,称“菱”或“菱角”,可食。

六朝时期有关采集的记载还有不少。如《晋书·外戚传》载:褚裒“在官清约,虽居方伯,恒使私童樵采”[⑤]。《宋书·隐逸传》载:沈道虔“常以捃拾自资,同捃者争穟,道虔谏之不止,悉以其所得与之,争者愧恧”。刘凝之“携妻子泛江湖,隐居衡山之阳。登高岭,绝人迹,为小屋居之,采药服食,妻子皆从其志”[⑥]。《宋书·孝义传》载:何子平“所居屋败,不蔽雨日,兄子伯与采伐茅竹,欲为葺治,子平不肯”[⑦]。《南齐书·孝义传》载:“诸暨东洿里屠氏女,父失明,母痼疾,亲戚相弃,乡里不容。女移父母远住苎罗,昼樵采,夜纺绩,以供养。”[⑧]《南史·江淹传》载:“淹年十三时,孤贫,常采薪以养母。”[⑨]同

① 房玄龄等:《晋书》卷84《殷仲堪传》,第2193页。
② 房玄龄等:《晋书》卷94《隐逸传》,第2428页。
③ 房玄龄等:《晋书》卷88《孝友传》,第2281页。
④ 李延寿:《南史》卷55《鱼弘传》,第1362页。
⑤ 房玄龄等:《晋书》卷93《外戚传》,第2415页。
⑥ 沈约:《宋书》卷93《隐逸传》,第2291页、第2285页。
⑦ 沈约:《宋书》卷91《孝义传》,第2258页。
⑧ 萧子显:《南齐书》卷55《孝义传》,第960页。
⑨ 李延寿:《南史》卷59《江淹传》,第1450页。

书《任昉传》载：任昉任新安太守，“郡有蜜岭及杨梅，旧为太守所采，昉以冒险多物故，即时停绝”[1]。

二、渔猎采集对于六朝民生的作用

皇帝与官僚贵族进行的渔猎活动大都带有游乐性质，但对于普通百姓而言，除了部分可能出于爱好，渔猎的目的主要还是为了获得肉食。采集缺少娱乐性，直接出于获得食物与生活用品的需要。因此，除了想偶尔换下口味的情况，一般从事采集的都是比较贫困的百姓。六朝时期因为农耕经济的发展，人类生存对于野生动植物的依赖性降低，但在长江中下游地区仍然有人凭借渔猎采集谋生。《广弘明集·慈济篇》“叙梁武断绝杀宗庙牺牲事”记载：梁武帝时上定林寺沙门僧佑等“请丹阳琅琊二境，水陆并不得搜捕”。南朝佛教盛行，由于杀生有违佛教义理，所以有禁止渔猎的提议。但是议郎江贶认为“猎山之人，例堪跋涉；捕水之客，不惮风波。江宁有禁，即达牛渚；延陵不许，便往阳羡。取生之地虽异，杀生之数是同，空有防育之制，无益全生之术”[2]。这里的“猎山之人”“捕水之客”显然专门以渔猎为生，所以才会一地禁止渔猎则转入其他地区。

《太平御览·兽部十八》引《异苑》：“鄱阳乐安彭世，咸康中，以捕射为业，入山辄与儿俱。”[3]彭世与前面提到的“善射猎，能捕虎”的万副儿、行猎时发现会稽剡县刻石的儿袭祖，以及时常借宿隐居吴兴余杭大辟山郭文家的猎者都是专业猎人。《高僧传·神异》载：杯度“东游入吴郡，路见钓鱼师……又见渔网师”[4]，《晋书·庾亮传》

---

① 李延寿：《南史》卷59《任昉传》，第1455页。

② 释道宣：《广弘明集》卷26《慈济篇第六》，四部丛刊景明本。

③ 李昉等：《太平御览》卷906《兽部十八》，第4018页。

④ 释慧皎：《高僧传》卷10《神异》，第380页。

载:“武沈之子遵与希聚众于海滨,略渔人船,夜入京口城。”①《南史·隐逸传》载:“渔父者,不知姓名,亦不知何许人也。”② 钓鱼师、渔网师、渔人、渔父等都是对以渔捕为业者的专称。梁简文帝《吴郡石像碑》称:“晋建兴元年癸酉之岁,吴郡娄县界,淞江之下,号曰沪渎。此处有居人,以渔者为业。”③《建康实录》卷19载:陈霸先少时“不事产业,家贫,每以捕鱼为事”④,也是专门以捕鱼为生。《宋书·隐逸传》载:朱百年“少有高情,亲亡服阕,携妻孔氏入会稽南山,以伐樵采箬为业”⑤。《南史·沈觊传》载:沈觊“逢齐末兵荒,与家人并日而食。或有馈其粱肉者,闭门不受,唯采莼荇根供食,以樵采自资,怡怡然恒不改其乐”⑥。他们在一段时间内专门靠采集维持生计。

更普遍的情况下,普通百姓从事渔猎采集主要是为了弥补耕织的不足。《晋书·隐逸传》载:郭文“恒着鹿裘葛巾,不饮酒食肉,区种菽麦,采竹叶木实,贸盐以自供”⑦。《南齐书·高逸传》载:庾易自称“樵采麋鹿之伍,终其解毛之衣,驰骋日月之车,得保自耕之禄”⑧。《梁书·儒林传》载:孔子袪“少孤贫好学,耕耘樵采,常怀书自随,投闲则诵读”⑨。前面还提到翟庄“耕而后食,语不及俗,惟以弋钓为事”,诸暨东洿里屠氏女“昼樵采,夜纺绩,以供养”。他们采用的都是农耕纺织与渔猎采集相结合的生产模式。《宋书·孔灵符传》载:孔

① 房玄龄等:《晋书》卷73《庾亮传》,第1930页。
② 李延寿:《南史》卷75《隐逸传上》,第1872页。
③ 严可均:《全上古三代秦汉三国六朝文》,第3031页。
④ 许嵩:《建康实录》卷19《高祖武皇帝》,第753页。
⑤ 沈约:《宋书》卷93《隐逸传》,第2294页。
⑥ 李延寿:《南史》卷36《沈觊传》,第938页。
⑦ 房玄龄等:《晋书》卷94《隐逸传》,第2440页。
⑧ 萧子显:《南齐书》卷54《高逸传》,第940页。
⑨ 姚思廉:《梁书》卷48《儒林传》,第680页。

灵符任丹阳尹时，因“山阴县土境褊狭，民多田少”，“表徙无赀之家于余姚、鄞、鄮三县界，垦起湖田”。太宰江夏王刘义恭反对，认为“缘湖居民，鱼鸭为业，及有居肆，理无乐徙”[①]。山阴县的缘湖居民，普遍以鱼鸭为业，这是家畜养殖与捕捞相结合的生产模式。

通过渔猎采集获得的食物与生活用品，可以用于自己消费，也可以用来出售谋利。《晋书・葛洪传》载：葛洪“少好学，家贫，躬自伐薪以贸纸笔，夜辄写书诵习，遂以儒学知名”[②]。《晋书・隐逸传》载：郭文“采竹叶木实，贸盐以自供”，郭翻“其渔猎所得，或从买者，便与之而不取直，亦不告姓名”[③]。《宋书・隐逸传》载：王弘之在上虞江垂钓时，有不认识他的经过者误以为他是渔师，问“得鱼卖不”；朱百年“以伐樵采箬为业。每以樵箬置道头，辄为行人所取，明旦亦复如此，人稍怪之，积久方知是朱隐士所卖，须者随其所堪多少，留钱取樵箬而去”[④]。《南齐书·孝义传》载：会稽陈氏三女“值岁饥，三女相率于西湖采菱莼，更日至市货卖，未尝亏怠，乡里称为义门，多欲娶为妇”[⑤]。《南史·隐逸传》载：孙缅于江边遇见一渔父，问其“有鱼卖乎”[⑥]。专门以渔猎为生的渔夫、猎夫，包括前面提到的“以弋猎为事”的周迪、“每以捕鱼为事”的陈霸先、“常采薪以养母”的江淹等等，他们渔猎采集所得显然也要用于交换，才能获得其他生活必需品。

《晋书・陶侃传》载陶侃部将吴寄认为虽军队缺粮，“要欲十日

---

① 沈约：《宋书》卷54《孔灵符传》，第1533页。
② 房玄龄等：《晋书》卷72《葛洪传》，第1911页。
③ 房玄龄等：《晋书》卷94《隐逸传》，第2440页、第2446页。
④ 沈约：《宋书》卷93《隐逸传》，第2282页、第2294页。
⑤ 萧子显：《南齐书》卷55《孝义传》，第959页。
⑥ 李延寿：《南史》卷75《隐逸传上》，第1872页。

忍饥，昼当击贼，夜分捕鱼，足以相济”[①]。《晋书·郭舒传》载郭舒率军“留屯沌口，采稆湖泽以自给”[②]。《南史·鱼弘传》载鱼弘“为湘东王镇西司马，述职西上，道中乏食，缘路采菱，作菱米饭给所部……又于穷洲之上，捕得数百猕猴，膊以为脯，以供酒食”[③]。通过渔猎采集甚至可以勉强维持军队的供给，可见六朝时期长江中下游地区渔猎采集的对象仍然丰富。《宋书·隐逸传》中“家素贫，母以冬月亡，衣并无絮”的朱百年伐樵采箬可以“有时出山阴为妻买缯采三五尺”[④]。《南齐书·孝义传》中“父失明，母痼疾，亲戚相弃，乡里不容”的诸暨东洿里屠氏女“昼樵采，夜纺绩”，可以供养父母[⑤]。《南史·江淹传》中“年十三时，孤贫”的江淹采薪可以养母[⑥]。《宋书·孔灵符传》中山阴缘湖的“无赀之家”“虽不亲农，不无资生之路”[⑦]。说明普通百姓从事渔猎采集可以养家糊口并维持一定的生活水平。既然渔猎采集的对象并不十分匮乏，而且从事渔猎采集的收入也还勉强可以，可以想见，对于六朝长江中下游地区的不少民众而言，渔猎采集必然是其补充耕织不足、维持生活水准的重要手段。

尽管文献对于一般百姓的生活缺乏具体描述，但是通过当时的一些经济政策与议论，我们还是能够感受到渔猎采集对于六朝长江中下游地区民众生活的意义。《宋书·孝武帝纪》载孝武帝刘骏即位当年诏令：“供御服膳，减除游侈。水陆捕采，各顺时月。”大明二

① 房玄龄等：《晋书》卷66《陶侃传》，第1770页。
② 房玄龄等：《晋书》卷43《郭舒传》，第1242页。
③ 李延寿：《南史》卷55《鱼弘传》，第1362页。
④ 沈约：《宋书》卷93《隐逸传》，第2294—2295页。
⑤ 萧子显：《南齐书》卷55《孝义传》，第960页。
⑥ 李延寿：《南史》卷59《江淹传》，第1450页。
⑦ 沈约：《宋书》卷54《孔灵符传》，第1533页。

年（458）又诏令："凡寰卫贡职，山渊采捕，皆当详辨产殖，考顺岁时，勿使牵课虚悬，睽忤气序。"[①]《宋书·明帝纪》载明帝刘彧泰始三年（467）诏令："自今鳞介羽毛，肴核众品，非时月可采，器味所须，可一皆禁断，严为科制。"[②]虽然诏令强调的是顺应天时、爱护生命，禁止随意采捕，但国家就采捕发布诏令却也透露出渔猎采集在六朝经济生活中仍然占有一定地位。《晋书·刘弘传》载：刘弘任镇南将军、都督荆州诸军事时，"旧制，岘方二山泽中不听百姓捕鱼"，刘弘认为名山大泽应该与民共利，指出当时的情况是"公私并兼，百姓无复厝手地"，下令废除旧制，允许百姓捕鱼[③]。这一决定反映了"岘方二山泽"捕捞的放开对于改善附近百姓生活有很大作用。《晋书·甘卓传》载：甘卓镇襄阳，"州境所有鱼池，先恒责税，卓不收其利，皆给贫民，西土称为惠政"[④]。甘卓免收鱼税，降低捕捞的成本，被西土称为惠政，可见以捕鱼为生的贫民为数不少。《晋书·王峤传》载：王敦在石头时，"欲禁私伐蔡洲荻，以问群下"，王峤极力反对，说"中原有菽，庶人采之。百姓不足，君孰与足！若禁人樵伐，未知其可"[⑤]。《宋书·谢灵运传》载："会稽东郭有回踵湖，灵运求决以为田，太祖令州郡履行。此湖去郭近，水物所出，百姓惜之，顗坚执不与。"[⑥]会稽太守孟顗不惜与谢灵运反目，阻止其决回踵湖的理由是"存利民"，因为湖中水产是缘湖居民的重要生活来源。

借助渔猎采集谋生，对于在动乱或饥荒时期维持生计尤其重要。

---

① 沈约：《宋书》卷6《孝武帝纪》，第112页、第122页。
② 沈约：《宋书》卷8《明帝纪》，第161页。
③ 房玄龄等：《晋书》卷66《刘弘传》，第1765—1766页。
④ 房玄龄等：《晋书》卷70《甘卓传》，第1863页。
⑤ 房玄龄等：《晋书》卷75《王峤传》，第1974页。
⑥ 沈约：《宋书》卷67《谢灵运传》，第1776页。

《晋书·文苑传》载伏滔《正淮篇》提到：淮南龙泉之陂，“金石皮革之具萃焉，苞木箭竹之族生焉，山湖薮泽之隈，水旱之所不害，土产草滋之实，荒年之所取给”[1]。《艺文类聚·草部》引《广志》曰：“淮汉以南，凶年以菱为蔬，犹以橡为资也。”[2]《晋书·郭舒传》载郭舒率军“留屯沌口，采稆湖泽以自给”[3]。稆是野生稻，产穗率低，收集不易。《太平御览·时序部二十》引《英雄记》：东汉末“幽州岁岁不登，人相食，有蝗旱之灾。民人始知采稆，以枣椹为粮”[4]。可见在粮食供应有保障的情况下，对“稆”的采集并不会引人注意了。然而饥荒发生后，稆的重要性就凸显了。《宋书·张畅传》载江夏王刘义恭担心北魏攻城，“议欲芟麦剪苗，移民堡聚”，王孝孙反对说：“百姓闭在内城，饥馑日久，方春之月，野采自资，一入堡聚，饿死立至。民知必死，何可制邪？”[5]认为方春之时万物萌生，野外采集是饥馑日久的百姓度过难关的必要措施。《宋书·孝义传》载：“元嘉二十一年，大旱民饥。”徐耕在陈辞中说到“今年亢旱，禾稼不登。氓黎饥馁，采掇存命”[6]。《南史·贼臣传》载：侯景叛乱围攻台城，守城“军士煮弩熏鼠捕雀食之”[7]。

随着开发山林川泽能力的增强，长江中下游地区在孙吴时期出现贵族官员占山护泽的端倪，东晋南朝占山护泽更大规模展开，百姓从事渔猎采集遭到限制，生活也受到影响。当时有不少因此对贵族

① 房玄龄等：《晋书》卷92《文苑传》，第2400页。
② 欧阳询：《艺文类聚》卷82《草部下》，第1405页。
③ 房玄龄等：《晋书》卷43《郭舒传》，第1242页。
④ 李昉等：《太平御览》卷35《时序部二十》，第166页。
⑤ 沈约：《宋书》卷59《张畅传》，第1605页。
⑥ 沈约：《宋书》卷91《孝义传》，第2251页。
⑦ 李延寿：《南史》卷80《贼臣传》，第2004页。

封山固泽提出反对的言辞。《宋书·羊希传》载扬州刺史西阳王刘子尚上言："山湖之禁，虽有旧科，民俗相因，替而不奉，熂山封水，保为家利。自顷以来，颓弛日甚，富强者兼岭而占，贫弱者薪苏无托，至渔采之地，亦又如兹。斯实害治之深弊，为政所宜去绝。"[①]因为封山固泽造成"贫弱者薪苏无托，至渔采之地，亦又如兹"，要求禁止这种行为。《宋书·蔡兴宗传》载：蔡兴宗任会稽内史时，境内"幸臣近习，参半宫省，封略山湖，妨民害治。兴宗皆以法绳之"[②]。《南齐书·高逸传》载刘思效言："贵势之流，货室之族，车服伎乐，争相奢丽，亭池第宅，竞趣高华。至于山泽之人，不敢采饮其水草。"[③]要求予以禁止。《南齐书·崔祖思传》载：崔祖思陈事时提出要"罢山池之威禁，深抑豪右之兼擅"[④]。《梁书·止足传》载：南齐时"司徒竟陵王于宣城、临成、定陵三县界立屯，封山泽数百里，禁民樵采"，南中郎巴陵王长史顾宪之"固陈不可，言甚切直"，最终让竟陵王萧子良放弃了这一禁令[⑤]。

由于影响严重，南朝刘宋政府曾多次下令禁止封山固泽限制百姓渔猎采集的行为。《宋书·武帝纪》载：义熙九年（413）"先是山湖川泽，皆为豪强所专，小民薪采渔钓，皆责税直，至是禁断之"[⑥]。同书《文帝纪》载：元嘉十七年（440）诏书提到"山泽之利，犹或禁断"，"诸如此比，伤治害民。自今咸依法令，务尽优允"[⑦]。《孝武帝纪》

① 沈约：《宋书》卷54《羊希传》，第1537页。
② 沈约：《宋书》卷57《蔡兴宗传》，第1583页。
③ 萧子显：《南齐书》卷54《高逸传》，第929页。
④ 萧子显：《南齐书》卷28《崔祖思传》，第520页。
⑤ 姚思廉：《梁书》卷52《止足传》，第759页。
⑥ 沈约：《宋书》卷2《武帝纪中》，第29页。
⑦ 沈约：《宋书》卷5《文帝纪》，第87页。

载:孝武帝即位初诏令“江海田池公家规固者,详所开驰。贵戚竞利,悉皆禁绝”,大明七年(463)又诏“前诏江海田池,与民共利。历岁未久,浸以弛替。名山大川,往往占固。有司严加检纠,申明旧制”[1]。但是禁止权贵之家占有山泽在当时无法施行。此后刘宋颁布占山法,承认私人可以有条件地占有山泽,但还是根据官品高低规定了占有山泽的限额。在南朝帝王中,梁武帝是对渔猎采集改善民生作用有较深认识的一位。《梁书·武帝纪》载其于天监七年(508)开驰政府拥有的屯戍,“薮泽山林,毓材是出,斧斤之用,比屋所资。而顷世相承,并加封固,岂所谓与民同利,惠兹黔首?凡公家诸屯戍见封熂者,可悉开常禁”。大同七年(541)又严厉查处占有山泽过限的问题,并强调不得禁止百姓渔猎采集,诏令“公私传、屯、邸、冶,爰至僧尼,当其地界,止应依限守视;乃至广加封固,越界分断水陆采捕及以樵苏,遂致细民措手无所。凡自今有越界禁断者,禁断之身,皆以军法从事。若是公家创内,止不得辄自立屯,与公竞作以收私利。至百姓樵采以供烟爨者,悉不得禁;及以采捕,亦勿诃问。若不遵承,皆以死罪结正”[2]。

三、六朝渔猎采集的环境背景

六朝流行射雉。《三国志·吴书·三嗣主传》载:孙休“锐意于典籍,欲毕览百家之言,尤好射雉,春夏之间常晨出夜还,唯此时舍书”[3]。同书《潘濬传》注引《江表传》“权数射雉”,为潘濬谏止[4]。

① 沈约:《宋书》卷6《孝武帝纪》,第112页、第132页。
② 姚思廉:《梁书》卷2《武帝纪中》,第48页;卷3《武帝纪下》,第86—87页。
③ 陈寿:《三国志》卷48《吴书·三嗣主传》,第1159页。
④ 陈寿:《三国志》卷61《吴书·潘濬传》,第1398页。

《晋书·周访传》载:周访与杜曾交战,“自于阵后射雉以安众心”[①]。《宋书·恩幸传》载:元徽五年(477)后废帝“欲往江乘射雉”[②]。《南齐书·萧景先传》载:“车驾射雉郊外行游,景先常甲仗从,廉察左右。”[③]同书《褚炫传》载:褚炫曾“从宋明帝射雉”[④]。《武十七王传》载:“世祖好射雉”,萧子良曾进行劝谏[⑤]。《袁彖传》载:袁彖“每从车驾射雉在郊野,数人推扶,乃能徒步”[⑥]。《张欣泰传》载:“欣泰负弩射雉,恣情闲放。”[⑦]《陈书·新安王伯固传》载:“伯固性好射雉。”[⑧]《南史·齐宗室传》载:萧敏“好射雉,未尝在郡,辞讼者迁于畎焉。后张弩损腰而卒”[⑨]。当时甚至还设有“射雉典事”一职。关于射雉流行的原因,赵翼《廿二史札记》卷12“南朝以射雉为猎”说:“南朝都金陵,无搜狩之地,故尝以射雉为猎。”[⑩]这一说法恐不尽然,六朝射雉流行主要应该与当时崇尚悠闲舒缓生活的社会风尚有关,相比捕获野兽,射雉的危险性要低很多。事实上,六朝时期长江中下游地区开发程度有限,自然景观并没有遭到严重破坏,仍然蕴藏着丰富的野生动植物资源。

长江流域湿热多雨,自古就森林密布、草木畅茂。六朝时期长江中下游在人口密集的低山丘陵和平原地区,由于土地开垦和百姓的

① 房玄龄等:《晋书》卷58《周访传》,第1580页。
② 沈约:《宋书》卷94《恩幸传》,第2315页。
③ 萧子显:《南齐书》卷38《萧景先传》,第662页。
④ 萧子显:《南齐书》卷32《褚炫传》,第582页。
⑤ 萧子显:《南齐书》卷40《武十七王传》,第698页。
⑥ 萧子显:《南齐书》卷48《袁彖传》,第834页。
⑦ 萧子显:《南齐书》卷51《张欣泰传》,第882页。
⑧ 姚思廉:《陈书》卷36《新安王伯固传》,第498页。
⑨ 李延寿:《南史》卷41《齐宗室传》,第1050页。
⑩ 赵翼著,王树民校证:《廿二史札记校证》,中华书局2001年,第252页。

樵采,森林覆盖率有所下降,但依然处处林竹,连岗接阜。《三国志·吴书·诸葛恪传》记载:“丹杨地势险阻,与吴郡、会稽、新都、鄱阳四郡邻接,周旋数千里,山谷万重,其幽邃民人,未尝入城邑,对长吏,皆仗兵野逸,白首于林莽。逋亡宿恶,咸共逃窜。”① 可见孙吴时今赣东、皖南、浙西地区仍然林木茂密,这里居住着不少以山林为家的“幽邃民人”,是为躲避战乱、徭役而逃亡百姓的隐匿之所。孙吴政权曾多次征讨这一带的山越,但目的主要是扩大对劳动力的控制,所以他们在征服某一山区后,常见的做法并不是在当地设立统治机构,而是将山民强迫迁移到平地。《三国志·吴书·陆逊传》载:“吴、会稽、丹杨多有伏匿,逊陈便宜,乞与募焉。”在讨平丹杨山越首领费栈后,“部伍东三郡,强者为兵,羸者补户,得精卒数万人”②。同书《诸葛恪传》载:诸葛恪讨伐山越时,命令“山民去恶从化,皆当抚慰,徙出外县,不得嫌疑,有所执拘”③。因此,这一带山区的森林在孙吴时期保存完好。《三国志·吴书·华覈传》记载孙吴末主孙皓“更营新宫,制度弘广”,华覈上书阻谏,其中说:“上方诸郡,身涉山林,尽力伐材,废农弃务,士民妻孥羸小,垦殖又薄,若有水旱则永无所获。”④ 这里的“上方诸郡”应该就是位于建康上游的赣东、皖南各郡,既然这里是修建宫殿所需木材的主要来源地,当然是森林茂盛的地区。

《宋书·谢灵运传》载:谢灵运“尝自始宁南山伐木开径,直至临海,从者数百人。临海太守王琇惊骇,谓为山贼,徐知是灵运乃安。又要琇更进,琇不肯,灵运赠琇诗曰:‘邦君难地险,旅客易山行。’”⑤

---

① 陈寿:《三国志》卷64《吴书·诸葛恪传》,第1431页。
② 陈寿:《三国志》卷58《吴书·陆逊传》,第1343—1344页。
③ 陈寿:《三国志》卷64《吴书·诸葛恪传》,第1431页。
④ 陈寿:《三国志》卷65《吴书·华覈传》,第1464—1467页。
⑤ 沈约:《宋书》卷67《谢灵运传》,第1775页。

可见当时浙南闽北山地仍然人迹罕至、道路不畅。梁刘峻《东阳金华山栖志》说："东阳实会稽西部，是生竹箭。山川秀丽，皋泽坱郁。若其群峰叠起，则接汉连霞；乔林布濩，则春青冬绿；迥溪映流，则十仞洞底。肤寸云谷，必千里雨散。"其中金华山上更是"枫栌椅枥之树，梓柏桂樟之木，分形异色，千族万种。结朱实，包绿裹，杌白带，抽紫茎"①。《十国春秋·吴越》载：广顺三年（953）"东阳有大象自南方来，陷陂湖而获之"②。10世纪中叶，浙南金华一带的山地中仍然有象出没，可想而知六朝时当地森林必然相当茂盛。《梁书·良吏传》载：范述曾出守永嘉，"所部横阳县，山谷险峻，为逋逃所聚，前后二千石讨捕莫能息"③，也可见当地山林相当茂盛。

《资治通鉴》"武帝大同二年条"载：梁武帝为其父"作皇基寺以追福，命有司求良材。曲阿弘氏自湘州买巨材东下"④。梁武帝在建康建寺，而弘氏从湘州购买巨材，可见当时长江中游的林木资源比长江下游更为丰富。《太平御览·舟部三》引《荆州土地记》曰："湘州七郡，大艑之所出，皆受万斛。"⑤能载万斛的大船，自然需要用大量巨木制作。《陈书·华皎传》载：华皎任湘州刺史，"湘川地多所出，所得并入朝廷，粮运竹木，委输甚众"。又载："文帝以湘州出杉木舟，使皎营造大舰金翅等二百余艘，并诸水战之具，欲以入汉及峡。"⑥湘州以林木资源丰富而著称，尤其是拥有大量巨材，反映出当地森林面积应当相当广泛。六朝时期赣江流域的开发程度又在湘江流域之下，

---

① 严可均：《全上古三代秦汉三国六朝文》，第3290页。
② 吴任臣：《十国春秋》卷81《吴越五》，中华书局2010年，第1153页。
③ 姚思廉：《梁书》卷53《良吏传》，第770页。
④ 司马光编著，胡三省音注：《资治通鉴》卷157《梁纪十三》，第4870页。
⑤ 李昉等：《太平御览》卷770《舟部三》，第3415页。
⑥ 姚思廉：《陈书》卷20《华皎传》，第271页。

人口更为稀少,对原始森林的触动更加轻微。《晋书·卢循传》载:东晋末“道覆密欲装舟舰,乃使人伐船材于南康山,伪云将下都货之”,由于“赣石水急,出船甚难”,致使船板大积[①]。南康山地当今赣南山区。另外,《水经注·江水》记载宜都等地“林木高茂,略尽冬春”,“林木萧森,离离蔚蔚”[②],可见江汉平原西部同样森林茂盛。

事实上,六朝时期浙东等经济发展水平较高的地区同样保持着很高的森林覆盖率。《水经注·浙江水》载:吴兴郡于潜县天目山“山极高峻,崖岭竦叠,西临峻涧。山上有霜木,皆是数百年树,谓之翔凤林”[③]。据谢灵运《山居赋》描述,谢氏庄园中尽管低处的湖泊周围已开辟成农田,山麓及低山被利用建成果园菜圃,但大片的森林依然在山地存在。山居中“其木则松柏檀栎,□□桐榆。檿柘谷栋,楸梓柽樗。刚柔性异,贞脆质殊。卑高沃塉,各随所如。干合抱以隐岑,杪千仞而排虚。凌冈上而乔竦,荫涧下而扶疏。沿长谷以倾柯,攒积石以插衢。华映水而增光,气结风而回敷。当严劲而葱倩,承和煦而芬腴。送坠叶于秋晏,迟含萼于春初”,树木种类众多而丰富[④]。如前所述,六朝贵族封山占泽后的经营方式不同于后世以开拓农田为主,封占的低山丘陵主要用于种植果树、材木,而且政府也规定“凡是山泽,先常熂爈种养竹木杂果为林芿……常加功修作者,听不追夺”。因此,六朝时期也会出现不少的人工造林。

值得一提的还有竹林。竹是一种亚热带作物,长江中下游湿热的气候状况使得这里成为天然竹林密布的地区。谢灵运《山居赋》描述谢氏庄园中就有大片竹林:“其竹则二箭殊叶,四苦齐味。水石

---

① 房玄龄等:《晋书》卷100《卢循传》,第2635页。
② 郦道元著,陈桥驿校证:《水经注校证》,第793页。
③ 郦道元著,陈桥驿校证:《水经注校证》,第936页。
④ 沈约:《宋书》卷67《谢灵运传》,第1762页。

别谷,巨细各汇。既修竦而便娟,亦萧森而蓊蔚。露夕沾而凄阴,风朝振而清气。捎玄云以拂杪,临碧潭而挺翠。蔑上林与淇澳,验东南之所遗。企山阳之游践,迟鸾鹥之栖托。忆昆园之悲调,慨伶伦之哀籥。卫女行而思归咏,楚客放而防露作。"[①] 南朝刘宋戴凯之所著《竹谱》记录了40余种不同竹子,其中一再强调竹在长江中下游地区的普遍。如:"盖竹生所,大抵江东,上密防露,下疏来风。连亩接町,竦散岗潭……生江南深谷山中,不闻人家植之,其族类动有顷亩","箭竹,高者不过一丈,节间三尺,坚劲中矢,江南诸山皆有之,会稽所生最精好","篃亦箘徒,概节而短。江汉之间,谓之箖竹……生非一处,江南山谷所饶也","赤白二竹,还取其色。白薄而曲,赤厚而直。沅澧所丰,余邦颇植","浮竹,长者六十尺,肉厚而虚软,节阔而亚,生水次。彭蠡以南,大岭以北,遍有之"[②]。

由此可见,南朝时期长江中下游地区森林状况仍然相当良好。至于长江中下游水资源丰富,则是大家都很清楚的。汉晋南朝长江中下游陆续增加的农田大都由围垦湖沼浅滩而形成,因此湖泊沼泽面积有所减少,但并不会改变这里水流枝蔓、湖沼众多的环境特征,大面积的沼泽低洼湿地仍然普遍存在。如《水经注·夏水》载:"夏水又东径监利县南……县土卑下,泽多陂池。西南自州陵东界,径于云杜、沌阳,为云梦之薮矣。韦昭曰:云梦在华容县……杜预云:枝江县、安陆县有云梦,盖跨川亘隰,兼苞势广矣。"[③]

山林薮泽孕育了丰富的野生动植物资源。陆云《答车茂安书》称:鄮县"西有大湖,广纵千顷,北有名山,南有林泽,东临巨海,往往

---

① 沈约:《宋书》卷67《谢灵运传》,第1761—1762页。

② 戴凯之:《竹谱》,宋北川学海本。

③ 郦道元著,陈桥驿校证:《水经注校证》,第754—755页。

无涯……因民所欲,顺时游猎。结罝绕冈,密罔弥山。放鹰走犬,弓弩乱发,鸟不得飞,兽不得逸,真光赫之观,盘戏之至乐也。若乃断遏海逋,隔截曲隈,随潮进退,采蚌捕鱼,鳣鲔赤尾,鋸齿比目,不可纪名……及其蚌蛤之属,目所希见,耳所不闻,品类数百,难可尽言也"[①]。《隋书·地理志》载:"京口东通吴、会,南接江、湖……宣城、毗陵、吴郡、会稽、余杭、东阳,其俗亦同。然数郡川泽沃衍,有海陆之饶,珍异所聚,故商贾并凑。"[②]长江中下游丰富的野生资源不仅是商贾贩运的对象,也是民众从事渔猎采集的对象。

鹿是大型陆地野生食草动物的典型种类,也是重要的经济动物。六朝时期长江中下游地区分布有数量众多的梅花鹿、獐、麂等鹿类动物。白鹿的出现在古代被视为祥瑞。现代动物学研究表明,所谓白鹿,不过是梅花鹿隐性白花基因的表现型,是一种罕见的变异现象,发生机率极小。因此有白鹿出现的地区,必定有梅花鹿的生息,而且其种群数量还极有可能是相当大的[③]。根据六朝时期各地上报白鹿的记载,可以推知当时鹿群的分布情况。《宋书·符瑞志》中关于两晋及刘宋长江中下游各地出现的白鹿记录有31条,其中位于今湖南境内的有10条,江西境内的有7条,安徽淮河以南地区有4条,江苏淮河以南地区有9条,福建北部1条[④]。此后,《南齐书·祥瑞志》载齐武帝永明五年(487)"望蔡县获白鹿一头"(今江西),永明九年(532)"临湘获白鹿一头"(今湖南)[⑤]。《梁书·武帝纪》载中大通四年"邵陵县获白鹿一"(今湖南),大同六年(540)"平阳县献白鹿一"(今

① 严可均:《全上古三代秦汉三国六朝文》,第2049页。

② 魏征等:《隋书》卷31《地理志下》,第887页。

③ 蔡和林:《中国鹿类动物》,华东师范大学出版社1992年,第269页。

④ 沈约:《宋书》卷28《符瑞志中》,第804—806页。

⑤ 萧子显:《南齐书》卷18《祥瑞志》,第365页。

浙江)[①]。根据这些记载可知:六朝长江中下游地区很多州郡都曾有白鹿出现,而以今湖南、江西各郡最为频繁,其次在都城建康及其附近地区也时见报道。这些事实说明鹿群当时在这一地区曾有相当广泛的分布,尤其是湘江流域、赣江流域梅花鹿的种群数量较大,分布密度较高[②]。

六朝时期鹿是人们狩猎的重要对象。《三国志・吴书・孙破虏讨逆传》注引《江表传》载:孙策在丹阳时"驱驰逐鹿",被冒充是"韩当兵,在此射鹿"的许贡客所害[③]。同书《贺邵传》载:贺邵指责何定"妄兴事役,发江边戍兵以驱麋鹿,结罝山陵,芟夷林莽"[④]。《梁书・曹景宗传》载:"景宗幼善骑射,好畋猎,常与少年数十人泽中逐獐鹿,每众骑趁鹿,鹿马相乱,景宗于众中射之,人皆惧中马足,鹿应弦辄毙,以此为乐。"他后来自称:"昔在乡里……平泽中逐獐,数肋射之,渴饮其血,饥食其肉,甜如甘露浆。"[⑤]《陈书・新安王伯固传》载:新安王伯固"在州不知政事,日出田猎,或乘眠舆至于草间,辄呼民下从游,动至旬日,所捕獐鹿,多使生致"[⑥]。《南史・梁武帝诸子传》载:庐陵威王萧续"尝驰射于帝前,续中两獐,冠于诸人"[⑦]。同书《孝

① 姚思廉:《梁书》卷3《武帝纪下》,第76页、第84页。

② 王利华研究中古华北地区白鹿的记载,发现北朝京畿附近白鹿出现的频率较高,认为是"由于京畿附近常禁民间私猎,而皇家苑囿往往养有数量不小的鹿群,因此,白鹿较多出现于这些地方",六朝建康及其附近地区白鹿出现较多可能出于同样原因。参见王利华:《中古华北的鹿类动物与生态环境》,《中国社会科学》2002年第3期。

③ 陈寿:《三国志》卷46《吴书・孙破虏讨逆传》,第1111页。

④ 陈寿:《三国志》卷65《吴书・贺邵传》,第1457页。

⑤ 姚思廉:《梁书》卷9《曹景宗传》,第178页、第181页。

⑥ 姚思廉:《陈书》卷36《新安王伯固传》,第497页。

⑦ 李延寿:《南史》卷53《梁武帝诸子传》,第1321页。

义传》载：吴兴人孙法宗宅心慈善，“每麇鹿触网，必解放之，偿以钱物”[①]。《梁书·处士传》载何胤“常禁杀”，在吴地时“有虞人逐鹿，鹿径来趋胤，伏而不动”[②]。何胤禁止杀生，民间传说鹿在遭人围堵时竟心有灵犀，向他求救。故事本身自然是出自附会，但也从一个侧面反映了当地猎鹿的常见。

由于鹿的数量众多，六朝时期鹿主动走进人们生活中的记载也不少。《晋书·孝友传》载：东阳吴宁人许孜在父母墓旁“列植松柏”，“时有鹿犯其松栽，孜悲叹曰：‘鹿独不念我乎！’”[③]同书《隐逸传》载：郭文隐居吴兴余杭时，“有猛兽杀大麀鹿于庵侧”[④]。《艺术传》载：庾亮在陶侃去世后代镇武昌，“寻有大鹿向西城门，（戴）洋曰：‘野兽向城，主人将去。’”[⑤]《宋书·符瑞志》载：“咸和四年七月壬寅，长沙郡逻吏黄光于南郡道遇白鹿，驱之不去，直来就光，追寻光三百余步。”[⑥]同书《宗室传》载：刘义庆“在广陵，有疾，而白虹贯城，野麇入府，心甚恶之，固陈求还”[⑦]。《南齐书·高逸传》载：卢度隐居庐陵西昌三顾山，“夜有鹿触其壁，度曰：‘汝坏我壁。’鹿应声去”[⑧]。同书《五行志》载：“永明中，南海王子罕为南兖州刺史，有獐入广陵城，投井而死。”[⑨]《梁书·处士传》载：阮孝绪在钟山为母寻药，“躬历幽险，累日不值。忽见一鹿前行，孝绪感而随后，至一所遂灭，

① 李延寿：《南史》卷73《孝义传上》，第1808页。
② 姚思廉：《梁书》卷51《处士传》，第738页。
③ 房玄龄等：《晋书》卷88《孝友传》，第2279页。
④ 房玄龄等：《晋书》卷94《隐逸传》，第2440页。
⑤ 房玄龄等：《晋书》卷95《艺术传》，第2474页。
⑥ 沈约：《宋书》卷28《符瑞志中》，第804页。
⑦ 沈约：《宋书》卷51《宗室传》，第1480页。
⑧ 萧子显：《南齐书》卷54《高逸传》，第936页。
⑨ 萧子显：《南齐书》卷19《五行志》，第387页。

就视，果获此草”[1]。

六朝时期食用鹿肉似乎比较寻常。《三国志·吴书·赵达传》载：赵达路过故友家时，故友家“东壁下有美酒一斛，又有鹿肉三斤”[2]。《晋书·陆晔传》载：陆纳出为吴兴太守时向桓温辞行，“时王坦之、刁彝在坐，及受礼，唯酒一斗，鹿肉一柈，坐客愕然”[3]。《南史·王诞传》载：“懋后往超宗处，设精白鲍、美鲊、獐肶。”[4]对于鹿皮的使用也相当普遍。长沙走马楼吴简有孙吴征收皮革的资料，孙吴征敛的皮革包括各种动物，但在长沙地区主要是鹿皮。据王子今统计，走马楼吴简中征皮记录数量最多的是第13盆竹简，其中明确记载鹿皮有22例，麂皮有24例，羊皮和牛皮分别只有4例和2例，另外还有8例杌皮。而杌皮有可能是麂皮的简写形式[5]。六朝时期使用鹿皮服饰的有如下例子。《宋书·何尚之传》载：“尚之在家常着鹿皮帽。”[6]《南齐书·刘悛传》载：“世祖着鹿皮冠，被悛菟皮衾，于牖中宴乐，以冠赐悛，至夜乃去。”[7]同书《张欣泰传》载：“欣泰通涉雅俗，交结多是名素。下直辄游园池，着鹿皮冠，衲衣锡杖，挟素琴。”[8]《梁书·处士传》载：梁武帝因与何点有旧，即位后赐予何点“鹿皮巾”；又梁武帝诏何胤为特进、右光禄大夫，“胤单衣鹿巾，执经卷，下床跪受诏书，就席伏读”[9]。

---

① 姚思廉：《梁书》卷51《处士传》，第740页。
② 陈寿：《三国志》卷63《吴书·赵达传》，第1424页。
③ 房玄龄等：《晋书》卷77《陆晔传》，第2027页。
④ 李延寿：《南史》卷23《王诞传》，第621页。
⑤ 王子今：《秦汉时期生态环境研究》，第188—189页。
⑥ 沈约：《宋书》卷66《何尚之传》，第1738页。
⑦ 萧子显：《南齐书》卷37《刘悛传》，第651页。
⑧ 萧子显：《南齐书》卷51《张欣泰传》，第881页。
⑨ 姚思廉：《梁书》卷51《处士传》，第734页、第736页。

麈尾是魏晋清谈家经常用来拂秽清暑、显示身份的一种道具。东晋南朝名士延续了使用麈尾的传统。《晋书·王导传》载：王导之妻“曹氏性妒，导甚惮之，乃密营别馆，以处众妾。曹氏知，将往焉。导恐妾被辱，遽令命驾，犹恐迟之，以所执麈尾柄驱牛而进”①。同书《孙盛传》载：孙盛与殷浩“谈论，对食，奋掷麈尾，毛悉落饭中，食冷而复暖者数四”②。《外戚传》载：王濛重病在床，“于灯下转麈尾视之，叹曰：‘如此人曾不得四十也！’年三十九卒”。出殡时，好友“刘惔以犀杷麈尾置棺中，因恸绝久之”③。《宋书·张邵传》载：张邵使其子张敷“与南阳宗少文谈《系》、《象》，往复数番，少文每欲屈，握麈尾叹曰：‘吾道东矣。’”④《南齐书·张融传》载：张融“年弱冠，道士同郡陆修静以白鹭羽麈尾扇遗融”⑤。《梁书·处士传》载：张孝秀“性通率，不好浮华，常冠谷皮巾，蹑蒲履，手执并榈皮麈尾”⑥。据说，麈是一种大鹿。麈与群鹿同行，麈尾摇动，可以指挥鹿群的行向。鹿群的广泛分布是使用麈尾传统延续的环境基础。

鹿群数量众多，反映出长江中下游地区可食林、草种类与数量丰富。值得补充的是，最大的食草动物野生象在六朝时期的长江中下游地区尚未绝迹。《宋书·沈攸之传》载：沈攸之为荆州刺史，“时有象三头至江陵城北数里，攸之自出格杀之”⑦。同书《符瑞志》载：元嘉元年（424）有“白象见零陵洮阳”，元嘉六年有“白象见安成

---

① 房玄龄等：《晋书》卷65《王导传》，第1752页。
② 房玄龄等：《晋书》卷82《孙盛传》，第2147页。
③ 房玄龄等：《晋书》卷93《外戚传》，第2419页。
④ 沈约：《宋书》卷46《张邵传》，第1395页。
⑤ 萧子显：《南齐书》卷41《张融传》，第721页。
⑥ 姚思廉：《梁书》卷51《处士传》，第752页。
⑦ 沈约：《宋书》卷74《沈攸之传》，第1933页。

安复”[①]。《南齐书·祥瑞志》载:永明十一年(493)“白象九头见武昌”[②]。同书《五行志》载:齐永明中“有象至广陵”[③]。《南史·梁本纪上》载:梁武帝天监六年(507)“有三象入建邺”[④]。同书《梁本纪下》载:梁元帝承圣元年(552)“淮南有野象数百,坏人室庐”[⑤]。

虎是陆地上最强的食肉动物之一,主要捕食马鹿、狍子、麝、野猪等有蹄类动物,每次食肉量为17—27公斤,体形大的每顿可达35公斤,虎多意味着其他大中型的野生动物常见。六朝时期长江中下游地区人虎冲突时有发生,虎在当时被称为虎患。不过白虎的出现与白鹿一样,也是被视为祥瑞的。《宋书·符瑞志》记载有东晋刘宋时期各地上报白虎的记录,涉及长江中下游地区的新昌(浙江)、南昌(江西)、枝江(湖北)、耒阳(湖南)、弋阳(湖北)、武昌(湖北)、南琅琊(江苏)、临川(江西)[⑥]。《南齐书·祥瑞志》又记载有白虎分别出现于历阳(安徽)、虔化(江西)、安东(江苏)[⑦]。白虎是孟加拉虎的白色变种,非常稀有,由于缺少保护色,在自然界的存活难度也高。长江中下游各省在六朝时期都有白虎出现的记录,可见当时虎在长江中下游的分布相当广泛。

六朝都城建康周围仍有老虎活动。《三国志·吴书·吴主传》载:建安二十三年(218)“权将如吴,亲乘马射虎于庱亭。马为虎所伤,权投以双戟,虎却废。常从张世击以戈,获之”[⑧]。《太平寰宇记·江南

① 沈约:《宋书》卷28《符瑞志中》,第802页。
② 萧子显:《南齐书》卷18《祥瑞志》,第355页。
③ 萧子显:《南齐书》卷19《五行志》,第387页。
④ 李延寿:《南史》卷6《梁本纪上》,第190页。
⑤ 李延寿:《南史》卷7《梁本纪下》,第240页。
⑥ 沈约:《宋书》卷28《符瑞志中》,第808—809页。
⑦ 萧子显:《南齐书》卷18《祥瑞志》,第355—356页。
⑧ 陈寿:《三国志》卷47《吴书·吴主传》,第1120页。

东道》载:“庱亭铺,在县西五十里。与丹阳县分界。孙权射虎于庱亭,伤马焉。”[①]《三国志·吴书·张昭传》载:“权每田猎,常乘马射虎,虎常突前攀持马鞍”,经张昭劝谏后,“犹不能已,乃作射虎车,为方目,间不置盖,一人为御,自于中射之”[②]。孙权的猎场可能就在庱亭附近。南朝时这一带仍然有虎出没。《宋书·臧质传》载:臧熹“尝至溧阳,溧阳令阮崇与熹共猎,值虎突围,猎徒并奔散,熹直前射之,应弦而倒”[③]。《南齐书·五行志》载:齐明帝“建武四年春,当郊治圆丘,宿设已毕,夜虎攫伤人”[④]。

吴郡、吴兴一带是六朝经济最发达的地区,当时也有老虎活动。《晋书·周处传》载:义兴阳羡人周处弱冠时“不修细行,纵情肆欲”,与“南山白额猛兽”“长桥下蛟”并称三害。他杀害“南山白额猛兽”“长桥下蛟”并慨然改过,传为佳话[⑤]。《宋书·沈攸之传》载:沈攸之为吴兴太守,“闻有虎,辄自围捕,往无不得,一日或得两三。若逼暮不获禽,则宿昔围守,须晓自出”[⑥]。同书《孝义传》载:吴兴乌程人吴逵曾“夜行遇虎”[⑦]。此外,《晋书·吾彦传》载:吴郡吴县人吾彦“身长八尺,手格猛兽,旅力绝群”[⑧],同书《隐逸传》载:郭文隐居吴兴余杭大辟山,“时猛兽为暴,入屋害人,而文独宿十余年,卒无患害”,曾“有猛兽杀大麀鹿于庵侧”,又“尝有猛兽忽张口向文,文视其口中有横骨,乃以

① 乐史:《太平寰宇记》卷92《江南东道四》,第1842页。
② 陈寿:《三国志》卷52《吴书·张昭传》,第1220页。
③ 沈约:《宋书》卷74《臧质传》,第1909页。
④ 萧子显:《南齐书》卷19《五行志》,第387页。
⑤ 房玄龄等:《晋书》卷58《周处传》,第1569页。
⑥ 沈约:《宋书》卷74《沈攸之传》,第1931页。
⑦ 沈约:《宋书》卷91《孝义传》,第2247页。
⑧ 房玄龄等:《晋书》卷57《吾彦传》,第1561页。

手探去之，猛兽明旦致一鹿于其室前"[1]。这里的猛兽虽未明言为老虎，但其他猛兽能够有捕杀的猎物，虎自然也有生存的条件。

其他地区虎的存在更为普遍，人兽之间的冲突也更加剧烈。如皖南地区：《梁书·孝行传》载："宣城宛陵有女子与母同床寝，母为猛虎所搏，女号叫挐虎，虎毛尽落，行十数里，虎乃弃之，女抱母还，犹有气，经时乃绝。"[2]《南史·梁本纪》载：梁元帝时"宣城郡猛兽暴食人"[3]。同书《梁宗室传》载：吴平侯萧劢"迁宣城内史，郡多猛兽，常为人患，及劢在任，兽暴为息"[4]。赣江流域：《宋书·周朗传》载：周朗任庐陵内史时，"郡后荒芜，频有野兽"，纵火围猎时竟然烧了郡署，他在庐陵任官期间"虎三食人"[5]。《梁书·孝行传》载：沈崇傃之母葬在鄱阳，"崇傃之瘗所，不避雨雪，倚坟哀恸。每夜恒有猛兽来望之，有声状如叹息者"[6]。江沔地区：《晋书·王湛传》载："庾翼镇武昌，以累有妖怪，又猛兽入府，欲移镇避之。"[7]同书《桓彝传》载：桓石虔"从父在荆州，于猎围中见猛兽被数箭而伏，诸督将素知其勇，戏令拔箭。石虔因急往，拔得一箭，猛兽跳，石虔亦跳，高于兽身，猛兽伏，复拔一箭以归"[8]。《南齐书·张敬儿传》载：南阳人张敬儿"年少便弓马，有胆气，好射虎，发无不中"[9]。《梁书·孝行传》载：庾黔娄任编令，"先是，县境多虎暴，黔娄至，

① 房玄龄等：《晋书》卷94《隐逸传》，第2440页。
② 姚思廉：《梁书》卷47《孝行传》，第648页。
③ 李延寿：《南史》卷7《梁本纪下》，第240页。
④ 李延寿：《南史》卷51《梁宗室传上》，第1262页。
⑤ 沈约：《宋书》卷82《周朗传》，第2101页。
⑥ 姚思廉：《梁书》卷47《孝行传》，第649页。
⑦ 房玄龄等：《晋书》卷75《王湛传》，第1962页。
⑧ 房玄龄等：《晋书》卷66《桓彝传》，第1943页。
⑨ 萧子显：《南齐书》卷25《张敬儿传》，第464页。

虎皆渡往临沮界，当时以为仁化所感”[①]。湘江流域：《梁书·桂阳嗣王象传》载：萧象“迁湘衡二州诸军事、轻车将军、湘州刺史。湘州旧多虎暴，及象在任，为之静息”[②]。同书《良吏传》载：孙谦于天监六年（507）出为辅国将军、零陵太守，“先是，郡多虎暴，谦至绝迹。及去官之夜，虎即害居民”[③]。《南史·梁宗室传》载：长沙王萧业“徙湘州，尤著善政。零陵旧有二猛兽为暴，无故相枕而死”[④]。

在各种高等食草动物中，鹿类是对生存环境，特别是林草地的要求比较严格的一类。第一章中曾提到鹿喜欢群居，常活动于针阔混交林、林间草地、林缘耕地，夏、秋季还喜欢在林间氹或有泉水的地方饮水、泡水。鹿栖息的地方，一要有林，二要有草，三要有水。林是它隐藏的地方，草和水是它的食料和饮料来源，没有这些必要的条件，鹿便难以存在。虎在所属食物链中处于最顶端，它们的生存必须有数以十、百倍的鹿类及其他食草动物的存在为基础。必须满足可供隐蔽的茂密植被、充足的水源和丰富的食物，同时没有人类过多的干扰，虎才可以自在地生存。六朝时期长江中下游地区鹿、虎的普遍存在，说明这里仍然有相当广袤的山林草地，各种野生动植物资源十分丰富。

四、农耕经济与渔猎采集的消长

王利华指出：农耕种植与采集捕猎之间“天然地处于竞争、对立的关系——农耕种植愈发达，采集捕猎即愈衰退”[⑤]。汉晋南朝长江中

---

① 姚思廉：《梁书》卷47《孝行传》，第650页。

② 姚思廉：《梁书》卷23《桂阳嗣王象传》，第364页。

③ 姚思廉：《梁书》卷53《良吏传》，第773页。

④ 李延寿：《南史》卷51《梁宗室传上》，第1267页。

⑤ 王利华：《经济转型时期的资源危机与社会对策——对先秦山林川泽资源保护的重新评说》，《清华大学学报》2011年第3期。

下游地区农业开发的成就有目共睹,自然会给采集渔猎带来不利的影响。尽管前面罗列了六朝时期有关渔猎采集的不少记载,也指出了渔猎采集对于六朝民众生活的意义。但如果与汉代的情况比较,渔猎采集在六朝长江中下游地区经济生活中的地位其实下降得厉害。

渔猎采集在汉代是长江中下游地区举足轻重的经济类型,其作用并不见得亚于农耕种植。尤其是西汉,《史记·货殖列传》称楚越之地"地势饶食,无饥馑之患,以故呰窳偷生,无积聚而多贫",《正义》补充说"江淮以南有水族,民多食物,朝夕取给以偷生而已"[①],《汉书·地理志》也说江南"民食鱼稻,以渔猎山伐为业"[②],可见当时渔猎采集是长江中下游地区百姓最主要的生计来源。六朝时期渔猎采集在长江中下游地区已经不是一种常规的谋生方式。这一时期的狩猎活动大都带有游猎性质,垂钓也往往只是一种消遣的方式,采集虽然没有什么娱乐性,有时也是出于增加山珍、满足口欲的目的。完全依赖渔猎采集谋生的民众不仅数量非常有限,而且一般属于比较贫困的百姓,尽管也可以借此养家糊口,过程却非常辛苦。《晋书·隐逸传》载:会稽永兴人夏统"幼孤贫,养亲以孝闻,睦于兄弟,每采梠求食,星行夜归,或至海边,拘螊蚏以资养"[③],必须早出晚归、长途跋涉。《宋书·隐逸传》载:"以伐樵采箬为业"的朱百年虽能"有时出山阴为妻买缯采三五尺",但也有相当困难的时候,"或遇寒雪,樵箬不售,无以自资,辄自搒船送妻还孔氏,天晴复迎之","家素贫,母以冬月亡,衣并无絮,自此不衣绵帛"[④]。

通常情况下,渔猎采集在六朝百姓的经济活动中并不占重心,而

① 司马迁:《史记》卷129《货殖列传》,第3270页。

② 班固:《汉书》卷28《地理志下》,第1666页。

③ 房玄龄等:《晋书》卷94《隐逸传》,第2428页。

④ 沈约:《宋书》卷93《隐逸传》,第2294—2295页。

只是农耕之余的补充。即便是经济发展程度较低的少数民族,农耕种植也已经成为他们生活的重要来源。《三国志·吴书·诸葛恪传》载:诸葛恪讨伐丹阳山越,"分内诸将,罗兵幽阻,但缮藩篱,不与交锋,候其谷稼将熟,辄纵兵芟刈,使无遗种。旧谷既尽,新田不收,平民屯居,略无所入,于是山民饥穷,渐出降首"①。同书《朱然传》注引《襄阳记》:"柤中在上黄界,去襄阳一百五十里。魏时夷王梅敷兄弟三人,部曲万余家屯此,分布在中庐宜城西山鄢、沔二谷中,土地平敞,宜桑麻,有水陆良田,沔南之膏腴沃壤,谓之柤中。"②《宋书·沈庆之传》载:沈庆之出征沔北诸蛮时指出"去岁蛮田大稔,积谷重岩,未有饥弊,卒难禽剪",这一战他率领诸军斩山开道,"自冬至春,因粮蛮谷"。不久又出征南新郡蛮,获得"牛马七百余头,米粟九万余斛"③。

六朝时期渔猎采集对于长江中下游地区民众生计的重要性不如之前,原因之一在于农业开发对生态环境的影响。谢灵运与会稽太守孟顗围绕开发回踵湖而产生矛盾就是直接的证明。《宋书·谢灵运传》载:"会稽东郭有回踵湖,灵运求决以为田,太祖令州郡履行。此湖去郭近,水物所出,百姓惜之,顗坚执不与。灵运既不得回踵,又求始宁岯㟧湖为田,顗又固执。灵运谓顗非存利民,正虑决湖多害生命,言论毁伤之,与顗遂构仇隙。"④谢灵运试图开发回踵湖为农田,势必影响湖中鱼类等的生存,孟顗以影响缘湖居民捕捞为由反对,而谢灵运认为孟顗只是出于信佛而不想杀生,不是真正担心影响百姓捕捞。从双方的争执看,开垦湖田会导致湖中鱼类等生物大量灭绝并

① 陈寿:《三国志》卷64《吴书·诸葛恪传》,第1431页。
② 陈寿:《三国志》卷56《吴书·朱然传》,第1307页。
③ 沈约:《宋书》卷77《沈庆之传》,第1997—1998页。
④ 沈约:《宋书》卷67《谢灵运传》,第1776页。

进而影响百姓捕捞、采集是谢灵运与孟顗共同的认识,区别只是在于关于百姓对渔猎采集依赖程度的认识不同。

六朝时期随着农田垦殖在长江中下游平原沼泽、低山丘陵地带的大举扩张,野生动植物生育蕃息的空间受到挤压,整体数量下降,渔猎采集自然会随着野生动植物资源的逐渐减少而衰落。《晋书·隐逸传》记载:郭文隐居吴兴余杭大辟山,"猎者时往寄宿"①。《南齐书·崔慧景传》载:崔慧景攻京师,被阻在蒋山西岩,由猎户万副儿带领千余人"鱼贯缘山",绕到"蒋山龙尾上","自西岩夜下",突袭取胜②。《南齐书·祥瑞志》载:会稽剡县刻石山相传因有刻石而获名,但没人知道刻石在哪里。直到昇明末,才有县民儿袭祖在行猎时"忽见石上有文凡三处,苔生其上,字不可识"③。万副儿、儿袭祖以及借宿郭文家的猎者是专门以狩猎为生的猎户,他们行猎的区域都是人迹罕至的深山,可见六朝时期长江中下游低地平原区野生动物应该不太普遍。《晋书·隐逸传》载:会稽永兴人夏统"采梠求食",必须"星行夜归",甚至要远到海边"拘蠊蚏以资养"④。蠊、蚏属蛤类动物。会稽是六朝农业最发达的地区,夏统家附近蛤类水产不是特别丰富,与围湖垦田的发展也可能有一定关系。

《后汉书·法雄传》载法雄任南郡太守,郡中"多虎狼之暴",雄移书属县:"凡虎狼之在山林,犹人之居城市。古者至化之世,猛兽不扰,皆由恩信宽泽,仁及飞走。太守虽不德,敢忘斯义。记到,其毁坏槛阱,不得妄捕山林。"结果"是后虎害稍息,人以获安。在郡数岁,

---

① 房玄龄等:《晋书》卷 94《隐逸传》,第 2440 页。
② 萧子显:《南齐书》卷 51《崔慧景传》,第 875 页。
③ 萧子显:《南齐书》卷 18《祥瑞志》,第 352 页。
④ 房玄龄等:《晋书》卷 94《隐逸传》,第 2428 页。

岁常丰稔”①。同书《宋均传》载宋均迁九江太守,“郡多虎暴,数为民患”,宋均到任后下记属县曰:“夫虎豹在山,鼋鼍在水,各有所托。且江淮之有猛兽,犹北土之有鸡豚也。今为民害,咎在残吏,而劳勤张捕,非忧恤之本也。其务退奸贪,思进忠善,可一去槛阱,除削课制。”结果“其后传言虎相与东游渡江”②。这里将虎患与政风政情相联系,但虎患消除的根本,终究还是虎的数量减少或消失。类似记载在六朝时期出现得更为频繁。前面提到萧劢任宣城内史,“郡多猛兽,常为人患,及劢在任,兽暴为息”;庾黔娄任编令,“先是,县境多虎暴,黔娄至,虎皆渡往临沮界”;萧象任湘州刺史,“湘州旧多虎暴,及象在任,为之静息”;孙谦出任零陵太守,“先是,郡多虎暴,谦至绝迹”。由于虎的生存必须以丰富植被和大量食草动物为前提,六朝“虎暴绝迹”的记载增多表明长江中下游野生动植物资源耗减的速度应该是加快了。

然而,如果将六朝渔猎采集地位下降完全归因于农田拓殖、垦辟草莱造成野生动植物栖息环境的破坏,无疑又是过于简单的做法。我们可以看看《三国志·吴书·诸葛恪传》的记载。诸葛恪征讨丹阳山越,在山越“谷稼将熟”时“纵兵芟刈,使无遗种”,结果“旧谷既尽,新田不收,平民屯居,略无所入,于是山民饥穷,渐出降首”。诸葛恪采用坚壁清野的办法,通过切断山民的粮食供给,成功迫使山民因为饥饿而出山投降。值得注意的是篇中提到丹阳山越的居住环境,“地势险阻……周旋数千里,山谷万重,其幽邃民人,未尝入城邑,对长吏,皆仗兵野逸,白首于林莽”,“其升山赴险,抵突丛棘,若鱼之走渊,猿狖之腾木也”③。显然,山越的居住区是一片相当辽阔的深山老

---

① 范晔:《后汉书》卷38《法雄传》,第1278页。

② 范晔:《后汉书》卷41《宋均传》,第1412—1413页。

③ 陈寿:《三国志》卷64《吴书·诸葛恪传》,第1431页。

林,是适合野生动植物生存繁衍的理想环境,照理野生动植物资源是非常丰富的,但是丹阳山越却没法依赖渔猎采集谋生,在被切断粮食供给后就没法继续在山林里坚持。

之所以农耕种植愈发达,采集捕猎愈衰退,最主要的原因可能还不是农田扩展对山林川泽的挤压,而是农业发展打开了人口持续增长的空间。作为谋生方式,农耕经济相对于渔猎采集的最大优势,就是能在较小的土地面积上获得更多食物。关于农业起源,中国古代学者已经指出与人口压力引起的野生动植物资源不足有关。如陆贾《新语·道基》说:“民人食肉饮血,衣皮毛;至于神农,以为行虫走兽,难以养民,乃求可食之物,尝百草之实,察酸苦之味,教人食五谷。”① 班固《白虎通·号》说:“古之人民,皆食禽兽肉。至于神农,人民众多,禽兽不足。于是神农因天之时,分地之利,制耒耜,教民农作。神而化之,使民宜之,故谓之神农也。”②《周易·系辞下》说:“包牺氏没,神农氏作。”因为“包牺氏之王天下也……作结绳而为网罟,以佃以渔”③,很明显是渔猎活动的反映。所谓“包牺氏没,神农氏作”,表达的也是渔猎采集时代与农业时代的衔接。

渔猎采集经济的负载能力是很低的。也就是说,采用渔猎采集模式,单位面积土地能够供养的人口数量相当少。英国学者庞廷的研究表明,即便对兽群不是随意捕杀,而是选择有病或者年老的来杀掉,把能提供足够肉食的动物从大群中带走放养,需要的时候再宰杀。一个 1500 只左右的驯鹿群也许仍然只能供养 3 个家庭或是 15

① 王利器:《新语校注》,中华书局 2010 年,第 10 页。
② 陈立:《白虎通疏证》,中华书局 1997 年,第 51 页。
③ 孔颖达:《周易正义》,阮元校刻:《十三经注疏》,清嘉庆刊本,第 179—180 页。

个左右的人[①]。美国学者柯恩指出,采集、狩猎群体通过开发野生资源获取食物,“在这种开发制度下每平方英里的地方所供养的人口似乎不到一人”。现代采集、狩猎集团比较典型的开发范围是半径为数里的区域,在 100 平方英里的区域面积内居住的人数很少超过百人,一般是这个数字的 1/4 到 1/2。基于当地的条件,这个人群每年还可能需要迁移一次或一次以上以便开发新的地区[②]。如果人口增长趋向于超过数量限制,食物质量与劳动消耗间的平衡就会受到威胁。因此,所有的采集和狩猎群落都会控制他们的数量,以便不过分榨取他们生态系统中的各种资源。其中最为流行的方式就是杀婴、弃婴与遗弃老人。

西汉时期长江中下游民众能够普遍“以渔猎山伐为业”,是建立在当时这里地广人稀的基础上。《汉书·贾谊传》载贾谊于文帝七年(前 173)在策论中提到长沙国总共才有二万五千户[③]。汉初长沙国幅员广大,辖长沙、零陵、桂阳、武陵四郡,户口却相当稀少。《后汉书·宗室四王三侯传》载元帝时舂陵侯刘仁请求“减邑内徙”,注引《东观纪》“考侯仁于时见户四百七十六”[④]。舂陵在汉初已经设县,舂陵侯始封时是以现成的县为封邑,在元帝时仍只有 476 户,可见当时南方很多县人口都不多。直到西汉末年,荆州、扬州的人口密度仍只有 7.57 与 6.16 人 / 平方公里。而且又集中于长江以北地区,其中南阳达到 39.77 人 / 平方公里,九江达到 29.81 人 / 平方公里,其余地区

① [英] 克莱夫·庞廷著,王毅、张学广译:《绿色世界史——环境与伟大文明的衰落》,第 31 页。

② [美] 马克·纳森·柯恩著,王利华译:《人口压力与农业起源》,《农业考古》1990 年第 2 期。

③ 班固:《汉书》卷 48《贾谊传》,第 2237 页。

④ 范晔:《后汉书》卷 14《宗室四王三侯传》,第 560 页。

人口密度最高的则已经是六安的 15.76 人 / 平方公里，另外南郡、庐江、会稽北部每平方公里超过 10 人。至于江夏 3.56 人 / 平方公里、桂阳 2.95 人 / 平方公里、武陵 1.52 人 / 平方公里、零陵 3.09 人 / 平方公里、长沙 3.56 人 / 平方公里、豫章 2.12 人 / 平方公里、会稽南部 0.32 人 / 平方公里，每平方公里的平均人口均不超过 4 人[①]。

东汉以来随着农业的发展，长江中下游地区的人口增长非常迅速，地广人稀的状况逐渐发生改变。东汉时期户口隐漏现象普遍，因此《续汉书 · 郡国志》所载永和五年（140）各郡国人口数普遍低于《汉书 · 地理志》所载元始二年（2）各郡国人口数，但当时长江中下游部分郡的登记人口数仍有较大幅度的增长。其中零陵由 157578 增至 1001578 口，增长 636%，年平均增长率 13.5‰；桂阳由 159488 增至 501403，增长 314%，年平均增长率 8.3‰；长沙由 217658 增至 1059372，增长 487%，年平均增长率 11.5‰；豫章由 351965 增至 1668906，增长 474%，年平均增长率 11.3‰，武陵、丹阳、吴郡等地的人口增长率也比较高。总体而言，“尽管永和五年的户口总数要比元始二年少了 1400 多万，但淮河、汉水以南却净增了 600 多万”[②]。

六朝分政区的户口统计数，只有《宋书 · 州郡志》所载刘宋大明八年（464）各州郡户口数。按照这个统计数据，长江中下游各地的户口均未达到东汉中期的水平。这主要是由于六朝户口隐漏非常严重，导致官方统计数与实际人口数相差极大。例如《宋书 · 州郡志》记华山郡著籍户 1399，口 5342。但《梁书 · 康绚传》载：康

① 参见葛剑雄《西汉人口地理》，第 53 页、第 97—98 页。

② 参见葛剑雄《中国人口史》第一卷《导论、先秦至南北朝时期》，复旦大学出版社 2002 年，第 421—422 页。

绚祖父康穆于宋永初中“举乡族三千余家,入襄阳之岘南,宋为置华山郡蓝田县,寄居于襄阳”,康氏宗族初迁时就有三千余户了。永元初康绚跟随萧衍起事,“身率敢勇三千人,私马二百五十匹以从”①。显然华山郡的实际人口数要远远超过《宋书·州郡志》的记载。《晋书·山涛传》载山涛之孙山遐东晋时“为余姚令,时江左初基,法禁宽弛,豪强多挟藏户口,以为私附。遐绳以峻法,到县八旬,出口万余”②。余姚是会稽郡中人口较少的县,《宋书·孔灵符传》载刘宋时山阴民多田少,孔灵符建议把山阴贫民迁往余姚、鄞、鄮三县,“垦起湖田”③。余姚这样的人口小县,山遐在几个月间就能检查出隐匿人口万余,可见实际的人口数应该不少,同时也能反映出人口大县的隐匿人口数应该更大。

葛剑雄在《中国移民史》第二卷中详细介绍了东汉末至南北朝期间的人口南迁情况。据他估计,三国时期吴国接纳移民的数量很多,仅建安十八年的人口迁移,吴国就接纳了数十万人口。永嘉之乱后人口南迁的规模达到高潮。到刘宋大明年间北方移民及其后裔占迁入地人口的实际比例应高于六分之一,其总数至少应是户口数的一倍有余,200万无论如何只是一个下限④。与此同时,六朝时期长江中下游相对于中原地区要安稳很多,对于人口的自然增长也是有利的。东晋人口的起点为1050万,由于境内没有发生太大的战乱和自然灾害,以及总人口数量有限,开发余地很大,“人口的年平均增长率达到4‰是毫无问题的。那么在这102年间总人口可以增长1.5倍,

① 姚思廉:《梁书》卷18《康绚传》,第290页。

② 房玄龄等:《晋书》卷43《山涛传》,第1230页。

③ 沈约:《宋书》卷54《孔灵符传》,第1533页。

④ 葛剑雄:《中国移民史》第二卷《先秦至魏晋南北朝时期》,第272—273页、第411—412页。

即增加到1578万。如果年平均增长率达到5‰,则总人口可以增加1.66倍,即增加到1746万”。“刘宋人口的最高峰可能超过东晋人口上限,达到1800万—2000万,而大明八年的人口数也不会低于东晋人口的下限,在1500万—1700万之间”①。

六朝时期长江中下游地区人口虽然称不上密集,但相对于两汉时期,数量无疑大大增加了。《晋书·食货志》记载西晋杜预上书:“诸欲修水田者,皆以火耕水耨为便。非不尔也,然此事施于新田草莱,与百姓居相绝离者耳。往者东南草创人稀,故得火田之利。”②杜预指出以前东南地区人口稀少,故而能够采用火耕水耨,但当时情况已经改变,人口不再那么稀少。沈约在《宋书》卷54中盛赞“江南之为国盛矣”,并指出“自汉氏以来,民户凋耗,荆楚四战之地,五达之郊,井邑残亡,万不余一也。自义熙十一年司马休之外奔,至于元嘉末,三十有九载,兵车勿用,民不外劳,役宽务简,氓庶繁息,至余粮栖亩,户不夜扃,盖东西之极盛也……至大明之季,年逾六纪,民户繁育,将曩时一矣”③。这里通过与汉代的比较,强调了南朝江南“氓庶繁息”“民户繁育”,指出长江中下游地区的人口数量在当时达到极盛,超过了以往任何时期。

以渔猎采集谋生,对野生动植物的消耗量非常大。《史记·平准书》记载:武帝时“山东被河灾,及岁不登数年,人或相食,方一二千里”,武帝“令饥民得流就食江淮间”,利用这里丰富的自然资源解决求生需求。然而当时江淮间尽管“果隋蠃蛤,不待贾而足,地势饶食,无饥馑之患”,在大量饥民同时涌入的情况下,野生资源终究只能应

① 葛剑雄:《中国人口史》第一卷《导论、先秦至南北朝时期》,第464—466页。
② 房玄龄等:《晋书》卷26《食货志》,第788页。
③ 沈约:《宋书》卷54《孔季恭羊玄保沈昙庆传》,第1540页。

对一时，所以武帝同时下令“下巴蜀粟以赈之”，从巴蜀调运粮食赈济迁到江淮间的灾民[①]。《汉书·匈奴传》记载：宣帝甘露三年（前51）呼韩邪单于附汉后居于塞下，汉政府“转边谷米糒，前后三万四千斛，给赡其食”。元帝即位初又“诏云中、五原郡转谷二万斛以给焉”。但第二年（前48）韩昌、张猛出使呼韩邪单于处时，却因为“塞下禽兽尽”而担心呼韩邪单于会选择离开[②]。尽管汉政府已经前后转输粮食五万四千斛给呼韩邪部，他们还是在短短三年时间内就将塞下禽兽捕杀殆尽，无法继续靠狩猎来获取食物。

六朝时期长江中下游冲积平原地带由于兴修水利，大量浅滩沼泽成为具有开发价值与很高生产潜力的可耕土地，对于林地的垦殖尚相当冷落。当时长江中下游森林覆盖率仍保持在很高的水平，总的来说，野生动植物的种类与绝对数量也还相当丰富。但是由于人口的迅速增长，却使得野生动植物资源与人口数量的相对比例发生了急剧改变。山越虽然生活在深山老林，却没法依赖渔猎采集谋生，说明即便以孙吴时期丹阳山越的人口规模而言，对于完全采用渔猎采集的经济模式也已经有些过大。当然，事实上山越的数量并不是很少，孙权在给诸葛恪的劳军文书中说他征讨山越“荡涤山薮，献戎十万”[③]。孙吴时期，诸葛恪与陆逊、贺齐、全琮、钟离牧等征讨山越合计所得兵数至少超过二十万，至于用以补户的羸者自然更多。因此，以山林为家的山越不仅从事渔猎采集，也需要利用相对平坦的山中谷地种植粮食作物。《南史·鱼弘传》载鱼弘赴职湘东王镇西司马，“述职西上，道中乏食，缘路采菱，作

---

① 司马迁：《史记》卷30《平准书》，第1437页。

② 班固：《汉书》卷94《匈奴传下》，第3798—3801页。

③ 陈寿：《三国志》卷64《诸葛恪传》，第1432页。

菱米饭给所部”,可见沿路野生菱的数量相当丰富。但是“弘度之所,后人觅一菱不得”[1],因为消耗量过大,对野生菱的采集无法持续。随着人口的增长,六朝时期的野生动植物资源已经难以满足大规模采集狩猎的需要,由以渔猎采集为主的生活方式转向农耕经济是一种必然的选择,这种转变并不一定需要以农田拓展对山林川泽、野生资源的挤压为基础。

第三节　农业开发与长江中下游居住环境的改善

秦汉时期人们对于长江中下游地区的生存环境普遍心存畏惧,中原人士普遍相信长江中下游地区地势卑湿、疾疫流行,可致人早夭。魏晋以来人们对长江中下游环境的畏惧心理仍然存在,但这种心理已不那么牢固,表现之一就是当时移民大量的自发南迁,以及南迁士族和百姓在适应南方生活后往往不愿再迁回北方。南朝以后人们对长江中下游的印象更出现明显改观,在唐人词作中甚至出现了“人人尽说江南好”的辞句。关于南方的风土恶名,有研究者认为主要是“建立在中原华夏文明正统观基础上的对异域及其族群的偏见和歧视”,“体现北方主流文化圈对南方的想象与偏见”。几千年来南方风貌变化无几,只是由于南北文化的交流以及不断的民族融合,终使人们逐渐对南方风土做出了正确评价[2]。这种说法恐不尽然。汉晋南朝是长江中下游农业开发取得重大进展的时期。众所周知,农

① 李延寿:《南史》卷55《鱼弘传》,第1362页。

② 张文:《地域偏见和族群歧视:中国古代瘴气与瘴病的文化学解读》,《民族研究》2005年第3期;于赓哲:《疾病、卑湿与中古族群边界》,《民族研究》2010年第1期。

业生产离不开土壤、水分、光热等自然条件，而且本身就是人类开发和利用自然资源的重要方式，因此自从农业出现，它与环境之间就不断地相互影响。汉晋南朝长江中下游的农业开发必然会引起当地环境的巨大改变。毋庸讳言，我国传统农业的发展在很多地区曾导致了生态环境的破坏，但不能因此否定农业同样具有保护自然、稳定生态、促进人与自然和谐的机能，尤其是在农业开发强度不大的情况下，农业对环境的正面影响往往超过其负面影响。

一、"卑湿"问题

汉晋南朝对于长江中下游地理条件的评价，"卑湿"一词使用的频率极高。《史记·袁盎列传》载袁盎"徙为吴相"，袁种谓袁盎曰"南方卑湿，君能日饮"[①]；《汉书·地理志》"吴地"一节末尾说"江南卑湿"[②]；《论衡·言毒》说"江南地湿"[③]；《晋书·文帝纪》载司马昭谋划伐吴、蜀的先后时指出吴国"南土下湿"[④]；同书《贾充传》载贾充在伐吴过程中也提到"江淮下湿"[⑤]。所谓卑湿，就是地势低下潮湿。从地理地貌上讲，可能是地下含水层中水面较高，使得地表经常处于潮湿的状态；或者是地势比较平缓，地面径流落差较小，导致积水比较普遍；或者是江河湖泊众多，水域周围地区相对湿度较大，呈现出低下潮湿的状态。与卑湿相关的另一种说法是"土薄水浅"。南方"土薄水浅"而北方"土厚水深"，是汉晋南朝时人对于南北自然环境差

① 司马迁：《史记》卷101《袁盎列传》，第2741页。

② 班固：《汉书》卷28《地理志下》，第1668页。

③ 黄晖：《论衡校释》，第957页。

④ 房玄龄等：《晋书》卷2《文帝纪》，第38页。

⑤ 房玄龄等：《晋书》卷40《贾充传》，第1169页。

异的直观认识。东汉王充《论衡·艺增》说“河北地高”[①]；晋张华《博物志》说南方“土下水浅”[②]；郭义恭《广志》说“北方地厚”[③]；南朝颜之推《颜氏家训·音辞》也说“南方水土和柔……北方山川深厚”[④]。北方“土厚水深”，带来的结果是爽朗干燥；南方“土薄水浅”，给人的印象是阴暗潮湿。

人生活在潮湿的环境中，相对容易患病。著名军事家孙子强调驻军必须避开潮湿的洼地，就是为了避免军队因此而发生疾病。《孙子兵法·行军篇》说：“凡军好高而恶下，贵阳而贱阴，养生而处实，军无百疾，是谓必胜。”唐李筌注云：“夫人处卑下必疠疾，惟高阳之地可居也。”杜牧注云：“生者，阳也；实者，高也。言养之于高，则无卑湿阴翳，故百疾不生，然后必可胜也。”梅尧臣注曰：“高则爽垲，所以安和，亦以便势；下则卑湿，所以生疾，亦以难战。”王皙注曰：“久处阴湿之地，则生忧疾。”张预注曰：“居高面阳，养生处厚，可以必胜。地气干熯，故疾病不作。”[⑤]《墨子·辞过》说：“古之民，未知为宫室时，就陵阜而居，穴而处。下润湿伤民，故圣王作为宫室，为宫室之法，曰：高足以辟润湿。”[⑥]营建宫室要“高足以辟润湿”，也是因为“下润湿伤民”。

《左传·成公六年》载：晋人准备迁都城于郇、瑕氏之地，韩献子反对说“郇、瑕氏土薄水浅，其恶易觏，易觏则民愁，民愁则垫隘，于

① 黄晖：《论衡校释》，第 391 页。

② 张华著，范宁校注：《博物志校证》，中华书局 1980 年，第 12 页。

③ 徐坚等：《初学记》卷 3《岁时部·冬第四》引《广志》，第 60 页。

④ 王利器：《颜氏家训集解》，第 529 页。

⑤ 孙武撰，曹操等注，杨丙安校理：《十一家注孙子校理》，中华书局 2011 年，第 189—190 页。

⑥ 吴毓江：《墨子校注》，中华书局 1993 年，第 45 页。

是乎有沉溺重膇之疾。不如新田，土厚水深，居之不疾”①。这里提到的沉溺为风湿病，重即今“肿”字，膇意为足肿，应该是就是传统医学所谓“脚气”。这类疾病往往是由于地下暑湿之气上升，侵入人体而引起的。唐王焘《外台密要》卷19说：“因居卑湿，湿气上冲，亦成脚气。”②脚气病在古代有较高的死亡率。孙思邈《千金要方·风毒脚气方》说：“凡脚气病枉死者众。”③风湿、足肿在汉晋南朝时期是长江中下游地区较为普遍的疾病，走马楼吴简中便有“肿足”的记录，如“康妻大女金年廿六肿足”（贰·3115）、“妻大女历年廿九筭一肿两足复”（叁·3385）、“□年十五肿右足（叁·4190）”④。《三国志·吴书·朱然传》记载：魏攻江陵，“时（朱）然城中兵多肿病，堪战者裁五千人”⑤。《魏书·岛夷萧衍传》也记载：“自（侯）景围建业，城中多有肿病，死者相继。”⑥

秦汉时期，人们普遍相信南方的潮湿环境严重威胁到生命安全，是致人夭折的主要原因。《史记·货殖列传》有“江南卑湿，丈夫早夭”

① 孔颖达：《春秋左传正义》，阮元校刻：《十三经注疏》，清嘉庆刊本，第4130—4131页。对于这里提到的“土厚水深，居之不疾”，宋人杨亿也是深有体会。江少虞《宋朝事实类苑》卷61《风俗杂志》“土厚水深无病”条称：“公尝言：《春秋》传曰‘土厚水深，居之不疾。’言其高燥。予往年守郡江表，地气卑湿，得痔漏下血之疾，垂二十年不愈，未尝有经日不发。景德中，从驾幸洛，前年从祀汾阴，往还皆无恙。今年，退卧颍阴滨，嵩山之麓，井水深数丈，而绝甘，此疾遂已。都城土薄水浅，城南穿土尺余已沙湿，盖自武牢以西，接秦晋之地，皆水土深厚，罕发痼疾。”上海古籍出版社1981年，第815页。

② 王焘：《外台密要》卷19，清文渊阁四库全书本。

③ 孙思邈：《千金要方》卷22《风毒脚气方》，清文渊阁四库全书本。

④ 长沙简牍博物馆等编著：《长沙走马楼三国吴简·竹简（贰）》，文物出版社2006年，第781页；《长沙走马楼三国吴简·竹简（叁）》，第796页、第815页。

⑤ 陈寿：《三国志》卷56《吴书·朱然传》，第1306页。

⑥ 魏收：《魏书》卷98《岛夷萧衍传》，第2186页。

的说法[1]。《贾生列传》载贾谊被贬为长沙王太傅，因“长沙卑湿，自以为寿不得长，伤悼之”[2]。《淮南子·坠形训》也说：“南方阳气之所积，暑湿居之，其人……早壮而夭。”[3]因此，当时北方人都不愿意前往南方。《汉书·晁错传》载：秦朝发兵戍守“扬粤之地”，“秦民见行，如往弃市”[4]。《史记·五宗世家》载：长沙王刘发“以其母微，无宠，故王卑湿贫国”[5]。当时封邑在南方的贵族大都希望能够迁回北方。《后汉书·宗室四王三侯传》载，春陵侯刘仁“以春陵地势下湿，山林毒气，上书求减邑内徙”[6]。同书《马援传》亦载：马援之子马防坐徙封丹阳，“防后以江南下湿，上书乞归本郡”[7]。政府甚至将迁离南方作为一种嘉奖与优待。《史记·淮南衡山列传》载：“孝景四年，吴楚已破，衡山王朝，上以为贞信，乃劳苦之曰：‘南方卑湿。’徙衡山王王济北。所以褒之。”[8]《后汉书·光武十王传》载：刘秀子刘延在明帝时徙阜陵王，后章帝行幸九江，在寿春会见刘延夫妇，见其“形体非故”，“以阜陵下湿，徙都寿春”[9]。

两晋南朝仍然有北人畏惧南方卑湿的记载。《晋书·文帝纪》载司马昭之所以决定先伐蜀，原因是担心伐吴，“南土下湿，必生疾疫”[10]。同书《贾充传》载其反对一举灭吴，是担心“方夏，江淮下湿，

① 司马迁：《史记》卷129《货殖列传》，第3268页。
② 司马迁：《史记》卷84《贾生列传》，第2492页。
③ 刘文典：《淮南鸿烈集解》，第145页。
④ 班固：《汉书》卷49《晁错传》，第2284页。
⑤ 司马迁：《史记》卷59《五宗世家》，第2100页。
⑥ 范晔：《后汉书》卷14《宗室四王三侯传》，第560页。
⑦ 范晔：《后汉书》卷24《马援传》，第858页。
⑧ 司马迁：《史记》卷118《淮南衡山列传》，第3081—3082页。
⑨ 范晔：《后汉书》卷42《光武十王传》，第1445页。
⑩ 房玄龄等：《晋书》卷2《文帝纪》，第38页。

疾疫必起”①。《南史·顾协传》中有:“北方高凉,四十强壮。南方卑湿,三十已衰。”②偶然还出现官员在任职南方时设法回避的情况。《宋书·良吏传》载:阮长之“迁临川内史,以南土卑湿,母年老,非所宜,辞不就”③。《梁书·王亮传》载:王亮“出为衡阳太守。以南土卑湿,辞不之官,迁给事黄门侍郎”④。但对于南方卑湿的抱怨已经明显减少。到唐代,人们对于南方卑湿不再觉得那么恐怖。《全唐文》卷375载张谓《长沙土风碑铭(并序)》写道:“巨唐八叶,元圣六载,正言待罪湘东。郡临江湖,大抵卑湿修短,疵疠未违天常,而云家有重膇之人,乡无颁白之老,谈者之过也。地边岭瘴,大抵炎热寒暑,晦明未愆时序,而云秋有赫曦之日,冬无凛冽之气,传者之差也。”长沙是西汉贾谊感伤之地,而张渭在此虽然承认长沙“大抵卑湿”,却驳斥了北人对长沙“多下湿之疾,多夭寿之人”的刻板印象,并感慨“巴蛇食象,空见于图书。鹏鸟似鸮,但闻于词赋。则知前古之善恶,凡今之毁誉,焉可为信哉”⑤。唐人张籍《江南曲》描绘江南“土地卑湿饶虫蛇,连木为牌入江住”,但诗人却很享受在江南的生活,称“江南风土欢乐多,悠悠处处尽经过”⑥。

长江中下游地区地势低下,降水丰富,每遇大雨,确实容易形成内涝积水,相对北方更为潮湿是客观事实。那么,贾谊与张谓对长沙卑湿状况的不同感受,是否由于前者乃听信传闻,而后者是亲历其境后得出的结论呢?从现存资料来看,恐不尽然。尽管长江中下游多

① 房玄龄等:《晋书》卷40《贾充传》,第1169页。
② 李延寿:《南史》卷62《顾协传》,第1519页。
③ 沈约:《宋书》卷92《良吏传》,第2269页。
④ 姚思廉:《梁书》卷16《王亮传》,第267页。
⑤ 董浩等编:《全唐文》,第3809页。
⑥ 彭定求等编:《全唐诗》,中华书局1999年,第4288—4289页。

雨潮湿的气候是人力所没法改变的，但是通过人工的方法，却能对地势进行局部的改造，使环境的卑湿状况得到改善。《全唐文》卷727舒元舆《鄂政记》记唐代事："鄂城，置在岛渚间，土势大凹凸，凸者颇险，凹者潴浸，不可久宅息，不可议制度。公命削凸堙凹，廓恢闾巷，修通衢，种嘉树，南北绳直，拔潴浸者升高明，湖泽瘴疠，勿药有愈。"[①] 这里"削凸堙凹"，目的就是消减城内死水、浅水的面积，"拔潴浸者升高明"。当然，这种刻意的做法影响范围毕竟有限，而通过农田水利建设逐渐将分散的、多余的积水汇集起来并分排放出去，将原来的低凹积水处修整为膏腴良田，却能在不知不觉中让整个地域，尤其是人类活动相对集中区域的环境状况发生大的改观。先秦古籍表明，黄河中下游地区曾经也存在较为宽阔的水面和众多的沮洳薮泽，商周时期北方的农田沟洫系统就是在大规模开发相对低洼的地区时出现的。通过沟洫系统，雨后地面径流能由田中的小沟（畎）开始，按照遂、沟、洫、浍的顺序，逐渐由窄而宽、由浅而深，最后汇集于河流。《诗经·大雅·黍苗》"原隰既平，泉流既清"，毛传："土治曰平，水治曰清。"[②] 由于农田修建改变了遍地流潦的情况，黄河流域低洼之地粗放潮湿的自然景观因而发生了重大变化。

长江中下游早期自然环境对于农业的发展并不是十分理想。原因之一就是地势低洼、雨水过多，最初又没有系统的排水、蓄水设施，沿江滨湖地区沼泽密布，土地泥泞的情况相当突出。《尚书·禹贡》将扬州、荆州土壤称为涂泥，认为其可利用程度在九州土壤类型中位列最末。涂泥可利用程度最低，最直接的原因是所含水分过多，以致潮湿如泥。因此在长江中下游从事农业开发最重要的是要解决防洪、

① 董浩等编：《全唐文》，第7493页。

② 孔颖达：《毛诗正义》，阮元校刻：《十三经注疏》，清嘉庆刊本，第1064页。

除涝问题，使浅滩、沼泽陆地化，继而才能将之垦辟为农田。东汉以后我国农田水利建设的重心转向长江中下游地区，主要的工程类型是修建陂塘与开凿塘浦。与北方地区的灌溉渠系工程主要利用河流地形落差，在平原缓坡实现自流灌溉及引浑淤灌不同，这两类工程都有直接改变卑湿环境的客观效果。

陂塘是利用天然凹陷地形汇集周边水源而形成的蓄水工程。修建陂塘往往是选取原来的自然湖泽，尤其是山地与平野交接地区的自然湖泽，利用起伏的地形，通过在湖泽周围修筑堤坝，将降水与山溪来水拦蓄起来，形成一定蓄水量的人工湖，同时在堤坝上设排水及泄洪闸口，用于浇灌农田和下泄洪水。人工陂塘将流动不稳定的溪涧流水和四处流溢的天然降水改造成了蓄排方便的可控水体，不仅能发挥农田灌溉的效益，也能使工程覆盖地区内涝积水的情况得到控制。汉晋南朝陂塘水利的兴建往往与垦拓荒地联系在一起。《宋书·张劭传》载：张劭任雍州刺史，在襄阳“筑长围，修立堤堰，开田数千顷，郡人赖之富赡”[①]。同书《刘秀之传》载：刘秀之任襄阳令，“襄阳有六门堰，良田数千顷，堰久决坏，公私废业。世祖遣秀之修复，雍部由是大丰”[②]。《南齐书·武十七王传》载萧子良上表：京尹“萦原抱隰，其处甚多，旧遏古塘，非唯一所。而民贫业废，地利久芜。近启遣五官殷沵、典签刘僧瑗到诸县循履，得丹阳、溧阳、永世等四县解，并村耆辞列，堪垦之田，合计荒熟有八千五百五十四顷，修治塘遏，可用十一万八千余夫，一春就功，便可成立”[③]。萧子良指出只要陂塘得到修治，建康周围的“萦原抱隰”之处便可开垦大量耕地。这些土地

① 沈约：《宋书》卷46《张邵传》，第1395页。

② 沈约：《宋书》卷81《刘秀之传》，第2073—2074页。

③ 萧子显：《南齐书》卷40《武十七王传》，第694页。

得以垦辟，除了有灌溉保障外，也与陂塘兴建改变了原来难以利用的低洼沼泽地的水土状况有关。

开凿塘浦来处理水流，是长江中下游低地开发过程中的主要措施，客观上又是直接改造浅滩沼泽等卑湿环境的行为。塘浦是在原始的潮沟上挖出河泥叠筑在两岸，利用两岸之间的河渠进行排水、蓄水，同时利用堤岸挡水的工程。因此修建塘浦的过程其实就是一个狭水的过程，它能够挤自然地形上的浅水流向积水深处，从而实现沼泽浅滩的陆地化。修筑在湖泊等大面积水体周围的塘浦，还能利用其堤岸阻障湖水等在汛期的泛溢，从而改善周围水乡沮洳下湿的状况。在汉晋南朝的南方地区，尤其是长江中下游平原地带的开发中，农田开垦往往必须与开挖塘浦、排泄积涝同时并进。农田的增多过程就是一个塘浦河网系统的延伸过程，同时也是一个沼泽浅滩逐渐萎缩的过程。南朝时期江南部分地区已经形成塘浦农田的网络化格局。《南齐书·王敬则传》记载："会土边带湖海，民丁无士庶皆保塘役。"[①]"塘役"的存在，反映了当时会稽郡塘浦非常发达，保持塘浦的疏通与每位民众的生产生活均息息相关。梁大同六年（540）之所以改晋海虞县为常熟，据光绪《常昭合志稿》，就是由于这里"高乡濒江有二十四浦通潮汐，资灌溉，而旱无忧；低乡田皆筑圩，足以御水，而涝亦不为患，以故岁常熟，而县以名焉"[②]。

汉晋南朝长江中下游农田的扩展不止局限于对沼泽浅滩的改造与利用，已经开始向深水区开拓。《三国志·吴书·濮阳兴传》载永安三年（260）"都尉严密建丹杨湖田，作浦里塘"[③]；《宋书·孔灵

① 萧子显：《南齐书》卷26《王敬则传》，第482页。

② 庞鸿文等：《光绪常昭合志稿》卷9《水利志》，《中国地方志集成·江苏府县志辑22》，第111页。

③ 陈寿：《三国志》卷64《吴书·濮阳兴传》，第1451页。

符传》记载“山阴县土境褊狭,民多田少,灵符表徙无赀之家于余姚、鄞、鄮三县界,垦起湖田。上使公卿博议……上违议,从其徙民,并成良业”[①]。当时湖田的开垦可能是通过筑堤分割湖水,再将部分湖泊排干后开垦为农田。如《读史方舆纪要·南直》载:阳湖“东西八里,南北三十二里。其北通茭饶、临津二湖,共为三湖。刘宋元嘉中修湖堰,得良畴数百顷”[②]。也可能是将湖泊的源头来水引走,将整个湖泊开拓为农田。《宋书·谢灵运传》记载:“会稽东郭有回踵湖,灵运求决以为田,太祖令州郡履行。”决湖的结果是湖中水产的消失,所以当时会稽太守孟顗才会以“此湖去郭近,水物所出,百姓惜之”坚决反对,而谢灵运也认为孟顗“非存利民,正虑决湖多害生命,言论毁伤之”[③]。湖田开垦的直接结果自然是水面的缩小,尽管近代一些地区任意围垦湖田曾造成堤坝与水面相互对立的局面,但汉晋南朝围垦湖田的规模尚不至于达到妨碍水道、损害水利的程度。

长江中下游地区农业生产以稻作为主,水田是最基本的农田形态。由于稻田种植过程中要多次对田块灌水与排水,每块稻田都必须周围有田埂包围,同时还必须有配套的灌水、排水设施,因此客观上也就有了吸纳降水与排干地表多余水分的能力。一般稻田的田埂高度约 20 厘米,也就是说稻田地面在下雨后可以蓄积大约 20 厘米的水。1 公顷稻田是 1 万立方米,就能容纳 2000 立方米水。由于地面蓄积的水还会下渗,稻田的实际容水量还会超过这个数字。在汛期时,稻田理所当然地成为最佳蓄洪场所。尤其是大片稻田,蓄水作

① 沈约:《宋书》卷 54《孔灵符传》,第 1533 页。
② 顾祖禹:《读史方舆纪要》卷 25《南直七》,第 1227 页。
③ 沈约:《宋书》卷 67《谢灵运传》,第 1776 页。

用更加明显，相当于库容惊人的大水库。稻田中的水分是人工可控的水体，不同于浅滩、沼泽可能是常年积水的死水环境，每块稻田的开垦其实都是对水环境的改造。随着农田水利建设的发展与农田范围的扩展，原本遍布于长江中下游地区的沼泽浅滩，由于积水越来越多地被挤到江河湖塘中蓄积起来或者排泄入海，而大量陆地化了；汛期洪流横溢，平原地区一片泽国的情况也得到有效控制。长江中下游地区环境“卑湿”的程度自然也就相应得到了改善。

二、瘴气与毒物

对于北人来说，南方地区多雨潮湿，容易致人疾病，其中最令人恐惧的就是感染疟疾。汉朝对南方的征战，便多次受困于“暑湿”导致的疟疾流行。《史记·南越列传》记载，汉初与南越交战，“高后遣将军隆虑侯灶往击之。会暑湿，士卒大疫，兵不能逾岭”①。《汉书·严助传》载武帝用兵南越前，淮南王刘安上书谏止，强调：“南方暑湿，近夏瘅热，暴露水居，蝮蛇蠚生，疾疠多作，兵未血刃而病死者什二三，虽举越国而虏之，不足以偿所亡。”②《后汉书·马援传》记：马援南征武陵蛮夷，“会暑甚。士卒多疫死，援亦中病，遂困，乃穿岸为室，以避炎气”③。东汉以后，人们普遍用瘴气、瘴病来指称恶性疟疾一类的传染病，包括长江中下游在内的南方地区当时是瘴气的主要分布区。《后汉书·杨终列传》载其在上疏中说到“南方暑湿，障

---

① 司马迁：《史记》卷113《南越列传》，第2969页。

② 班固：《汉书》卷64《严助传》，第2781页。

③ 范晔：《后汉书》卷24《马援传》，第843页。北魏地理学家郦道元认为马援军队武陵遭遇的疫情就是瘴疫。《水经注·沅水》称：夷山“山下水际，有新息侯马援征武溪蛮停军处。壶头径曲多险，其中纡折千滩。援就壶头，希效早成，道遇瘴毒，终没于此”。郦道元著，陈桥驿校证：《水经注校证》，第870页。

毒互生"[①]，这里的"障毒"就是"瘴毒"。《文选》卷6左思《魏都赋》"宅土熇暑，封疆障疠"，张载注："吴、蜀皆暑湿，其南皆有瘴气。"[②]同书卷28刘宋鲍明远《乐府八首·苦热行》有："鄣气昼熏体，菵露夜沾衣。"[③]《魏书·僭晋司马睿传》称：东晋"地既暑湿，多有肿泄之病，障气毒雾，射工、沙虱、蛇虺之害，无所不有"[④]。晋代陈延之《小品方》记载："南方山岭溪源，瘴气毒作，寒热发作无时。"[⑤]

当时的瘴气分布区都被视为能致人死亡的绝地。《后汉书·南蛮传》记载，顺帝时李固反对讨伐"日南、象林徼外蛮夷区怜等"发动的暴动，理由之一便是"南州水土温暑，加有瘴气，致死亡者十必四五"[⑥]。同书《公孙瓒传》记其前往日南前辞别先人，说"日南多瘴气，恐或不还"[⑦]。《三国志·吴书·陆胤传》写道："苍梧、南海，岁有暴风瘴气之害。风则折木，飞砂转石，气则雾郁，飞鸟不经。"[⑧]曹植《七哀诗》云："南方有瘴气，晨鸟不得飞。"[⑨]《水经注·若水》：禁水，"水之左右，马步之径裁通，而时有瘴气，三月、四月径之必死，非此时犹令人闷吐。五月以后，行者差得无害。故诸葛亮《表》言：五月渡泸，并日而食，臣非不自惜也，顾王业不可偏安于蜀故也。《益州记》曰：泸水源出曲罗嶲，下三百里曰泸水。两峰有杀气，暑月旧不行，故武

① 范晔：《后汉书》卷48《杨终列传》，第1598页。
② 萧统编，李善注：《文选》卷6《魏都赋》，第294页。
③ 萧统编，李善注：《文选》卷28《乐府下》，第1325页。
④ 魏收：《魏书》卷96《僭晋司马睿传》，第2093页。
⑤ 王焘：《外台密要》卷5引，清文渊阁四库全书本。
⑥ 范晔：《后汉书》卷86《南蛮传》，第2838页。
⑦ 范晔：《后汉书》卷73《公孙瓒传》，第2358页。
⑧ 陈寿：《三国志》卷61《吴书·陆胤传》，第1410页。
⑨ 逯钦立辑校：《先秦汉魏晋南北朝诗》，第463页。

侯以夏渡为艰。”[1]可见诸葛亮选择出征南中的时机，也是为了避开“瘴气之害”。

瘴气的形成与南方的暑湿气候有关，但学者也注意到其分布地域与土地开发的关系。龚胜生指出，中国瘴气与瘴病的分布在二千年来呈现逐渐南移及逐步缩小的特征，“越往南，瘴害越巨，土地开发也越晚”[2]。左鹏的研究表明：“与唐代一样，宋元时期的‘瘴’依然与‘蛮’有着不解之缘，‘瘴’的深浅是与‘蛮’的生熟联系在一起的。”[3]龚胜生的研究强调了瘴气对地域开发的消极影响，左鹏的结论是为了说明瘴的轻重有无是一种观念的变迁，但考虑到“蛮”的生熟其实是以是否采用了汉人以农耕为主的生活方式为标志，如果换一种角度思考，这是否恰恰反映了农业开发能够起到冲减、疏淡瘴气的作用呢？《南齐书·河南传》：“肥地则有雀鼠同穴，生黄紫花；瘦地辄有鄣气，使人断气，牛马得之，疲汗不能行。”[4]所谓肥地、瘦地，就是从农耕角度的土壤肥力而言，只有没有耕垦的贫瘠少人地区才会是瘴气滋生之地。

《周礼·地官司徒》“土训，掌……道地慝”，郑玄注：“地慝，若障、蛊然也。”贾公弼疏：“云若障、蛊然也者，谓土地所生恶物。障即障气，出于地也；蛊即蛊毒，人所为也。”[5]南方部分地区之所以长期存在瘴气，跟地形蔽塞、植被繁茂有直接的关系，是封闭湿热的自然环

① 郦道元著，陈桥驿校证：《水经注校证》，第826页。

② 龚胜生：《2000年来中国瘴病分布变迁的初步研究》，《地理学报》1993年第4期。

③ 左鹏：《宋元时期的瘴疾与文化变迁》，《中国社会科学》2004年第1期。

④ 萧子显：《南齐书》卷59《河南传》，第1026页。

⑤ 贾公彦：《周礼注疏》，阮元校刻：《十三经注疏》，清嘉庆刊本，第1610页。

境下多种毒物凝聚而致①。南方阳气偏盛，多雨潮湿，给各种有毒草木、禽虫的繁殖提供了适宜的生长环境。在封闭的地形中，数量众多的有毒动植物所释放的有毒气体和液体，以及各种植物与动物尸体腐烂后释放的有毒元素散发在水流、土地岩石、植物花草上，繁生了众多含毒的微生物，使得空气、水源及阴暗潮湿处遍布了众多毒素，在气温适宜时发生各种生物化学反应，就可能产生对人体伤害巨大的瘴气。宋范成大《桂海虞衡志·杂志》说："瘴者，山岚水毒，与草莽沴气，郁勃蒸薰之所为也。"②周去非《岭外代答》卷4说："盖天气郁蒸，阳多宣泄，冬不闭藏，草木水泉，皆禀恶气。人生其间，日受其毒，元气不固，发为瘴疾。"③清屈大均《广东新语》卷1称："瘴者风之属，气通则为风，塞则为瘴"，"瘴之起，皆因草木之气"④。清屠述濂《腾越州志》卷11说："山泽之气不通，夏秋积雨，败叶枯枝尘积，而毒虫出没水际，饮之则痛胀。又雨后烈日当空，蒸气郁勃，间有结成五色形者，触之多病。"⑤这种种说法都指出瘴气主要分布在地形闭塞、植被茂盛的地方。

与从事采集、渔猎可以保持自然界"草木畅茂、禽兽繁殖"的面貌不同，要想获得可耕之地，首先要做的就是清除地面上的植被。《诗经·周颂·载芟》"载芟载柞，其耕泽泽"，《小雅·楚茨》"楚楚者茨，

① 周琼：《清代云南瘴气环境初论》，《西南大学学报》（社会科学版）2007年第3期。

② 范成大：《范成大笔记六种》，中华书局2004年，第128页。

③ 周去非注，杨武泉校注：《岭外代答校注》卷4《风土门》，第152页。

④ 屈大均：《广东新语》卷1《天语》，第22页、第25页。

⑤ 屠述濂修，张志芳点校：《腾越州志》卷11《杂志》，云南美术出版社2007年，第258页。

言抽其棘，自昔何为？我艺黍稷”[1]，描绘的就是清除草木，开辟耕地。这样，瘴气在农耕区域内自然就没有了生存空间。东汉以来，尤其是永嘉之乱后，北方人口大规模南迁，“新辟塍畎，进垦蒿莱”，有力地促进了南方农田的开垦。《史记·货殖列传》载：“楚越之地，地广人稀，饭稻羹鱼，或火耕而水耨，果隋蠃蛤，不待贾而足，地势饶食，无饥馑之患，以故呰窳偷生，无积聚而多贫。”[2] 而沈约在《宋书》卷54中曰：“江南之为国盛矣……地广野丰，民勤本业，一岁或稔，则数郡忘饥。会土带海傍湖，良畴亦数十万顷，膏腴上地，亩直一金，鄠、杜之间，不能比也。”[3] 两相比较，可见南方农田规模在汉晋南朝发生了天翻地覆的变化。

汉晋南朝南方山泽的经营逐渐受到重视，东晋以后更出现世家大族封山固泽的高潮。世家大族封固山泽不仅仅是垄断山泽中的各种自然资源，也意图通过对山泽的经营开发来谋利。山泽中的土地有的被开发成了农田，《宋书·孔灵符传》载：孔灵符“家本丰，产业甚广，又于永兴立墅，周回三十三里，水陆地二百六十五顷，含带二山”[4]。《宋书·谢灵运传》载其《山居赋》描述谢氏在始宁的山居，“田连冈而盈畴，岭枕水而通阡。阡陌纵横，塍埒交经”[5]。更普遍的做法是因地制宜的将之改造成果园、渔场等进行农业的多种经营。《宋书·羊希传》记载：刘宋大明初年定制，“凡是山泽，先常炼熂种养竹

① 孔颖达：《毛诗正义》，阮元校刻：《十三经注疏》，清嘉庆刊本，第1296页、第1004页。

② 司马迁：《史记》卷129《货殖列传》，第3270页。

③ 沈约：《宋书》卷54《孔季恭羊玄保沈昙庆传》，第1540页。

④ 沈约：《宋书》卷54《孔灵符传》，第1533页。

⑤ 沈约：《宋书》卷67《谢灵运传》，第1760页。

木杂果为林芿，及陂湖江海鱼梁鰌鮆场，常加功修作者，听不追夺”①。由于经过私人投资改造的山林川泽，其所有权可获得国家承认，进一步推动了南朝世家大族经营山泽的热情。而在人工经营之后，山林川泽的原生自然环境发生重大变化，“湿气郁蒸不散”的状况也会随之改变。

赵翼《檐曝杂记》卷3《镇安水土》载：“镇安故多瘴疠。钮玉樵《粤述》谓署中有肉球、肉脚，时出现，而瘴毒尤甚，入其境者，遂无复生还之望。及余至郡，未见有所谓肉球、肉脚者，瘴亦不甚觉。问之父老，谓‘昔时城外满山皆树，故浓烟阴雾，凝聚不散。今人烟日多，伐薪已至三十里外，是以瘴气尽散’云。”② 康熙《元谋县志》卷4《艺文志》载知县马之鹏《雪堂记》说：“余初授元邑，在途时或传其□崖土之恶，瘴疠不可居，又□故明杨慎氏所署诗歌，以为士宦积骸之乡，为之惨然，悲以惧。及至此，函问之父老，皆曰：往时兵戈阻塞，草木生于田间，荟蔚蕴隆，熏蒸而为毒，今且涤荡为禾黍之场，瘴不复作矣。”③ 民国《三江县志》卷1载：“在昔多瘴病之乡，每因烟户日增，而瘴病日减……故开发山泽，其气自畅，人迹既蕃，毒薮必将尽除，则不惟生产增加，亦可销弥岚瘴。盖地气固有时而变，亦可以人胜，人与天争也。”④ 这些瘴区面貌随着人口增加与农业开发而改变的直观描述虽出自后代，但同样的事情必曾在汉晋南朝时期的长江中下游地区普遍上演。

研究表明：“战国西汉时期的瘴病分布北界可能在秦岭淮河一线，而长江流域为重病区。”然而，在魏晋南朝中国瘴病北界线大规

① 沈约：《宋书》卷54《羊希传》，第1537页。

② 赵翼：《檐曝杂记》卷3《镇安水土》，中华书局1997年，第45页。

③ 康熙《元谋县志》卷4《艺文志》，清抄本。

④ 民国《三江县志》卷1《气候》，民国三十五年（1946）铅印本。

模南移,"战国西汉时期多瘴的江淮之间、苏杭地区及湖北荆襄平原丘陵地带已退出瘴疫区"[①]。这些地区正是汉晋南朝长江中下游移民较为集中、农业劳动力相对充足、农业开发较为迅速的地区。《隋书·地理志》载:"自岭已南二十余郡,大率土地下湿,皆多瘴疠,人尤夭折。"[②]也说明六朝以后南方瘴气的主要分布区已经南移,长江中下游地区的瘴气不再严重。

野外的毒草、毒虫不仅释放剧毒元素,成为瘴源体,加剧瘴毒含量,而且很多本身直接就能致人死命。孙思邈《千金要方·解食毒》说:"论曰:凡人跋涉山川,不谙水土,人畜饮啖,误中于毒,素不知方,多遭其毙,岂非枉横也。"[③]长江中下游气候暑湿,是各种毒物滋生的理想场所。王充《论衡·言毒》云:"天下万物,含太阳气而生者,皆有毒螫……药生非一地,太伯辞之吴;铸多非一工,世称楚棠溪。温气天下有,路畏入南海。鸩鸟生于南,人饮鸩死。辰为龙,巳为蛇,辰、巳之位在东南。龙有毒,蛇有螫,故蝮有利牙,龙有逆鳞。木生火,火为毒,故苍龙之兽含火星。冶葛、巴豆皆有毒螫,故冶在东南,巴在西南。"[④]葛洪《抱朴子内篇·登涉》记载:"或问曰:'江南山谷之间,多诸毒恶,辟之有道乎?'抱朴子答曰:'中州高原,土气清和,上国名山,了无此辈。今吴楚之野,暑湿郁蒸,虽衡霍正岳,犹多毒蠚也。'"[⑤]《洛阳伽蓝记》卷2《城东》"景宁寺"条载北魏杨元慎评价说:"江

---

① 龚胜生:《2000年来中国瘴病分布变迁的初步研究》,《地理学报》1993年第4期;梅莉、晏昌贵、龚胜生:《明清时期中国瘴病分布与变迁》,《中国历史地理论丛》1997年第2期。

② 魏征等:《隋书》卷31《地理志下》,第887页。

③ 孙思邈:《千金要方》卷72《解毒杂治方》,清文渊阁四库全书本。

④ 黄晖:《论衡校释》,第954页、第956—957页。

⑤ 王明:《抱朴子内篇校释》,中华书局2002年,第306页。

左假息,僻居一隅。地多湿垫,攒育虫蚁,疆土瘴疠。”① 可见南方多毒的观念由来已久。

野外毒物中对人危害最普遍的该属毒蛇。葛洪在《补辑肘后方》卷下《治卒入山草禁辟众蛇药术方》中感慨说:“天下小物能使人空致性命者,莫此之甚,可不防慎乎。”② 毒蛇在长江中下游地区极为常见。《楚辞·招魂》中说“魂兮归来,南方不可以止些”的原因之一就是“蝮蛇蓁蓁”;《楚辞·大招》也说:“魂乎无南,南有炎火千里,腹蛇蜒只。”③《汉书·严助传》称:闽越“林中多蝮蛇猛兽”,“蝮蛇蠚生”④;《论衡·言毒》称:“江南地湿,故多蝮蛇。”⑤ 南朝文献中有不少关于毒蛇咬人致死的记载。葛洪《补辑肘后方》卷下《治卒青蝰蝮虺众蛇所螫方》:“蛇,绿色,喜缘树及竹上,大者不过四、五尺,皆呼为青条蛇,人中立死。”《补辑肘后方》卷下《治卒入山草禁辟众蛇药术方》载:“恶蛇之类甚多,而毒有差剧。时四五月中,青蝰、苍虺、白颈、大蜴。六月中,竹狩、文蝮、黑甲、赤目、黄口、反钩、白蝰、三角。此皆蛇毒之猛烈者,中人不即治多死。”⑥《本草纲目》引陶弘景曰:“蝮蛇,黄黑色如土,白斑,黄颔尖口,毒最烈。虺,形短而扁,毒与蚖同。蛇类甚众,惟此二种及青蝰为猛,不即疗多死。”⑦

蜮(射工)、沙虱也是长江中下游地区人们在野外行走时所忌惮的毒虫。《楚辞·大招》称:“魂乎无南,南有炎火千里,腹蛇蜒只。

① 周祖谟:《洛阳伽蓝记校释》卷2《城东》,中华书局2010年,第90页。
② 葛洪:《补辑肘后方》,安徽科学技术出版社1983年,第307页。
③ 洪兴祖:《楚辞补注》,第199页、第217页。
④ 班固:《汉书》卷64《严助传》,第2779页、第2781页。
⑤ 黄晖:《论衡校释》,第957页。
⑥ 葛洪:《补辑肘后方》,第302页、第308页。
⑦ 李时珍:《本草纲目》卷43《鳞部一》,第2410—2411页。

山林险隘，虎豹蜿只。鰅鳙短狐，王虺骞只。魂乎无南！蜮伤躬只。”[①]《周礼·秋官司寇》“壶涿氏掌除水虫”，贾公彦疏：“云水虫，狐蜮之属者，蜮即短狐，一物，南方水中有之，含沙射人则死者也。”[②]《博物志·异虫》载：“江南山溪中水射上虫，甲类也，长一二寸，口中有弩形，气射人影，随所着处发疮，不治则杀人。”[③]《诗经·小雅·何人斯》疏引陆机称射工“江淮水皆有之。人在岸上，影见水中，投人影则杀之”[④]。《抱朴子内篇·登涉》提到：吴楚之野“又有短狐，一名蜮，一名射工，一名射影，其实水虫也，状如鸣蜩，状似三合杯，有翼能飞，无目而利耳，口中有横物角弩，如闻人声，缘口中物如角弩，以气为矢，则因水而射人，中人身者即发疮，中影者亦病，而不即发疮，不晓治之者煞人。其病似大伤寒，不十日皆死。又有沙虱，水陆皆有，其新雨后及晨暮前，跋涉必着人，唯烈日草燥时，差稀耳。其大如毛发之端，初着人，便入其皮里，其所在如芒刺之状，小犯大痛，可以针挑取之，正赤如丹，着爪上行动也。若不挑之，虫钻至骨，便周行走入身，其与射工相似，皆煞人”[⑤]。

蜂、蜈蚣、蟾蜍、蜘蛛等毒虫在长江中下游地区也都很普遍。鸩

① 洪兴祖：《楚辞补注》，第 217 页。

② 贾公彦：《周礼注疏》，阮元校刻：《十三经注疏》，清嘉庆刊本，第 1922 页。

③ 张华著，范宁校注：《博物志校证》，第 37—38 页。

④ 孔颖达：《毛诗正义》，阮元校刻：《十三经注疏》，清嘉庆刊本，第 978 页。

⑤ 王明：《抱朴子内篇校》，第 306 页。萧璠认为：“溪毒、射工、沙虱等病大致上就是今日的恙虫病，但也可能包括了一部分急性日本血吸虫病在内。”见其所著《汉宋间文献所见古代中国南方的地理环境与地方病及其影响》，载李建民主编：《生命与医疗》，中国大百科全书出版社 2005 年，第 193—298 页。《风俗通》曰：“恙，毒虫也，喜伤人。古人草居露宿，相劳问曰无恙。”（应劭撰，王利器校注：《风俗通义校注》，中华书局 2010 年，第 602 页）恙虫卵孵化成幼虫后，爬行到草地或农作物上，一旦有人坐卧或接触，恙幼虫便爬到人体身上叮咬，病原体进入血液后，出现立克次体血症和毒血症症状，导致机体发生一系列病变。

鸟、野葛等常见于古书记载的毒物，更只有南方才有出产。农业生产清除地表植被，包括野草和杂树根都要在晒干后全部用火焚烧掉，不仅能消除瘴气，而且人们相对固定地在这一经过改造的环境中生活和劳动，也能在相当程度上减少与各种毒物接触的机会。

三、环境卫生问题

瘴气之外，长江中下游地区也是其他疫病的多发地。《三国志·魏书·郭嘉传》注引《傅子》，曹操在给荀彧的书信中曾提到："人多畏病，南方有疫，常言：'吾往南方，则不生还。'"[①] 包括上面提到的司马昭、贾充担心伐吴"必生疾疫""疾疫必起"，都不是特指瘴气。这些疫病的流行以及血吸虫病、丝虫病、足肿等地方病的发生，与长江中下游地区炎热潮湿、河床纵横的自然条件适宜各种病原体和担当疾病感染媒介的蚊虫等生物生存、繁衍、活动有关，并非人力所能完全改变[②]。但如果能够提高环境的卫生程度，仍然能够对这些疾疫的发生有很大的制约作用。

在古代社会，环境卫生破坏的主要因素是各种废弃物。对于废弃物的处理，焚烧和掩埋是很古老的方式。考古人员对重庆云阳县丝栗包遗址"商周螺旋灰坑"分析后认为，它们一部分为用来烤火和驱赶野兽的火塘，更多的则是古人用于填埋垃圾的设施[③]。但这种做

---

① 陈寿：《三国志》卷14《郭嘉传》，第436页。

② 萧璠指出："南方的气候或地理特征、医药卫生条件、居民的一些生活习俗和信仰，使得许多适应当地自然环境的病原体和疾病传播媒介生物获得了理想的生存空间，得以大肆繁殖、活动，导致人们产生一种普遍而深刻的印象，即南土的地方病十分猖獗，而北方则不如此。"见其所著《汉宋间文献所见古代中国南方的地理环境与地方病及其影响》，载李建民主编：《生命与医疗》，第193—298页。

③ 饶国君、李永文：《重庆云阳丝栗包遗址发现古人用于填埋垃圾的设施》，2004年5月14日新华网。

法毕竟费事。对于废弃物,起初最普遍的做法应该是随意丢弃或者倾倒在相对固定的垃圾堆场。由于这些废弃物在腐烂的过程中会发出有臭味的气体,一旦这种臭气变得令人忍无可忍时,人们就必须弄一些新的泥土盖在上面。所谓重庆云阳县丝栗包遗址中填埋垃圾的灰坑"采取了层层填埋的'科学'处理措施",就是这样来的,并非"表明峡江古人已有较强的环保意识"。而为了避免这种臭气,在有条件的地方,最方便的做法就是将其倒入河流中,让其被水冲走。《左传·宣公十五年》记当时有谚曰:"高下在心,川泽纳污,山薮藏疾,瑾瑜匿瑕。"同书《文公六年》载:新田"有汾、浍以流其恶",杜注"恶,垢秽"[①]。《论衡·雷虚》称:"舟人洿溪上流,人饮下流。"[②] 这里的洿即"污",可能是指人畜粪尿[③]。长江中下游地区河流、湖泊众多,这种做法应该相当普遍。

古人的废弃物都是纯天然的,大都可以被自然"消化",在数量不多的情况下,即便随意丢弃,对环境的影响也不会很大。《淮南子·要略》就说:"夫江、河之腐胔不可胜数,然祭者汲焉,大也。一杯酒白,蝇渍其中,匹夫弗尝者,小也。"[④] 但并非所有的河流都有长江、黄河那样的水量与稀释能力,而且有些污染的后果也不是肉眼就

① 孔颖达:《春秋左传正义》,阮元校刻:《十三经注疏》,清嘉庆刊本,第4096页、第4131页。

② 黄晖:《论衡校释》,第301页。

③《徐霞客游记》卷2《楚游日记》记:同游的僧静闻夜泊时"因小解涉水登岸",自注"静闻戒律甚严,一吐一解,必侔登涯,不入于水"。同书卷3《粤西游日记》记:"静闻以病后成痢,坚守夙戒,恐污秽江流,任其积垢遍体,遗臭满舱,不一浣濯,一舟交垢而不之顾。"(徐弘祖:《徐霞客游记》卷2《楚游日记》,上海古籍出版社2010年,第67页;卷3《粤西游日记》,第151页)静闻乘舟而行,不呕吐与排泄粪尿于江河水中,是因为坚守佛教戒律,一般人则并非如此。

④ 刘文典:《淮南鸿烈集解》,第707—708页。

能看到的。南方地区气候炎热,人们与水接触的机会很多,鱼虾螺蚌的捕捞与食用非常普遍,很多居民还直接饮用河湖溪泉的水,如《后汉书·列女传》载:广汉姜诗妻,"诗事母至孝,妻奉顺尤笃。母好饮江水,水去舍六七里,妻常溯流而汲"①。《梁书·良吏传》载:何远"迁武昌太守……武昌俗皆汲江水"②。因此感染疾病的可能性很高。长沙马王堆一号汉墓主人,第一代轪侯夫人尸体的肝脏、直肠及乙状结肠组织中,均发现了成堆的血吸虫卵。每堆虫卵数目从几个到几十个不等,最多可达100多个。研究者认为,她可能就是因为在受污染的疫水上泛舟游玩而感染了日本血吸虫的③。江陵凤凰山汉墓古尸的肝脏组织中,也检查出了较多的血吸虫卵以及人鞭虫卵、绦虫卵,反映了这种流行病当时在南方比较普遍。《太平经·起土出书诀第六十一》:"今时时有近流水而居,不凿井,固多病不寿者,何也?"④说明汉人已经注意到接近流水居住有患病的危险。至于人畜随地大小便对环境的污染,在长江中下游部分地区更长期存在。范成大《骖鸾录》说:"大抵湘中率不治道,又逆旅、浆家,皆不设圊溷,行客苦之。"⑤《徐霞客游记》卷2《楚游日记》说湖南永州愚溪桥附近石甚森幻,但"行人至此以为溷围,污秽灵异,莫为此甚"⑥。

中国传统农业中有着优良的废弃物利用传统,其中最主要的是施肥。施肥是传统农业中变无用之物为有用之物、实现农业持续循环发展的关键环节。古代农学家对利用废弃物做肥料的意义有过很

① 范晔:《后汉书》卷84《烈女传》,第2783页。
② 姚思廉:《梁书》卷53《良吏传》,第777页。
③ 谈正吾:《西汉女尸怎么会患血吸虫病》,《历史大观园》1988年第3期。
④ 王明编:《太平经合校》,中华书局2014年,第127页。
⑤ 范成大:《范成大笔记六种》,第56页。
⑥ 徐弘祖:《徐霞客游记》卷2《楚游日记》,第72页。

多精彩阐述。如元王祯《农书》之《农桑通诀·粪壤篇》说："夫扫除之猥,腐朽之物,人视之而轻忽,田得之为膏润,唯务本者知之,所谓惜粪如惜金也,故能变恶为美,种少收多。"[①] 清杨屾《知本提纲·农则》说："粪壤之类甚多,要皆余气相培,即如人食谷、肉、菜、果,采其五行生气,依类添补于身,所有不尽余气,化粪而出,沃之田间,渐渍禾苗,同类相求,仍培禾身,自能强大壮盛。"[②] 古代社会的废弃物不像今天这么复杂,主要是人类及其养殖的牲畜家禽的排泄物,因食品烹饪而产生的厨房废弃物,粮食、布帛、家具等日用品加工过程中产生的秸秆、壳蔓、糠渣、废丝、破损布料、木料、竹料等,还有营造房屋时产生的建筑垃圾和破损的生活用品。这些废弃物大部分都能够用作肥料。随着汉晋南朝长江下游地区农业的发展,尤其是连作制的日益推广,对这些废弃物的需求量也会越来越大。通过施肥,让各种农业废弃物来之于土,归之于土,经过微生物的化解,在土壤中释放能够被农作物重新利用的营养物质,既使地力获得及时的恢复,客观上也能消除生产与生活废弃物对环境的污染。

草木灰是古代重要的肥料来源,作为植物燃烧后的灰烬,凡是植物所含的矿质元素,草木灰中几乎都含有。《盐铁论·通有》说：西汉荆扬地区"伐木而树谷,燔莱而播粟,火耕而水耨"[③],当时长江中下游地区实行的休闲耕作制,实际上就是利用树木或杂草焚烧后的灰烬作肥料。以草木灰肥田的做法在农业产生之初的刀耕火种时代就出现了,尽管当时并没有形成施肥的概念,却是古代农田耕作最初的经验。在极端重视农业的秦朝,甚至用法律的形式对此进行了强

① 王祯著,王毓瑚校：《王祯农书》,第 38 页。

② 杨屾：《知本提纲》,转引自郭文韬《中国传统农业思想研究》,中国农业科技出版社 2001 年,第 258 页。

③ 王利器校注：《盐铁论校注》,第 41 页。

制。《史记·李斯列传》说:“商君之法,刑弃灰于道者。”[①]《汉书·五行志》也记载:“秦连相坐之法,弃灰于道者黥。”[②]弃灰法很可能是商鞅为了使灰肥被充分利用而制定的。云梦睡虎地秦简《田律》“不夏月,毋敢夜草为灰”[③],法律对烧草时间作限制,表明当时烧草木灰相当普遍。南北朝时期的著名农学家贾思勰在《齐民要术·蔓菁第十八》中也强调了草木灰肥地的功能,说:“种不求多,唯须良地,故墟新粪坏墙垣乃佳。若无故墟粪者,以灰为粪,令厚一寸;灰多则燥,不生也。”[④]除了人畜的排泄物之外,古代社会的废弃物基本都是草本和木本植物废弃物,晒干焚烧后就是草木灰。汉晋时期长江中下游地区连作制在推广的过程中,必须面对局部地力可能衰竭的问题,这些废弃物肯定会被尽量利用而不至于浪费或糟蹋。

人畜的排泄物如果不加管理,极易污染水土,传播疾病,但它在古代社会又是比草木灰更重要的肥料来源。王充《论衡·率性》称:“夫肥沃硗埆,土地之本性也。肥而沃者性美,树稼丰茂;硗而埆者性恶,深耕细锄,厚加粪壤,勉致人功,以助地力,其树稼与彼肥沃者相似类也。”[⑤]王充是东汉思想家,他的上述言论是为了论证人性的美恶可以改变,说明增施粪肥能改良贫瘠土壤已是当时人的共识。西汉农学家氾胜之将“务粪泽”视为发展农业的根本措施,在《氾胜之书》中说:“凡耕之本,在于趣时和土,务粪泽,早锄早获。”[⑥]《氾胜之书》记载了基肥、种肥和追肥三种施肥方法,提到的肥料种类除了人

① 司马迁:《史记》卷87《李斯列传》,第2555页。
② 班固:《汉书》卷27《五行志中》,第1438页。
③ 睡虎地秦墓竹简整理小组编:《睡虎地秦墓竹简》,第20页。
④ 贾思勰著,石声汉校释:《齐民要术今释》,第226页。
⑤ 黄晖:《论衡校释》,第73页。
⑥ 万国鼎:《氾胜之书辑释》,第21页。

粪尿外，还有蚕矢（屎）、羊矢、麋鹿矢等等。从记载看，当时施用种肥和基肥比较普遍。书中“以原蚕矢杂禾种种之”，“锉马骨牛羊猪麋鹿骨一斗，以雪汁三斗，煮之三沸。以汁渍附子，率汁一斗，附子五枚，渍之五日，去附子。捣麋鹿羊矢等分，置汁中熟挠和之。候晏温，又溲曝，状如后稷法，皆溲汁干乃止”，都是施种肥的方法。书中所载施用基肥的作物有粟、枲、芋、瓜、大豆等，如“种枲：春冻解，耕治其土。春草生，布粪田，复耕，平摩之”①。这样的措施不仅有助于培肥地力，而且能陆续为农作物提供所需养分。《汜胜之书》还提出了“溷中熟粪”的概念②。这里“溷中熟粪”是指粪坑中腐熟的人粪尿，这说明当时已经懂得生粪必须沤制腐熟才适宜施用的道理。《齐民要术》卷端《杂说》：“其‘踏粪’法：凡人家秋收治田后，场上所有穰、谷䅿等，并须收贮一处。每日布牛脚下，三寸厚；每平旦收聚，堆积之。还依前布之，经宿即堆聚。计：经冬，一具牛踏成三十车粪。至十二月正月之间，即载粪粪地。”③这是用厩舍中蓐草积制堆肥的最早记载，踏制而成的肥料是完全肥料，肥效显著而持久。

汉晋时期绝大多数的建筑都附有厕所，而且常常跟猪圈建在一起，一个重要原因就是保证人粪、猪粪的集中收集、使用。这种溷厕合一的建筑模式，当时在长江中下游地区也十分普遍。湖南长沙伍家岭出土的汉代圈厕，猪圈设在两座厕所之间，“两座厕所均有便坑分别下通猪圈”。武汉博物馆藏“新洲红山嘴出土的东汉灰陶猪圈厕，四面有低矮的长方形围墙。围墙一侧上面设置有平台，下为猪窝，平台上一端建一方形小屋式厕所，为单脊双坡悬山式结构。厕所内

---

① 万国鼎：《汜胜之书辑释》，第45页、第49页、第146页。

② 万国鼎：《汜胜之书辑释》，第149页。

③ 贾思勰著，石声汉校释：《齐民要术今释》，第2—3页。

设长方形便池通过管道与猪圈相通；圈内有一陶猪，呈站立觅食状”。该馆收藏的“黄陂滠口三国吴墓出土青瓷圈厕，椭圆形围墙，厕所为硬山式屋顶，由墙上开一小窗以利通风。厕所内地板上亦有一便坑下通猪圈，圈内还有两只猪觅食”[①]。安徽寿县出土的汉代陶楼厕模型下为猪圈，上为楼厕。猪圈为左右两厢，两厢之间设台阶通往厕所，厕所与下面的猪圈相通[②]。出土明器中也有厕所与猪圈分开的类型，但数量较少，而且这并不意味着设置这些厕所、猪圈就没有积肥的目的。

猪在古代曾进行牧养。《史记·货殖列传》“泽中千足彘”[③]，说明汉初在沼泽洼地牧猪仍然可能有较大规模。汉代文献中也有一些牧猪的事例。如《汉书·公孙弘传》称公孙弘“家贫，牧豕海上”[④]；《后汉书·承宫传》载：承宫“少孤，年八岁为人牧豕”[⑤]；《儒林传》载：孙期“家贫，事母至孝，牧豕于大泽中，以奉养焉”[⑥]；《逸民传》载：梁鸿“牧豕于上林苑中。曾误遗火延及他舍”[⑦]。但随着施肥技术的进步与应用的普遍，这样的做法必然越来越少，汉代墓葬中频繁出土的陶猪圈就是有力证据，到魏晋以后牧猪的事例就很少了。张家山汉简《二年律令·田律》：“马、牛、羊、㹠彘、彘食人稼穑，罚主金马、牛各一两，四㹠彘若十羊、彘当一牛，而令挢稼偿主。县官马、牛、羊，罚吏徒主者。贫弗能赏(偿)者，令居县官；□□城旦舂、鬼薪白粲也，笞百，县

① 彭建：《浅谈汉代猪圈厕》，《武汉文博》2010年第2期。

② 苏希圣等：《安徽寿县出土的两件汉代绿釉陶模型》，《文物》1990年第1期。

③ 司马迁：《史记》卷129《货殖列传》，第3272页。

④ 班固：《汉书》卷58《公孙弘传》，第2613页。

⑤ 范晔：《后汉书》卷27《承宫传》，第944页。

⑥ 范晔：《后汉书》卷79《儒林传》，第2554页。

⑦ 范晔：《后汉书》卷83《逸民传》，第2765页。

官皆为赏（偿）主，禁毋牧彘。”[1] 这是从保护农作物角度制定的如果马、牛、羊、猪等牲畜食用或损毁他人庄稼，对牲畜主人应施的惩罚，并规定不准牧猪。不管出于何种原因，随着农业的发展，牲畜逐渐由牧养变为圈养，这对于减少牲畜随地大便产生的野粪，以及它们感染和传播疾病的可能性都是有利的。

四、田园风光的营建

汉晋南朝长江中下游农业开发在环境方面的效应，除了上面提到的客观因素，田园风光给人带来的主观体验和感悟也是很重要的内容。中国古人提倡天人合一，追求的是人与自然的和谐与统一，环境的美感也在于自然生态与人文生态的平衡，而人与自然的和谐正是田园风光的根基。聚落、河流、渠道、农田、植被等伴随农业发展而来的物质要素所呈现的视觉特征，能够带给人们不同于原始荒野的田园牧歌式的愉悦感受。

长江中下游地区的地貌类型有平原、丘陵和山地。这里的山地、丘陵和平原上比较高燥的地方最初覆盖着茂盛的森林，而低平平原则是潮汐出没的沼泽。《汉书·地理志》称：“楚有江汉川泽山林之饶；江南地广，或火耕水耨。民食鱼稻，以渔猎山伐为业，果蓏蠃蛤，食物常足。故呰窳偷生，而亡积聚，饮食还给，不忧冻饿，亦亡千金之家。”[2] 当时尽管长江中下游地区存在粗放的稻作农业，但地区景观经营的程度仍然相当低。学者指出，江南地区早期“在普遍的沼泽化状态下，原始的塘浦河道景观是散乱的，冈身地区的塘浦实际上是一些由自然潮沟形成的自然景观……在这些地段上面，野生植被也并

---

① 彭浩、陈伟、工藤元男主编：《二年律令与奏谳书：张家山二四七号汉墓出土法律文献释读》，第192页。

② 班固：《汉书》卷28《地理志下》，第1666页。

不是很丰富;低地区的塘浦是在低地上发育的平行缓冈和海岸的古潮沟,在海岸线不断外移的基础上,逐渐延伸形成一种机横向水道。这种环境无美丽可言,到处是浅滩和沼泽”。西汉时期的江南,“大片水域中的独零河道与圩田就是当时的环境与景观。一旦水灾发生,便是一片汪洋的景象”①。而没有人迹的茂盛原始森林在历史早期同样不是适合生存的,能让人愉悦的自然环境,相反更易让人产生恐惧。

随着汉晋南朝的农业开发,长江中下游地区逐渐形成了人工化比较强的田野景观。《三国志·吴书·吴主传》注引《吴书》称:吴国“带甲百万,谷帛如山,稻田沃野,民无饥岁”②。同书《鲁肃传》称:荆楚“有金城之固,沃野万里,士民殷富”③。《宋书·孔季恭羊玄保沈昙庆传》载史臣曰:扬州“地广野丰,民勤本业,一岁或稔,则数郡忘饥。会土带海傍湖,良畴亦数十万顷,膏腴上地,亩直一金,鄠、杜之间,不能比也”④。由于农田大量垦辟,原野上不再是荒野状态,而是道路与农田错落有致,具有相当有序和丰收的景象。左思《吴都赋》说:“其四野,则畛畷无数,膏腴兼倍。原隰殊品,窊隆异等。象耕鸟耘,此之自兴。穱秀菰穗,于是乎在。”⑤郑玄《毛诗笺》“畛,谓旧田有径路者”⑥,《说文解字》“畷,两陌间道也”⑦,“畛畷无数,膏腴兼倍”即是田广道多的意思。“原隰殊品,窊隆异等”则是指农田因地势的变

---

① 王建革:《唐末江南农田景观的形成》,《史林》2010年第4期。
② 陈寿:《三国志》卷47《吴书·吴主传》,第1130页。
③ 陈寿:《三国志》卷54《吴书·鲁肃传》,第1269页。
④ 沈约:《宋书》卷54《孔季恭羊玄保沈昙庆传》,第1540页。
⑤ 萧统编,李善注:《文选》卷5《吴都赋》,第215页。
⑥ 孔颖达:《毛诗正义》,阮元校刻:《十三经注疏》,清嘉庆刊本,第1296页。
⑦ 段玉裁:《说文解字注》,第696页。

化而高低不一。《陈书·宣帝纪》载："姑熟饶旷，荆河斯拟……良畴美柘，畦畎相望，连宇高甍，阡陌如绣。"① 也是一派田肥土美的景象。

长江中下游的农田以水田为主。水田周围有田塍包围从而能够蓄水，同时还有配套的灌水与排水设施。与旱田相比，水田的田块更小，类型更为丰富，弯曲的田埂也很多见，这与地势以及水网的形态有关。左思《吴都赋》："屯营栉比，解署棋布。横塘查下，邑屋隆夸。长干延属，飞甍舛互。"② 东吴的屯田区呈现出农田沿着塘浦作有序分布的格局，显然是随着塘浦的延伸而逐步开垦出来的。谢灵运《白石岩下径行田》写到："千顷带远堤，万里泻长汀。洲流涓浍合，连统塍埒并。"③ 前两句从大处着眼，展现了筑堤护田、引水灌田的宏伟景象；后两句则从小处着眼，描绘了村村落落沟渠纵横，堤坝满目。水田与水网和谐地交融在一起，"农田中映射出水网的柔性之美和网状特征，这非常符合中国传统的自然之美的审美境界"④。

塘浦与陂塘是长江中下游地区农业开发中常见的水利工程。汉晋南朝长江中下游部分地区笔直的塘浦和圩田逐渐增多，其中常熟等地在南朝末期已经出现网络化的塘浦系统。当时的塘浦非常广阔，水面用于通航，堤岸则是陆行大道。在筑塘成功之后，为使堤脚坚固，还需通过植树来稳固堤岸⑤。塘浦的修建，使原本在平原低地泛滥漫溢的水流得到控制，自然地形上的浅水被挤到波光粼粼、灌溉咸宜、

① 姚思廉：《陈书》卷5《宣帝纪》，第82页。

② 萧统编，李善注：《文选》卷5《吴都赋》，第217页。

③ 逯钦立辑校：《先秦汉魏晋南北朝诗》，第1168页。

④ 舒波：《成都平原的农业景观研究》，西南交通大学2011年博士学位论文。

⑤ 早在春秋战国时期植树固堤就已经很普遍，《管子·度地》论述修堤施工技术时明确指出要"树以荆棘，以固其地，杂之以柏杨，以备决水"，利用树木的保土作用来保护堤防。黎翔凤：《管子校注》，第1063页。

舟楫相尾的河道，加上堤上树木的种植，本身就是既有巨大使用价值，又具有审美价值的对象。《宋书·恩幸传》载：阮佃夫“于宅内开渎，东出十许里，塘岸整洁，泛轻舟，奏女乐”①。风景秀丽的塘浦在这里成为贵族官员的游乐场所。治理整洁的陂塘同样使人赏心悦目。练湖是西晋末年修建于丹阳的蓄水陂塘工程。南唐吕延祯《练湖碑铭》称：“大泽既陂，大水既潴，物得其利，民除其灾。波澜弥弥，鱼龙以依。菰蒲莓莓，邑人所资。步之终日，不得其极。望之若海，若知其涯。雷雨时行，源流归壑。穑人之功，不愆而获。乃植柳以助其防，并工以培其阙。岁旱靡俟雩，河源不患竭。”②可见练湖不仅具有重要的经济价值，而且“波澜弥弥”，湖中“鱼龙以依”，“菰蒲莓莓”，湖岸柳树成荫，也蕴涵有极高的审美价值。陂塘的湖光山色同样吸引了人们前来玩赏享乐。《乐府诗集·清商曲辞五》载梁简文帝《南湖》：“南湖荇叶浮，复有佳期游。银纶翡翠钩，玉舳芙蓉舟。荷香乱衣麝，桡声送急流。”③塘浦与陂塘带来的愉悦不仅在于其秀美的风景，而且它们不是远在深山穷谷，而是跟人们日常劳作的场所在一起，特别容易让人们接近。

汉晋南朝长江中下游地区农田中种植的主要是水稻，稻田风光是长江中下游最有代表性的农业景观。唐代诗人韦庄有《稻田》描绘稻田风光之美：“绿波春浪满前陂，极目连云䆉稏肥。更被鹭鸶千点雪，破烟来入画屏飞。”④风起时，山坡下一望无际的稻田宛如春浪绿波翻卷，直接云天；蓝天绿地之间，更有万千如雪的白鹭穿破雾岚飞入，呈现出一幅宁静、悠远和闲适的画卷。曹丕《与朝臣书》称：

---

① 沈约：《宋书》卷94《恩幸传》，第2314页。

② 董浩等编：《全唐文》，第9117页。

③ 郭茂倩编：《乐府诗集》卷48《清商曲辞五》，中华书局2009年，第705页。

④ 彭定求等编：《全唐诗》，第8029页。

"江表惟长沙名有好米，何得比新城秔稻邪？上风炊（吹）之，五里闻香。"① 这里虽是比较长沙好米与新城秔稻的优劣，却用夸张的手法写出了稻田的香气。迷人的稻田，加上袭人的稻香，看似朴实无华，却是一种让人满足与眷念的画面。东晋南朝长江中下游麦作的比例有很大提高，促进了农田在丘陵山区和水乡高阜地带的扩展，加上各种蔬菜、油料作物、纤维作物的种植，农业景观的层次更为丰富。梁任昉《落日泛舟东溪诗》说"黝黝桑柘繁，芃芃麻麦盛。交柯溪易阴，反景澄余映"②，水田种稻，旱地种麦，山丘栽种桑麻。颜色深浅不一，统一而富有变化，对视觉的冲击更加强烈。

汉晋南朝长江中下游地区养殖鱼类与种植水生植物非常普遍，农业生态具有不同于北方地区的特性。南朝不少民歌、诗句都是表述当时农业生产中水中劳作的美景。《乐府诗集·杂曲歌辞十二》载南朝民歌《西洲曲》："开门郎不至，出门采红莲。采莲南塘秋，莲花过人头。低头弄莲子，莲子青如水。置莲怀袖中，莲心彻底红。"同书《清商曲辞七》载梁武帝《采莲曲》云："游戏五湖采莲归，发花田叶芳袭衣。为君侬歌世所希。世所希，有如玉。江南弄，采莲曲。"《采菱曲》："江南稚女珠腕绳，金翠摇首红颜兴。桂棹容与歌采菱。歌采菱，心未怡，翳罗袖，望所思。"③《清商曲辞》中还收录有南朝梁简文帝、梁元帝、刘孝威、朱超、沈君攸、吴均、陈后主、鲍照、陆罩、费昶、江淹、江洪、徐勉等描绘采菱或采莲场景的诗句。

汉晋南朝长江中下游的农业景观中，富有特色的是士族地主营建的田庄别墅。这些田庄别墅中都有发达的农业生产和其他经营，

① 严可均：《全上古三代秦汉三国六朝文》，第 1090 页。

② 逯钦立辑校：《先秦汉魏晋南北朝诗》，第 1597 页。

③ 郭茂倩编：《乐府诗集》卷 72《杂曲歌辞十二》，第 1027 页；卷 50《清商曲辞七》，第 727 页。

然而士族地主营建田园别墅又不仅仅是为了经济上自给自足，而是有自己的精神追求。《梁书·徐勉传》谈到自己经营田庄的精神目的，“中年聊于东田间营小园者，非在播艺，以要利入，正欲穿池种树，少寄情赏……古往今来，豪富继踵，高门甲第，连闼洞房，宛其死矣，定是谁室？但不能不为培塿之山，聚石移果，杂以花卉，以娱休沐，用托性灵”。经过多年经营，徐勉田庄“桃李茂密，桐竹成阴，塍陌交通，渠畎相属。华楼迥榭，颇有临眺之美；孤峰丛薄，不无纠纷之兴。渎中并饶菰蒋，湖里殊富芰莲”，他亦自负其庄园“雅有情趣”[①]。《南史·朱异传》载：朱异“起宅东陂，穷乎美丽，晚日来下，酣饮其中……异及诸子自潮沟列宅至青溪，其中有台池玩好，每暇日与宾客游焉”[②]。逯钦立《先秦汉魏晋南北朝诗》录其《还东田宅赠朋离诗》称：“应生背芒说，石子河阳文。虽有遨游美，终非沮溺群。曰余今卜筑，兼以隔嚣纷。池入东陂水，窗引北岩云。槿篱集田鹭，茅檐带野芬。原隰何逦迤，山泽共氛氲。苍苍松树合，耿耿樵路分。朝兴候崖晚，暮坐极林曛。凭高眺虹霓，临下瞰耕耘。岂直娱衰暮，兼得慰殷勤。怀劳犹未弭，独有望夫君。”[③] 可见朱异在东陂营建的宅园也是既有农业生产，同时又追求精神享受，“穷乎美丽”而“有台池玩好”。

这种依托自然山水而建的庄园，事实上已经具有农业田庄与山水园林相结合的双重特点，有很高的审美价值。谢灵运在始宁的庄园亦是其中的典型。《宋书·谢灵运传》称其“修营别业，傍山带江，尽幽居之美”。根据谢灵运《山居赋》的描述，谢氏庄园中“春秋有待，朝夕须资。既耕以饭，亦桑贸衣。艺菜当肴，采药救颓”。农田主要

---

① 姚思廉：《梁书》卷25《徐勉传》，第384页。
② 李延寿：《南史》卷62《朱异传》，第1516页、第1518页。
③ 逯钦立辑校：《先秦汉魏晋南北朝诗》，第1860页。

在居所东边的湖泊周围，“近东则上田、下湖”，“敞南户以对远岭，辟东窗以瞩近田。田连冈而盈畴，岭枕水而通阡”。庄园农田不仅数量众多，“连冈而盈畴”，而且整齐有序，除了种植水稻，还有麻麦粟菽等旱地作物。“阡陌纵横，塍埒交经。导渠引流，脉散沟并。蔚蔚丰秫，苾苾香秔。送夏蚤秀，迎秋晚成。兼有陵陆，麻麦粟菽”，湖泊中养殖有各种水生动植物。“蒹菰苹蘩，纬荇菱莲”，“鱼则鱿鳢鲋鲔，鳟鲩鲢鳊，鲂鲔鲹鳜，鲿鲤鲻鳣。辑采杂色，锦烂云鲜”。农田往上的山麓低丘被充分利用建成果园菜圃，所谓“自园之田，自田之湖”。果园菜圃中果树、蔬菜同样品种齐全、种植有序。“北山二园，南山三苑。百果备列，乍近乍远。罗行布株，迎早候晚。猗蔚溪涧，森疏崖巘。杏坛、柰园，橘林、栗圃。桃李多品，梨枣殊所。枇杷林檎，带谷映渚。椹梅流芬于回峦，椑柿被实于长浦”；“畦町所艺，含蕊藉芳，蓼蕺葼荠，葑菲苏姜。绿葵眷节以怀露，白薤感时而负霜。寒葱摽倩以陵阴，春藿吐苕以近阳”①。

谢氏庄园中不仅农业经营十分讲究，庄园内的农业景观也是颇为考究地与自然景观结合在一起。庄园“左湖右江，往渚还汀。面山背阜，东阻西倾。抱含吸吐，款跨纡萦。绵联邪亘，侧直齐平”。近东连接田、湖外，“近南则会以双流，萦以三洲”，“近西则杨、宾接峰，唐皇连纵”，“近北则二巫结湖，两智通沼”，仍然存在大片的山地森林和湖泊水体。园中动植物齐备，“植物既载，动类亦繁”，鱼游鸟翔，各种野兽都有自己的活动范围。庄内有南北二山，“南山是开创卜居之处也。从江楼步路，跨越山岭，绵亘田野，或升或降，当三里许。涂路所经见也，则乔木茂竹，缘畛弥皐，横波疏石，侧道飞流，以为寓目之美观。及至所居之处，自西山开道，迄于东山，二里有余。南悉连岭叠鄣，

① 沈约：《宋书》卷67《谢灵运传》，第1754—1769页。

青翠相接，云烟霄路，殆无倪际。从径入谷，凡有三口。方壁西南石门世□南□池东南，皆别载其事。缘路初入，行于竹径，半路阔，以竹渠涧。既入东南傍山渠，展转幽奇，异处同美。路北东西路，因山为鄣。正北狭处，践湖为池。南山相对，皆有崖岩。东北枕壑，下则清川如镜，倾柯盘石，被隩映渚。西岩带林，去潭可二十丈许，葺基构宇，在岩林之中，水卫石阶，开窗对山，仰眺曾峰，俯镜浚壑。去岩半岭，复有一楼。回望周眺，既得远趣，还顾西馆，望对窗户。缘崖下者，密竹蒙径，从北直南，悉是竹园。东西百丈，南北百五十五丈。北倚近峰，南眺远岭，四山周回，溪涧交过，水石林竹之美，岩岫隈曲之好，备尽之矣"①。一路走来景观丰富而变化多样，既穿过田野、竹园，又有经过匠心安排的山水美景。

《梁书·沈约传》载：沈约"立宅东田，瞩望郊阜。尝为《郊居赋》"。沈约的东园"顷四百而不足，亩五十而有余"，规模不如谢灵运在浙东的庄园。《郊居赋》自称是"傍穷野，抵荒郊；编霜菼，葺寒茅"，但从赋中的描述看，显然也有过精心的设计。"艺芳枳于北渠，树修杨于南浦"，庄园中南、北两条灌溉水渠的堤岸上分别种植有果树与材木。"既取阴于庭樾，又因篱于芳杜。开阁室以远临，辟高轩而旁睹。渐沼沚于霤垂，周塍陌于堂下"，树木、屋宇、农田相得益彰。屋宇建在庄园的高处，屋前堂下辟有阡陌整齐的农田，并凿有用于蓄水灌溉的池塘。除了农田，庄园中还有种类丰富、数量繁多的水陆花草。"其水草则苹萍芡芰，菁藻蒹菰；石衣海发，黄荇绿蒲。动红荷于轻浪，覆碧叶于澄湖……其陆卉则紫鳖绿葹，天蓍山韭；雁齿麋舌，牛唇彘首。布濩南池之阳，烂漫北楼之后"。这些花草树木的布置都颇有讲究，"欲令纷披蓊郁，吐绿攒朱；罗窗映户，接霤承隅。开丹房以四照，舒

① 沈约：《宋书》卷67《谢灵运传》，第1757—1767页。

翠叶而九衢”。整个庄园呈现出一派生机盎然的自然乐趣。“其林鸟则翻泊颉颃，遗音下上……其水禽则大鸿小雁，天狗泽虞……其鱼则赤鲤青鲂，纤倏巨鳠……其竹则东南独秀，九府擅奇”①。

长江中下游地区农业景观的发展，推动了当时的文学家把目光投向田园风光。东晋诗人陶渊明被誉为中国第一位田园诗人，他用率真自然的笔调写出了田园风光的清新、乡村生活的淳朴，从而给诗坛开辟出新的天地。陶渊明是真正从事农耕的，《晋书·隐逸传》称他是“躬耕自资”②。他的田园诗对田园风景的描述具有强烈的写实风格，真切而生动。《癸卯岁始春怀古田舍》“平畴交远风，良苗亦怀新”二句，苏轼《东坡题跋》称颂说“非古之耦耕植杖者，不能道此语；非世之老农，不能识此语之妙”③。作者本人亦因为对乡间田园风光的感受，而对田园充满着温馨感和归宿感。《饮酒》（其五）：“结庐在人境，而无车马喧。问君何能尔？心远地自偏。采菊东篱下，悠然见南山。山气日夕嘉，飞鸟相与还。此还有真意，欲辩已忘言。”④诗中“采菊东篱下，悠然见南山”的悠闲恬淡心态，正是农耕文明中生活节奏的心理反应。

陶渊明著名的《归园田居》组诗五首，是他田园诗的代表作。其一曰：“少无适俗愿，性本爱丘山。误落尘网中，一去三十年。羁鸟恋旧林，池鱼思故渊。开荒南野际，守拙归园田。方宅十余亩，草屋八九间。榆柳荫后园，桃李罗堂前。暧暧远人村，依依墟里烟。狗吠深巷中，鸡鸣桑树颠。户庭无尘杂，虚室有余闲。久在樊笼里，复得

---

① 姚思廉：《梁书》卷 13《沈约传》，第 236—239 页。

② 房玄龄等：《晋书》卷 94《隐逸传》，第 2461 页。

③ 袁行霈：《陶渊明集笺注》，中华书局 2011 年，第 203 页、第 206 页。

④ 袁行霈：《陶渊明集笺注》，第 247 页。

返自然。"[①] 中间写景的一段，草屋茅舍，屋后榆树柳树浓荫如盖，堂前桃花李花灿如明霞，远村暮霭，炊烟袅袅，鸡鸣狗吠，通过对村居实景的琐屑叙述，不需点染，即有虚淡、静穆、平和的农家田野景象，勾画出了田园生活的乐趣。诚如明黄文焕《陶诗析义》卷 2 所评说的："地几亩，屋几间，树几株，花几种，远村近烟何色，鸡鸣狗吠何处，琐屑详数，语俗而意愈雅，恰见去忙就闲，一一欣快，极平常之景，各生趣味。"[②] 其三曰："种豆南山下，草盛豆苗稀。晨兴理荒秽，带月荷锄归。道狭草木长，夕露沾我衣。衣沾不足惜，但使愿无违。"这里提到的种豆是田园中的实物，也有实际的种作次序。明谭元春《古诗归》卷 9 评此首是"此境此语，非老于田亩不知"[③]。而"带月荷锄归""夕露沾我衣"，又是多么地富于田园生活情趣，将劳动后的愉悦轻松完美地呈现了出来。其五曰："怅恨独策还，崎岖历榛曲。山涧清且浅，遇以濯吾足。漉我新熟酒，只鸡招近局。日入室中暗，荆薪代明烛。欢来苦夕短，已复至天旭。"[④] 诗中描写耕种而还，在山涧濯足，而后喝新酒、享只鸡，燃薪代烛，欢来无事，畅饮终夕。农家的真乐实景，写得令人悠然神往。

陶渊明晚年所写的《桃花源诗并记》描绘了他心目中的理想社会。桃花源里"土地平旷，屋舍俨然，有良田、美池、桑竹之属，阡陌交通，鸡犬相闻。其中往来种作，男女衣着，悉如外人。黄发垂髫，并怡然自乐"，桃花源人"相命肆农耕，日入从所憩。桑竹垂余荫，菽稷随

① 袁行霈：《陶渊明集笺注》，第 76 页。

② 黄文焕：《陶诗析义》卷 2，引自北京大学、北京师范大学中文系等编：《陶渊明资料汇编》，中华书局 1962 年，第 48 页。

③ 袁行霈：《陶渊明集笺注》，第 85 页、第 86 页。

④ 袁行霈：《陶渊明集笺注》，第 89 页。

时艺。春蚕收长丝,秋熟靡王税。荒路暧交通,鸡犬互鸣吠”[1]。这正是一个环境优美,生活和乐、安宁的农耕世界。田园风光没有污染,没有喧闹,清净悠然,与自然和谐一致。六朝是中国隐逸风气大盛的时期,陶渊明即是隐逸之士的代表。当时的隐士们向往林泉山岗,追求与自然的亲和,但都不排斥农耕的经济形态与生产方式,而往往与陶渊明一样,醉心于山水田园的秀丽。《晋书·隐逸传》载:郭文“步担入吴兴余杭大辟山中穷谷无人之地……区种菽麦,采竹叶木实,贸盐以自供”;郭翻“居贫无业,欲垦荒田,先立表题,经年无主,然后乃作”[2]。《南齐书·高逸传》载:号称“京口二隐”之一的臧荣绪“躬自灌园,以供祭祀”[3]。

陶渊明之后,不少东晋南朝作家都有诗描述田园景物。如晋末湛方生《后斋诗》曰:“解缨复褐,辞朝归薮。门不容轩,宅不盈亩。茂草笼庭,滋兰拂牖。抚我子侄,携我亲友。茹彼园蔬,饮此春酒。开棂攸瞻,坐对川阜。心焉孰托,托心非有。素构易抱,玄根难朽。即之匪远,可以长久。”[4]诗中的景物以及萦绕期间的思绪,都与陶渊明的田园诗有类似之处。南朝沈约《行园诗》曰:“寒瓜方卧垄,秋菰亦满陂。紫茄纷烂熳,绿芋郁参差。初菘向堪把,时韭日离离。高梨有繁实,何减万年枝?荒渠集野雁,安用昆明池?”[5]诗中将园圃景物一件件地铺陈,很有层次性。这首诗有谢朓的和诗。谢朓《和沈祭酒行园诗》曰:“清淮左长薄,荒径隐高蓬。回潮旦夕上,寒渠左右通。霜畦纷绮错,秋町郁蒙茸。环梨县已紫,珠榴折且红。君有栖心地,

① 袁行霈:《陶渊明集笺注》,第479—480页。
② 房玄龄等:《晋书》卷94《隐逸传》,第2440页、第2446页。
③ 萧子显:《南齐书》卷54《高逸传》,第936页。
④ 逯钦立辑校:《先秦汉魏晋南北朝诗》,第943—944页。
⑤ 逯钦立辑校:《先秦汉魏晋南北朝诗》,第1641页。

伊我欢既同。何用甘泉侧,玉树望青葱。"[1]诗中对沈约园圃中的农业景象进行了描述,并在赞叹的同时表达了对"君有栖心地"的欢喜之情。谢朓还有《游东田诗》"戚戚苦无悰,携手共行乐。寻云陟累榭,随山望菌阁。远树暖阡阡,生烟纷漠漠。鱼戏新荷动,鸟散余花落。不对芳春酒,还望青山郭"、《赋贫民田》"觇星视农正,黍稷缘高殖。穲稏即卑盛,旧埒新塍分。青苗白水映,遥树匝清阴。连山周远净,即此风云佳"、《同王主簿有所思》"徘徊东陌上,月出行人稀"、《在郡卧病呈沈尚书》"连阴盛农节,籉笠聚东菑"、《宣城郡内登望》"切切阴风暮,桑柘起寒烟"、《还涂临渚》"白水田外明,孤岭松上出"等描写农业景观的诗句[2]。梁范云《治西湖》诗云:"史氏导漳水,西门溉河潮。图始未能悦,克终良可要。拥锸劝年首,提爵劳春朝。平皋草色嫩,通林鸟声娇。已集故池鹜,行莳新田苗。何吁畚筑苦,方欢鱼稻饶。"[3]只有在农业开发之后,才可能有这种柔和的田园风景和悠闲、愉悦的农家生活。

小　结

本章着眼于汉晋南朝长江中下游地区农业开发对生态环境的影响。但我们的重点不是描述各种农业景观或者河流、植被、土壤方面的变化,而是想要说明当时的农业开发并没有导致比较严重的环境问题,反而使得这里的生态环境更适合人类生存。

山地生态系统相对脆弱,过分的山地垦殖容易造成水土流失等

① 逯钦立辑校:《先秦汉魏晋南北朝诗》,第1444页。
② 逯钦立辑校:《先秦汉魏晋南北朝诗》,第1425页、第1434页、第1420页、第1427页、第1432页、第1456页。
③ 逯钦立辑校:《先秦汉魏晋南北朝诗》,第1546—1547页。

生态问题。东晋南朝世家大族封山固泽、开启山林非常盛行，构成了当时长江中下游地区大土地所有制发展过程中的显著特色。但与后世相比，这一时期南方人地矛盾并不突出。世家大族对于所封占的山泽，除了将部分条件较好的垦辟为农田，更重要的是利用山泽资源从事多种经营，通过栽种竹木果树、辟建渔场，垄断山林川泽资源的加工、销售，以获取不低于农田垦殖的利润。这与唐宋以后，基于人口压力，失地农民被迫大量奔向山地开拓新的农田，是两种完全不同的山地开发模式。东晋南朝世家大族主导下的这种山地开发模式，在很大程度上保持了山地的自然风貌，尤其是坡地上植被的繁茂，能够有效避免水土流失，维持山地生态系统的稳定。

渔猎采集的繁荣必须建立在野生动植物丰富的基础上。汉晋南朝渔猎采集在长江中下游地区经济生活中的地位日益下降，与农业发展不断占夺渔猎采集赖以存续的空间和资源不能说没有关联。然而，六朝时期长江中下游地区自然景观并没有遭到严重破坏，各种野生动物仍然相当常见。渔猎是六朝皇室、贵族喜好的游乐方式，同时渔猎采集所得也是普通百姓弥补耕织不足、维持生活水平的重要来源，因而贵族官员占山护泽对当时百姓生活的影响相当大。采用渔猎采集模式，单位面积土地能够供养的人口数量相当少。随着人口的增长，由以渔猎采集为主的生活方式转向农耕经济是一种必然的选择，这种转变并不需要建立在农田拓展对山林川泽、野生资源的挤压基础上。

汉晋南朝的农业开发，客观上改善了长江中下游的生态环境。首先，修建陂塘与开凿塘浦都有直接改变卑湿环境的客观效果。随着农田水利建设的发展与农耕区范围的扩大，原本遍布于长江中下游的沼泽浅滩，由于积水越来越多地被挤到江河湖塘中蓄积起来或者排泄入海，而大量陆地化，汛期洪流横溢、平原地区一片泽国的情况也得到有效控制。长江中下游地区环境"卑湿"的程度自然也就相应得到了改善。其次,瘴气主要分布在地形闭塞、植被茂盛的地方。而要想获得可耕之地,首先要做的就是清除地面上的植被。这样,瘴气在农耕区域内自然就没有了生存空间。对山林川泽的经营,也会使山林川泽的原生自然环境发生重大变化,"湿气郁蒸不散"的状况随之改变。再次,中国传统农业有着优良的废弃物利用传统,注重各种废弃物尤其是人畜排泄物的收集。随着农业发展,对人畜粪尿的管理加强,能大大减少其污染水土与传播疾病的可能性,改善卫生状况。最后,随着汉晋南朝的农业开发,长江中下游地区逐渐形成了人工化比较强的田野景观。田园风光给人带来的主观体验和感悟,也是当时农业开发环境效益的重要内容。

结　语

绪论部分提到,选择汉晋南朝时期的长江中下游地区,来探讨农业开发与生态环境之间的关联,是由于汉晋南朝期间人们对于“江南”农业生产的评价和生存环境的认知都发生了颠覆性的变化。本书不是对汉晋南朝长江中下游地区农业开发过程、成就以及自然环境因素的全面考察,只是试图阐述当时农业开发与环境之间相互作用的内容,希望有助于发掘上述两个变化之间的内在联系。本书各部分的主要内容在章末小结已有概括,这里再对篇章结构的整体构思略加说明。

本书首章“长江中下游的早期环境与农业开发”论述环境因素对长江中下游地区早期农业发展的抑制作用,是想表明我们对汉以前长江中下游地区农业生产与生态环境状况的认识,为论述汉晋南朝这里农业与环境的互动过程奠定基础。需要说明的是,这里着眼于通过对环境层面的考察,来探讨早期农业发展过程中的某些规律,并非否认农业生产是一个复杂的系统,影响其变迁的有来自自然、社会、文化等多方面的因素。秦汉以前长江流域稻作农业相对滞后,环境无疑是制约因素,但社会发展状况等也是重要原因。例如,南方地形复杂多样,氏族部落间交往不便,又无强大的外部威胁,因而缺乏向国家过渡的动力。而先秦中原社会的复杂化程度显然较长江流域要高,为了维持社会机器的运转与贵族阶层、工商业者的消费,需要农民生产更多的剩余产品，统治阶层必然会强化农业生产，迫使农民加大投入、提高产量，从而表现为黄河流域农业的更快发展。只是由于本书的关注点在环境状况与农业生产的直接关联，因此对其他方面的原因没有展开论述。

第二章至第四章分别是着眼于环境自身的变迁、对环境的改造与对环境的适应三个方面，来论述环境因素在汉晋南朝长江中下游地区农业发展过程中的作用。自然环境的各种构成要素，诸如气候、土壤、植被、水文，都能影响农业生产的发展。汉晋南朝长江中下游地区的土壤、植被、水文等也在逐渐地发生变化，但这些因素的变化很大程度上是人类活动造成的，当时完全不受人为作用影响的环境因素只有气候。气候变迁对农业生产不仅有决定性的影响，而且不同于其他环境因素的变化范围限于局部地域，它对于长江中下游地区的覆盖是全方位的。这是第二章讨论气候因素的原因。第三章实际考察的主要是水文因素。中国农业文明在水利建设方面的成就相当突出，人类活动对河流、沼泽等水环境的改变非常关键。本章重点叙述了三吴地区的水土建设情况，是由于当时三吴地区的环境改造力度最大，相应地，传世文献中记载的当地水利工程数量也最多，更便于揭示环境改造对农业开发的促进作用。但走马楼吴简所反映出的孙吴长沙地区水土建设情况同样重要，它揭示出即便是传世文献中没有大中型水利工程记载的地区，其农田垦辟也是随着陂塘等环境改造工程的兴建而展开的。第四章讨论农业生产对环境的适应问题，主要是从作物选择的角度进行考察，强调长江中下游地区大田作物、经济作物种类因适应环境需要而形成的地域特色，其间也涉及农业技术的环境适应问题。

第五章着眼于汉晋南朝长江中下游地区农业开发对生态环境的影响。汉晋南朝长江中下游地区农业开发的强度不算很大，对地区生态环境并没有全面的颠覆性影响，但生态环境的核心层，即最接近人居空间的部分，在当时却是有较大改变的。从前面对水利工程、作物种植的叙述，亦可以想见局部地域水文、植被的变化。但这里的重点不是描述自然景观的变化，而是想要说明汉晋南朝人们对于南方生存环境的印象明显改观，农业开发在中间起到的作用。由于以往对传统农业发展所导致的生态问题研究得较多，而汉晋南朝长江中下游地区的生存环境却在趋向于适合人类居住的方向发展，考虑到可能有别于既往的固有印象，我们首先用了较大篇幅来论证当时的农业开发并没有导致对环境的严重破坏。讨论东晋南朝世家大族主导的山地开发模式，是想说明这种开发模式仍能维持山地生态系统的稳定；讨论六朝时期的渔猎采集活动，是为说明当时的野生动植物资源仍然相当丰富。在此基础上，方从卑湿程度的减轻、瘴气的消除、环境卫生的改善、田园风光的营建四个方面，具体阐述汉晋南朝长江中下游地区农业开发在改善环境方面所起到的积极作用。

从某种角度上说，环境史的兴起是时代的产物。正是由于生存环境持续恶化、自然资源日形匮乏、生态危机不断加剧，现实要求人们去关心处在危急中的自然界，去反思历史上的人和自然的关系，才导致环境史一经出现即具有一种引领学术朝向的作用。由于探求解决环境问题的答案是环境史的目的之一，以往对历史上人地关系的研究很多都是着眼于人为因素导致生态环境恶化较为突出的时期与地区。汉晋南朝长江中下游地区的农业开发，从当代人的角度看，不能说完全没有对环境的破坏作用，比如围湖造田对水生动植物可能的伤害，但如果说当时的农业开发导致了较大范围的水土流失、植被破坏、动物变迁等生态问题，却是不符合实际的。诚然，文献中有很多汉晋南朝长江中下游地区自然灾害的记载，但导致这些灾害的因素，自然的作用应该远远大过人为的作用，而且人为因素中也绝不只是农业开发。

我们认为，如果只是旨在为环境运动寻求合理性，反而会大大削弱环境史研究的应有价值。对农业开发与环境之间有机的、互动的历史关系与过程作客观阐述，比起脱离具体的历史情境对人类文明作抽象的褒贬，更有助于揭示人与自然关系演变的内在逻辑，从而真正认识到现在的环境危机是如何逐渐积累起来的，并采取正确的应对措施。传统农业社会对生态环境的影响，相较于工业化以来的人类活动，所造成的问题显然是相当低的，能够带来较大破坏的主要是对农牧交错带与山地的大规模垦殖。事实上，农民安土重迁，自己也不会愿意掠夺式的开发，将生存环境破坏到难以居住的程度，在利用、改造与适应环境的过程中，也起到过改善环境、造福自然的作用。如果能够引起读者对农业生态功能的重视，并乐意对之进行科学评价与深入探讨，那么本书的研究对于更好地推进生态文明建设便是有价值的。

附论:农业开发与历史上的生态问题

农业生产及其发展势必改变自然环境的某些方面,客观上对生态环境产生正面或负面影响。本书对汉晋南朝长江中下游农业开发在环境方面的积极效益做了较详细的阐述,却没有太多涉及其负面影响的叙述。这主要是因为我们认为汉晋南朝长江中下游地区农业开发的强度仍然不大,并没有导致生态环境出现比较明显的退化。诚然,汉晋南朝长江中下游地区也面临各种各样的环境困扰,诸如干旱、洪涝、风暴等气候与地质灾害,毒虫、猛兽、瘴疠等自然威胁,但这些环境问题很难说是由农业开发引起的。南朝时期两次提出在吴兴开大渎排水入海的计划,有可能与太湖平原东部塘浦农田发展,水流向这一地势洼地汇集有关,但两者之间的联系并没有直接证据。随着汉晋南朝长江中下游地区农田种植在丘陵、沼泽地带的扩展,会压缩野生动植物生息繁育的空间。从自然生态观点看,这意味着生态平衡的破坏。但当时的农田扩展事实上并没有造成自然景观恶化,反而使人与自然的关系变得更加和谐。为了更好地表明这一观点,避免给人留下论述不完整的印象,最后想再集中谈谈我们对农业开发与历史上生态问题关系的认识,少量地方可能会重复前面提到的内容。

一、重视发展农业的必然性

影响人与自然关系的最普遍和最重要的因素是人口问题,农业的产生和发展在很大程度上正是人口压力的结果。在农业产生之前,人类一直是利用采集和狩猎相结合的方式来获取生存资料,这个时期大约维持了二百万年。大约1万年前,由于各种原因,最终产生了农业。与采集和狩猎相比,农业最初并不具有必然的优势。西南非洲的布须曼人是仍然采用采集、狩猎谋生的群落。研究表明:"与现代所推荐营养水平相比,布须曼人的食谱所摄取的已经足足超过了:热量超过了标准,蛋白质超过了标准的三分之一,没有什么营养不良的症状。获取这些食物所需的努力并不是太大——一般一周只需两天半。一年之中,这样的劳作分布均衡(不同于农业),除非是旱季的高峰,否则一天中用于寻找食物的旅行不会超过6英里。"① 这些从事采集、狩猎的群落现在都被挤到了贫瘠地区,可以想见,当他们居住在拥有更充足资源的地区时,食物的获取无疑要更为容易。

在这种情况下,农业之所以能够得到应用,主要是因为它可以提高单位面积土地的生产率,能够在一个较小的土地面积上获得更多食物。依靠采集、狩猎的方式只能供养数量很少的人口。国外的研究表明,没有其他食物补充的情况下,一个1500只左右的驯鹿群也许只能供养3个家庭或是15个左右的人②。在采集、狩猎的开发模式下,每平方英里的地方能供养的人口还不到一人。现代采集和狩猎者比较典型的开发范围是半径为数里的区域,半径6英里的开发范

①[英]克莱夫·庞廷著,王毅、张学广译:《绿色世界史——环境与伟大文明的衰落》,第24页。

②[英]克莱夫·庞廷著,王毅、张学广译:《绿色世界史——环境与伟大文明的衰落》,第31页。

围其区域面积达 100 平方英里，而一个居住点的人数很少超过百人，一般是这个数字的 1/4 到 1/2。基于当地的条件，这个人群每年还可能需要迁移一次或一次以上以便开发新的地区[①]。因此，一旦部族被推到必须采用农业来获得食物时，他们的生产方式基本是不可逆转的。因为粮食产量增长可以养活更多人口，而更多人口形成的压力必然要求强度更大的种植。

与农业不同，狩猎、采集通常被认为是对自然生态系统损害最小的生存方式。但采集和狩猎群体能够生活在与环境的和谐之中，最主要的原因是他们人数很少，所以施加在自然环境上的压力也就有限。所有以采集、狩猎谋生的群落都会有意识地控制他们的数量，从而避免过分榨取生态系统中的各种资源，其中采用得最多的方式就是杀婴、弃婴与遗弃老人。20 世纪 30 年代的研究表明，因纽特人部族把自己 40% 的女婴杀死。通过这种方式，采集和狩猎群体对食物的需求，即自己所在的生态系统的压力，自然就会减轻。季节性的迁移也使他们避免了对一个地方造成过分严重的破坏。但即便如此，采集、狩猎行为仍然在很大程度上改变了自然环境，并且造成了损害。通过对一些晚近开发地区的观察，我们能够看到不少人类的捕杀导致物种灭绝的例子，一些相对隔绝的地方因为回旋余地不大，情况尤其突出。北太平洋的阿留申群岛在公元前 500 年左右人类定居于此后，过了一千年的时间，由于集中捕杀，海獭最终灭绝。同样因为捕猎，马达加斯加岛在有人定居后的几百年内，很多大型动物就灭绝了，包括一种不能飞的大鸟和一种矮小的河马。夏威夷在人类定居后的 1000 年内，有 39 种陆地鸟类灭绝。新西兰在人类定居后的

---

①［美］马克·纳森·柯恩著，王利华译：《人口压力与农业起源》，《农业考古》1990 年第 2 期。

600年内,有24种恐鸟和20种其他鸟类灭绝[①]。

由此可见,如果没有农业,仅仅采用采集和狩猎的方式,过多的人口同样会破坏环境。换个角度也可以说,正是农业的产生缓解了人口增长对自然环境的压力,由于人类能够以较小的地块养活更多的人口,客观上起到了保护自然环境的作用。当然,农业的采用也会加快人口增长的速度,从而对于环境施加越来越大的压力。中国农业的起源,很早就有学者认为与人口压力引起的野生动植物资源不足有关。《新语·道基》说:"民人食肉饮血,衣皮毛;至于神农,以为行虫走兽,难以养民,乃求可食之物,尝百草之实,察酸苦之味,教民食五谷。"[②]《白虎通·号》说:"古之人民,皆食禽兽肉。至于神农,人民众多,禽兽不足。于是神农因天之时,分地之利,制耒耜,教民农作。神而化之,使民宜之,故谓之神农也。"[③]

直到农业产生相当长时间之后的春秋战国时期,采集狩猎仍然在社会经济生活中占有较大的比重。战国秦汉之际是我国古代自然环境保护思想、制度、法令最为发达的时期。战国秦汉诸子对于野生动植物的保护问题都或多或少有所触及,为了不破坏野生动植物的再生能力,他们明确提出对自然资源要取用有度、合理采捕,并将之提升到了政治的高度。孟子称其为"王道之始",荀子称其为"王制",并将这些理念融入了作为王者施政纲领的《礼记·月令》与《吕氏春秋·十二纪》。很多当代学者因而认为,中国先民早在3000年前已经具备了非常高明的生态智慧,并且很好地实践于资源管理和环境保护之中。但正如王利华所质疑的,如果确实如此,何以这些优秀

① [英]克莱夫·庞廷著,王毅、张学广译:《绿色世界史——环境与伟大文明的衰落》,第27页、第38—39页。

② 王利器:《新语校注》,第10页。

③ 陈立:《白虎通疏证》,第51页。

的环境思想、生态智慧、早生早熟的管理制度在后代非但没有显著发展，反而明显倒退了？他认为，这种资源忧患意识应该是经济转型时期的产物，其出现是由于农业发展不断挤压采集、狩猎生产，占夺其赖以存续的空间和资源，而当时国计民生对于自然天成的各种动植物依然具有很强的依赖性[①]。对于这种看法，笔者大体是赞同的，但是不认为当时自然资源匮乏完全是农业经济挤压的结果，因为在这种思想产生之初的春秋战国之际，国与国之间仍然有广大的荒地。

春秋战国时期的资源危机，与当时广泛存在的采集、狩猎等谋生方式同样有直接的关系。这些谋生方式对野生动植物资源的消耗是非常大的。《汉书·匈奴传》记载呼韩邪单于附汉后居于塞下，短短二三年时间便"塞下禽兽尽"，以致"射猎无所得"[②]，便是很好的证明。资料表明，很多从事采集、狩猎的群落都试图保护自然资源，以便能长时间内维持食物供应。或者规定一年之中某些时候禁止猎某些动物，或者是只能每隔几年才允许到一个地区去捕猎的模式，都是为了维持那些被猎捕的动物保持一定的数量。由于采集、狩猎能够供养的人数非常有限，随着人口的发展，春秋战国时期的野生动植物资源应该已经很难满足大规模采集、狩猎的需要。针对当时自然资源短缺的问题，解决问题的办法只能是发展土地产出率更高的农业经济。于是我们看到战国时期连种制的迅速发展，列国对"垦草"与"尽地力之教"的大力提倡，以及秦汉政府对以农为本、驱民务农的不断强调。《汉书·食货志》记载：西汉建立后，"至武帝之初七十年间，国家亡事，非遇水旱，则民人给家足，都鄙廪庾尽满……太仓之粟陈

---

① 王利华：《经济转型时期的资源危机与社会对策——对先秦山林川泽资源保护的重新评说》，《清华大学学报》2011年第3期。

② 班固：《汉书》卷94《匈奴传下》，第3798—3801页。

陈相因,充溢露积于外,腐败不可食”[①]。由于农业发展,粮食储备日渐丰富,野生动植物资源匮乏的危机得到解除,有关自然资源保护的思想与制度也就式微了。这种思想的式微意味着人类生存对野生动植物的依赖性降低,对于它们的采捕自然就会减少。

畜牧业与农业有各自适宜的自然环境,但也存在既宜农又宜牧的地区。中国农、牧区大致的地理分界线是从东北斜贯西南,即东北大兴安岭东麓—辽河中上游—阴山山脉—鄂尔多斯高原东缘—祁连山脉—青藏高原东缘,此线两侧即为农牧交错的过渡地带。农牧交错区是以农为主,还是以牧为主,在历史上有过多次反复。与农业相比,牧业对植被的破坏要小,所以农区向传统牧区的扩展往往被视为破坏地区生态平衡和导致农牧比例失调的根源,现在也有很多“退耕返牧”的主张。对于这个问题,同样需要辩证的看待。汪诗平等研究不同放牧率对同一群内蒙古细毛羊(母羊)生长及繁殖性能的影响,结果是“冷蒿小禾草草原在暖季适宜的放牧率不应超过 2 只羊 / 公顷”[②]。韩国栋等通过放牧试验研究内蒙古短花针茅草原的草地生产力,发现“不同年度内,植物多样性指数均在载畜率为 1.027 只羊 / (hm^2・a)附近出现峰值;且载畜率为 1.027 只羊 / (hm^2・a)时植物补偿性生长最高,是最理想的载畜率水平”[③]。赵新全等利用模糊评判的数学模型对青海海北高寒草甸草场轮牧制度的设计进行了综合评判,得到了较低放牧率(2.68 只绵羊 / 公顷)的轮牧是最优方案的

① 班固:《汉书》卷 24《食货志》,第 1135 页。

② 汪诗平等:《不同放牧率对内蒙古细毛羊生长和繁殖性能的影响》,《中国农业科学》2003 年第 12 期。

③ 韩国栋等:《短花针茅草原不同载畜率对植物多样性和草地生产力的影响》,《生态学报》2007 年第 1 期。

结论[①]。在科学利用的前提下，每公顷放牧四头羊即已达到草原载畜能力的上限。因此，牧区生态环境的相对稳定，事实上也是建立在这里供应的人口数量比较少、留有的回旋余地比较大的基础之上。

游牧经济是一种不完全经济，它给予自然界的补偿很少，在有限的土地上种粮比养畜能养活更多的人口是显而易见的。在人口增多、粮食需求不断加大的情况下，农区向传统牧区扩张是自然的趋势。除了汉人前往边区开垦外，中国历史上的少数民族很多也参与了农业在草原上的扩展，即便是典型的游牧民族亦不例外。《汉书·匈奴传》载："会连雨雪数月，畜产死，人民疫病，谷稼不熟。"师古注曰："北方早寒，虽不宜禾稷，匈奴中亦有黍穄。"[②]《魏书·蠕蠕传》载：北魏后期蠕蠕首领阿纳环"上表乞粟以为田种，诏给万石"[③]，也是一例。蠕蠕即柔然，是比建立北魏的鲜卑族更北方的游牧部族。单靠游牧养不活很多人，对于这些政权来说，经营部分农业是保证草原人口的物质需要，同时避免过度放牧、缓解人口对环境压力的重要措施。

草原植被是受人为活动影响最敏感、变化最明显的植物群落之一。过度放牧会使植物群体种类成分发生变化，地上和地下生物量下降，植被盖度变小，植被逐渐遭到毁坏，其生态功能被削弱，甚至使某些地区成为不毛之地。据统计，陕北经济区（含榆林、延安两个地区）面积81766平方公里，1980年出栏牛0.32万头，羊40.17万头。草场长期超载，过度放牧使牧草质量下降，一般草场的覆盖率只有50%，草的高度仅20—40厘米，载畜量越来越少，有些地方10亩

---

① 赵新全等：《青海高寒草甸草场优化放牧方案的综合评价》，《中国农业科学》1989年第2期。

② 班固：《汉书》卷94《匈奴传上》，第3781页。

③ 魏收：《魏书》卷103《蠕蠕传》，第2302页。

草地还养不好一只羊[1]。由于能够供养的人口有限，在人口相对密集的农业区里开辟广大牧场是不可想象的。蒙古族最初入主中原时，元朝废农田为牧场的政策根本无法实行。同样，在农牧交错区大规模“退耕返牧”也会相当困难，如果不能将大量人口迁走或者大量从外地运进粮食，就必然面临过度放牧导致生态环境破坏的危险。在这一地区的建设中，将牧业和农业合理地结合起来，增强环境的承载力，尽可能避免出现生态问题，才是更为实际的做法。

二、农业的生态功能

农业涉及清理自然生态环境，以便开辟出一片人工居住地，人们可以种植庄稼和牧养家畜，于是原来那种生态系统内在的稳定就会被破坏。由于自然的顶级理论模式正是早期环境史学所依靠的生态学基础，因此在部分从事环境史研究的学者眼中，农业也就成了工业革命以前，破坏自然生态平衡的最主要因素。如果查阅有关中国历史上农业开发环境影响的论著，就会发现大都强调的是农业对自然环境的破坏作用。

然而，当前的生态学家已不再坚持自然界是一个稳定的实体，反而认为自然界和人类社会一样，总是处在不断的动荡之中。既然如此，环境史学者自然也需要重新思考自己的研究立场，事实上也确实有学者在进行这方面的思考，美国学者克罗农便是其中的突出代表。在其所著《土地的变迁》一书中，克罗农“倡导资源保护，而不强调非人类世界对我们提出的各种道德需求，也不赞颂在那种不加雕琢的景观中的美，不提倡对一种非我们所创造的自然所应有的任何尊

①唐海彬主编：《陕西省经济地理》，新华出版社1988年，第269—270页、第120页。

重”。其教导在于，“对自然资源的浪费和无效率的使用，而非对荒野的破坏，才称得上是人类行为的阴暗面”①。在克罗农看来，自然“完全是一个人类的建构”，现今世界上，并没有真正的自然，实际上，“自然”都是不自然的。因此，每个人都拥有自己心目中的自然。在某些人那里，理想的自然就是原始的荒野；而在另外一些人那里，理想的自然是牧歌式的乡村或小镇；还有些人认为，郊区，甚至城市，也可被当作是自然的家园。人们应该抛弃那种双重标准——把花园里的树看作是人工的和不自然的，而荒野里的树就是自然的。因为两者都要靠我们的管理和照看，否则，花园里的树也会变成野的②。

农业是对自然的开发利用，也是创造人为环境的过程。由于人类活动的合理性不同，它对环境的塑造也会导致积极或消极的不同作用。农业具有生态功能的思想，产生于20世纪90年代。1997年7月法国推出的新《农业指导法》中提出了农业“多功能”的概念，稍后日本也提出农业的“多样化机能”。按照欧盟农业组织会当时关于欧洲农业发展模式的定义，“在欧洲：农业不仅提供了健康的、高质量的食物和非食物产品，它还在土地利用、城乡建设、就业、活跃农村、保护自然资源和环境、田园景色方面起着重要作用”③。

中国农业开发的实践也表明，以传统生态学为基础，将农业开发一概视为对和谐稳定的自然的破坏力量，是值得推敲的。秦汉时期我国黄河中下游地区的土地开垦率已经相当高，而江淮以南还处在

① [美]唐纳德·沃斯特：《环境史中的变化——评威廉·克罗农的〈土地的变迁〉》，《世界历史》2006年第3期。

② [美]威廉·克罗农：《关于荒野的困惑：要不，是回到了一个错误的自然》《不同的立场：再思人在自然中的地位》，转引自侯文蕙：《环境史和环境史研究的生态学意识》，《世界历史》2004年第3期。

③ 唐珂主编：《中国现代生态农业建设方略》，中国农业出版社2015年，第55页。

农业的初期发展阶段,大部分土地尚未得到开发和有效利用。按照农业开发必然破坏生态平衡的观点,南方的生态环境应该远远优于北方。然而当时的情况却是人们对于南方的生活环境心存畏惧,一旦被迫前往南方,则"如往弃市","自以为寿不得长"。反而是在南方农业逐渐发展起来的唐代,开始大量出现关于"江南好"的称颂。毋庸讳言,我国传统农业的发展在很多地区曾导致了生态环境的破坏,但不能否定农业开发在历史上同样起到过改善环境、造福自然、维持生态平衡的作用。尤其是在农业开发强度不大的情况下,农业对环境的正面影响往往会超过其负面影响。

在采用农业生产之前,并不是所有地方都是山清水秀的宜居之地。适宜早期农业开发的河谷低地往往原本沼泽浅滩密布,雨季一来便遍地流潦。商周时期北方的农田沟洫系统将地表径流由田中的小沟开始,按照遂、沟、洫、浍的顺序,最后汇集于河流。《诗经·大雅·黍苗》称"原隰既平,泉流既清",毛传:"土治曰平,水治曰清。"[①]正是通过农田的规划与整治改变了地表状况,所以才出现土平水清的现象。秦汉时期黄河流域新垦辟的农田,很多都是基于对盐碱地的改造。《史记·河渠书》记载,秦国修建郑国渠,"渠就,用注填阏之水,溉泽卤之地四万余顷,收皆亩一钟。于是关中为沃野,无凶年"[②]。蔡邕《京兆樊惠渠颂》记载,阳陵县原本"厥地衍隩,土气辛螫,嘉谷不植,草莱焦枯",东汉灵帝时京兆尹樊陵在阳陵主持修建樊惠渠,渠成后"清流浸润,泥潦浮游,曩之卤田,化为甘壤。粳黍稼穑之所入,不可胜算"[③]。《太平御览·职官部六十六》引《崔氏家传》记载:东汉

---

① 孔颖达:《毛诗正义》,阮元校刻:《十三经注疏》,清嘉庆刊本,第1064页。
② 司马迁:《史记》卷29《河渠书》,第1408页。
③ 严可均:《全上古三代秦汉三国六朝文》,第874页。

顺帝时“崔瑗为汲令，乃为开沟造稻田，薄卤之地，更为沃壤，民赖其利”[①]。两汉时期黄河河道经常泛滥，《汉书·沟洫志》记载西汉末贾让在“治河三策”中提到，“水行地上，湊润上彻，民则病湿气，木皆立枯，卤不生谷”[②]，黄河流域土地盐碱化的情况比较普遍。当时北方修建的农田水利工程，很多虽然没有明言，实际上都与盐碱地治理有关。

长江以南农业开发较晚，部分地区长期保持了森林繁茂、禽兽繁殖的原生态状况，但这种看似理想的自然环境其实同样蕴涵着很大的危险，瘴气便是其中之一。秦汉以来南方地区的瘴气代有记载，是历史上北人畏惧南往的重要因素。瘴气是一种能对人体健康及生理机能构成危害的自然生态现象。它的存在跟地形蔽塞、植被繁茂有直接的关系，是封闭湿热的自然环境下多种毒物凝聚而致。而瘴气的消除正是通过对原生态自然环境的破坏而实现的，农业开发在其中发挥了重要作用。康熙《元谋县志》卷4载知县马之鹏上任途中听闻元谋“瘴疠不可居”，到任后却发现当地没有瘴气，询问原因后得知是，“往时兵戈阻塞，草木生于田间，荟蔚蕴隆，熏蒸而为毒，今且涤荡为禾黍之场，瘴不复作矣”[③]。可见瘴气的变迁直至消失与农业的推进之间存在直接关联。周琼在考察清代云南瘴气区域变迁的原因时，指出清代云南农业经济的发展是一个主要方面，包括土地的大量垦辟、高产农作物的普遍种植、山地民族的刀耕火种及水利工程的维护都影响了瘴气区域的变迁[④]。我国历史上瘴气区的逐渐南移及逐步缩小，与各地农业开发早晚与强度的变化趋势是一致的。

农业活动本身能改善各地的生态状况。现代试验表明，农业生

---

① 李昉等：《太平御览》卷268《职官部六十六》，第1255页。

② 班固：《汉书》卷29《沟洫志》，第1695页。

③ 康熙《元谋县志》卷4《艺文志》，清抄本。

④ 周琼：《清代云南瘴气与生态变迁研究》，中国社会科学出版社2007年，第271页。

态系统在环境净化、气候调节、废物降解等方面都能发挥很好的生态保护功能。以由于农业生产活动而产生的人工湿地——稻田为例。在净化水质方面,“污水进入稻田 5—7 天,悬浮物降低 75—94%,BOD 降低 72—97%,氨态氮降低 85% 以上,磷降低 98% 以上,钾降低 78% 以上,蛔虫卵和细菌数目降低 95—98%,氰降低约 98%。污水中含有的铜、锌、锰、钼、硼、铬等污染物是植物的微量营养元素,经过植物吸收、土壤吸附、氧气还原等过程,其含量也有显著降低。每公顷水田每季可净化 7500—12000 立方米生活污水”。在调节气候方面,韩国专家的研究表明,“水稻田的蒸发量是 3.55mm/d,在炎热夏季的总蒸发量为 450mm,每公顷水稻田的蒸发总量为 4500 吨,全韩国稻田的总蒸发水量为 52.3 亿吨,如果用这些蒸发水量来计算其降温价值,估计达到 11.54 亿美元”①。

传统农业开发在生态环境方面的效应,田园风光给人带来的主观体验和感悟也是很重要的内容。中国古人提倡天人合一,追求的是人与自然的和谐与统一,环境的美感也在于自然生态与人文生态的平衡。人与自然的和谐正是田园风光的根基,这种和谐关系体现在尊重自然的农业生产过程、秀美朴实的自然环境、丰富的乡土遗产景观以及人对土地的精神寄托和归属感。六朝时江南人工化的田野景观还不是很发达,但左思《吴都赋》描述说:“其四野,则畛辍无数,膏腴兼倍。原隰殊品,窊隆异等。象耕鸟耘,此之自兴。穱秀菰穗,于是乎在。”② 这里道路与农田错落有致,呈现出相当的有序与丰收的景象。陶渊明《归园田居》曰:“少无适俗愿,性本爱丘山。误落尘

① 刘奇等:《21 世纪农业的新使命:多功能农业》,安徽人民出版社 2007 年,第 114—115 页。

② 萧统编,李善注:《文选》卷 5《吴都赋》,第 215 页。

网中，一去三十年。羁鸟恋旧林，池鱼思故渊。开荒南野际，守拙归园田。方宅十余亩，草屋八九间。榆柳荫后檐，桃李罗堂前。暧暧远人村，依依墟里烟。狗吠深巷中，鸡鸣桑树颠。户庭无尘杂，虚室有余闲。久在樊笼里，复得返自然。”[①] 诗中通过对村居实景的琐屑叙述，勾画出了田园生活的乐趣。草屋茅舍，屋后榆树柳树浓荫如盖，堂前桃花李花灿如明霞，远村暮霭，炊烟袅袅，鸡鸣狗吠，呈现出虚淡、静穆、平和的农家田野景象。只有经过农业开发，才可能有这种由耕耘、花草植物和动物以及它们共同作用所产生的迷人生态环境，而不是一片蛮荒之地。

三、农业引发生态问题的历史性

在农业发展的早期阶段，农业耕作曾经主要采用刀耕火种的方法。人们或者先割去树皮，让大树枯死，或者直接将树木砍倒，等树木风干后放火焚烧，就在经过火烧的土地上播种，并且只是利用地表草木灰的肥效而不再施肥，一般种一年后易地而种。《管子 · 揆度》黄帝之王，“不利其器，烧山林，破增薮”[②]，《诗经 · 大雅 · 旱麓》“瑟彼柞棫，民所燎矣”[③]，《盐铁论 · 通有》汉代“荆扬……伐木而树谷，燔莱而播粟，火耕而水耨”[④]，都是关于“焚林而田”的记载。刀耕火种是一种落后的生产方式，因对森林进行焚烧，往往被作为破坏环境的因素而遭到挞伐。然而，不论是在商周时期，还是在汉代的江南地区，这种耕作方式都没有引起严重的生态问题。我国西盟佤族以及

① 袁行霈：《陶渊明集笺注》，第 76 页。

② 黎翔凤：《管子校注》，第 1371 页。

③ 孔颖达：《毛诗正义》，阮元校刻：《十三经注疏》，清嘉庆刊本，第 1110 页。

④ 王利器校注：《盐铁论校注》，第 41 页。

怒江流域的怒族、独龙族直到近现代仍然采用刀耕火种,也始终能与自然和谐相处,一面刀耕火种,一面青山常绿。

由此可见,农业开发虽然会在一定程度上破坏原生态的自然环境,但是否会导致生态问题,主要在于这种破坏是否到了不可自然修复的地步,是否仍然限于自然可承受的范围。当然,所谓的自然承载量是有弹性的,采用农业生产就能比采用采集、狩猎的方式养活更多的人口。以三才论为理论核心的中国传统农业,非常重视与自然的和谐发展。在农作安排上强调因时、因地、因物制宜的原则,不仅要求按照不同的土壤类型来安排不同的农作物,也要求按照不同的土地类型来规划各项生产,当农才农、当渔则渔、当林则林、当牧则牧。古代农家一般都是多种经营,通过农林牧渔各业互补、物能循环,有效维持农业生态系统的平衡。而且还发展出了一套相当完善的用地与养地相结合的技术体系,通过合理的轮作套种,基肥、追肥、种肥的有效配合,以及精耕细作来改良土壤结构,能够避免对自然资源的更多消耗。因此中国传统农业是一种可持续农业。

中国历史上因农业经营而导致生态问题是一个历史过程,问题的凸显主要是在明清时期。秦汉时期我国农田开辟比较彻底的主要是黄河中下游地区,但是当时这里的农民普遍不愿意向外迁移,可见当地农业开发并没有引起严重的环境破坏。至于降雨量丰沛、生态自我恢复能力强的南方地区,还处在初步开发阶段。唐宋时期全国农业产量的增长,主要得益于南方农业的开发与水稻新品种的推广。由于南方的气温与雨量较高,天然植物自我恢复的机能强,整个生态系统比北方更加稳定,而这一时期北方人口与垦田增加的数量有限,农业开发也没有引起太多的生态问题。至于有学者将明清以前的生态问题归因于农业开发,大都并不合理。

例如西汉黄河中游农业开发对黄河下游决溢改道的影响,是解放后历史地理学界的重要成果。然而，当时河患与黄河中游的土地开垦过程其实并不完全吻合。《史记·河渠书》记载文帝时"河决酸枣"[①]，《汉书·武帝纪》记载建元三年（前138）春"河水溢于平原"，元光三年（前132）春"河水徙，从顿丘东南流入勃海"，当年五月又"河水决濮阳，泛郡十六"[②]。但汉朝对黄河中游的大规模移民开发是在元朔二年（前127）之后，将其作为此前就存在的黄河决溢的主要因素并无道理。诚然，移民屯垦对黄河中游植被多少会有破坏作用，但汉代黄河中游地区人口数量不多，分布也比较集中，农业开发对植被的破坏不可能对黄河含沙量产生明显影响。汉代黄河水患频繁主要还是由于黄河中游地区的自然土壤侵蚀，加之当时的河道形成于战国开始筑堤之时，经长期积累，下游河道泥沙的淤积情况这时已经非常严重，很多河段已经成为地上悬河。东汉以后黄河相对安流也不能说主要是黄河中游由农返牧的结果，而应是王景治河后给黄河确立了一条比较理想的新河道，加上这段时期气候变得寒冷，雨量减少，因暴雨、洪流造成的黄河中游地区水土流失也就比较少，因此河床因泥沙淤积而抬高的速度比较慢。

又如汉代西北垦区的衰落，其实也不是因为农业开发导致的生态环境恶化，而是当地汉族与游牧民族势力此消彼长的结果。《后汉书·西羌传》记载，东汉安帝时地方官员慑于羌人反抗之烈，"皆争上徙郡县以避寇难……百姓恋土，不乐去旧，遂乃刈其禾稼，发彻室屋，夷营壁，破积聚"[③]。政府为迫使居民内迁而"刈其禾稼"，可见当地的农业生产并没出现问题。汉代西北地区土地开垦比例并不高，

---

① 司马迁：《史记》卷29《河渠书》，第1409页。

② 班固：《汉书》卷6《武帝纪》，第158页、第163页、第163页。

③ 范晔：《后汉书》卷87《西羌传》，第2887—2888页。

而水土条件远较现在优越，当时这里的农业生产只局限于水土条件比较理想的地带，属于具有较大生态稳定性的灌溉农业。当然，西北地区的环境状况决定了这里始终存在土壤沙化的危险。东汉大量耕地抛荒后，这里也的确出现了一些土地沙化的迹象。但沙化的引起并不是因为农耕对自然植被的破坏而导致耕土被吹蚀，而是由于外来沙物质对农田的覆没，是农业生产遭到破坏后才有的现象。在因为政治、军事原因弃耕之后，这里的农田生态系统完全失去人为控制，水利事业荒废，沙土得不到湿润，原有的植被已经被破坏，又失去了农作物的覆盖，地表完全裸露，发生沙化的可能性就增加了。但总体而言，后来生态的恢复情况还比较理想。十六国时赫连勃勃曾经登上统万城附近的契吴山，赞叹这一带的山川景物之美，说是“美哉，临广泽而带清流，吾行地多矣，自马领以北，大河以南，未之有也”①。

农业开发对历史上生态问题的不利影响，最重要的应该是人类通过农业打破了自然生态对人口的限制，在解决了如何养育越来越多人口的同时，也打开了人口进一步增加的空间，从而给环境带来越来越大的压力。在有人口统计数据的汉代以来，我国的人口数量虽然多次出现大起大落，在整体上却呈现出阶段性增长的特征。葛剑雄指出历代人口数量的变化过程：“第一阶段：自商、周、秦至公元初的西汉末年，人口增加到约 6000 万。第二阶段：自东汉至八世纪中叶的盛唐，人口增加到约 8000 余万。第三阶段：从中唐经五代，至北宋期间的十二世纪初人口突破 1 亿，在十三世纪初达到近 1.2 亿。第四阶段：经过宋末元初和元明之际的动乱，明初人口仅约 7000 万，但至十七世纪初又增加到接近 2 亿。第五阶段：明末清初的人口下降在十七世纪初得到恢复，至十九世纪中叶达到了 4.3 亿的高峰……如

① 李吉甫：《元和郡县图志》卷 4《关内道四》，第 100 页。

果将各个阶段加以比较，便可以发现它们之间的间隔越来越短，而增加的幅度却越来越大。如第二、三两个阶段共1300年，人口才翻了一番；而在第五阶段仅用250年就不止翻了一番，其中从不足1亿恢复并增加到3亿的时间不到150年。”①

明清时期农业开发导致环境问题凸显的背景是，这一时期我国人口很快从1亿增加到2亿，然后又增加到4.3亿。为了满足这么多人的食物需求，除了进一步提高精耕细作的程度，农业的地域性拓展也进入新的高潮。由于当时宜农之地已经开发殆尽，农业的扩展便不可避免要延伸到生态脆弱地带。明清时期很多无地农民为谋求生计而奔向人口相对稀少的山区从事垦殖。山林川泽在秦汉时期属于国家所有，东晋南朝封山占林开始流行，但当时南方土地开发远未饱和，贵族虽然到处封山固泽，但主要用于从事适宜山泽的经营。唐宋时期南方人口激增，在山区种植农作物的情况也多了起来。宋人真德秀《再守泉州劝农文》称：“高田种早，低田种晚，燥处宜麦，湿处宜禾，田硬宜豆，山畬宜粟。随地所宜，无不栽种。”②梯田有防止水土流失的功效，对于丘陵山地的开发意义重大，其最早出现就是在宋代。南宋范成大《骖鸾录》中有“岭阪之上，皆禾田层层，而上至顶，名梯田”③，楼钥《攻媿集》卷7《冯公岭》诗中也有“百级山田带雨耕，驱牛扶耒半空行”的描述④。梯田的出现使山区开发进入一个新时代，但在宋代并未形成垦山的风气，当时进入山区的农户多以解决饥饱为目的，在山中主要种植粮食作物，而中国传统粮食作物对土地要求严苛，土地贫瘠、气温高寒的山区很多都不能种植。

① 葛剑雄：《中国人口发展史》，福建人民出版社1991年，第263页。

② 曾枣庄、刘琳主编：《全宋文》第313册，上海辞书出版社2006年，第38页。

③ 范成大：《范成大笔记六种》，第52页。

④ 楼钥：《攻媿集》卷7，清武英殿聚珍版丛书本。

明代中后期我国从海外引进了玉米、番薯等，首次有了适于高山种植的粮食作物。当时的土地压力迫使人们必须在常规农业经营方式之外，寻求其他谋生之路，在山区发展经济作物亦是途径之一。因为平原地带已找不到足够的可耕土地，政府也鼓励人们进山开垦。如《清高宗实录》载乾隆五年（1740）贵州布政使陈德荣奏："山土宜广行垦辟，增种杂粮……凡有可垦山土，俱报官勘验，或令业主自垦，或招佃共垦。"① 次年云贵总督张广泗也上书说应劝谕农民尽力去开山垦土，到乾隆七年则正式谕令"山头地角止宜种树者听垦，免其升科"②。因此，明清时期很多地区都掀起了入山垦荒的狂潮。对此有很多史料佐证，如清人张鉴等撰《阮元年谱》卷2载："浙江各山邑旧有外省游民搭棚，开垦种植苞芦、靛青、番薯诸物，以致流民日聚，棚厂满山相望。"③ 严如熤《三省边防备览》卷8《民食》称：川东"楚粤侨居之人善于开田，就山场斜势挖开一二丈、三四丈，将挖出之土填补低处作畦，层垒而上，缘塍横于山腰，望之若带，由下而上竟至数十层，名曰梯田"④。乾隆《兴安府志》卷25《艺文志》载毕沅《兴安升府奏疏》称："乾隆三十八年以后，因川楚间有歉收处所穷民就食前来，旋即栖谷依岩，开垦度日。而河南、江西、安徽等处贫民亦多□带家室来此，认地开荒，络绎不绝。"⑤ 乾隆《长沙府志》卷50《拾遗志》称："沅湘间多山农，家惟植粟，且多在岗阜。"⑥ 同治《增修万县志》

---

①《高宗纯皇帝实录》卷130《乾隆五年十一月上》，《清实录》第10册，中华书局1985年，第900页。

②《高宗纯皇帝实录》卷163《乾隆七年三月下》，《清实录》第11册，中华书局1985年，第52页。

③ 张鉴等：《阮元年谱》卷2，中华书局2006年，第47页。

④ 严如熤：《三省边防备览》卷8《民食》，《严如熤集》，第1028页。

⑤ 乾隆《兴安府志》卷25《艺文志》，清道光二十八年刻本。

⑥ 乾隆《长沙府志》卷50《拾遗志》，清乾隆十二年刻本。

卷9《地理志》称：乾隆五年后（1740），“万县凡深林幽莽，峻岭层岸，但有微土者悉皆树艺”①。孙毓汶《蜀游日记》“同治六年七月初九”条记：长江岸边“穹山截岭，树木荫翳，荒草乱石，间以禾黍，虽下临千仞之溪，幸稍有坡陀，多种禾黍”②。

与平原地区的开发不同，山地开发会直接导致严重的森林缩减、水土流失与河湖淤塞。南宋谈钥《嘉泰吴兴志》卷5《河渎》引《余英志》云：湖州武康县，“县四围皆山，独东北隅小缺。自绍兴以来，民之匿户辟役者，多假道流之名，家于山中，垦开岩谷，尽其地力”，却没有想到“每遇霖潦，则洗涤沙石，下注溪港，以致旧图经所载渚渎廞淤者八九，名存实亡”③。这里只是一些避役的农民上山开垦，导致的水土流失便使地区水利设施破坏殆尽，明清时期全国性大规模垦山自然会引发普遍的生态问题。事实上，当时各地对于开山垦荒弊害的记载已经不胜枚举。如光绪《余杭县志稿》载道光时江浙水灾，汪元方上疏称是杭湖两府棚民开山，水道淤沮所致，因两府上游属县“皆系山县”，“三十年前，从无开垦者。嗣有江苏淮徐、安徽安庆、浙江温台各客民至杭湖两属开种苞谷，棚居山中……近已十开六七。遇大雨，沙砾尽随流下，民田化为硗瘠，下游溪河受淤水无去路，浸溢成灾，实为地方大害”④。同治《增修施南府志》卷11《食货志》称：“自改土以来，流人麇至。穷岩邃谷尽行耕垦，砂石之区土薄水浅，数十年后山水冲塌，半类石田。”⑤同治《攸县志》卷54

① 同治《增修万县志》卷9《地理志》，清同治五年刊本。

② 孙毓汶：《蜀游日记》，载中国社会科学院近代史研究所编著：《近代史资料》总83号，中国社会科学出版社1993年，第106—150页。

③ 谈钥：《嘉泰吴兴志》，中华书局编辑部编：《宋元方志丛刊》，第4714页。

④ 光绪《余杭县志稿》不分卷，清光绪三十二年刻本。

⑤ 同治《增修施南府志》卷11《食货志》，清同治十年刊本。

《杂识》称："山既开挖，草根皆为锄松，遇雨浮土入田，田被沙压"，"甚且泥沙石块渐冲渐多，涧溪淤塞，水无来源，田多苦旱"，"小河既经淤塞，势将沙石冲入大河，节节成滩，处处浅阻，旧有陂塘或被冲坏，沿河田亩或坍或压"①。卢坤《秦疆治略》称：蓝田县，"南山一带，老林开空，每当大雨之时，山水陡涨，夹沙带石而来，沿河地亩屡被冲压"②。

西北地区的农牧交错带、绿洲边缘带都是生态系统较为脆弱的地区。汉、唐时期曾在西北大规模屯田，包括此后的辽金元时期，这里也都迎来过农业开发的高潮，但由于游牧民族和农耕民族的对立和斗争，流入当地的农耕民族人口数量始终有限。清朝建立后合草原与内地为一家，尤其是平定天山南北后，为充实边疆，清廷更以多种方式鼓励内地民众移垦西北，尤其是新疆。前往西北地区的垦殖者，其地亩、牛具、籽种都由国家授予或贷予，又能享受减免或缓征田赋的优待，同时政府还以土地开垦的多寡作为考核各级地方官吏政绩的标准。清末新政以来，对传统牧区全面放垦，在政府倡导下，各地纷纷成立垦务公司并大肆招垦，进一步导致西北地区的农牧结构发生了根本性改变。以新疆地区为例，至光绪十三年（1887），耕地总面积扩大到1148万亩。在1902年的人口统计中，新疆人口为206万，其中农业人口达156万人，占总人口比例的75%以上，而从事畜牧业和工商业的人口还不到25%。这些数字表明，农业已成为新疆地区的主导产业③。

---

① 同治《攸县志》卷54《杂识》，清同治十年刻本。

② 卢坤：《秦疆治略》，《中国方志丛书·华北地方·第288号》，（台湾）成文出版社1970年据清道光年间刊本影印，第20页。

③ 姚兆余：《清代西北地区农业开发与农牧业经济结构的变迁》，《南京农业大学学报》（社会科学版）2004年第2期。

在以农牧业经济为主要生计方式的西北地区，由于种种原因，长期以来只是利用部分水土条件较好的绿洲发展农业，而以畜牧业牧群方式更为普遍，难以容纳过多的人口。在以追求经济效益最大化为背景的开发模式下，大量农业人口的涌入以及过度的农业开发势必打破西北原本脆弱的生态平衡。民国《神木乡土志》卷1《边外属地疆域》详细记载了当地农业开发导致土壤沙化的过程。“边外有沙漠田者，能生黄蒿，俗名沙蒿。生既密，频年叶落于地，藉以肥田。如是，或六七年，或七八年，蒿老而地可耕矣。然仅种黍两年，两年后复令生蒿，互相辗转，至成黄沙而止”①。

对于大规模开发山地、草原进行农业生产会导致生态环境恶化，明清时期的人们是有所认识的。江西境内的地方官员曾提出“驱棚”政策，不久即得到各省官员响应。嘉庆初年浙江有关官府曾出告示，禁止流民垦山种植玉米。数年后清廷又应安徽休宁县民之请，限令垦山棚民于租期届满后退山回籍，不得再种玉米。道光初陕西西乡县府立碑将北山封禁，规定永不开种。在草原地区，自乾隆至道光朝的100余年经常颁布农垦禁令。如《清高宗实录》卷348载乾隆十四年（1749）令：“蒙古旧俗，择水草地游牧，以孳牲畜，非若内地民人，倚赖种地也。康熙年间，喀喇沁扎萨克等地方宽广，每招募民人，春令出口种地，冬则遣回，于是蒙古贪得租之利，容留外来民人，迄今多至数万，渐将地亩贱价出典，因而游牧地窄，至失本业……着晓谕该扎萨克等严饬所属，嗣后将容留民人居住、增垦地亩者，严行禁止。至翁牛特、巴林、克什克腾、阿鲁科尔沁、敖汉等处，亦应严禁出典开

① 佚名：《神木乡土志》卷1《边外属地疆域》，燕京大学图书馆辑：《乡土志丛编》第一集，民国二十六年（1937）燕京大学图书馆铅印本。

垦,并晓示察哈尔八旗一体遵照。”[①] 这次封禁蒙地的原因,主要是蒙古“渐将地亩贱价出典”,影响了传统的游牧业。然而由于内地适宜开垦的土地基本上已经开发净尽,而人口仍在急速增加,对这些生态脆弱地带的开发也就难以抑制。曾任督办蒙旗垦务大臣,替清廷主持垦务的官员贻谷在《蒙垦呈诉供状》中曾直言“不垦牧地,则无可垦矣”[②]。清朝末年,实行的是全面放垦的政策。

四、生态问题的多因性

人类通过农业生产开发利用自然资源,同时也改变了自然环境,但历史上的生态环境问题并非单纯因农业开发所致,也不可能仅仅通过农业的调整予以解决,必须全方位地考察人与自然的关系,才能真正揭示生态环境问题的实质。环境问题可分为第一环境问题与第二环境问题。前者主要是由于自然演变而引起的自然灾害,又叫原生环境问题,如火山爆发、地震、海啸等,这类灾害在人类产生之前就已经存在了。后者主要是指由人类活动导致的环境问题,也叫次生环境问题,包括环境污染、生态破坏等。但这两类环境问题有时又很难完全分开,常常会相互影响,彼此叠加。人类历史上的生态环境问题,同样既有人类生产、生存方式对自然环境改变和破坏带来的消极影响,也有属于自然环境本身发展演变而引起的,是自然因素和人为因素形成了恶性循环之后的结果。

众所周知,森林具有强大的生态功能,在调节气候、维护二氧化

① 《高宗纯皇帝实录》卷348《乾隆十四年九月上》,《清实录》第13册,中华书局1985年,第780页。

② 陈树平主编:《明清农业史资料(1368—1911)》第1册,社会科学文献出版社2013年,第128页。

碳平衡、净化大气、防风固沙、涵养水源、保护土壤、保存物种等方面都具有极其重要的作用。历史上的生态问题很多都与森林资源的破坏有关，宋人魏岘在《四明它山水利备览》卷上“淘沙”中曾描述：“四明水陆之胜，万山深秀，昔时巨木高森，沿溪平地，竹木蔚然茂密，虽遇暴水湍激，沙土为木根盘固，流下不多，所淤亦少……近年以来木值价穹，斧斤相寻，靡山不童，而平地竹木，亦为之一空。大水之时，既无林木少抑奔湍之势，又无包缆以固沙土之留，致使浮沙随流而下，淤塞溪流。至高四五丈，绵亘二三里，两岸积沙，侵占溪港，皆成陆地。”[①] 这便是讲的砍伐山区林木造成了生态恶化的后果。

历史时期我国曾经有过很高的森林覆盖率，但下降得非常厉害。有学者估计，我国森林覆盖率在夏代建立时约 60%，到秦汉时期是 46%—41%、魏晋南北朝时期是 41%—37%、隋唐时期 37%—33%、五代辽金夏时期是 33%—27%、元代 27%—26%、明朝 26%—21%、清前期 21%—17%、清后期 17%—15%、民国时期 15%—12.5%[②]。由于缺乏直接记载，这批数据当然不可能十分准确。但远古时期的森林覆盖率至少在 50% 左右，却是学者较为一致的看法[③]。依现代对我国境内土地资源的统计，中国国土面积为 144.0 亿亩，其中沙漠 19.2 亿亩，森林 17.3 亿亩，内陆水域 5.4 亿亩，草原 39.0 亿亩，还剩下 63.1 亿亩之中有 14.4 亿亩是耕地，4 亿亩是市区地，剩下的约 45 亿亩是既无森林又不能耕种的荒山秃岭[④]。可见，诚然毁林开荒是导

① 魏岘：《四明它山水利备览》卷上，清守山阁丛书本。

② 樊宝敏等：《中国森林生态史引论》，科学出版社 2008 年，第 37 页。

③ 凌大燮：《我国森林资源的变迁》，《中国农史》1983 年第 2 期；赵冈：《中国历史上生态环境之变迁》，中国环境科学出版社 1996 年，第 105—106 页。

④ 《中国统计年鉴》（1987 年），转引自赵冈：《中国历史上生态环境之变迁》，第 2 页。

致历史时期森林面积缩小的因素，但现在的耕地开垦率也只有10%，即便考虑到有废弃农田的因素，在农业开发之外，森林的破坏应该还有很多其他因素。这其中有自然的原因。气候学者一般认为，从近2000年以来的气候变化来看，前1000年相对显得温暖湿润，而后1000年相对显得寒冷干燥。气候变得冷干，必然对地表植被发生影响，从而导致森林分布区在一定程度上的减少。而更直接的破坏来自人们对木材的大量需求，这里试以秦汉时期的情况略做说明。

在秦汉时期的社会生活中，薪炭是对木材消耗量很大的一项。采樵是秦汉平民例行的工作，晁错《论贵粟疏》说当时百姓“春耕夏耘，秋获冬臧，伐薪樵，治官府，给徭役”①，将“伐薪樵”视为百姓主要的生活负担。《四民月令》中农家的安排也有二月“收薪炭”，五月“霖雨将降，储米、谷、薪、炭，以备道路陷淖不通”的内容②。赵冈曾以居民每人每日耗柴量为1.5公斤，相当于每人一年需耗柴1立方米，而每亩森林的林木储蓄量是4.7立方米计算，西汉人口高峰期每年薪柴的总消耗量大约是5900万立方米，毁林面积1260万亩；东汉人口高峰期的总消耗量约5300万立方米，毁林面积1130万亩。被伐光的森林大概有九成可以在多年后自我更新，成为再生林，一成左右永远不再出现整片森林③。制陶、冶铸、造币、制砖瓦等工业活动也需要大量燃料。《盐铁论·禁耕》说：“故盐冶之处，大校皆依山川，近铁炭，其势咸远而作剧。”④之所以“依山川，近铁炭”，就是因为煮盐、冶铁的原料和燃料消耗大，避免增加大量运费。《汉书·贡禹传》说：“今汉家铸钱，及诸铁官皆置吏卒徒，攻山取铜铁，一岁功十万人已

① 班固：《汉书》卷24《食货志上》，第1132页。
② 石声汉：《四民月令校注》，第23页、第43页。
③ 赵冈：《中国历史上生态环境之变迁》，第70—71页。
④ 王利器校注：《盐铁论校注》，第68页。

上……斩伐林木亡有时禁，水旱之灾未必不由此也。”[1]这里更提到当时铸钱和冶铁对森林的破坏可能是引发水旱之灾的原因。

在秦汉建筑以木架构为主的情况下，房屋的建造也是木材消耗的大宗。《汉书·地理志》载：“天水、陇西，山多林木，民以板为室屋。”[2]《汉书·赵充国传》记其深入羌地，“其间邮亭多坏败者”，赵充国“部士入山，伐材木大小六万余枚”，并“以闲暇时下所伐材，缮治邮亭”[3]。当时大规模宫室建筑耗用的木材数量尤为惊人。《史记·秦始皇本纪》记载秦统一天下前后大修宫殿，“关中计宫三百，关外四百余”，其中仅阿房宫便发“隐宫徒刑者七十余万人”，并“写蜀、荆地材皆至”[4]，远至巴蜀、江汉地区取材木。杜牧的“蜀山兀，阿房出”，逼真描绘了修建阿房宫对蜀地山林破坏的惨烈。《后汉书·宦者传》载灵帝时修宫室，“发太原、河东、狄道诸郡材木及文石”[5]。同书《杨震传》载汉末杨彪反对董卓迁都，以“关中遭王莽变乱，宫室焚荡”为由，而董卓坚持己见，认为“陇右材木自出，致之甚易”[6]。《盐铁论·散不足》批判当时“宫室奢侈，林木之蠹也”[7]。上行下效，秦汉时期的权贵、富户之家也是高楼重阁，不惜耗费木材。《盐铁论·取下》说富人“高堂邃宇，广厦洞房”[8]，《后汉书·仲长统传》说当时“豪人之室，连栋数百”[9]，同书《梁统传》说梁冀、孙寿“大起第室”，“对街为宅，

① 班固：《汉书》卷72《贡禹传》，第3075页。
② 班固：《汉书》卷28《地理志下》，第1644页。
③ 班固：《汉书》卷69《赵充国传》，第2986—2987页。
④ 司马迁：《史记》卷6《秦始皇本纪》，第256页。
⑤ 范晔：《后汉书》卷78《宦者传》，第2535页。
⑥ 范晔：《后汉书》卷54《杨震传》，第1786—1787页。
⑦ 王利器校注：《盐铁论校注》，第356页。
⑧ 王利器校注：《盐铁论校注》，第462页。
⑨ 范晔：《后汉书》卷49《仲长统传》，第1648页。

殚极土木,互相夸竞”[①]。

还有一项需要消耗大量木材的是棺木。汉代尚厚葬,无论王侯贵戚,还是普通百姓,对棺木都非常重视。《潜夫论·浮侈》谈到当时厚葬的风气时写道:“京师贵戚,必欲江南檽梓豫章楩柟;边远下土,亦竞相仿效。夫檽梓豫章,所出殊远,又乃生于深山穷谷,经历山岑,立千步之高,百丈之溪,倾倚险阻,崎岖不便,求之连日然后见之,伐斫连月然后讫,会众然后能动担,牛列然后能致水……计一棺之成,功将千万。”[②]《后汉书·光武十王传》记载:中山简王刘焉死后,“发常山、巨鹿、涿郡柏黄肠杂木,三郡不能备,复调余州郡工徒及送致者数千人。凡征发摇动六州十八郡”[③]。出土实例能证实当时棺椁消耗木材量的巨大。北京大葆台西汉木椁墓是典型具备梓宫、便房、黄肠题凑的墓葬。这座墓“在建筑材料上最大的特点是大量采用木材。‘黄肠题凑’用了15800多根木头,一般长90厘米,高宽各10厘米,也有高宽各21厘米的,折算约合122立方米;墓道、内外回廊、前后室都有用木板竖起来的墙壁,里里外外大大小小好几圈;主层棺椁又是几十方木材”[④]。长沙马王堆“1号墓的庞大椁室和4层套棺……约用木材52立方米”,在墓底和椁室周围还塞满木炭和白膏泥,“木炭厚0.4—0.5米,总重量约达1万多斤”[⑤]。赵冈以普通木棺一具平均需用木材0.3平方米,假定历史时期每年人口死亡率为2.8%左右

① 范晔:《后汉书》卷34《梁统传》,第1181页。

② 王符著,汪继培笺,彭铎校正:《潜夫论笺校正》,第134页。

③ 范晔:《后汉书》卷42《光武十王传》,第1450页。

④ 鲁琪:《汉代的“地下宫殿”——我国第一座汉墓遗址博的馆》,苏天钧主编:《北京考古集成2—4》,北京出版社2000年,第1171页。

⑤ 中国大百科全书总编辑委员会等:《中国大百科全书·考古学》,中国大百科全书出版社1986年,第309页。

计算，西汉人口高峰期每年棺木消耗木材大约是50万立方米，毁林面积11万亩；东汉人口高峰期的总消耗量约45万立方米，毁林面积10万亩①。此外，车船等交通工具，耒耜等生产工具，食器、家具等生活用具，弓、矢等兵器，简牍笔墨等文具也会消耗大量的材木，并造成对森林的破坏。

森林之外，其他植被的破坏也会加剧生态问题，而这同样不仅仅是出于农业垦殖。在汉代西北地区的开发过程中，那些灌木、小半灌木及草类组成的天然植被，就曾大量用作燃料、饲料、手工业原料而被砍伐。汉代河西简牍资料中有很多关于“茭”的文书遗存，所谓茭就是饲草。伐茭是当时戍卒的日常任务。居延汉简记载有：“二人伐木，六人积茭，十四人运茭四千六十，率人二百九十☐。”（30.19A）②一次刈茭量达4060束，需要戍卒20人专门收拢、运送。敦煌汉简：“万一千六百五十束，率人茭六十三束多三百八束，为千六百一十七石二钧，率人茭四石一钧，转□□□□三石。”（816）③据之算得，此次刈茭约有戍卒180人参与。敦煌悬泉汉简：“阳朔元年七月丙午朔己酉，效谷守丞何敢言之：府调甲卒五百卌一人，为县两置伐茭给当食者，遣丞将护无接任小吏毕，已移薄（簿）。·谨案甲卒伐茭三处。”（Ⅱ0112②:112）④这次伐茭更调动了戍卒541人。可以想见，伐茭对当时西北地区草被的破坏是非常巨大的。居延汉简记载：“七月辛巳卒□二人，一人守茭，一人除陈茭地。”（E.P.T49：10）⑤所

① 赵冈：《中国历史上生态环境之变迁》，第73页。
② 谢桂华、李均明、朱国炤：《居延汉简释文合校》，文物出版社1987年，第47页。
③ 吴礽骧、李永良、马建华释校：《敦煌汉简释文》，甘肃人民出版社1991年，第83—84页。
④ 胡平生、张德芳：《敦煌悬泉汉简释粹》，上海古籍出版社2001年，第99页。
⑤ 甘肃省文物考古研究所等编：《居延新简》，文物出版社1990年，第144页。

谓“除陈茭地”，可能是清理“伐茭”后的“茭地”。“陈茭地”既已被清理，应该是不会再作为“茭地”了，也就是说这里原有的植被已被完全破坏。

芦苇、香蒲、柽柳等也是被大量采伐的对象。居延汉简记载有“十一月丁巳卒廿四人，其一人作长，右解除七人，三人养，一人病，二人积苇，定作十七人伐苇五百□，率人伐卅，与此五千五百廿束”（133.21），“廿三日戊申卒三人，伐蒲廿四束大二韦，率人伐八束，与此三百五十一束”（161.11）[①]。河西汉长城塞垣、烽燧大多是以土墼与芦苇（或柽柳等）层层交错叠压筑成。现在实地所见，塞、燧墙体中每层芦苇（或柽柳）厚约 20—30 厘米，若墙高 5 米，约需苇层 6—8 层，而其基部则往往用厚约 40 厘米的罗布麻、柽柳、胡杨枝与夯土压实而成。仅此一项就有大量芦苇、柽柳资源惨遭刀斧。当年燃放烽火的“苣”亦用芦苇制作，所用数量亦很巨大。至今在一些汉燧坞墙下仍堆放着大量未燃的苇苣，苣长者 224 厘米，短者 1 米许，直径约 5 厘米，以苇绳捆扎。有的烽燧周围还存放着芦苇、柽柳堆起的“积薪”堆，少的 3—5 堆，多的 10 余堆，每堆体积一般 2 × 2 × 1.3 立方米[②]。西北气候干旱，多风沙，这里的天然植被虽然不如森林起眼，但是在维护当地生态平衡上有着不可替代的重要作用。东汉以后这里部分地区出现土壤沙化的迹象，农田大量弃耕是一个促进因素，天然植被大量被砍伐用作饲料、燃料乃至建筑材料等，同样是重要原因。

---

① 谢桂华、李均明、朱国炤：《居延汉简释文合校》，第 223 页、第 265 页。

② 李并成：《河西走廊历史时期绿洲边缘荒漠植被破坏考》，《中国历史地理论丛》2003 年第 4 期。